LEÇONS

DE CHIMIE

APPLIQUÉE

A LA TEINTURE.

Paris, imprimerie de Decourchant,

RUE D'ERFURTH, N° 1, PRÈS DE L'ABBAYE.

LEÇONS
DE CHIMIE

APPLIQUÉE

A LA TEINTURE,

PAR M. E. CHEVREUL,

MEMBRE DE L'INSTITUT, DE LA SOCIÉTE ROYALE DE LONDRES.
DIRECTEUR DES TEINTURES DES MANUFACTURES
ROYALES.

TOME PREMIER.

1re A 15e LEÇON.

PARIS,

PICHON ET DIDIER, ÉDITEURS

Des Cours de MM. Villemain, Cousin, Guizot, Laugier, Geoffroy-Saint-Hilaire, etc.

QUAI DES AUGUSTINS, N° 47.

1829

LEÇONS
DE CHIMIE
APPLIQUÉE A LA TEINTURE,

PAR M. CHEVREUL,

MEMBRE DE L'INSTITUT DE FRANCE, DE LA SOCIÉTÉ ROYALE DE LONDRES,

DIRECTEUR DES TEINTURES DES MANUFACTURES ROYALES,

ETC., ETC.

LEÇONS
DE CHIMIE

APPLIQUÉE

A LA TEINTURE.

Ire LEÇON. — 5 JUIN 1828.

INTRODUCTION.

Messieurs,

Je ne puis me dispenser, avant d'entrer en matière, de vous faire connaître la manière dont j'appliquerai la chimie à l'art de la teinture.

Je diviserai le cours en deux parties :

La première partie, objet de l'enseignement de cette année, sera consacrée à l'examen de toutes *les espèces de corps* que le teinturier emploie pour arriver à son but, c'est-à-dire, pour appliquer des substances colorantes sur des étoffes dont la matière première est empruntée aux plantes ou aux animaux. Je ne m'arrêterai que sur les espèces qui intéressent le teinturier, soit sous le rapport de la pratique, soit sous celui de la théorie de son art. Par exemple à l'article du soufre, j'examinerai les acides qu'il forme avec l'oxigène; je donnerai une attention toute particulière aux acides sulfurique et sulfureux, qui sont employés en teinture; et je ne dirai que quelques mots de l'acide hyposulfureux, qui n'y est d'aucun usage, mais dont la connaissance est nécessaire lorsqu'on veut se rendre un compte exact de l'essai des soudes du commerce. En parlant d'un acide utile, j'insisterai sur les moyens de reconnaître son degré de pureté, sur la manière de le préparer et de le purifier. Aux articles du potassium, du sodium, j'exposerai les propriétés de la potasse de la soude, le mode de leur préparation et les procédés alcalimétriques. Après avoir traité ainsi des corps simples et de leurs principales combinaisons binaires, je parlerai des sels, qu'il importe le plus au teinturier de connaître. Enfin, l'histoire des principes immédiats des êtres organisés qui l'intéressent

LEÇONS DE CHIMIE

APPLIQUÉE

A LA TEINTURE.

PREMIÈRE LEÇON.

INTRODUCTION.

MESSIEURS,

Je ne puis me dispenser, avant d'entrer en matière, de vous faire connaître la manière dont j'appliquerai la chimie à l'art de la teinture.

Je diviserai le cours en deux parties :

La première partie, objet de l'enseignement de cette année, sera consacrée à l'examen de toutes *les espèces de corps* que le teinturier emploie pour arriver à son but, c'est-à-dire, pour

I. *

appliquer des substances colorantes sur des
étoffes dont la matière première est empruntée aux plantes ou aux animaux. Je ne m'arrêterai que sur les espèces qui intéressent le
teinturier, soit sous le rapport de la pratique,
soit sous celui de la théorie de son art. Par
exemple, à l'article du soufre, j'examinerai les
acides qu'il forme avec l'oxigène ; je donnerai une attention toute particulière aux acides
sulfurique et sulfureux, qui sont employés
en teinture ; et je ne dirai que quelques mots
de l'acide hyposulfureux, qui n'y est d'aucun
usage, mais dont la connaissance est nécessaire lorsqu'on veut se rendre un compte exact
de l'essai des soudes du commerce. En parlant
d'un acide utile, j'insisterai sur les moyens de
reconnaître son degré de pureté, sur la manière de le préparer et de le purifier. Aux articles du sodium, du potassium, j'exposerai les
propriétés de la soude, de la potasse, et le
mode de leur préparation. Je parlerai des sels,
qu'il importe le plus au teinturier de connaître, et à l'article des carbonates de soude et
de potasse, je traiterai des procédés alcalimétriques. Enfin, l'histoire des principes immédiats des êtres organisés qui l'intéressent

plus ou moins terminera là première partie du cours.

La seconde partie, objet de l'enseignement de l'année prochaine, sera consacrée à l'examen des procédés de l'art. Je traiterai d'abord de la préparation du ligneux, et sous ce nom je comprends le coton, le lin et le chanvre; ensuite, de celle de la soie et de la laine.

L'application des mordans sur les étoffes sera examinée avec les détails qu'elle comporte quand on la considère en général.

De là je passerai à l'exposition des procédés suivis pour teindre les étoffes en jaune, en rouge, en bleu, en des couleurs dites composées, et en noir.

Je traiterai ensuite de la manière de juger des étoffes teintes, soit par rapport à la solidité de leurs couleurs, soit par rapport à leur éclat.

La seconde partie sera terminée par des considérations générales sur la liaison de la teinture avec la théorie chimique.

Je m'efforcerai, Messieurs, d'éviter deux écueils, celui de ne présenter que des faits isolés, et celui de donner des théories trop abstraites pour être appliquées immédiatement aux procédés de l'art, qui sont aujourd'hui susceptibles d'être éclairés du flambeau de la science. Dans les explications des phénomènes que nous observerons, j'aurai toujours égard au degré de certitude des données que j'emprunterai à la théorie chimique; et je ne dissimulerai jamais ce qu'elles laissent à désirer dans plusieurs cas.

Autant que possible j'appliquerai la théorie atomistique à tout ce qui se rattache aux proportions suivant lesquelles les corps agissent; et quoique cette théorie ne soit pas démontrée, elle s'accorde si heureusement avec les expériences les plus précises, que ceux qui ont le plus d'éloignement pour les hypothèses ne peuvent en méconnaître les avantages, toutes les fois qu'elle est appliquée avec discernement.

Je suppose que toutes les personnes qui me font l'honneur d'assister à mes leçons ont déjà des notions élémentaires de physique et de chimie, et qu'elles veulent repasser cette dernière science afin de tirer parti de toutes les connaissances qu'elle est susceptible de fournir à celui qui se propose de connaître la théorie de la teinture, et de perfectionner les procédés dont cet art se compose.

Objet des deux premières leçons.

Cette leçon et la suivante renfermeront les prolégomènes que je crois nécessaire d'exposer avant de commencer l'étude des corps considérés individuellement.

Celle d'aujourd'hui aura pour objet de définir plusieurs expressions fondamentales de la langue chimique, savoir : ce qu'on entend par

1° *Corps;* — *propriétés des corps;*

2° *Nature des corps.*

La leçon suivante sera consacrée à exposer :

1° *Les règles de la nomenclature chimique;*

2° *La définition du mot espèce appliqué aux corps simples et aux corps composés;*

3° *La manière dont les propriétés d'un corps seront décrites dans la suite du cours.*

I. DES CORPS.

On donne le nom de matière ou de corps à toute étendue limitée et impénétrable qui affecte les organes de nos sens. L'étendue et l'impénétrabilité sont donc deux attributs essentiels de tout ce que nous considérons comme matériel. Il est sans doute superflu de rappeler ici que lorsqu'un corps semble en pénétrer un autre, le premier ne fait que se loger dans les pores ou interstices du second. Plusieurs substances, comme le charbon, ont des pores visibles, tandis qu'il en est d'autres, comme le verre et les métaux, qui n'en présentent pas de sensibles : cependant on admet généralement que ces substances ne sont pas formées d'une matière continue dans toutes ses parties.

Si nous regardons un disque de cuivre, un disque de plomb, l'œil nous fera connaître leur étendue limitée; si nous portons la main sur leur surface, nous aurons non-seulement la connaissance du même fait, mais nous aurons encore celle de leur impénétrabilité par la résistance que les doigts éprouveront lorsqu'ils tendront à occuper le même lieu de l'espace que ces disques occupent : nous conclurons donc que ces objets sont des corps.

PROPRIÉTÉS DES CORPS.

Qu'entend-on par propriétés de la matière, propriétés des corps? Ce sont précisément les rapports que nous avons avec les choses qui tombent sous les organes de nos sens. En conséquence nous pouvons dire que *les propriétés des corps sont les facultés qu'ils ont d'agir sur nous*; et nous ajoutons, *celles qu'ils ont d'agir les uns sur les autres*. Mais quand nous nous apercevons de ce dernier genre d'action, c'est encore par l'intermédiaire de nos sens : en définitive, c'est donc toujours par les rapports qu'ils ont avec nous que nous jugeons de leur existence. De là l'impossibilité de définir la matière en elle-même.

Les propriétés de la matière envisagées dans les *corps* que nous voulons étudier sont si nombreuses, que nous les distribuerons en trois groupes généraux :

Le premier comprendra les *propriétés physiques;*

Le second, les *propriétés chimiques ;*

Le troisième, les *propriétés* que j'ai proposé de nommer *organaleptiques.*

Nous allons passer en revue les propriétés sur lesquelles nous fixerons particulièrement notre attention dans l'étude que nous ferons des corps qui les possèdent.

A. PROPRIÉTÉS PHYSIQUES.

Solidité.

La première chose qui se présente à notre observation lorsque nous considérons les corps, est l'état d'agrégation de leurs particules. Nous en voyons qui conservent constamment la même forme, quelle que soit la position dans laquelle nous les mettions : par exemple, dans un morceau de cuivre toutes les parties sont dépendantes les unes des autres ; elles sont comme liées, comme fixées ensemble, elles ne peuvent recevoir un mouvement sans que ce mouvement ne se partage également dans toute la masse du métal : c'est cette dépendance mutuelle, cette agrégation des parties qui constitue ce que nous appelons la *solidité* ou l'*état solide* des corps. Un *corps solide est donc celui qui a ses parties tellement adhérentes les unes aux autres qu'il a une figure déterminée qu'il conserve dans toutes les positions où on peut le placer.*

Liquidité.

Si nous considérons une masse d'eau sous le rapport de l'agrégation de ses parties, nous reconnaissons bientôt qu'elle n'a pas une figure autrement déterminée, que celle qui résulte de la capacité du vase qui la contient, et où elle est pour ainsi dire moulée ; nous voyons que la surface qui n'est pas gênée par le contact de parois résistantes, est sensiblement plane, au moins lorsque nous ne considérons que de petites étendues; enfin il est aisé de s'assurer qu'une portion de sa masse peut être mise en mouvement sans que le reste y participe, et que l'eau, contenue de toutes parts dans un vase, ne peut diminuer sensiblement de volume par la compression, qu'autant qu'on exerce sur elle un effort considérable. Cette manière d'être de l'eau, qui est commune à tous les liquides, provient de la faible adhérence de ses particules; mais quelque faible que soit cette adhérence, on ne pourrait sans erreur sensible négliger d'en tenir compte dans plusieurs cas.

En définitive, un corps liquide est celui qui a ses particules si peu adhérentes qu'elles peuvent se mouvoir indépendamment les unes des autres, et qui ne diminue visiblement de volume par la compression que quand l'effort exercé est très-considérable.

Gazéité.

Un autre état de la matière est la *gazéité*, la *fluidité élastique*, la *fluidité aériforme*; toutes ces expressions sont synonymes. Les corps qui sont dans cet état n'ont plus d'adhérence entre leurs parties, et celles-ci semblent être livrées à une force qui tend incessamment à les écarter les unes des autres. Si nous voyons une masse de fluide aériforme en repos, c'est qu'il y a un obstacle extérieur qui s'oppose à l'extension de volume de la substance. On en a une preuve par l'expérience suivante : une masse de fluide élastique remplit la partie AB du tube T (fig. 1). Lorsque le niveau du mercure qui est dans l'intérieur du tube coïncide avec le niveau du mercure du réservoir R, la pression que supporte la masse de fluide élastique est donnée par la hauteur du mercure dans le baromètre, de sorte que si la hauteur de la colonne barométrique est de 28 pouces, la pression produite par une colonne de 28 pouces de mercure est celle que supporte le fluide élastique contenu dans le tube. Si j'élève ce tube de manière que la hauteur du mercure qui s'y trouve soit précisément la moitié de la hauteur de la colonne du mercure dans le baromètre, c'est-à-dire 14 pouces, je reconnaîtrai que le fluide élastique a doublé de volume; de sorte qu'il y a un rapport très-simple entre la pression que supporte un fluide élastique et l'espace qu'il occupe. Le volume augmente précisément autant que la pression diminue, puisqu'une masse de fluide élastique qui occupe un certain volume sous une certaine pression, occupera un volume double lorsque la pression aura été réduite de la moitié de ce qu'elle était d'abord. On admet généralement que les particules matérielles qui sont à l'état de fluide élastique n'ont aucune adhérence les unes aux autres, au moins lorsqu'on est éloigné du terme où le fluide élastique est susceptible de devenir liquide ou solide. *Un corps gazeux est donc caractérisé par l'indépendance de ses parties et par son élasticité.*

Densité.

Une autre propriété qu'il est essentiel de connaître, est la *densité*, ou le *poids spécifique*. Lorsqu'une masse quelconque d'un corps terrestre est placée sur un plan, elle le presse en vertu de la tendance qui la sollicite à se porter vers le centre de la terre. C'est cette pression qui est connue sous le nom de *poids*, et que nous mesurons au moyen d'une balance.

Si nous pesons une série de différens corps qui aient un volume égal, nous trouverons en général qu'ils auront des poids différens. Le rapport qui existe entre le poids et le volume d'un corps, et que nous représentons par $\frac{M}{V}$, c'est-à-dire le poids divisé par le volume, est appelé le *poids spécifique* ou la *densité* de ce corps. Dans sa description d'un corps, il est toujours utile d'énoncer la densité, que l'on compare à celle d'un autre corps qui est prise pour unité. La densité des solides et des liquides est rapportée à celle de l'eau prise pour unité ; la densité des fluides élastiques l'est à celle de l'air sec prise pour unité. Par exemple nous disons que la densité du cuivre est à celle de l'eau comme 8,895 est à 1, parce qu'à la température de 4° au-dessus de zéro un centimètre cube d'eau pèse un gramme, et un centimètre cube de cuivre pèse 8 gr. 895.

Corps et lumière.

L'action des corps sur la lumière donne lieu à des phénomènes plus ou moins remarquables et plus ou moins importans, qui servent à les caractériser ; et cette action a un intérêt tout spécial pour le teinturier, puisque l'objet de son art est de changer l'aspect du ligneux, de la soie, de la laine, au moyen de corps qui les colorent. Les couleurs ne sont point matérielles, elles résultent de ce que la lumière qui tombe sur un corps en éprouve une telle modifica-

tion, dans sa composition même ou dans le
mouvement de ses parties, qu'elle frappe notre
œil, non plus comme lumière blanche, mais
comme lumière colorée.

Le corps qui a agi ainsi sur la lumière est
dit *coloré par réflexion*, si la lumière colorée
parvient à notre œil sans l'avoir traversé; il est
dit *coloré par transmission*, dans le cas contraire. Enfin la lumière peut nous être réfléchie
ou transmise par un corps sans que nous éprou-
vions aucune sensation de couleur, alors le
corps nous *paraît opaque et blanc* ou *transparent et incolore*. Il est des corps dans lesquels la
lumière semble disparaître ou s'éteindre, ceux-
ci nous font éprouver la sensation du *noir*. Les
corps ont encore d'autres rapports avec la lumière, qui sont d'un grand intérêt pour le physicien et le chimiste; mais en en parlant nous
nous éloignerions du but de ce cours.

Sonorité.

La propriété qu'ont certains corps seulement
d'exciter en nous la sensation du son, lorsque
leurs parties sont animées d'un mouvement que
l'on nomme *vibratoire*, nous a conduit à distinguer des *corps sonores* et des corps qui ne le sont

pas. Par conséquent la *sonorité* nous offre un moyen de distinguer les corps entre eux.

Électricité.

Les corps, placés dans certaines circonstances, manifestent les *propriétés* dites *électriques;* alors ils attirent les poussières légères qu'on leur présente, et les repoussent après le contact; alors, s'ils sont dans un état électrique suffisamment énergique, ils donnent une étincelle bruyante lorsqu'on en approche le doigt ou une boule de métal. Après que ce phénomène a eu lieu, les corps se trouvent plus ou moins dépouillés de leur électricité. Ceux qui, comme on le dit, sont bons conducteurs de ce fluide, en sont dépouillés complètement; c'est ce qui arrive aux métaux, au charbon. Ceux qui, au contraire, ne sont pas conducteurs, n'en sont dépouillés que dans la partie qui a été touchée.

On peut électriser les corps de différentes manières,

1° *Par le frottement.* C'est ainsi qu'un bâton de résine et une peau de chat s'électrisent quand on les frotte ensemble;

2° *Par la compression.* Par exemple, un disque de liége que l'on frappe contre un morceau de bois, s'électrise;

3º *Par distribution*. Cela arrive lorsqu'on met un corps en contact avec un corps électrisé. Pour que le premier conserve l'électricité qu'il a acquise, il faut, s'il est conducteur de ce fluide, qu'il soit isolé, c'est-à-dire placé sur un support de résine ou de verre, ou suspendu à un fil de soie.

4º *Par influence*. Lorsqu'on approche un corps électrisé d'un corps qui ne l'est pas, celui-ci devient électrique, quoiqu'il n'ait pas touché au premier. Aussi lorsqu'on présente un bâton de résine frotté à des boules de moelle de sureau suspendues à un fil de soie, celles-ci sont électrisées par influence dès qu'elles se portent vers le bâton; et en effet il ne peut y avoir d'attraction électrique sans que les corps qui s'attirent ne soient eux-mêmes électrisés.

5º *Par élévation de température*. La chaleur développe aussi de l'électricité.

6º *Par le contact de deux corps hétérogènes*. Tel est le principe du développement de l'électricité dans les élémens de la pile voltaïque.

Si l'on frotte ensemble deux plaques de verre bien sèches et auxquelles on a adapté des manches de verre enduits de résine, en séparant les plaques l'une de l'autre on reconnaîtra que chacune est électrisée, car elles attireront les corps légers qu'on leur présentera; mais ce qui est bien digne de fixer l'attention, c'est qu'elles ne sont pas dans un même état électrique. Pour s'en convaincre il suffira de les présenter tour à tour à une boule de moelle de sureau suspendue à un fil de soie, qu'on aura préalablement électrisée par distribution, en la mettant en contact avec un bâton de cire d'Espagne qui aura été lui-même électrisé au moyen d'une peau de chat. *Une des plaques attirera la boule, tandis que l'autre la repoussera.* En outre, comme *la répulsion a toujours lieu après le contact mutuel des corps électrisés*, il faut en conclure qu'il existe deux états électriques différens ; que deux corps qui sont dans le même état se repoussent, tandis qu'ils s'attirent lorsqu'ils sont dans des états différens. On a donné le nom d'*électricité positive* à l'électricité que le verre acquiert quand il est frotté avec une étoffe de laine, et celui d'*électricité négative* à celle que la résine acquiert quand elle est frottée contre une peau de chat. Avec ces données on pourra toujours reconnaître la nature de l'électricité d'un corps. En effet, s'il attire la boule de moelle de sureau qui aura été préalablement électrisée avec le verre, on en conclura qu'il est électrisé négativement; s'il y avait répulsion, au contraire, on en conclurait qu'il est électrisé positivement.

L'expérience des deux plaques de verre qui se sont électrisées différemment par leur frottement mutuel, prouvent que la même espèce de corps peut manifester les deux états électriques. D'après ce résultat on conçoit qu'un même corps peut être électrisé positivement dans un cas, et négativement dans un autre. C'est ainsi que le poil de chat frotté contre le verre poli devient positif, tandis que celui-ci devient négatif;

Que le verre poli frotté contre la laine devient positif, et celle-ci négative;

Que la laine frottée contre la plume devient positive, et celle-ci négative;

Que la plume frottée contre le bois devient positive, et celui-ci négatif;

Que le bois frotté contre le papier devient positif, et celui-ci négatif;

Que le papier frotté contre la soie devient positif, et celle-ci négative;

Que la soie frottée contre la résine laque devient positive, et celle-ci négative.

Ces exemples démontrent que *l'état électro-positif* et *l'état électro-négatif* ne peuvent servir de caractère pour distinguer les corps d'une manière absolue en deux classes parfaitement tranchées, l'une qui contiendrait des corps qui s'électriseraient constamment positivement, et l'autre des corps qui s'électriseraient constamment négativement.

Un phénomène remarquable que présentent les deux plaques de verre électrisées différemment par leur frottement mutuel, est que, tant qu'elles se touchent, elles ne manifestent aucune propriété électrique ; il faut donc admettre *que l'électricité positive et l'électricité négative ont la propriété de se neutraliser mutuellement*, et qu'en conséquence on peut les considérer comme *antagonistes*.

Enfin, comme il n'est pas possible de définir l'électricité positive et l'électricité négative autrement qu'en disant que l'une est la propriété d'attirer ou de neutraliser l'autre, ces propriétés sont dites *corrélatives*.

J'insiste beaucoup sur les distinctions que je viens de faire, par la raison que nous verrons bientôt des propriétés chimiques du premier ordre que l'on ne pourra bien apprécier qu'autant qu'on les envisagera sous le point de vue où nous venons de considérer les propriétés électriques.

Magnétisme.

La propriété qu'on remarque dans certains corps de se diriger dans le plan du méridien astronomique ou dans un plan qui en est très-voisin, lorsqu'ils sont suffisamment déliés et suspendus librement; la propriété qu'ont ces mêmes corps d'attirer la limaille de fer, sont attribuées à une cause appelée *magnétisme*.

Les corps qui possèdent ces propriétés portent le nom d'*aimans*.

Il existe deux magnétismes : comme les deux électricités, les magnétismes sont antagonistes l'un de l'autre, et corrélatifs; ils se manifestent surtout aux extrémités des aimans de forme prismatique. Les pôles de deux aimans qui sont dirigés vers le nord ou vers le sud, et qui sont conséquemment de la même nature, se repoussent mutuellement, tandis que les pôles différens s'attirent.

B. PROPRIÉTÉS CHIMIQUES.

Nous venons de voir que les corps qui sont

sollicités par les électricités et les magnétismes s'attirent ou se repoussent lorsqu'ils sont placés à une distance plus ou moins grande les uns des autres. Il n'en est pas de même des *propriétés chimiques* dont je vais parler. Les corps ne les présentent que quand ils sont en contact apparent. L'expérience suivante le prouve.

On verse doucement dans une cloche étroite de l'alcool légèrement aiguisé d'acide acétique, puis, au moyen d'une pipette dont le bout est effilé, on porte au fond de la cloche de la teinture aqueuse de tournesol, qui est susceptible de devenir rouge par le contact des acides; la différence de densité des liqueurs s'oppose à leur mélange; mais dans la partie où elles se touchent, on aperçoit une tranche de couleur rouge, due à la réaction de l'acide acétique sur la matière colorante; au-dessous d'elle, la teinture de tournesol a conservé sa couleur bleue, et au-dessus, l'alcool est resté incolore. L'action chimique n'a donc eu lieu qu'au contact apparent des corps : si nous agitons les deux liquides, toutes les parties se trouveront en contact; la couleur deviendra uniforme dans toute la masse. De là nous pouvons tirer cette conséquence, que toutes les fois qu'on voudra observer l'action chimique des corps les uns sur les autres, il faudra les diviser le plus possible, afin de multiplier leurs points de contact.

Je vais donner deux nouveaux exemples d'actions chimiques :

Dans deux petits vases de verre, qu'on appelle des matras, dont l'un contient du cuivre et l'autre du plomb, je verse un liquide appelé acide nitrique faible, et j'élève peu à peu la température des corps : des bulles se dégagent bientôt; elles ne proviennent point d'une simple ébullition déterminée par l'élévation de la température, elles sont le résultat d'une altération que le liquide éprouve sous l'influence du métal et de la chaleur. En continuant l'expérience, et en supposant qu'il y ait assez d'acide nitrique, les corps disparaissent complètement : on dit alors qu'ils *sont dissous*. Mais les deux dissolutions sont très-différentes par la couleur; celle du cuivre est bleue, et celle du plomb n'est pas colorée; toutes deux sont transparentes et homogènes à l'œil dans toutes leurs parties.

Il est inutile de donner d'autres exemples des propriétés que nous rapportons à l'action chimique; ceux-là suffisent pour faire concevoir

combien elles diffèrent des propriétés physiques, et combien elles sont propres à distinguer
les diverses espèces de corps les unes des autres.

C. PROPRIÉTÉS ORGANOLEPTIQUES.

J'ai proposé de réunir dans un groupe particulier les propriétés que nous observons lorsque
des corps sont mis en contact immédiat avec
nos organes; ainsi, les corps qui ont de l'action
sur la peau, ceux qui agissent sur l'odorat, sur
le goût, manifestent des propriétés que j'appelle *organoleptiques*. Il en est de même encore dans les cas où des substances agissent
sur les organes intérieurs de notre corps; les
actions produites alors ne sont connues que
par leurs effets; je les rapporte aux propriétés
organoleptiques.

La raison qui m'a fait distinguer ces propriétés, est l'ignorance où nous sommes en général
sur la nature de l'action que les corps exercent
quand nous leur reconnaissons une propriété
organoleptique: en effet, si un corps tel que le
verre, le bois, le marbre, appliqué sur l'organe
du toucher, n'exerce réellement qu'une action
physique, il n'en est plus de même lorsque vous

vous appliquez sur la peau du chlorure de calcium, des acides, des caustiques, etc.

Si nous considérons maintenant les propriétés dont nous venons de parler, non plus d'une manière abstraite, comme on le fait en physique, mais relativement aux corps qui les possèdent, nous serons conduits à distinguer un grand nombre de corps divers, soit que nous les comparions sous le rapport de leurs propriétés physiques, soit que nous les comparions sous celui de leurs propriétés chimiques et organoleptiques. Il est évident que connaître un corps, c'est savoir quelles sont les propriétés qui lui appartiennent.

L'objet spécial de *la chimie générale* est d'étudier chaque corps en particulier sous le rapport de l'ensemble de ses propriétés; l'objet de *la chimie appliquée aux arts* est d'étudier surtout les corps que ces arts travaillent, en donnant une attention particulière à celles de leurs propriétés qui les rendent utiles. Toutes les opérations que le teinturier exécute étant fondées sur quelques-unes des propriétés des corps qu'il met en présence les uns des autres, on conçoit dès lors l'objet de la chimie appliquée à l'art de teindre et l'utilité de cette application.

II. NATURE DES CORPS.

L'expression de *nature des corps* n'est point assez exactement définie dans la langue usuelle pour que nous ne cherchions pas à lui donner quelque précision.

Comprenant dans cette expression plusieurs rapports très-distincts, sous lesquels nous envisageons les corps, et ces rapports ne pouvant être ramenés à un seul principe, il n'est pas possible de la définir autrement qu'en énonçant successivement tous ces rapports dont l'ensemble constitue la notion que nous nous formons de la nature des corps, lorsque nous envisageons ceux-ci sous le point de vue de la science chimique.

A. COMPOSITION COMPLEXE OU SIMPLE.

Les corps sont composés ou simples.

Un corps est composé toutes les fois qu'on peut en séparer plusieurs sortes de matières, c'est-à-dire qu'on peut le réduire en des corps doués chacun de propriétés différentes.

Éclaircissons cette définition par des expériences.

Première expérience.

Je prends une substance que l'on connaît sous le nom de deutoxide de mercure. Je la chauffe, au moyen d'une lampe à esprit de vin, dans une cornue de verre dont le bec plonge sous une cloche remplie d'eau; la couleur du deutoxide de mercure se fonce par l'effet de la chaleur; les parties les plus voisines des parois qui sont le plus échauffées deviennent d'un rouge brun, les parties du centre qui le sont moins ont une couleur rouge plus claire. Lorsque la température est suffisamment élevée, il se condense dans le col de la cornue des globules de mercure; et on recueille dans la cloche un fluide élastique qu'on nomme oxigène.

Tirons des conséquences de cette expérience.

1° Nous avons réduit le deutoxide de mercure, en le soumettant à l'action de la chaleur, en deux corps, en un métal liquide, le mercure, et en un fluide élastique, l'oxigène. Et si l'expérience eût été faite d'une manière complète, nous aurions vu que les poids du mercure et de l'oxigène recueillis auraient représenté exactement celui du deutoxide soumis à l'expérience. On doit donc considérer le deutoxide de mer-

cure comme un composé d'oxigène et de mercure unis dans une certaine proportion que
l'on détermine au moyen de la balance.

2° La chaleur est un moyen de réduire un
corps composé en ses élémens.

Deuxième expérience.

L'électricité est un autre moyen de décomposer les corps. Par exemple, si on adapte des fils
de platine aux pôles de la pile P (fig. 2), et qu'on
les mette en communication avec des fils de platine qui sont mastiqués et isolés au fond d'un
vase de verre V, contenant de l'eau légèrement
aiguisée d'acide sulfurique, on observera que
ces fils se couvriront de petites bulles de gaz
qui finiront par s'en dégager; si on les recueille
dans de petites cloches de verre C et C', on
verra que le volume du gaz qui s'est dégagé au
fil électrisé négativement est double de celui
du gaz qui s'est dégagé au fil électrisé positivement. Enfin on verra en outre que ces deux
gaz sont très différens : le premier, appelé hydrogène, est inflammable ; le second, appelé
oxigène (le même que celui que nous avons
obtenu de la distillation du deutoxide de mercure), est remarquable par l'intensité avec la-

quelle il fait brûler une petite allumette qu'on y plonge après l'avoir embrasée à un bout. Nous démontrerons plus tard que les deux gaz que nous venons d'obtenir constituent l'eau lorsqu'ils sont unis dans la proportion où nous les avons obtenus. D'après cela, nous sommes en droit de conclure qu'un corps soumis à l'action électrique peut être réduit en ses élémens, ainsi que cela arrive au deutoxide de mercure soumis à l'action de la chaleur.

Les opérations par lesquelles le deutoxide de mercure et l'eau ont été décomposés sont des *analyses chimiques*.

Une cause tient certainement l'oxigène uni au mercure dans le deutoxide de mercure ; une cause pareille tient l'oxigène uni à l'hydrogène dans l'eau : or, cette cause est pour nous une *force chimique* à laquelle nous donnons le nom d'*affinité*. Nous disons qu'elle est surmontée, dans la première opération que nous venons de faire, par la force expansive de la chaleur, et dans la seconde par les forces électriques de la pile voltaïque.

Troisième expérience.

Nous prendrons pour troisième exemple de

décomposition des corps, celle que la matière appelée cinabre éprouve de la part du fer et de la chaleur. Le cinabre est formé de soufre et de mercure; c'est pourquoi, dans la nouvelle nomenclature chimique, il est appelé sulfure de mercure. Après l'avoir mêlé avec son poids de fer, on l'introduit dans une petite cornue de verre, à laquelle on adapte un petit ballon tubulé, puis on chauffe peu à peu la cornue. Il arrive un moment où l'existence du sulfure de mercure, en présence du fer chaud, n'est plus possible; alors le soufre s'unit au fer, et le mercure, devenu libre, se dégage en vapeurs qui se condensent dans le récipient. Le fer qui s'est uni au soufre reste dans la cornue.

Cette faculté qu'a un corps d'en expulser un autre d'un de ses composés pour en prendre la place, est appelée *affinité élective*. Mais ne croyez pas que l'affinité élective soit une force absolue, c'est-à-dire que tel corps qui en chasse un autre de ses combinaisons, soit toujours disposé à produire ce résultat. En effet, si on fait varier les circonstances où les corps se trouvent placés, ils pourront présenter des effets absolument opposés; de sorte que si dans une circonstance A expulse B du composé BC pour former un

composé AC, dans une circonstance différente
B expulsera A du composé AC pour former le
composé BC.

De là nous devons conclure que l'on doit ap-
porter une attention toute particulière aux circonstances dans lesquelles les corps sont placés
lorsqu'ils sont en présence les uns des autres.
Les circonstances qui ont le plus d'influence en
général dans les actions chimiques des corps,
sont l'état d'adhérence de leurs particules, la
pression à laquelle ils sont soumis, leur état
électrique, leur température, enfin la quantité
et la nature du liquide dans lequel ils peuvent
être dissous.

L'art de la teinture présente des exemples de
l'influence de ces circonstances. Ainsi, à froid
le coton enlève l'alun à l'eau qui le tient en dissolution ; tandis qu'à la température de 100°
l'eau bouillie en quantité suffisante avec le coton aluné en sépare tout l'alun auquel il s'était
uni à froid. Il y a telle dissolution ferrugineuse
qui, à froid, ne cède pas ou presque pas de peroxide de fer à la laine, et qui, à chaud, lui en
cède une quantité notable.

Voilà ce qui fait sentir l'importance qu'il y a
à étudier les circonstances dans lesquelles les

corps sont placés lorsqu'ils doivent réagir les uns sur les autres.

D'après ce que j'ai dit de la nature de la force qui réunit les élémens des corps, vous devez voir que cette force n'est pas comparable à l'adhésion qu'on produirait mécaniquement entre deux corps, soit en les pressant l'un contre l'autre, soit en les unissant au moyen d'une colle, d'une matière visqueuse quelconque susceptible de se dessécher ensuite.

Il est encore nécessaire de bien distinguer la *combinaison* du *mélange*.

Lorsque des corps sont susceptibles de former une combinaison, ils donnent presque toujours lieu à des phénomènes remarquables, tels qu'un changement de température, une émission de lumière; ils éprouvent un changement plus ou moins grand dans l'état d'agrégation de leurs parties, dans leur couleur, leur odeur, leur saveur et leurs autres propriétés; et enfin ils présentent ce résultat, que *leur masse est homogène dans toutes ses parties*, ou en d'autres termes, que l'œil, aidé du microscope, ne peut découvrir en eux aucune parcelle des corps qui se sont combinés.

Par l'acte du *mélange* proprement dit, il ne

se produit pas de changement de température
(abstraction faite de la chaleur qui peut résulter du frottement des corps qu'on mélange),
jamais il n'y a dégagement de lumière, ni disparition ou modification des propriétés chimiques des corps mélangés; et si on peut concevoir deux matières tellement divisées qu'elles
présenteront à l'œil un mélange homogène, il est
vrai de dire qu'en général, à l'aide des moyens
mécaniques, tels que l'agitation du mélange
dans un liquide et la décantation rapide de
ce liquide, on pourra séparer plus ou moins
complètement les corps mélangés l'un de l'autre,
s'ils diffèrent plus ou moins en densité. Si un
des corps seulement était magnétique, on pourrait le séparer de celui qui ne le serait pas, au
moyen d'un barreau aimanté. C'est ce qu'on
fait très-bien lorsque de la limaille de fer est
mélangée à du sable, à de la sciure de bois, etc.

Mais nous devons avouer qu'il y a des matières complexes sur lesquelles nous ne pouvons
prononcer, c'est-à-dire que nous ne savons si
les corps qui les constituent sont combinés, ou
simplement mélangés.

Après avoir démontré par l'expérience comment on arrive à connaître les corps composés,

il me sera facile de définir ce qu'on doit entendre par l'expression de *corps simple, élément,
principe*. Nous regardons comme tel *tout corps
dont on n'a pu séparer plusieurs sortes de matières en le soumettant à l'action de la chaleur,
de l'électricité, ou à celle d'un corps que l'on a
iugé susceptible d'agir sur lui par affinité élec-
jtve*. Vous voyez par cette définition que l'expression de *corps simple*, d'*élément*, de *principe*,
n'est que relative dans l'application qu'on en
fait à diverses matières : elle ne signifie donc pas
que celles-ci sont réellement simples; elle veut
dire seulement qu'elles ont résisté à l'analyse.

Nous étudions les corps composés sous le
rapport de l'*analyse*, quand nous les soumettons
à des opérations propres à en dévoiler la composition élémentaire; nous les étudions sous le
rapport de la *synthèse*, lorsque nous les soumettons à des opérations telles qu'ils s'unissent
à d'autres corps sans que leurs élémens se séparent. Dans ce cas, ils se comportent comme
des corps simples; c'est pourquoi, lorsque nous
avons des raisons de considérer une matière
comme résultant de l'union de deux ou de plusieurs corps composés qui n'ont pas éprouvé
de changement dans leur composition élémen-

taire, nous désignons les corps composés qui se sont unis, par l'expression de *principes immédiats* de la matière qu'ils constituent.

Il est clair que nous ne pouvons connaître les corps simples que sous le rapport de la synthèse ; leur histoire chimique consiste donc dans la connaissance des phénomènes qu'ils présentent lorsqu'ils se combinent avec des corps quelconques, et dans celle des propriétés de leurs combinaisons.

Un composé est appelé *binaire*, *ternaire*, *quaternaire*, etc., suivant qu'il est formé de deux, de trois, de quatre, etc., principes.

B. PROPRIÉTÉS CHIMIQUES ANTAGONISTES.

A. *Dans les corps composés.*

Les corps composés manifestent à des degrés très-différens deux propriétés chimiques que nous appellerons *acidité* et *alcalinité*, et que nous considèrerons comme antagonistes, parce qu'elles sont susceptibles de se neutraliser plus ou moins complètement. Elles sont corrélatives l'une de l'autre, de même que l'électricité positive l'est de l'électricité négative, et que le magnétisme boréal l'est du magnétisme austral.

3.

Les corps qui jouissent de l'acidité au plus haut degré, comme l'acide sulfurique, possèdent un certain nombre de propriétés communes ; telles sont celle de rougir la teinture de tournesol et le sirop de violette ; celle de rougir ou jaunir la couleur de l'hématine (principe colorant du bois de Campêche). Les corps qui jouissent de l'alcalinité au plus haut degré, comme la potasse, possèdent pareillement un certain nombre de propriétés communes ; telles sont celles de ramener au bleu le tournesol rougi par un acide, de verdir le sirop de violette, de bleuir l'hématine. Qu'on unisse l'acide sulfurique avec la potasse dans une proportion convenable, et l'on obtiendra un composé qui n'aura aucune action sur le tournesol bleu ou rouge, sur le sirop de violette et sur l'hématine ; en un mot, on ne retrouvera plus dans le composé les propriétés caractéristiques de l'acide sulfurique, ni celles de la potasse. On pourra donc considérer l'acidité et l'alcalinité comme s'étant neutralisées mutuellement, et comme étant conséquemment antagonistes l'une de l'autre.

Si nous cherchons à définir maintenant l'acidité et l'alcalinité, nous ne pourrons dire autre chose, sinon que l'acidité est la propriété qu'ont des corps composés de s'unir, plus ou moins intimement, à des corps composés doués de l'alcalinité ; et réciproquement pour l'alcalinité : l'acidité et l'alcalinité sont donc corrélatives, et en définitive elles ne sont que l'affinité considérée dans des corps composés qui ont une grande tendance à s'unir ensemble.

Quant à la teinture de tournesol rouge, au sirop de violette, à l'hématine, qu'on nomme des *réactifs*, et qui sont propres à reconnaître l'acidité et l'alcalinité que des corps possèdent à un certain degré, il est évident que l'indication qu'ils donnent de la neutralité, dans un composé qui résulte de l'union d'un acide avec un alcali, consiste en ceci, que l'acide et l'alcali ont une plus forte affinité mutuelle, que l'acide ou l'alcali du composé n'a d'affinité pour le principe colorant, dont il ne change la couleur que par le fait même de la combinaison qu'il contracte avec lui.

L'acidité ou l'alcalinité ne peuvent être considérées comme appartenant absolument à un groupe de corps, ou, en d'autres termes, il n'est pas plus possible d'établir un groupe d'acides ou un groupe d'alcalis, qu'il ne l'est d'en

établir un de corps susceptibles de s'électriser
constamment négativement ou constamment
positivement. En effet, si vous disposez en manière de série, d'une part, les corps décidément
acides, d'une autre part, les corps décidément
alcalins, vous trouverez des corps intermédiaires qui établiront une sorte de continuité entre
les premiers et les seconds. De sorte que si les
extrêmes, considérés isolément des intermédiaires, sont très-différens, ils cesseront de
le paraître autant lorsqu'on prendra les intermédiaires en considération. C'est, au reste, ce
qui devient très-sensible lorsqu'on jette les
yeux sur la série des 23 écheveaux de laine colorés que je vous présente (fig. 3). Chaque
écheveau contient du bleu et du jaune. Mais,
en allant du milieu n° 12 vers l'extrémité A,
le jaune augmente de plus en plus, par rapport au bleu; et en allant du milieu n° 12 vers
l'extrémité B, le bleu augmente de plus en plus
par rapport au jaune. Maintenant supprimez
les 15 écheveaux intermédiaires, et vous aurez
quatre écheveaux, à l'extrémité A, qui paraîtront jaunes relativement aux quatre écheveaux de l'extrémité B, qui paraîtront bleus :
cependant tous les huit contiennent du jaune

et du bleu. Essayez, en outre, de distinguer le n° 4 du n° 5, ou le n° 20 du n° 19, et vous verrez que la différence est trop faible pour que vous puissiez la regarder comme satisfaisante, c'est-à-dire pour considérer les deux numéros voisins comme étant de couleurs différentes.

D'après cet exemple, on conçoit qu'on a pu maintenir un groupe d'acides et un groupe d'alcalis distincts l'un de l'autre, tant qu'on n'a pas connu de corps intermédiaires; mais aujourd'hui qu'il n'en est plus ainsi, il y aurait de graves inconvéniens à prétendre qu'il existe un groupe d'acides et un groupe d'alcalis distingués l'un de l'autre par des caractères rationnels. La propriété de rougir la teinture de tournesol, qu'on a généralement prise pour le caractère des acides, ne fournit qu'un caractère artificiel. En effet, le tournesol étant formé d'une matière rouge unie à du sous-carbonate de potasse, il arrive que tout corps qui lui enlève la potasse le rougit en mettant la matière rouge en liberté; conséquemment un acide est un corps qui attire la potasse plus fortement que ne le fait la matière rouge du tournesol. Or cette limite ne peut jamais être considérée comme établie d'une manière rationnelle.

De la manière dont nous venons de considérer l'acidité et l'alcalinité en général, et l'acidité et l'alcalinité dans certains corps, on ne devra pas s'étonner que, dans la suite de ce cours, nous considérions un même corps tantôt comme faisant fonction d'acide, tantôt comme faisant fonction d'alcali : ce résultat est le même que celui que présente un corps qui s'électrise positivement ou négativement, suivant qu'il est frotté avec tel ou tel corps. Quoi qu'il en soit, nous avons toujours la possibilité, au moyen de la pile, de déterminer, dans un composé, le corps qui est acide et le corps qui est alcalin ; car, dans la décomposition électrique, le premier se porte au pôle positif et le second au pôle négatif.

B. *Dans les corps simples.*

En étudiant les corps simples sous des points de vue analogues à ceux sous lesquels nous venons de considérer les corps composés, on reconnaît bientôt en eux deux propriétés corrélatives, que nous nommons la *propriété comburante* et la *propriété combustible*, par la raison que les corps qui les possèdent au plus haut degré produisent, par leur action mutuelle, le phénomène du feu, ou ce qu'on appelle une *combustion*. Les composés résultant de cette action peuvent être des acides, des alcalis ou des corps neutres aux réactifs colorés.

En examinant les corps simples, sous le rapport des propriétés comburante et combustible, on aperçoit bientôt qu'il n'est pas possible de les partager en groupes parfaitement définis de *corps comburans* et de *corps combustibles*, puisqu'on passe insensiblement des uns aux autres, comme on passe des acides aux alcalis par des corps intermédiaires.

D'un autre côté, nous n'avons pas, à l'égard des corps simples, de moyens analogues à ceux qui nous ont servi à nous faire une idée de la *neutralité* dans les acides et les alcalis énergiques qui se sont combinés ; cependant la pile voltaïque décomposant la plupart des produits de la combustion, de manière que le *corps comburant va au pôle positif* et le *corps combustible au pôle négatif*, on peut considérer les propriétés comburante et combustible comme antagonistes ; et enfin, on peut dire que ces propriétés ne sont que l'affinité plus ou moins forte que les corps simples ont les uns pour les autres, et que le dégagement du feu ne peut servir de caractère rationnel, puisqu'il résulte de toute action moléculaire énergique, indépendamment de la nature simple ou complexe des corps qui l'exercent.

C. STRUCTURE INTIME DES CORPS.

Toutes les hypothèses que l'on a imaginées sur la structure des corps rentrent dans deux systèmes généraux, le *système dynamyque* et le *système atomistique* (ou *S. atomique, S. corpusculaire, S. moléculaire*).

Dans le premier, on considère les corps comme des espaces limités remplis d'une matière continue dans toutes ses parties ; si quelques corps présentent des vides ou des pores, ces interstices sont accidentels.

Dans le second, on admet que les corps sont formés de petits solides indivisibles et impénétrables qu'on appelle des *atomes*, ou encore des *molécules élémentaires*, des *molécules constituantes*.

Les atomes sont sollicités par deux forces contraires : une force *attractive* et une force *expansive ;* celle-ci, toujours agissante, empêche l'effet du contact des atomes que la première tend à produire.

Dans un corps simple, il n'y a que des atomes d'une même nature; dans un corps composé, il y a autant d'atomes de différentes natures que l'on y distingue de corps simples.

On admet assez généralement que les atomes, même dans les corps simples, sont assujétis à un arrangement déterminé; un groupe d'atomes ainsi arrangés a été appelé *particule* par plusieurs physiciens.

Une particule est toujours trop ténue pour tomber sous nos sens, les corps les plus divisés que nous apercevons sont donc encore des assemblages d'un certain nombre de particules.

A. *Assemblages d'atomes dans les corps simples.*

Un morceau de soufre ou de tout autre corps simple qui tombe sous nos sens doit être considéré comme formé d'un grand nombre de particules qui sont unies ensemble par la *cohésion,* c'est-à-dire par la force à laquelle nous rapportons la cause qui tient les atomes unis les uns aux autres dans une particule de soufre ou de tout autre corps simple.

En examinant les corps simples sous le rapport de la cohésion et de la force expansive qui sollicitent leurs atomes, voici ce qu'on admet assez généralement :

1º *A l'état solide*, la cohésion agit sur les atomes qui constituent une particule, et sur les particules qui constituent un assemblage matériel que nos sens aperçoivent; en outre, la forme des particules a elle-même de l'influence sur la force avec laquelle elles sont agrégées.

2º *A l'état liquide*, la force de cohésion qui agit sur les particules est presque surmontée par la force expansive, de sorte que l'influence de la forme des particules sur leur agrégation est nulle, au moins à quelques degrés au-dessus du terme où le liquide se solidifie; en outre, la cohésion qui sollicite les atomes d'une particule ne cesse pas d'agir.

3º *A l'état gazeux*, la force de cohésion des particules entre elles est nulle, tandis que celle qui unit les atomes dans une particule est toujours active.

B. *Assemblages d'atomes dans les corps composés.*

Les considérations précédentes sont applicables aux assemblages de particules dans les corps composés qui tombent sous nos sens;

cependant le fait de la coexistence d'atomes de diverses natures qu'ils présentent nécessite de nouveaux développemens.

On admet que dans une particule formée de deux ou plusieurs atomes de diverses natures, c'est l'*affinité* qui réunit les atomes élémentaires, et que dans l'assemblage d'un certain nombre de particules ainsi constituées qui forment un corps solide ou liquide, c'est la cohésion qui réunit ces mêmes particules.

Si le corps solide ou liquide est, comme l'eau par exemple, susceptible de prendre l'état aériforme sans se dénaturer, on admet que la force expansive surmonte simplement la cohésion des particules, et non l'affinité des atomes élémentaires.

Si au contraire le corps composé se comportait comme le deutoxide de mercure que nous avons réduit en oxigène et en mercure, en le chauffant dans une cornue, il faudrait admettre que la chaleur détruit l'affinité réciproque de ces corps.

Nous verrons dans la leçon prochaine les causes principales auxquelles on peut rapporter les différences que nous observons dans les propriétés des corps composés.

D. CORPS ORGANIQUES ET INORGANIQUES.

On emploie souvent l'expression de *composés organiques* ou de *principes immédiats organiques*, pour désigner certains corps dont les élémens ont été unis sous l'influence de la vie d'un animal ou d'une plante, et qui ne se trouvent que dans les êtres organisés; tels sont le sucre, l'amidon, l'albumine. Cette expression distingue ces corps de ceux qu'on rencontre dans le règne minéral, ou qui peuvent être formés dans nos laboratoires, et que par opposition aux premiers on nomme *corps inorganiques*. Mais cette distinction n'est pas rationnelle; nous avons produit dans nos laboratoires des substances analogues et quelquefois même identiques avec celles que l'on considérait auparavant comme des substances organiques.

Voyez mes *Considérations sur l'analyse organique et sur ses applications.* Paris, 1824; chez Levrault, rue de la Harpe, nᵒ 81.

PARIS, IMPRIMERIE DE DECOURCHANT,
RUE D'ERFURTH, Nᵒ 1, PRÈS L'ABBAYE.

DEUXIÈME LEÇON.

I. NOMENCLATURE CHIMIQUE.

II. DÉFINITION DU MOT *ESPÈCE*.

III. DESCRIPTION DES CORPS.

I. NOMENCLATURE CHIMIQUE.

Messieurs,

Nous traiterons de la nomenclature des corps simples, et ensuite de celle des corps composés.

A. NOMENCLATURE DES CORPS SIMPLES.

On compte aujourd'hui cinquante-deux substances dont on n'a pu séparer plusieurs sortes de matières, quelles que soient les opérations auxquelles on les a soumises ; chacune d'elles doit donc être considérée comme simple, d'après les raisons que nous avons données dans

4

la leçon précédente. Voici les noms de ces substances :

1 Oxigène.	14 Carbone.	27 Palladium.	40 Zinc.
2 Phtore.	15 Bore.	28 Mercure.	41 Manganèse.
3 Chlore.	16 Silicium.	29 Argent.	42 Zirconium.
4 Brôme.	17 Colombium.	30 Cuivre.	43 Aluminium.
5 Iode.	18 Titane.	31 Urane.	44 Yttrium.
6 Azote.	19 Antimoine.	32 Bismuth.	45 Glucinium.
7 Soufre.	20 Téllure.	33 Étain.	46 Magnésium.
8 Sélénium.	21 Or.	34 Plomb.	47 Calcium.
9 Phosphore.	22 Hydrogène.	35 Cérium.	48 Strontium.
10 Arsenic.	23 Osmium.	36 Cobalt.	49 Barium.
11 Molybdène.	24 Iridium.	37 Nickel.	50 Lithium.
12 Chrôme.	25 Rhodium.	38 Fer.	51 Sodium.
13 Tungstène.	26 Platine.	39 Cadmium.	52 Potassium.

Quoiqu'il n'y ait pas, à proprement parler, de règles pour la nomenclature des corps simples, il y a cependant quelques remarques à faire lorsqu'il s'agit d'appliquer un nom à une substance simple qu'on vient de découvrir; il faut que ce nom soit court et harmonieux, afin qu'il se prête aisément à former des mots propres à faire connaître les composés chimiques dans lesquels le corps qu'il désigne entre comme élément.

Les noms qu'on a donnés aux corps simples sont souvent insignifians; ainsi le mot *or* ne rappelle rien à l'esprit, sauf le métal auquel on l'applique. Il n'en est pas de même des noms de *chlore* et d'*iode* qu'on a donnés, dans ces derniers temps, à deux substances simples ; le mot de chlore rappelle la couleur jaune-verdâtre de la substance qu'il désigne, de même que le nom d'*iode* rappelle la couleur violette que présente le corps auquel on l'a imposé, lorsqu'il est réduit en vapeur. Le *strontium* tire son nom de celui du pays où l'on a trouvé un de ses composés pour la première fois. Le nom de *cérium* dérive du nom d'une divinité de la fable. Enfin le nom de *colombium*, que porte une substance métallique, rappelle le nom de Christophe Colomb, qui découvrit l'Amérique, où l'on a trouvé un des premiers minéraux qui aient offert ce métal.

B. NOMENCLATURE DES CORPS COMPOSÉS.

Si la nomenclature est indifférente lorsqu'il s'agit des corps simples, elle cesse de l'être lorsqu'elle s'applique à des corps composés ; et c'est une des belles applications de la philosophie que d'avoir changé les noms barbares de l'ancienne chimie en une nomenclature remarquable à la fois par sa grande simplicité et par la précision qu'elle apporte dans l'étude des composés chimiques.

Le principe essentiel de la nomenclature des corps composés, *est de donner une idée de la nature d'un corps en en énonçant le nom.*

I. *Nomenclature des composés oxigénés binaires.*

Nous commencerons par appliquer ce principe aux composés oxigénés : ceux-ci sont remarquables par leur nombre, par l'importance de leurs propriétés, par les travaux approfondis dont ils ont été l'objet, par le fréquent usage que nous en faisons dans nos laboratoires et dans nos ateliers : mais je ne parlerai présentement que des composés oxigénés binaires de nature inorganique.

Pour nommer ces corps on a égard :

1° A l'acidité ou à la non-acidité du composé ;

2° A la nature du corps qui est uni à l'oxigène ;

3° Aux diverses proportions suivant lesquelles ces corps sont susceptibles de s'unir ensemble.

Les composés oxigénés sont considérés comme des acides lorsqu'ils rougissent la teinture de tournesol; tous ceux qui sont dans ce cas portent le nom générique d'*oxacides*. Les composés oxigénés qui sont sans action sur le tournesol sont appelés *oxides*.

1° *Nomenclature des oxacides binaires.*

Pour satisfaire au principe exposé plus haut, lorsqu'il s'agit de nommer un oxacide, on énonce :

1° Le nom collectif *acide;*

2° Un nom spécifique.

Celui-ci rappelle le nom du corps, ou, comme on dit, du *radical* qui est uni à l'oxigène; et au moyen de sa terminaison en *ique* ou en *eux*, et au moyen de la préposition grecque *hypo* dont on le fait précéder dans certains cas, on arrive à exprimer dans le nom spécifique la nature du corps uni à l'oxigène, et la relation qui existe entre les diverses proportions suivant lesquelles les mêmes corps peuvent se combiner. On est convenu que la terminaison *ique* indique plus d'oxigène que la terminaison *eux*; et enfin que la préposition *hypo* exprime toujours une proportion d'oxigène plus faible que le même mot spécifique terminé en *ique* ou en *eux*, qui n'est pas précédé de cette préposition. Citons plusieurs cas pour exemples :

Premier cas. Un corps simple comme le soufre forme quatre acides avec l'oxigène ; il s'agit de les nommer. J'inscris d'abord le mot collectif *acide*, et je fais le nom spécifique des quatre combinaisons :

1° En prenant le mot *sulfur*, qui rappelle le mot *soufre*, radical des quatre acides précédens.

2° En y ajoutant la terminaison *ique*, j'ai le mot *sulfurique*, qui indique l'oxacide du soufre, le plus abondant en oxigène.

3° En joignant la préposition *hypo* à *sulfurique*, je fais le mot *hyposulfurique*, pour désigner l'oxacide le plus oxigéné après le précédent.

4° En ajoutant la terminaison *eux* au mot *sulfur*, j'ai le mot *sulfureux*, qui désigne l'oxacide qui contient le plus d'oxigène après le précédent.

5° En joignant la préposition *hypo* à *sulfureux*, j'ai le mot *hyposulfureux*, qui indique l'oxacide du soufre le moins oxigéné.

Deuxième cas. Un corps simple comme le phosphore forme trois acides avec l'oxigène.

En ajoutant au mot *phosphor* la terminaison *ique*, on désigne l'acide saturé d'oxigène.

En ajoutant la terminaison *eux*, on désigne l'acide qui contient le plus d'oxigène après le précédent.

Enfin, en ajoutant la proposition *hypo* au mot *phosphoreux*, on désigne l'acide le moins oxigéné.

Je vous ferai remarquer, messieurs, que dans le cas qui nous occupe, on aurait nommé tout aussi bien les deux derniers acides *acide hypophosphorique* et *acide phosphoreux*, qu'on les a nommés *acide phosphoreux* et *hypophosphoreux*.

Troisième cas. Un corps simple comme l'arsenic forme deux acides.

On les distingue par les désinences *ique* et *eux*, sans avoir recours par conséquent à la préposition *hypo* ; on dit donc acide *arsénique*, acide *arsénieux*.

Quatrième cas. Un corps simple comme le bore forme un acide. Dans ce cas, on termine le nom du radical en *ique*. On dit donc *acide borique*.

Il me reste, pour terminer l'exposé de la nomenclature des oxacides, à vous faire la remarque suivante :

Le chlore forme avec l'oxigène deux acides ; d'après la règle précédente, on doit dire *acide chlorique* et *acide chloreux*, et cependant telle n'est pas la nomenclature. On dit *acide chlorique oxigéné* et *acide chlorique*; cette exception s'explique aisément, lorsqu'on sait que l'acide de chlore le moins oxigéné a été connu long-temps avant celui qui l'est davantage : dès lors le premier ayant reçu la dénomination d'*acide chlorique*, il y aurait eu des inconvéniens à l'appeler *acide chloreux*, et à transporter son nom à l'acide le plus oxigéné.

2° *Nomenclature des oxides binaires.*

Lorsqu'un corps ne forme qu'un seul oxide, vous nommez la combinaison, en énonçant le mot collectif *oxide*, puis le nom du corps qui est uni à l'oxigène; par exemple vous dites *oxide de bismuth*, pour désigner l'unique combinaison de ce métal avec l'oxigène.

Dans le cas où un corps s'unit en plusieurs proportions avec l'oxigène, vous faites précéder le mot *oxide*, en commençant par le composé le moins oxigéné,

des mots : *Prot,*		—	*Trit,*
—	*Deut,*	—	*Tetr,* etc.,

qui sont tirés des nombres ordinaux grecs

Πρωτος,

Δευτερος,

Τριτος,

Τεταρτος, etc.,

suivant qu'il y a 2, 3, 4, etc., oxides à distinguer.

On nomme très-souvent l'oxide le plus oxigéné *peroxide*.

II. *Nomenclature de composés binaires dont l'oxigène n'est pas un des élémens.*

Le phtore, le chlore, le brôme, l'iode, l'azote, le soufre, le sélénium, le phosphore, l'arsenic, etc., etc., sont susceptibles de former chacun avec la plupart, si ce n'est avec la totalité des corps simples dont les noms suivent les leurs dans le tableau que vous avez sous les yeux, des composés qui peuvent être dépourvus de la propriété acide, ou bien des composés qui peuvent la posséder. Dans ces deux cas il faut toujours distinguer dans la combinaison le corps qui fait fonction de comburant et celui qui fait fonction de combustible, par la raison que le principe de nomenclature qui sert de guide est de former un nom, pour désigner chaque combinaison en particulier, qui se compose d'un mot collectif et d'un mot spécifique ; le premier doit rappeler le comburant, ou l'élément électro-négatif, et le second le combustible, ou l'élément électropositif.

1° Nomenclature des composés binaires non oxigénés acides.

La règle à suivre pour nommer ces composés consiste à énoncer :

1° Le mot *acide ;*

2° Un mot qui rappelle le nom du comburant, et qui

> pour le Phtore est *Pthoro.*
> —   Chlore — *Chloro.*
> —   Brôme — *Bromo,* etc.;

3° Un mot qui rappelle le nom du combustible ; ce nom est terminé en *ique* ou en *eux*, et précédé ou non précédé de la préposition *hypo*, suivant le nombre des combinaisons.

On voit donc que la nomenclature des composés binaires non oxigénés acides est la même que celle des oxacides, sauf qu'on interpose, entre le mot acide et le mot spécifique, le nom du comburant.

Exemples.

Le chlore, en s'unissant au phosphore, forme un seul acide, qui est appelé *chlorophosphorique.*

Le phtore forme avec le bore un seul acide, qui est appelé *phtoroborique.*

2° *Nomenclature des composés binaires non oxigénés, non acides.*

Dans ces composés, le mot collectif est formé du nom du comburant ou de l'élément électro-négatif, auquel on ajoute la terminaison *ure.*

Ainsi les composés binaires non acides

de Phtore sont des *Phtorures;*
— Chlore   —   *Chlorures;*
— Brôme   —   *Brômures;*
— Iode   —   *Iodures;*
— Azote   —   *Azotures;*
— Soufre   —   *Sulfures;*
— Sélénium   —   *Séléniures;*
— Phosphore —   *Phosphures;*
— Arsenic, etc.—   *Arséniures,* etc.

Dans le cas où le phtore, le chlore, le brôme, l'iode, l'azote, le soufre, le sélénium, le phosphore, l'arsenic, etc., en s'unissant avec un même corps, forment plusieurs composés, on les désigne par le même artifice que celui que nous avons employé pour distinguer les divers oxides d'un même corps; on joint donc au mot phto-rure, chlorure, etc., etc., les nombres ordinaux *proto*, *deuto*, *trito*, *tetro*, etc., ou la préposition *per* pour désigner le composé saturé du comburant.

Il ne peut y avoir qu'une cause d'erreur dans l'application des règles que nous venons d'exposer. Elle provient de ce que l'ordre d'inscription des corps simples dans notre tableau n'a pas été suffisamment discuté pour qu'on soit certain que les corps s'y trouvent placés de manière que celui qui en précède un autre est toujours comburant ou électro-négatif par rapport à ce dernier.

Exceptions.

Les règles que nous venons d'exposer pour nommer les divers composés binaires que nous avons passés en revue, sont sujettes à quelques exceptions que nous ne pouvons nous dispenser d'indiquer.

Première exception.

L'eau est formée d'oxigène et d'hydrogène, comme nous l'avons vu, mais elle n'est pas le seul composé qui résulte de l'union de l'oxigène avec l'hydrogène. Ces corps sont susceptibles de former un autre composé qui diffère de l'eau, en ce qu'il contient deux fois plus d'oxigène qu'elle. En outre, ces deux composés ne rougissant pas le tournesol, sont des *oxides d'hydrogène;* d'après cela l'eau devrait porter le nom de *protoxide d'hydrogène.*

Mais les illustres auteurs de la nouvelle nomenclature chimique ont respecté un nom qui revient continuellement dans la langue vulgaire, et qui a d'ailleurs le mérite d'être court.

Les combinaisons que l'eau forme avec les acides, les alcalis et les sels neutres, sont appelées *hydrates,* lorsqu'on ne préfère pas joindre au nom du corps uni à l'eau l'épithète de *hydraté* ou *hydratée.* Nous prévenons que dans la suite de ce cours nous n'appliquerons le mot *hydrate* qu'à des composés dont les principes sont unis en des proportions définies.

Deuxième exception.

L'ammoniaque est formée d'un volume d'azote et de trois volumes d'hydrogène, et comme elle n'est pas acide, et que l'azote est comburant relativement à l'hydrogène, il est clair qu'on devrait la nommer *azoture d'hydrogène.*

Ce qui a fait conserver l'ancien nom d'ammoniaque, c'est que cette substance avait toujours été placée par sa propriété alcaline à côté de la potasse, de la soude, et qu'en changeant sa dénomination, c'eût été en quelque sorte paraître fermer les yeux sur les analogies de ces substances. A l'époque où on prit le parti de conserver le nom d'ammoniaque dans la nouvelle nomenclature, la nature de la soude et de la potasse était inconnue.

Troisième exception.

Les trois acides que l'oxigène forme avec l'azote sont appelés nitrique, nitreux et hyponitreux, tandis que l'on devrait dire acide *azotique*, acide *azoteux* et acide *hypoazoteux* ou acide *azotique*, acide *hypoazotique*, acide *azoteux*. Rien ne justifie cette exception.

Quatrième exception.

L'azote et le carbone forment une combinaison qui devrait porter le nom d'*azoture de carbone*, au lieu de celui de *cyanogène*, en admettant toutefois que le composé a plus d'analogie avec les comburans qu'avec les acides, car si on admettait le contraire, il faudrait le nommer *acide azotocarbonique*.

L'on appelle *cyanures* les combinaisons qui résultent de la combinaison du cyanogène avec les corps simples et même avec quelques oxides. Ces composés correspondent aux chlorures, aux sulfures, etc.

Cinquième exception.

Les combinaisons gazeuses de l'hydrogène avec le phosphore, l'arsenic et le carbone, neutres aux réactifs colorés, sont appelées

gaz hydrogène *protophosphoré,*
—   *perphosphoré,*
—   *arseniqué,*
—   *protocarboné,*
—   *deutocarboné* ou *bicarboné,*
—   *quadrocarboné.*

Or, l'hydrogène étant l'élément électro-positif, le nom de la substance qui s'y trouve uni devrait être nommé avant le sien. En conséquence on devrait dire

Protophosphure d'hydrogène,
Perphosphure   —
Protoarséniure   —

par la raison qu'il existe un composé solide d'arsenic et d'hydrogène qui porte le nom d'hy-

drure d'arsenic, mais qui doit être appelé per-
arséniure d'hydrogène,

> *Protocarbure* d'hydrogène,
> *Deutocarbure*   —
> *Quadrocarbure*   —

Notez que *quadro* signifie ici qu'il y a quatre
fois plus de carbone uni à l'hydrogène qu'il ne
s'en trouve dans le protocarbure.

On a tiré le nom collectif de l'hydrogène
pour désigner ces composés d'après la considération de leur état gazeux, et certainement
aussi d'après l'importance qu'on a accordée à
l'hydrogène ; car, pour ce dernier motif seulement, on a donné le nom d'*hydrures* à des composés solides ou liquides dans lesquels l'hydrogène est pareillement l'élément électro-positif.

Sixième exception.

Elle porte sur un groupe de huit acides qui
ont tous l'hydrogène pour radical ou pour élément électro-positif. M. Gay-Lussac a insisté
beaucoup sur les analogies que présentent ces
substances, et il a cru devoir les réunir en un
même groupe et s'écarter des règles suivies
dans la nomenclature des autres acides, où le
mot générique se tire du nom du corps combu-

rant et le mot spécifique du nom du corps combustible qui lui est uni. Il est clair que le phtore, le chlore, le brôme, l'iode, le soufre, le sélénium, le tellure, le cyanogène, qui forment des acides avec l'hydrogène, doivent donner des acides appelés *phtorohydrique, chlorohydrique*, *bromohydrique, iodohydrique, sulfohydrique*, *séléniohydrique, tellurohydrique, cyanohydrique*; au lieu de ces noms M. Gay-Lussac a préféré ceux de *hydrophtorique, hydrochlorique, hydrobromique, hydriodique, hydrosulfurique, hydrosélénique, hydrotellurique, hydrocyanique*.

Septième exception.

On emploie souvent les mots *silice, alumine, zircone, glucine, yttria, magnésie, chaux, strontiane, baryte, lithine, soude, potasse, litharge* ou *massicot, minium*, au lieu d'*oxide de silicium* ou d'*acide silicique*, d'*oxide d'aluminium*, — de *zirconium*, — de *glucinium*, — d'*yttrium*, — de *magnésium*, de *protoxide de calcium*,— de *strontium*, — de *barium*, d'*oxide de lithium*, de *protoxide de sodium*, — de *potassium*, — de *plomb*, de *deutoxide de plomb*.

Huitième exception.

On nomme en général *alliages* les combinaisons des métaux entre eux. Le plomb combiné à l'étain forme *un alliage de plomb et d'étain.* Une nomenclature systématique n'a pas été appliquée jusqu'ici à ces combinaisons, ou plutôt au résultat de la fusion des métaux, et je crois que l'on n'a pas assez insisté dans les règles de la nomenclature chimique sur un principe qui me semble devoir être toujours observé, c'est de ne donner des noms spéciaux qu'à *des substances qu'on peut regarder comme ayant une composition constante, parce qu'elles sont formées d'élémens unis en proportions définies.* Il est clair qu'il n'y a point de nomenclature possible pour distinguer chacune des dissolutions suivantes; prenez du sel ou du sucre, dissolvez-les dans l'eau jusqu'au point de saturation; puis ajoutez à cette même liqueur de nouvelles quantités d'eau, par exemple une partie, deux parties, trois parties, etc., etc., et vous aurez un nombre indéfini de dissolutions de sucre ou de sel dans l'eau, qui varieront d'après la proportion du sucre ou du sel dissous.

Ce n'est pas seulement dans la classe des

dissolutions que l'on trouve de pareils exemples; les métaux, qui sont susceptibles, comme on le dit, de s'allier en toutes proportions, en présentent encore de nombreux. On ne doit donner, selon moi, de noms scientifiques à ces composés que dans le cas où ils sont assujétis à des compositions définies; mais on peut sans inconvénient conserver les noms des alliages employés dans les arts, qui ne rappellent pas la nature des corps auxquels ils s'appliquent; tels sont le mot *bronze*, qui désigne l'alliage du cuivre et de l'étain dans des proportions qui varient, mais qui sont ordinairement d'un dixième d'étain et de neuf dixièmes de cuivre; le mot *laiton*, qui désigne un composé indéfini de cuivre et de zinc.

Enfin il est un genre d'alliages auquel on a donné le nom d'*amalgames* : ce sont ceux qui résultent de l'union des métaux avec le mercure. Ainsi, quand on dit un amalgame de plomb, on veut dire l'alliage du mercure et du plomb. Mais à cet égard il faut remarquer qu'il y a plusieurs de ces composés que l'on peut obtenir à l'état de cristaux, et qui sont soumis à des proportions définies ; conséquemment il serait avantageux de leur donner des dénomi-

nations scientifiques basées sur la nature élec-
tro-positive et électro-négative de leurs élémens,
et sur les proportions où ceux-ci constituent
chacune de leurs espèces.

Telles sont les exceptions à la nomenclature
des composés binaires. Je passe maintenant à
l'exposé des règles suivies pour la nomenclature
des sels.

III. *Nomenclature des sels.*

C'est surtout ici que l'on peut se convaincre
des services que la nouvelle nomenclature chimique a rendus à la science et aux arts ; car,
avec très-peu de mémoire, il est facile de retenir les règles auxquelles sont assujéties les dénominations des sels ; et avec la connaissance
de ces règles, lorsqu'on entend prononcer pour
la première fois le nom d'un sel, on se fait sans
peine une idée exacte de la nature de ses principes immédiats, c'est-à-dire de l'acide et de la base
salifiable qui le constituent, et en même temps
des rapports de proportion de l'acide à la base.

A proprement parler, un *sel est la combinaison d'un acide avec une base salifiable, qui est
l'ammoniaque, ou un oxide plus ou moins alcalin.* J'aurai plusieurs fois l'occasion de vous par-

ler de composés qui rentrent tout-à-fait dans la classe des sels par leurs propriétés, surtout celles qui se rattachent à la composition, pour vous faire remarquer que cette définition doit être plus généralisée, et que sans inconvénient elle peut être étendue à des composés qui ont cela de commun avec les sels proprement dits, qu'ils paraissent formés de deux corps composés ou principes immédiats, dont l'un est acide ou alcalin, tandis que l'autre, en neutralisant plus ou moins le premier, semble avoir la propriété antagoniste, quoiqu'il ne possède pas à l'état libre les caractères que présentent les corps alcalins ou acides.

Pour donner le nom de *sel* à une combinaison, il faut toujours que ses principes immédiats, ou celui qui est décidément acide ou alcalin, s'il n'y en a qu'un qui soit doué d'une propriété antagoniste, aient éprouvé une neutralisation plus ou moins sensible : par exemple, l'eau est un oxide qui s'unit à l'acide sulfurique, etc., mais vous ne pouvez considérer la combinaison des deux corps comme un sel; quoique cependant il y ait des cas où, par une analogie éloignée, vous établissiez un rapprochement entre ces divers composés.

Exposons maintenant la manière dont on a distingué les sels. Autant on compte d'acides, autant on compte de groupes ou de genres de sels.

Pour nommer un sel, on a égard à trois choses :

1° A la nature de l'acide;

2° A la base salifiable;

3° Aux proportions suivant lesquelles l'acide et la base salifiable sont susceptibles de se combiner.

Le nom collectif ou générique rappelle celui de l'acide, et le nom spécifique rappelle celui de la base, ainsi que la proportion suivant laquelle les deux substances se sont unies.

Première règle. *Tout acide dont la terminaison est en* ique *donne un nom dont la terminaison est en* ate.

Tout acide dont la terminaison est en eux *donne un nom dont la terminaison est en* ite.

Exemple : acide sulfurique   donne   *sulfate.*
acide sulfureux   —   *sulfite.*
acide hyposulfurique —   *hyposulfate.*
acide hyposulfureux —   *hyposulfite.*

Deuxième règle. *On a égard ensuite à la nature de la base salifiable qui est unie avec l'acide qu'on veut désigner, et pour cela on joint le nom de cette base au nom générique.* Ainsi nous dirons *sulfate de potasse, sulfite de potasse;* mais comme l'acide sulfurique forme avec la potasse deux sels distincts, il faut nécessairement avoir égard aux proportions suivant lesquelles les corps se sont unis; sans cela on ne remplirait pas l'objet de la nomenclature, qui est de donner une idée de la composition des substances complexes qu'on veut nommer. Voici comment on parvient à distinguer les différentes combinaisons que le même acide et la même base sont susceptibles de former en s'unissant ensemble.

Nous avons vu qu'il est de l'essence de l'acidité et de l'alcalinité de se *neutraliser* plus ou moins exactement; c'est-à-dire qu'un acide, en s'unissant avec une base salifiable, perd plus ou moins complètement la propriété qu'il avait de réagir d'une certaine manière sur des substances colorées, et qu'il en est de même d'une base salifiable qui s'unit à un acide. *Quand la combinaison est aussi voisine que possible de l'état neutre, la règle est d'énoncer simplement le nom du* genre *du sel qu'il s'agit de nommer, et ensuite celui de la* base *de ce même sel.*

Si la proportion de l'acide excède celle qui

constitue le sel neutre, on joint au mot générique la préposition SUR.

Si la proportion de la base excède celle qui constitue le sel neutre, on joint au nom générique la préposition SOUS.

Applications.

Sulfate de potasse s'applique à la combinaison la plus neutre possible qui résulte de l'union de l'acide sulfurique avec la potasse.

Sur-sulfate de potasse exprime que la combinaison de l'acide sulfurique avec la potasse, à laquelle cette dénomination s'applique, contient plus d'acide que le sulfate de potasse.

Sous-sulfate de peroxide de fer s'applique à la combinaison d'acide sulfurique et de peroxide de fer qui est avec excès de base.

L'expérience ayant appris que les diverses proportions d'acide qui s'unissent à une base, ou les diverses proportions d'une base qui s'unit à un même acide sont entre elles comme les nombres 1, 1 ½, 2, 3, 4, etc., on est parvenu à exprimer ces rapports de la manière suivante dans les *sur-sels* et dans les *sous-sels* :

1° *Dans les sur-sels.* — La quantité de l'acide à la base étant supposée égale à 1 dans le sel neutre, on remplacera la préposition *sur*, jointe au nom générique du sel, par les mots *sesqui, bi, tri, quadro*, etc., suivant que les proportions d'acide, relativement à celle qui constitue la combinaison neutre, sont $1\frac{1}{2}$, 2, 3, 4, etc. Par exemple, bisulfate de potasse s'applique à la combinaison d'acide sulfurique et de potasse dans laquelle il y a deux fois plus d'acide que dans le sel neutre.

2° *Dans les sous-sels.* — La quantité de la base à l'acide étant supposée égale à 1 dans le sel neutre, on joindra au mot générique, précédé de la préposition *sous*, les mots *sesqui, bi, tri, quadro*, etc., pour exprimer qu'il y a $1\frac{1}{2}$, 2, 3, 4 fois, etc. plus de base qu'il n'y en a dans la combinaison neutre.

Vous voyez, messieurs, la simplicité des règles à suivre pour nommer une classe de substances extrêmement nombreuse en espèces; sans elles, la mémoire la plus heureuse éprouverait les plus grandes difficultés à retenir plusieurs milliers de noms insignifians. La seule difficulté réelle que présente l'application de la nomenclature est l'incertitude qu'il y a dans certains cas à déterminer la combinaison la plus neutre possible que les acides faibles forment avec les bases salifiables; car on sent que le principe de la nomenclature des sels repose sur cette détermination. J'y reviendrai au reste dans la suite du cours.

Deux, trois, quatre sels qui s'unissent ensemble forment des sels *doubles*, *triples*, *quadruples*.

II. DÉFINITION DU MOT *ESPÈCE*.

A. *Dans les corps simples.*

*Dans les corps simples l'*espèce *est une collection d'êtres simples qui sont identiques par les propriétés.*

Voici dans un flacon un grand nombre de morceaux de soufre. Ces morceaux sont des échantillons d'une même espèce de corps qui pourraient avoir appartenu à des terrains très-éloignés les uns des autres, car tout le monde sait qu'on trouve du soufre dans le sein de la terre, en Europe, en Asie, en Afrique et en Amérique. Lorsqu'on examine des échantillons de soufre convenablement purifiés, car je ne parle pas du soufre tel qu'on le rencontre dans la nature, et qui est souvent mélangé de substances étrangères, on reconnaît qu'ils possèdent tous les mêmes propriétés, si on les soumet à

une série d'opérations chimiques comparatives.
Par exemple, en les unissant chacun avec du
fer, on aura constamment autant de composés
identiques que l'on aura d'échantillons de soufre. En les brûlant dans le gaz oxigène, les
mêmes phénomènes apparaîtront, et les produits de toutes les opérations seront encore
identiques. De sorte que du soufre recueilli en
Sicile sera identique à celui qui l'aura été en
France, au Pérou, etc. etc.

La *spécialité* des divers corps simples est établie par l'ensemble des propriétés qui appartiennent à chacun d'eux en particulier, et cet
ensemble de propriétés est compris implicite-
ment dans le nom par lequel on les a distingués
les uns des autres. Ainsi le mot *soufre* comprend non-seulement toutes les propriétés physiques, chimiques et organoleptiques que nous
avons reconnues à ce corps, mais encore toutes
celles qui lui appartiennent et que nous n'avons
pas encore observées. Il en est de même des
mots *fer*, *cuivre*, *plomb*, etc.

Vous sentez, d'après cela, que nous n'avons
la connaissance complète d'aucun corps simple,
et c'est pourquoi nous avons dit précédemment
qu'on ne devra pas s'étonner si quelque jour

les propriétés récemment reconnues à un corps qui passe aujourd'hui pour être simple, le font placer dans la classe des corps composés.

Pour faciliter l'étude des corps simples, on choisit parmi les propriétés qui appartiennent à chacune de leurs espèces un certain nombre de ces propriétés dont l'*ensemble* n'appartient qu'à cette espèce, de sorte qu'une fois qu'on a constaté l'existence de cet ensemble de propriétés dans une matière, on en conclut que celle-ci est un échantillon de telle espèce de corps simple.

Cet ensemble de propriété est le *caractère distinctif* de l'espèce à laquelle il appartient, et à ce sujet nous ferons observer qu'une seule propriété, quelque remarquable qu'elle soit, ne peut jamais servir de caractère au corps qui la possède.

Le système atomistique ne donne aucune explication de la différence qu'on observe entre les diverses espèces des corps simples, mais on conçoit que ces différences peuvent être dues à une différence de forme, de grandeur, de densité, etc., dans les atomes.

L'arrangement des particules dans les corps simples à l'état solide a une grande influence sur plusieurs propriétés physiques : ainsi nous voyons le soufre présenter deux systèmes de cristallisation, suivant les circonstances qui ont présidé à son passage de l'état liquide à l'état solide, et les minéralogistes cristallographes considèrent les divers échantillons qui se rapportent à ces deux systèmes, comme formant deux sous-espèces; mais ces échantillons ont absolument les mêmes propriétés chimiques.

B. *Dans les corps composés.*

*Dans les corps composés, l'*espèce *est une collection d'êtres identiques par la nature, les proportions, l'arrangement des élémens.* Cette définition est le résultat de l'observation.

Examinons le sens de cette définition dans ses différens rapports :

1° Si nous prenons cette matière que l'on appelle *massicot,* nous ne pourrons la produire qu'avec du plomb et de l'oxigène; ou, en d'autres termes, quels que soient les corps que l'on combine, autres que ceux que nous venons de nommer, quelque nombreuses que soient les combinaisons que nous formions avec eux, il nous sera impossible d'obtenir une matière identique avec le *massicot.* Conséquemment, puisque *des élémens différens donnent toujours par leurs combinaisons des composés différens,* nous devrons toujours conclure, en observant les mêmes propriétés dans divers échantillons de matière, *que ces échantillons sont identiques par la nature de leurs élémens.*

2° Si vous prenez deux corps simples qui soient susceptibles de se combiner en plusieurs proportions, vous observerez constamment que les composés résultant de l'union de proportions différentes de ces mêmes corps seront distincts les uns des autres. Le plomb, en s'unissant à l'oxigène dans le rapport d'un atome à deux atomes, produit le massicot ou protoxide de plomb. Le plomb, en se combinant avec quatre atomes d'oxigène, produit un autre composé qui a une couleur et des propriétés chimiques différentes du massicot. Enfin il y a deux combinaisons intermédiaires qui sont rouges ou orangées, et qui portent le nom de *minium rouge* ou de *minium orangé.* Vous avez donc quatre combinaisons différentes, qui résultent des mêmes élémens unis dans des proportions différentes. Par conséquent, *divers échantillons matériels qui présentent les mêmes propriétés, doivent être identiques, non-seulement par la na-*

ture des élémens, mais encore par la proportion de ces derniers.

3° Mais ce qu'il y a de très - remarquable c'est que l'arrangement des particules ou des atomes peut avoir une très-grande influence sur les propriétés de leurs composés, de telle sorte qu'*il y a tels corps qui, en s'unissant ensemble dans les mêmes proportions, peuvent produire des composés plus ou moins différens par leurs propriétés.*

Le sous-carbonate de chaux, par exemple, constitue deux sous-espèces, qui diffèrent par la densité et surtout par la forme cristalline qui, dans l'une, est un rhomboïde obtus, et, dans l'autre, un octaèdre rectangulaire.

Le soufre présente un résultat tout-à-fait analogue, ainsi que l'avons dit précédemment, suivant qu'il a cristallisé au milieu du sulfure de carbone ou par un simple refroidissement.

Si les différences que nous observons entre des matières formées des mêmes élémens unis dans les mêmes proportions, ne portaient que sur des propriétés physiques, comme cela a lieu pour le soufre et le sous-carbonate de chaux, les échantillons qui présenteraient ces différences ne pourraient constituer que des sous-espèces; mais il est des corps si différens l'un de l'autre, quoiqu'ils soient composés des mêmes élémens, unis dans les mêmes proportions, qu'il est impossible de les considérer comme deux sous-espèces d'un même corps, car ils constituent évidemment deux espèces très-distinctes. Je vous en citerai un exemple, d'après un célèbre chimiste : M. Gay-Lussac a regardé l'acide acétique et le ligneux, c'est-à-dire la matière essentielle du bois, de la toile, comme des composés formés d'oxigène, de carbone et d'hydrogène unis dans les mêmes proportions.

Vous voyez qu'il est impossible de confondre ces deux corps dans une même espèce; il est donc vrai de dire que les corps diffèrent les uns des autres, 1° *par la nature de leurs élémens;* 2° *par les proportions suivant lesquelles ces élémens sont unis;* 3° *par l'arrangement de leurs atomes.* Lorsque les différences de propriétés sont aussi grandes que celles qu'on observe entre le ligneux et l'acide acétique par exemple, il est permis de croire que la diversité de l'arrangement ne porte pas sur les particules, mais sur les atomes mêmes qui constituent une particule. Au reste, c'est ce que vous comprendrez aisément, si vous fixez votre attention sur ce que j'ai appelé *les compositions équiva-lentes d'un corps composé.*

Mais avant d'aller plus loin, je dois dire que l'on énonce les proportions suivant lesquelles les corps s'unissent entre eux, de diverses ma-nières.

1º *En poids,* en disant que 100 parties, qui peuvent être des livres, des grains, des gram-mes, des fractions du gramme, sont formées de

$$a — 7,$$
$$b — 43,$$
$$c — 5o.$$

2º *En volume.* Mais cette dernière manière ne s'applique qu'aux substances que nous connais-sons à l'état aériforme : c'est ainsi, par exemple, que nous avons dit dans la première leçon que l'eau est formée de 1 volume d'oxigène et de 2 volumes d'hydrogène.

Lorsqu'on examine les proportions suivant lesquelles les corps gazeux se combinent, ex-primées en volume, on reconnaît bientôt que toutes les combinaisons rentrent dans une loi très-simple, dont la découverte est due à M. Gay-Lussac; c'est que,

En telles proportions que les corps gazeux s'u-

nissent, *ils produisent des composés dont les élémens en volume sont des multiples les uns des autres ; et quand les gaz éprouvent une contraction de volume par la combinaison, cette contraction a un rapport simple avec le volume des gaz ou plutôt avec celui de l'un d'eux.*

Ainsi 1 v. oxig. s'unit à 2 v. hydr. La contraction $=$ 1 v.

1 v. azote	—	3 v. hydr.	—	$=$ 2 v.
1	— —	2 $\frac{1}{2}$ oxig.	—	
1	— —	2	—	—
1	— —	1 $\frac{1}{2}$	—	—
1	— —	1	—	— $=$ 0 v.
1	— —	$\frac{1}{2}$	—	— $=$ $\frac{1}{2}$

3° *En atomes.* On dit par exemple que le massicot est formé de 2 atomes d'oxigène et de 1 atome de plomb.

Il n'est pas inutile de faire voir ici les avantages que présente le système atomistique pour énoncer la composition des corps.

Tous les corps qui ont des propriétés antagonistes un peu marquées, ou en d'autres termes tous ceux qui ont une affinité mutuelle un peu énergique, et quelques-uns de ceux même qui n'en ont qu'une faible, ne se combinent deux à deux qu'en un petit nombre de proportions, et ces proportions sont le produit d'une multiplication par

1 ½, 2, 3, 4, *et de la plus petite quantité d'un des corps, la quantité de l'autre corps restant la même.*

Les composés dont les élémens sont soumis à cette loi s'appellent *définis*, par opposition à ceux dont les élémens semblent s'unir en toutes sortes de proportions et qu'on appelle *composés indéfinis*.

Si l'on ne connaissait que des combinaisons indéfinies, il n'y aurait aucun avantage en chimie à envisager les corps plutôt sous le point de vue du système atomistique que sous celui du système dynamique, mais le fait général que nous venons d'énoncer sous la forme de loi conduit à adopter le premier système comme plus conforme à l'expérience.

Voyons maintenant la manière de déterminer le *poids relatif* des atomes, en partant du rapport des quantités pondérales des élémens d'une combinaison; prenons pour exemple l'eau, que nous avons décomposée en 1 volume d'oxigène et en 2 volumes d'hydrogène, ou, ce qui revient au même, qui est formée en poids de 889 parties d'oxigène et de 111 d'hydrogène.

Les suppositions les plus simples que nous puissions faire sur le nombre des atomes d'oxigène et d'hydrogène qui constituent l'eau , sont celles où on considère ce composé comme formé de 1 atome d'oxigène et de 1 atome d'hydrogène, ou bien de 1 atome d'oxigène et de 2 atomes d'hydrogène. Passons aux conséquences de ces deux suppositions.

Dans tous les cas, nous admettrons que le poids d'un atome d'oxigène est représenté par 100, de sorte que nous ramènerons à ce nombre *les relations de poids* de l'atome de tous les corps que nous connaissons.

Première supposition. — L'eau est formée de 1 atome d'oxigène et de 1 atome d'hydrogène.

Puisque l'eau est formée en poids

de 889 oxigène,
111 hydrogène,

Puisqu'on fait le poids de l'atome d'oxigène $= 100$,

Il est clair que la proportion suivante donnera le poids de l'atome d'hydrogène :

$$889 : 111 :: 100 : x = \frac{111 \times 100}{889} = 12,48.$$

Deuxième supposition. — L'eau est formée de 1 atome d'oxigène et de 2 atomes d'hydrogène.

Puisque l'eau est formée en poids

de 889 oxigène,
111 hydrogène,

Puisqu'on fait le poids de l'atome d'oxigène $= 100$,

Il est évident que le quatrième terme de la proportion précédente ne donne pas le poids d'un atome d'hydrogène, mais le poids de deux atomes ; conséquemment le poids d'un atome $= \dfrac{12,48}{2} = 6,24$.

On voit par cet exemple qu'il n'y a aucune difficulté à déterminer le poids relatif de l'atome d'hydrogène, et nous pouvons dire en général le poids relatif des atomes de corps quelconques susceptibles de s'unir à l'oxigène : mais on voit aussi que pour arriver à ce résultat on est obligé de partir de *la supposition* qu'un atome d'oxigène est uni à tant d'atomes d'un corps *a*; dès lors le poids de l'atome de *a* peut être estimé différemment par plusieurs chimistes. Mais en définitive, quelle que soit la supposition que l'on fasse, *la composition d'une matière énoncée en atomes ne donnera lieu à aucune inexactitude dans les applications qu'on pourra en faire, lorsqu'on connaîtra les poids des ato-*

mes de chacun des élémens de cette matière.

Toutes les fois que la composition d'un corps peut être énoncée en volumes, nous adopterons, comme l'a fait M. Berzélius, les mêmes rapports tant pour les nombres des atomes élémentaires que pour les nombres des volumes qui constituent ce corps; conséquemment, puisque l'eau est formée de 1 volume d'oxigène et de 2 volumes d'hydrogène, nous compterons 1 atome d'oxigène et 2 atomes d'hydrogène; seulement nous n'appliquerons pas de nombres fractionnaires aux atomes, comme nous pourrions le faire quand il s'agit de volumes. Enfin nous ajouterons que le *poids atomistique d'un corps composé* est la somme du poids de tous les atomes qui le constituent.

Nous croyons utile d'indiquer ici le poids atomistique, suivi du signe atomistique de chaque corps simple.

Aluminium (*Al*) 342,33.
Antimoine (*At* ou *Sb*) 1612,90.
Argent (*Ag*) 2703,21.
Arsenic (*As*) 470,115.
Azote (*Az*) 88,51.
Barium (*Ba*) 1713,86.
Bismuth (*Bi*) 1773,80.
Bore (*B*) 69,655.

Brôme (*Br*) 233,15 ?
Cadmium (*Cd*) 1393,54.
Calcium (*Ca*) 512,06.
Carbone (*C*) 75,33.
Cérium (*Ce*) 1149,44.
Chlore (*Ch*) 221,325.
Chrôme (*Cr*) 703,64.
Cobalt (*Co*) 738,00.

Colombium *ou* Tantale (*Col* ou *Ta*) 2305,75.

Cuivre (*Cu*) 791,39.

Étain (*Sn*) 1470,58.

Fer (*Fe*) 678,43.

Glucinium (*Gl* ou *Be*) 662,56.

Hydrogène (*H*) 6,24.

Iode (*I*) 780,97.

Iridium (*Ir*).

Lithium (*L*) 255,63.

Magnésium (*Mg*) 294,258.

Manganèse (*Mn*) 711,575.

Mercure (*Hg*) 2531,60.

Molybdène (*Mo*) 598,6.

Nickel (*Ni*) 739,51.

Or (*Au*) 2486.

Osmium (*Os*).

Oxigène (*O*) 100.

Palladium (*Pa*) 1407,5.

Phosphore (*P*) 196,15.

Pthore (*Pht*) 117,33.

Platine (*Pt*) 1215,23.

Plomb (*Pb*) 2589,0.

Potassium (*Po* ou *K*) 279,83.

Rhodium (*R*) 1500,10.

Sélénium (*Se*) 495,91.

Silicium (*Si*) 277,8.

Sodium (*So* ou *Na*) 581,84.

Soufre (*S*) 201,16.

Strontium (*Sr*) 1094,6.

Tellure (*Te*) 806,45.

Titane (*Ti*) 778,20.

Tungstène (*Tu* ou *W*) 1183,2.

Urane (*U*) 5422,99.

Yttrium (*Y*) 805,14.

Zinc (*Zn*) 806,45.

Zirconium (*Zr*) 840,08.

Les signes atomistiques sont d'un usage très-avantageux pour représenter les combinaisons définies en général, et en particulier celles de la nature inorganique, auxquelles nous avons appliqué les règles de la nomenclature.

Composés binaires oxigénés.

Pour les désigner, qu'ils soient oxides ou acides, nous écrirons le signe du corps qui est uni à l'oxigène, et au-dessus nous le marquerons d'autant de points qu'il y a d'atomes d'oxigène dans la combinaison.

Par exemple : Acide sulfurique $= \overset{...}{S}$.

—   Acide sulfureux $\overset{..}{S}$.

Si le composé contient deux atomes du corps uni à l'oxigène, nous écrirons deux fois son signe atomistique.

Par exemple : Eau $= \overset{\cdot}{H} H$.

—   Acide nitrique $= \overset{:}{A}z \overset{.}{A}z$.

—   Acide nitreux $= \overset{.}{A}z \overset{.}{A}z$.

Ou bien nous écrirons le nombre 2 à la droite du signe.

Par exemple : Acide nitrique $= \overset{:.:}{A}z^2$.

—   Acide nitreux $= \overset{....}{A}z^2$.

S'il y avait plus de 2 atomes, on aurait 3, 4, etc., à la place de 2.

Composés binaires non oxigénés.

On écrit d'abord le signe du corps électro-négatif, puis le signe du corps électro-positif, et on écrit à leur gauche et en haut le chiffre indiquant le nombre d'atomes de chacun d'eux, quand ce nombre excède 1.

Par exemple : Sulfure de cuivre $= {}^2S\,C$.

Sels.

On écrit le signe de l'acide, puis celui de la base.

Par exemple : Sulfate de deutoxide de cuivre $= {}^2\dddot{S}\,\ddot{C}u$.

S'il s'agit de sels doubles, on écrit les signes des deux sels séparés par le signe algébrique +, et on met le chiffre 2, 3, 4, etc., sur la même ligne que le signe du sel qui entre dans la combinaison pour 2, 3, 4, etc., atomes.

Par exemple :

Sulfate de potasse et d'alumine $= {}^2\dddot{S}\,\ddot{P} + 2\,{}^3\dddot{S}\,\dddot{Al}$.

Hydrates.

On écrit le nom du composé, soit acide, soit base salifiable, soit sel, puis le signe de l'eau, qui est $\dot{H}H$ ou *aq*, précédé du nombre 2, 3, 4, etc., s'il y a 2, 3, 4, etc., atomes d'eau.

Par exemple : Hydrate d'alumine $= \dddot{Al} + 3\,\dot{H}H$,

$$\text{ou } \dddot{Al} + 3\,aq.$$

— Acide sulfurique hydraté $= \dddot{S}\,\dot{H}H$ ou $\dddot{S}\,aq$.

— Sulfate de potasse et d'alumine hydraté $=$

$$\left({}^2\dddot{S}\,\ddot{P} + 2\,{}^3\dddot{S}\,\dddot{Al} \right) + 48\,aq.$$

Compositions équivalentes.

Revenons maintenant aux compositions équivalentes. Supposons qu'un corps soit formé en volume de

Oxigène. . . . . . . $\frac{1}{2}$,
Hydrogène 1,
Carbone. . . . . . . $\frac{1}{2}$,

vous aurez les compositions équivalentes suivantes :

Eau. 1,
Carbone . . . . $\frac{1}{2}$,

Oxigène . . . . $\frac{1}{2}$,
Hydrogène bicarboné. . . . $\frac{1}{2}$,

Acide carbonique. . . . . . $\frac{1}{2}$,
Hydrogène protocarboné . . $\frac{1}{2}$.

On conçoit donc que les mêmes élémens unis dans les mêmes proportions peuvent former des composés très-différens, suivant la manière dont ils sont unis, ou plus clairement peut-être, d'après la nature de leurs particules constituantes; et vous sentez que plus il y a d'élémens dans un composé, plus il y a de compositions équivalentes possibles.

III. ÉTUDE DES CORPS.

Nous étudierons chaque corps de la manière suivante :

Nous exposerons

1° Sa *composition*. Le corps est simple ou composé; dans ce cas, nous exprimerons le rapport de ses élémens en poids et en atomes, ainsi qu'en volumes, lorsque nous le pourrons.

2° La *nomenclature du corps*, comprenant l'étymologie et la synonymie;

3° Ses *propriétés physiques :*

A. Celles qui dépendent de l'état d'agrégation des particules;

B. Celles qui dépendent de l'action de la lumière;

C. Celles qui dépendent de l'action de l'électricité;

D. Celles qui dépendent de l'action du magnétisme;

4° Ses *propriétés chimiques*, et, autant que possible, nous ne mettrons en rapport avec un corps que nous étudierons que des corps dont nous aurons déjà parlé, et dont conséquemment nous connaîtrons les principales propriétés. Ce sera un cas d'exception quand nous nous écarterons de cette règle.

Les propriétés chimiques d'un corps composé seront étudiées en général dans l'ordre suivant : d'abord celles qu'il manifeste sans que ses élémens se désunissent, et ensuite les propriétés qu'il exerce lorsque ses élémens se séparent ; on dit, dans le premier cas, que le corps agit par *attraction résultante*, tandis que dans le second il agit par *attraction élémentaire*, ou celle de ses élémens.

5° Ses *propriétés organoleptiques*, savoir, l'action des corps sur la peau, sur l'odorat, sur le goût, sur la respiration, etc. ;

6° *L'état du corps dans la nature* ;

7° Sa *préparation ou son extraction* ;

8° Ses *usages* ;

9° Son *histoire*, c'est-à-dire que nous indiquerons les principaux travaux auxquels le corps a donné lieu.

Les corps qui feront l'objet de l'enseignement de cette année peuvent se ranger dans sept divisions, qui nous occuperont successivement, dans l'ordre suivant :

PREMIÈRE DIVISION.

Des corps simples et de leurs principaux composés définis binaires, comburans, combustibles, acides, alcalins et neutres.

DEUXIÈME DIVISION.

Des composés définis ternaires, quaternaires, etc., qui paraissent formés d'un comburant simple uni à un combustible composé, ou d'un comburant composé uni à un combustible simple.

TROISIÈME DIVISION.

Des acides et des bases salifiables ternaires, quaternaires, etc., qui ne rentrent pas dans la division précédente, parce que dans l'état actuel de la science on ne peut encore les considérer comme des composés immédiats d'un comburant et d'un combustible.

QUATRIÈME DIVISION.

Des sels proprement dits.

CINQUIÈME DIVISION.

Des composés définis ternaires, quaternaires, etc., qui paraissent formés d'un composé électro-négatif faisant fonction d'acide, et d'un composé électro-positif faisant fonction d'alcali.

SIXIÈME DIVISION.

Des composés définis ternaires, quaternaires, etc., neutres aux réactifs colorés, qu'on ne peut considérer encore comme des composés immédiats, soit d'un comburant simple ou composé uni à un combustible composé ou simple, soit de deux composés dont l'un fait fonction d'acide, et l'autre fait fonction d'alcali.

SEPTIÈME DIVISION.

Composés indéfinis, ou mélanges de plusieurs principes immédiats organiques.

PREMIÈRE PARTIE DU COURS.

PREMIÈRE DIVISION.

DES CORPS SIMPLES, ET DE LEURS PRINCIPAUX
COMPOSÉS DÉFINIS BINAIRES COMBURANS,
COMBUSTIBLES, ACIDES, ALCALINS
ET NEUTRES.

TROISIÈME LEÇON.

HYDROGÈNE (H).

PREMIÈRE ESPÈCE DE CORPS SIMPLE.

I. NOMENCLATURE.

Il a été appelé *air inflammable.*

Schéele l'a considéré, dans son Traité de l'air et du feu, comme le *phlogistique* rendu gazeux par son union avec la chaleur.

Enfin les auteurs de la nouvelle nomenclature chimique lui ont donné le nom d'*hydrogène.* Ce mot est formé de deux mots grecs, ὕδωρ, *eau*, et γεννάω, *j'engendre.* On a voulu exprimer qu'il forme l'eau, ou plutôt qu'il est un de ses élémens.

II. PROPRIÉTÉS PHYSIQUES.

Il est gazeux. — Jusqu'ici il n'a pu être solidifié, ni même liquéfié par la compression et le refroidissement.

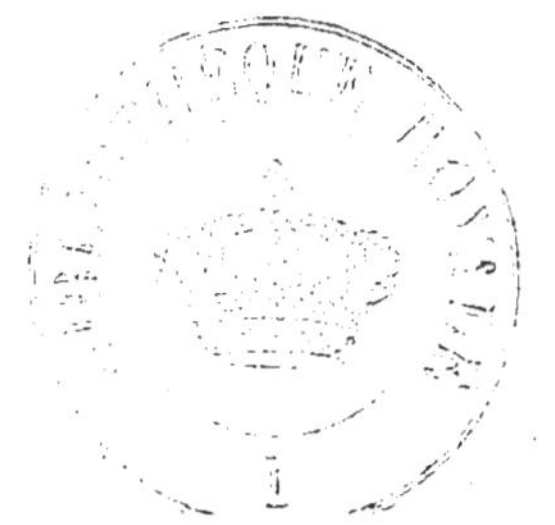

1

Une compression subite l'échauffe sans le rendre lumineux.

Sa densité est de 0,0688.

Le décimètre cube de ce gaz ne pèse que 0^{gr}, 0894 sous la pression de 0^{m},760, à la température de zéro, et à la sécheresse extrême.

Le poids de l'atome d'hydrogène est de 6,24.

Le gaz hydrogène est incolore.

Parmi les propriétés optiques que les gaz, les liquides et les solides transparens présentent, on a donné une attention particulière à la déviation qu'ils font subir à la lumière, lorsqu'elle les traverse obliquement. Ce phénomène est connu sous le nom de *réfraction*. L'hydrogène se distingue principalement des autres substances par *sa puissance réfractive*, c'est-à-dire par la force avec laquelle il agit pour rapprocher la lumière qui le traverse obliquement, de la perpendiculaire, au point d'incidence du rayon lumineux. En comparant sa puissance réfractive à celle de l'air prise pour unité, à la même température et sous la même pression, on trouve qu'elle est de 0,470 (Dulong).

III. PROPRIÉTÉS CHIMIQUES.

D'après l'ordre que nous nous sommes prescrit dans l'étude des corps, nous ne pouvons parler ici des propriétés chimiques de l'hydrogène, puisque c'est le premier corps que nous examinons. Je passe donc à ses propriétés organoleptiques.

IV. PROPRIÉTÉS ORGANOLEPTIQUES.

Le gaz hydrogène obtenu à l'état de pureté n'a pas d'odeur sensible ; mais celui qu'on prépare dans les laboratoires, sans le soumettre aux procédés nécessaires pour le dépouiller des matières étrangères qu'il entraîne presque toujours avec lui lorsqu'il provient de l'eau décomposée sous l'influence de l'acide sulfurique et d'un métal, a une odeur plus ou moins fétide.

Le gaz hydrogène est impropre à la respiration, cependant il ne paraît point être délétère ; on peut le respirer pendant un certain temps sans en éprouver d'effets fâcheux, lorsqu'il est mêlé à de l'air atmosphérique, ou plutôt à de l'oxigène. On a remarqué que les personnes qui ont fait plusieurs inspirations d'hydrogène

pur, ont le timbre de la voix tout-à-fait changé.
Cette expérience, qui est déjà assez ancienne,
a été confirmée à Paris dans ces derniers
temps.

V. ÉTAT.

L'hydrogène peut se trouver dans la nature
à l'état libre, puisqu'il suffit que certaines matières organiques soient délayées dans l'eau
pour en laisser dégager par leur décomposition. Le gaz qui est connu sous le nom d'*air inflammable des marais* n'est pas de l'hydrogène
pur, mais de l'hydrogène carboné : il paraît en
être de même de celui qui sourd de la terre dans
plusieurs lieux, particulièrement en Italie.

L'hydrogène est un des élémens de la plupart
des matières organiques que le teinturier emploie; sous ce rapport, il lui importe de connaître ses propriétés.

VI. PRÉPARATION.

Pour se procurer le gaz hydrogène, on met
dans un flacon à deux tubulures une partie de
grenaille de zinc ou une partie de limaille ou de
tournure de fer; on adapte à une des tubulures
un tube recourbé, et à la seconde un tube en S,
au moyen duquel on verse 6 ou 7 parties d'acide

sulfurique faible dans le flacon. En opérant à une température de 12 à 15°, on peut employer avec le zinc de l'acide de 10 à 12° à l'aréomètre de Baumé, et avec le fer un acide de 15 à 20°. Si dans ce dernier cas on voulait avoir un dégagement continu, il faudrait de l'acide de 20 à 25°. Le flacon doit être rempli aux $\frac{7}{8}$ environ de sa capacité, et le gaz ne doit être recueilli que quand on croit que tout l'air des vaisseaux en a été dégagé.

L'hydrogène préparé par ce procédé contient une petite quantité de matière huileuse qui le rend odorant, et quelqufois des traces d'acide hydrosulfurique ; c'est pourquoi, si on veut l'obtenir absolument pur, il faut, avant de le recueillir, le faire passer dans une forte solution de potasse.

VII. usages.

Les usages de l'hydrogène ne sont pas nombreux. On s'en sert pour enlever les ballons ; et la grande différence de densité qui existe entre ce gaz et l'air atmosphérique explique comment, avec une enveloppe solide et de l'hydrogène, on peut composer un système de corps moins dense que l'air, et comment un pareil système s'élève dans l'air dès qu'on l'abandonne à lui-même.

L'hydrogène, à l'état de pureté, est employé dans les laboratoires pour faire l'analyse des mélanges gazeux dans lesquels on veut déterminer la proportion du gaz oxigène.

VIII. HISTOIRE.

Le gaz hydrogène a été connu au commencement du xviie siècle, mais il n'était distingué des autres fluides élastiques que par la propriété qu'il a de s'enflammer : aussi fut-il appelé d'abord *air inflammable*. Ce n'est que de 1781 à 1784 que ce gaz fut caractérisé avec précision par Cavendish, qui démontra alors que l'eau est formée d'hydrogène et d'oxigène.

OXIGÈNE (O).

DEUXIÈME ESPÈCE DE CORPS SIMPLE.

PREMIÈRE SECTION.

CHAPITRE PREMIER. — OXIGÈNE.

I. NOMENCLATURE.

Il a été appelé *air déphlogistiqué* (Priestley), *air du feu* (Schéèle), *air vital* (Condorcet), et enfin *oxigène* (Lavoisier), de ὀξύς, aigre, γεννάω, j'engendre.

Les deux premiers noms étaient en rapport avec les idées qu'on se faisait du rôle qu'il remplit dans la combustion. Le troisième nom lui avait été donné parce qu'il est le seul gaz propre à la respiration ; et enfin le dernier, parce que Lavoisier pensait qu'il devait exister dans tous les acides ; mais aujourd'hui le contraire étant démontré, il faut oublier l'étymologie du mot *oxigène*.

II. PROPRIÉTES PHYSIQUES.

Il n'a pas été solidifié ni même liquéfié.

Lorsqu'on le comprime vivement, non-seulement il dégage de la chaleur, comme le fait l'hydrogène, mais il dégage encore de la lumière. M. Saissy, de Lyon, ayant soumis une série de gaz à cette épreuve, n'a reconnu la propriété de dégager de la lumière par la compression qu'à deux fluides élastiques, savoir : le chlore et l'oxigène, soit pur, soit à l'état de mélange où il se trouve dans l'air atmosphérique. Ce résultat est remarquable en ce que l'oxigène et le chlore ont la propriété comburante au plus haut degré; de sorte qu'il y a une concomitance de la propriété comburante et de la propriété de dégager de la lumière par une compression suffisante, et surtout très-prompte; car si vous comprimiez lentement les gaz, ils ne deviendraient pas lumineux.

La densité de l'oxigène est plus grande que celle de l'air atmosphérique : elle est de 1,1026. Le décimètre cube pèse 1ᵍʳ· 4323.

Le poids de l'atome d'oxigène est 100.

Sa puissance réfringente est de 0,924, suivant

M. Dulong. A densité et à température égale, il est le moins réfringent des gaz.

Enfin, il est presque toujours électro-négatif dans ses combinaisons, et cela doit être d'après ce que nous avons dit des propriétés comburantes et combustibles des corps.

III. PROPRIÉTÉS CHIMIQUES.

Nous allons maintenant nous occuper des propriétés chimiques de l'oxigène; nous ne pourrons le mettre en rapport qu'avec l'hydrogène, le seul corps que nous avons étudié.

Si l'on met 2 volumes d'hydrogène avec 1 volume d'oxigène, et si l'on abandonne le mélange à lui-même, sous la pression ordinaire de l'atmosphère, et à la température ordinaire, on n'observe dans le mélange gazeux rien qui annonce une action chimique, c'est-à-dire qu'il n'y a ni production de lumière, ni même dégagement de chaleur, ni aucune variation de volume. Mais les choses sont bien différentes si le mélange est suffisamment échauffé, rapidement comprimé, ou s'il reçoit l'action d'une étincelle électrique.

1º Il suffit qu'un corps solide chauffé au rouge naissant touche les gaz, pour que ceux-ci s'enflamment. Un charbon en ignition, un morceau de brique ou de verre chauffé produisent cet effet.

2° Les deux gaz s'enflamment lorsqu'ils sont comprimés fortement et rapidement. M. Biot en a fait l'expérience dans une pompe de fusil à vent; l'appareil doit être très-épais pour résister à la force expansive de la vapeur d'eau produite.

3° Enfin, si l'on fait passer une étincelle électrique dans le mélange gazeux contenu dans un eudiomètre, l'inflammation a encore lieu. L'eudiomètre étant un instrument très-utile pour l'examen des produits de l'union des fluides aériformes qui sont susceptibles de se combiner sous l'influence électrique, il n'est pas inutile de le décrire. Un eudiomètre (fig. 4) se compose d'un tube T de verre fermé à un bout, suffisamment épais pour résister à l'expansion des gaz que l'on veut y brûler. Le fond du tube a été *rodé* pour recevoir une masse de métal M qui se termine extérieurement en une boule B. Cette masse doit être en platine, si on veut que l'eudiomètre soit un instrument de précision. Quand on veut en faire usage, on le remplit de mercure, on le renverse dans

une cuve de ce métal, on y introduit le mélange gazeux, puis on y fait passer l'excitateur E, qui est un fil de platine ou de fer terminé par une boule. Cette boule doit être à une
distance telle de M, que l'étincelle d'une petite bouteille de Leyde ou celle d'un plateau
d'électrophore puisse éclater dans l'intervalle.
L'inflammation ayant eu lieu dans la partie du
mélange frappée par l'étincelle, la chaleur qui
en est le résultat détermine celle du reste.
L'inflammation est donc réellement successive,
quoiqu'elle nous paraisse instantanée.

Je suppose que nous ayons introduit dans
l'eudiomètre 2 volumes d'oxigène et 2 volumes
d'hydrogène; après l'inflammation, le résidu,
ramené à la pression ordinaire, sera de 1 volume
d'oxigène; et les 3 volumes qui auront disparu,
savoir 1 volume d'oxigène et 2 volumes d'hydrogène, auront formé de l'eau qui se sera condensée en liquide sur les parois de l'eudiomètre.

On s'est convaincu que ce liquide est de l'eau,
en faisant brûler un courant de gaz hydrogène
dans un ballon que l'on entretenait plein d'oxigène, ou bien simplement en faisant arriver le
produit de la combustion d'un jet d'hydrogène
dans un long tube de verre placé au milieu de

l'atmosphère, ainsi que le représente la fig. 5. L'hydrogène se dégage du flacon F, où on a mis du fer et de l'acide sulfurique à 25°; il traverse le tube T, dans lequel il y a de la potasse humide et des morceaux de chlorure de calcium ; enfin il est enflammé à l'extrémité du tube V, qui est de cuivre.

PHÉNOMÈNES DE LA COMBUSTION DE L'HYDROGÈNE.

Parlons des phénomènes de la combustion vive.

A. *Dégagement de chaleur.*

D'abord il y a de la chaleur dégagée, et l'on peut s'en assurer facilement en portant la main sur l'orifice d'une cloche d'hydrogène où la combustion s'opère. Quelle est la quantité de chaleur dégagée dans cette circonstance ? Lavoisier s'est proposé de résoudre cette question, et il a trouvé qu'une partie d'hydrogène en poids fondait 295,57 parties de glace à zéro. M. Despretz, qui a fait une expérience semblable, a trouvé 315,20 parties. Vous voyez donc qu'il y a une énorme quantité de chaleur produite dans la combustion de l'hydrogène, et vous concevez comment, si l'on pouvait se procurer l'hydrogène avec économie, on échaufferait de l'eau dans une chaudière, en plaçant le fond de cette chaudière au-dessus de la flamme produite par ce combustible.

B. *Dégagement de lumière.*

La flamme des combustibles que nous brûlons dans nos maisons et dans nos ateliers est due à l'hydrogène. A la vérité, cet hydrogène est toujours combiné avec des quantités variables de carbone; mais s'il n'y avait point d'hydrogène, ces combustibles brûleraient sans flamme.

Quand on compare les flammes des hydrogènes carbonés avec la flamme de l'hydrogène pur, sous le rapport de l'éclat, on trouve cette dernière très-pâle, relativement aux autres. Cependant la chaleur dégagée par la flamme de l'hydrogène est très-intense; il faut conclure de là que l'éclat de la flamme ne tient pas à la quantité de chaleur dégagée par l'acte de la combustion. En traitant du carbone, nous verrons que les flammes n'ont d'éclat qu'autant qu'il s'y trouve une matière solide; et c'est parce que celle de l'hydrogène en est dépourvue qu'elle est sans éclat.

C. *Dégagement d'électricité.*

Un troisième phénomène qui se produit dans la combinaison de l'oxigène et de l'hydrogène, est, suivant M Pouillet, une manifestation sensible d'électricité. En se servant d'appareils électroscopiques très-délicats, M. Pouillet a reconnu que la flamme de l'hydrogène est électrisée négativement, tandis que l'espace environnant qui est occupé par la vapeur d'eau, est électrisé positivement.

D. *Détonnation.*

Le quatrième phénomène que présente le mélange d'oxigène et d'hydrogène est un bruit plus ou moins fort qui se produit toutes les fois que l'inflammation s'opère sous la pression libre de l'atmosphère. Les portions du mélange qui ont pris feu échauffent les portions voisines de manière à les enflammer; l'inflammation se propage avec une si grande rapidité, qu'elle paraît instantanée. L'atmosphère, étant frappée violemment par la vapeur d'eau produite, qui occupe un grand volume à raison de sa haute température, est ainsi mise en vibration sonore.

Si l'inflammation des gaz avait lieu dans

des vaisseaux trop faibles pour résister à l'expansion, ces vases éclateraient comme une bombe; et en effet, celle-ci n'est autre chose qu'un vase qui renferme une substance explosive, dont l'expansion est assez forte pour le briser.

Lorsque le mélange gazeux est brûlé au milieu d'un espace limité par un obstacle résistant, tel que le sont les parois d'un eudiomètre, la détonnation n'est pas sensible.

Tels sont les principaux phénomènes que présente la combustion vive de l'hydrogène et de l'oxigène. Il faut une température à peu près voisine de la température rouge pour la déterminer. Mais la combustion peut avoir lieu lentement à une température qui est comprise entre 360 et 500 et quelques degrés. Il est facile de le démontrer, en exposant à cette température un mélange de 1 volume d'oxigène et de 2 volumes d'hydrogène contenu dans un tube de verre étroit qui plonge, par l'extrémité ouverte, dans un bain de mercure. En plongeant dans le même mélange un fil de platine qui ne soit pas trop gros, et qu'on a fait rougir, puis qu'on a laissé refroidir jusqu'à ce qu'il cessât de luire dans l'obscurité, la combustion lente s'opère, et il y a assez de chaleur pour faire rougir le métal.

$$1 \text{ volume de } \begin{cases} 1/3 \text{ d'oxigène,} \\ 2/3 \text{ d'hydrogène,} \end{cases}$$

n'est plus inflammable par l'électricité quand il est mêlé avec 8 volumes d'hydrogène ou avec 9 volumes d'oxigène.

Il est très-probable que la cause principale qui s'oppose à l'inflammation de ces mélanges est l'obstacle que le corps qui est en excès à la proportion qui peut brûler, apporte à l'échauffement de cette dernière.

IV. PROPRIÉTÉS ORGANOLEPTIQUES.

Les propriétés organoleptiques de l'oxigène sont d'être inodore, insipide, et de servir seul à la respiration.

V. ÉTAT.

L'oxigène existe dans l'atmosphère dans la proportion de 0,215 en volume. Cependant quelques physiciens, tels que le docteur Prout et Thomson, ont admis dans ces derniers temps qu'il y était exactement dans la proportion de 0,20. Mais cette manière de voir n'est pas démontrée.

L'oxigène existe en dissolution dans les eaux qui sont à la surface de la terre; il est un des élémens d'un grand nombre de minéraux, des plantes et des animaux.

VI. PRÉPARATION.

On introduit dans une cornue de grès du peroxide de manganèse, ou dans une cornue de verre du chlorate de potasse; on adapte un tube recourbé propre à conduire le gaz qui doit se dégager dans un flacon rempli d'eau; on assujétit la cornue dans un fourneau, et on la chauffe peu à peu. La température doit être plus élevée pour le peroxide de manganèse que pour le chlorate. Avant de recueillir le gaz, on voit s'il rallume avec explosion une allumette embrasée, mais non *flambante*, qu'on y plonge.

On reconnaît le degré de pureté du gaz oxigène par les opérations suivantes :

1° On fait passer un volume du gaz dans un tube gradué rempli de mercure, on l'y agite avec de l'eau de potasse; s'il est exempt d'acide carbonique, il n'y a pas de diminution de volume.

2° On remplit un tube de verre de mercure, on y fait passer un petit morceau de phosphore, on le fait fondre en en approchant un corps chaud ; puis on y introduit bulle à bulle un volume du gaz qu'on veut essayer. Ce gaz est contenu dans un tube gradué. L'oxigène brûle le phosphore avec une grande énergie, et il donne naissance à un produit solide. Conséquemment, si l'oxigène était impur, il y aurait un résidu formé par le gaz qui se trouverait mélangé.

Représentons maintenant les changemens qui surviennent dans les proportions des atomes qui constituent le peroxide de manganèse et le chlorate de potasse qui ont servi à préparer l'oxigène. Supposons que l'on ait chauffé 3 atomes de peroxide de manganèse, qui contiennent 3 atomes de manganèse et 12 atomes d'oxigène : 2 atomes de peroxide auront perdu 4 atomes d'oxigène ; et il sera resté 2 atomes de protoxide, qui se seront unis à 1 atome de peroxide.

Supposons que l'on ait chauffé 1 atome de chlorate de potasse, qui est formé de 2 atomes d'acide chlorique et de 1 atome de potasse : l'acide et la potasse auront perdu tout leur oxigène, c'est-à-dire l'acide 10 atomes, et la potasse 2 atomes, et il en sera résulté 1 atome de chlorure de potassium, formé de 4 atomes de chlore et de 1 de potassium.

VII. USAGES.

L'oxigène est une substance qui a la plus grande influence dans les phénomènes de la nature, car à lui se rattache l'existence des animaux, et j'ajouterai celle des végétaux ; non pas que les végétaux en aient un besoin aussi fréquent que les animaux, mais la germination, premier acte de la végétation, ne peut avoir lieu sans sa présence.

L'oxigène, comme comburant, concourt avec les combustibles pour nous procurer de la chaleur, de la lumière ; il joue un très-grand rôle dans la teinture. Il suffit d'exposer certaines matières colorantes qui sont appliquées sur des étoffes à l'action des agens atmosphériques, pour que l'oxigène qui est dans l'air et dans l'eau détruise ces matières colorantes ; c'est donc un puissant agent de blanchîment. L'oxigène est la cause de la coloration en bleu que prend une étoffe qui a été plongée dans une cuve d'indigo, et qu'on en retire ensuite. L'indigo, que nous savons être d'un bleu violet à l'état de pureté, perd dans la cuve la totalité ou une partic de son oxigène, alors il est décoloré ; mais s'il a le contact de l'oxigène atmosphérique, il reprend celui qu'il a perdu, et repasse au bleu violet.

Telle est l'explication du phénomène que présente une étoffe qu'on a plongée dans une cuve d'indigo, et qu'on expose ensuite à l'air ; de jaune qu'elle était, elle passe successivement au vert, puis au bleu.

On voit donc que l'oxigène joue un double rôle dans l'art de la teinture ; il est dans certains cas un agent de décoloration, tandis que dans d'autres il est un agent de coloration.

VIII. histoire.

La découverte de l'oxigène fut faite par Priestley, en août 1774, et un peu plus tard par Schéèle ; mais c'est réellement Lavoisier qui a établi les rapports de l'oxigène avec les corps combustibles ; et si aujourd'hui nous apercevons quelques inexactitudes dans la manière dont il a exposé l'histoire de la combustion, il y aurait de l'injustice à ne pas reconnaître toute l'étendue de l'influence que les vues du savant français ont exercée sur les progrès de la chimie moderne.

PARIS, IMPRIMERIE DE DECOURCHANT,
Rue d'Erfurth, n° 1, près l'Abbaye.

QUATRIÈME LEÇON.

SECTION II.

COMBINAISON DE L'HYDROGÈNE AVEC L'OXIGÈNE.

CHAPITRE II. — EAU ($\dot{H}H$ ou Aq).

I. COMPOSITION.

	en poids.	en vol.		atomes.
Oxigène	889	1	= 2 volumes	1 . . 100
Hydrogène	111	2		2 . . 12,48
				poids at. 112,48

II. NOMENCLATURE.

Nous avons dit, en traitant de la nomenclature, que l'eau devrait porter le nom de *protoxide d'hydrogène*. A l'état solide, elle est appelée *glace, neige, givre, gelée blanche.*

III. PROPRIÉTÉS PHYSIQUES.

Nous allons examiner les propriétés physiques de l'eau à l'état liquide, à l'état solide et à l'état aériforme.

A. *A l'état liquide.*

L'eau existe à l'état liquide depuis zéro, où elle se solidifie, jusqu'à 100°, où elle se vaporise, sous la pression de 0ᵐ,760.

Elle est compressible et élastique. Quand on la comprime fortement, elle dégage de la lumière, suivant l'observation de M. Dessaignes.

Elle n'a pas de couleur.

Sa densité varie avec sa température; et ce qu'il y a de fort remarquable, c'est que ce n'est pas à zéro qu'elle a le plus de densité, mais à 3°,89, suivant Gilpins et Blagden, et à 4°,44, suivant Lefebvre-Gineau. Nous prendrons 4°.

A son maximum de densité, un centimètre cube d'eau pèse 1 gramme; d'où il suit que des tables de pesanteurs spécifiques de substances solides et liquides, qui auraient été dressées d'après des expériences faites à la température de 4°, ou d'après des expériences ramenées par le calcul à cette même température, représenteraient en grammes le poids d'un centimètre cube de chacune de ces substances.

A zéro la densité de l'eau liquide étant égale à 1,0000000

A 4ᵈ	—	—	est	—	à 1,0000746
A 8ᵈ	—	—	—	—	à 1,0000000
A 100ᵈ	—	—	—	—	à 0,9554406

D'où il suit qu'à 4° au - dessus et au - dessous de son maximum de densité, l'eau a la même densité; et on admet qu'une variation égale de température, soit en plus, soit en moins, à partir de 4° + o jusqu'à zéro d'une part, et jusqu'à 8° d'une autre part, produit la même augmentation de volume dans l'eau.

Elle conduit très - mal la chaleur; et Rumford a même prétendu qu'elle ne la conduisait pas du tout, c'est-à-dire qu'une particule d'eau échauffée était incapable de communiquer de la chaleur à une particule d'eau plus froide qu'elle ; mais c'est une erreur, quoiqu'il faille reconnaître cependant que le pouvoir conducteur de ce liquide est extrêmement faible. C'est ce dont on peut se convaincre toutes les fois qu'on place au-dessus de la surface de l'eau le corps qui doit l'échauffer, et qu'on observe la marche de thermomètres placés horizontalement dans sa masse, et à des hauteurs différentes.

Il en est tout autrement lorsque la source de chaleur est au-dessous du vase qui contient l'eau. Pour bien observer ce qui se passe, voici la manière d'opérer :

On prend un vase de verre alongé, on y met

de l'eau et une petite quantité de pâte de papier coloré ou de tout autre corps solide très-divisé, et d'une densité égale ou peu supérieure à celle de l'eau; on le place au-dessus de quelques charbons ardens; peu à peu les parois du vase s'échauffent, et transmettent de la chaleur aux particules d'eau qu'elles touchent. Mais ces particules échauffées, devenues plus légères que les autres, s'élèvent, tandis que les secondes descendent pour en occuper la place. De là résultent des *courans ascendans* chauds et des *courans descendans* froids, qui sont rendus sensibles par les corps légers qu'ils entraînent. L'afflux continuel des particules froides vers la source de chaleur, le départ continuel des particules qui s'y sont échauffées, et d'une autre part le peu de conductibilité de l'eau pour la chaleur, expliquent pourquoi il y a une si grande différence dans la rapidité de l'échauffement d'une masse liquide, suivant qu'il se fait par sa partie inférieure ou par sa partie supérieure.

Dans la seconde partie du cours, je vous ferai remarquer combien les courans dont je viens de parler ont d'influence pour mélanger également les différentes couches d'un bain de teinture, et combien sous ce rapport ils sont avantageux.

Lorsque l'eau, que je suppose toujours contenue dans un vase chauffé par le fond, continue à recevoir la chaleur, sa température augmente jusqu'à ce qu'elle entre en *ébullition ;* alors elle ne paraît plus s'échauffer, car un thermomètre qu'on y plonge est stationnaire tant qu'il reste du liquide à vaporiser. Si la colonne du liquide qu'on chauffe avait quelques pieds de hauteur, on observerait que la température irait en augmentant de la surface au fond. Cela tient au phénomène même de la vaporisation. En effet, si on fait bouillir de l'eau dans un même vase sous des pressions atmosphériques différentes, on verra que l'eau bouillante marquera une température plus élevée quand la pression sera plus forte. *Par conséquent, le terme d'ébullition de l'eau varie avec la pression qu'elle supporte.* L'ébullition étant produite par de l'eau qui se réduit en vapeur, et dont la force élastique fait équilibre à la pression atmosphérique qui agit sur le liquide, on conçoit que, si la vapeur se produit au fond d'une colonne d'eau de quelques pieds, il faut que cette vapeur fasse équilibre, non plus à la simple pression de l'atmosphère, mais à cette pression augmentée de celle de la colonne d'eau. On voit, d'après cela, que dans une chaudière profonde d'eau bouillante, la température des couches du fond est plus grande que celle des couches de la surface.

La nature du vase a de l'influence sur le terme de l'ébullition; ainsi l'eau, sous la pression de l'atmosphère, bout à 100° dans un vase de fer; et à 100°,5, 101°, 101°,5 dans un vase de verre ou de terre, suivant l'observation de M. Gay-Lussac.

Si l'eau tient des sels en dissolution pour lesquels elle ait une affinité plus ou moins forte, elle entre en général plus tard en ébullition que quand elle est pure. De sorte qu'un bain chargé d'alun exige une température plus élevée pour bouillir que l'eau pure.

De ce que l'eau exige une température plus élevée pour bouillir quand on augmente la pression qu'elle supporte, on conçoit que si on la renferme dans une enveloppe suffisamment résistante, on pourra la chauffer jusqu'à la faire rougir; c'est aussi ce qu'on produit en l'exposant au feu dans le *digesteur de Papin*. Mais si cet appareil n'avait pas une résistance plus grande que la tension du liquide qu'il renferme, il ferait explosion, et sur-le-champ l'eau passerait de l'état liquide à l'état de fluide élastique.

Comme il est utile dans plusieurs opérations d'exposer des matières au contact de l'eau à une température plus élevée que celle qu'elle atteint quand elle est chauffée sous la simple pression de l'atmosphère, j'ai adapté plusieurs pièces au digesteur de Papin, qui le rendent d'un usage extrêmement commode pour remplir cet objet. J'ai décrit cet appareil ainsi perfectionné sous le nom de digesteur distillatoire; il est surtout utile pour faire l'analyse des matières colorantes, telles que l'indigo, la cochenille, le kermès.

B. *A l'état de vapeur*.

Revenons sur le phénomène de la conversion de l'eau en fluide élastique. Supposons l'eau bouillant dans un vase de fer sous une pression de $0^m,760$ de mercure; elle marque alors $100°$ à sa surface, et c'est à cause de la constance de cette température qu'on l'a adoptée pour le second point fixe du thermomètre, le premier point étant celui de la température de la glace fondante.

Il y a une raison toute simple pour que la

température d'une masse liquide qui a com-
mencé à bouillir ne s'élève plus, quoique de nouvelle chaleur s'y introduise continuellement;
c'est que cette chaleur est employée à la vaporisation du liquide, et la quantité nécessaire à produire cet effet est considérable, car Rumford
l'évalue à 566°, c'est-à-dire qu'un poids a d'eau
liquide à 100° absorbe une quantité de chaleur qui élèverait de zéro à 1° un poids d'eau
liquide égal à 566 a, ou ce qui revient au
même une quantité qui élèverait de zéro à 100°
un poids d'eau égal à 5,66 a, ce qui revient
encore à dire que 1$^{kil.}$ de vapeur d'eau à 100°
mis avec 5$^{kil.}$, 66 d'eau liquide à zéro donnerait
6$^{kil.}$, 66 d'eau à 100°.

Le volume de l'eau augmente d'une manière
prodigieuse par l'évaporation, puisque 1 volume d'eau liquide à 4° occupe, lorsqu'il est
en vapeur à 100° sous la pression de 0^{m},760,
1696,5 volumes, suivant l'expérience de M. Gay-
Lussac.

Vous voyez par ce résultat que la vapeur
d'eau est un excipient de chaleur qui peut être
très-utile lorsqu'il s'agit, par exemple, d'échauffer
de l'eau contenue dans des cuves de bois, et plus
généralement dans des vaisseaux qui ne pour-

raient recevoir directement l'action du feu; tel est le principe de l'échauffement par la vapeur.

L'eau absorbe non-seulement de la chaleur pour se vaporiser lorsqu'elle est bouillante, mais elle en absorbe encore lorsqu'elle s'évapore à des températures qui seraient insuffisantes pour la faire bouillir. C'est pour cela que l'évaporation est toujours accompagnée de froid.

Il est fort remarquable que la glace elle-même s'évapore.

L'évaporation de l'eau dans une atmosphère limitée et à une température constante ne cesse que quand l'espace est saturé de vapeur.

Des faits précédens on peut conclure :

1° Que l'évaporation est favorisée par l'élévation de la température;

2° Que tout ce qui tend à renouveler la couche d'air qui touche un corps mouillé que l'on veut sécher contribue à hâter l'évaporation.

C. *A l'état solide.*

Lorsque l'eau, arrivée à la température de zéro, continue à recevoir l'influence d'une cause qui la refroidit, elle passe à l'état solide. Ce changement d'état presente deux phénomènes remarquables :

1° Un dégagement de chaleur;

2° Une augmentation de volume.

1° *Dégagement de chaleur.*

Il se sépare de l'eau qui se congèle une quantité notable de chaleur : on en a la preuve directe toutes les fois qu'un thermomètre est plongé dans une masse d'eau qui est en repos parfait; le thermomètre peut descendre jusqu'à 4° au-dessous de zéro; mais si par l'effet d'une secousse donnée au vase qui contient l'eau, ou par l'effet d'un mouvement vibratoire qu'on lui imprime, ou encore par le contact d'un morceau de glace, la congélation s'opère rapidement, sur-le-champ le thermomètre remonte à zéro.

S'il n'est pas possible de rendre sensible au thermomètre la chaleur qui se dégage de l'eau lorsqu'elle se congèle lentement sans que sa température se soit abaissée au-dessous de zéro, il est aisé de démontrer que ce dégagement n'en a pas moins lieu, et il y a plus, c'est qu'on peut le mesurer. En effet, prenez 1ᵏⁱˡ· de glace à zéro et un kilog. d'eau à 75°; mêlez-les et vous aurez 2ᵏⁱˡ· d'eau liquide à zéro; conséquemment *la glace en se fondant absorbe la chaleur qui élève à 75° un poids d'eau liquide à zéro égal au sien, ou encore la chaleur qui élèverait de* 1° 75$^{kil.}$ *d'eau liquide à zéro :* conséquemment *l'eau à zéro ne peut se congeler sans perdre cette même quantité de chaleur.*

Ce phénomène est tout-à-fait analogue à celui que nous avons observé dans la vaporisation.

2° *Augmentation de volume.*

L'eau, en passant de l'état liquide à l'état de glace, éprouve une augmentation de volume tel, que sa densité est moindre que 0,9554406, la densité de l'eau à zéro étant 1,00. M. Thomson dit que la densité de la glace à zéro est 0,92, celle de l'eau liquide à 16° étant 1. Mais une fois que la glace est formée, elle se condense de plus en plus à mesure qu'elle se refroidit.

Plusieurs conséquences se déduisent de ces variations de densité ou de volume que présente l'eau qui se refroidit et se congèle.

Première conséquence. — Supposons une masse d'eau contenue dans une cavité dont les parois sont imperméables à la chaleur, et qui ne peut se refroidir que par sa surface. Il est clair, d'après ce qui précède, que si la température initiale est à 8°, par exemple, la première couche de liquide, perdant de la chaleur, deviendra plus dense et descendra, tandis que les couches inférieures étant plus légères monteront. Il est évident que de pareils courans auront lieu tant que la masse ne sera pas parvenue dans toutes ses parties à 4°; il est évident encore que l'uniformité de température s'établira par ces courans mêmes. Mais dès que la masse sera à 4°, la première couche, en se refroidissant, deviendra plus légère, et tendra par là même à conserver sa position; dès lors le froid continuant, elle pourra se congeler, et ainsi de proche en proche. Voilà pourquoi les couches inférieures des lacs profonds situés dans des régions froides sont à 4°.

Vous voyez d'après cela, Messieurs, combien la profondeur d'une masse d'eau doit avoir d'influence sur la durée du froid de l'atmosphère qui est nécessaire pour la congeler. Vous voyez qu'un froid de 1 à 2°, qui gèlera un ruisseau, sera incapable de geler une rivière; vous voyez l'avantage qu'il y aura pour un atelier à être placé sur le bord d'une rivière profonde plutôt qu'à l'être sur celui d'un ruisseau.

Deuxième conséquence. — L'expansion de l'eau qui se congèle explique pourquoi il ne faut pas laisser exposer au froid de l'hiver de l'eau renfermée dans des vases de verre, de grès, etc., dont l'orifice est étroit, et qui sont pleins de liquide, car ces vases se briseraient indubitablement; et à ce sujet je rappellerai que l'eau qui remplit exactement un canon de fonte dont l'ouverture est hermétiquement fermée, un globe de cuivre dont les parois sont très-épaisses, en détermine la rupture par la force expansive qu'elle exerce en se congelant.

Lorsque l'eau se congèle dans des circonstances favorables au groupement de ses particules, elle cristallise. On a observé de la glace sous forme de prismes hexaèdres.

La glace a une certaine élasticité; cependant elle se laisse pulvériser aisément, surtout quand on la prend à plusieurs degrés au-dessous de zéro. Bien entendu que le mortier et le pilon employés pour la diviser doivent être aussi froids qu'elle.

IV. propriétés chimiques.

L'eau étant indispensable à tous les procédés de la teinture, et son importance, quels que soient les rapports sous lesquels on l'envisage, ne pouvant être méconnue, je m'écarterai, dans l'exposé que je vais faire de ses propriétés chimiques, de la règle que je me suis prescrite de ne parler de l'action d'un corps sur un autre qu'après avoir traité de l'un d'eux; je vais considérer les actions les plus remarquables que l'eau exerce en général sur les corps avec lesquels on la met en contact.

A. *Des actions que l'eau exerce sans éprouver de décomposition, et sans en faire éprouver aux corps sur lesquels elle agit.*

1° *Combinaisons définies de l'eau*, ou *hydrates*.

L'eau peut se combiner avec un grand nombre de corps en des proportions définies. Les acides forment presque tous avec l'eau des composés qui sont parfaitement définis dans leur composition. Il en est de même des bases salifiables qui ont une énergie alcaline remarquable, ainsi que de la plupart des substances salines.

L'acide sulfurique à 66° de l'aréomètre de Baumé, dont la densité est de 1,845, et la potasse à l'alcool qui a été bien préparée, sont deux exemples d'une combinaison définie de l'eau avec des corps doués de propriétés antagonistes très-intenses.

D'un autre côté, le sulfate de protoxide de

fer contient o,455 d'eau, le sulfate de deutoxide de cuivre en contient o,36, l'alun o,455,
le sous-carbonate de soude o,63, etc.

Les acides et les alcalis, en se combinant avec
l'eau, ne perdent pas leurs propriétés caractéristiques, de sorte qu'on peut étudier leurs propriétés spécifiques dans leurs hydrates.

2° *Combinaisons indéfinies de l'eau.*

L'eau se combine avec beaucoup de corps
en des proportions indéfinies; par exemple, je
puis verser des quantités d'eau toujours crois-
santes, dans l'acide sulfurique hydraté que
voici, sans apercevoir aucune limite à la combinaison. Je ne crois pas que lorsque la quantité
d'eau sera très-considérable, on doive considérer tous les atomes de ce corps comme étant
unis avec de l'acide sulfurique; mais avant qu'on
ait atteint cette limite, il est vrai de dire qu'on
a combiné l'eau à de l'acide sulfurique en un
grand nombre de proportions. Je pourrais, au
lieu d'acide sulfurique, prendre une base salifiable, de la potasse, par exemple, ou bien encore de l'alun, du sucre, et obtenir pareillement des combinaisons en proportions indéfinies.

C'est aux combinaisons indéfinies qu'il faut rapporter les dissolutions dans l'eau des gaz peu solubles dans ce liquide : voici les résultats d'expériences faites par M. Th. de Saussure à ce sujet.

<pre>
100 mesures d'eau bouillie à la température de 18ᵉ
    ont dissous : Azote . . . .   4,2.
          —   Hydrogène . . . .   4,6.
          —   Oxide de carbone . . .   6,2.
          —   Oxigène. . . . .   6,5.
          —   Hydrogène bicarboné. .   15,5.
          —   Protoxide d'azote . . .   76
          —   Acide carbonique . . .   106
          —   Acide hydrosulfurique.   253
          —   Acide sulfureux. . . . 4378
</pre>

Lorsque de l'eau bouillie et refroidie est en contact avec un grand volume d'air atmosphérique, 100 mesures d'eau dissolvent jusqu'à 5 mesures d'air.

L'air dissous est plus riche en oxigène que l'air ordinaire : et on observe en soumettant l'eau aérée à l'action de la chaleur dans l'appareil que vous avez sous les yeux, que les premières portions d'air qui se dégagent contiennent de 0,22 à 0,23 d'oxigène, tandis que les dernières en contiennent de 0,32 à 0,34; enfin en mettant de l'oxigène pur en contact avec de l'eau saturée d'air, de l'oxigène est dissous, et un volume d'azote moindre que le volume d'oxigène absorbé est éliminé.

Tous ces faits s'expliquent quand on considère que l'eau a plus d'affinité pour l'oxigène que pour l'azote.

L'eau peut être dépouillée de l'air qu'elle tient en dissolution, non-seulement par l'ébullition, mais encore par son séjour dans le vide et par la congélation.

3° *Union de l'eau avec les tissus organiques.*

L'eau se trouve unie avec certaines matières dans un état extrêmement remarquable. Je n'ose dire qu'elle y est en combinaison, parce que dans l'état actuel de la science on ne peut prononcer si elle est fixée par une force chimique ou si elle l'est simplement par une force physique. Ce qu'il y a de certain, c'est que les unions dont je parle sont d'une grande importance pour les arts et la physiologie.

Les tissus organiques, tels que les tendons, la peau desséchée, etc., sont susceptibles de s'unir à l'eau quand on les tient plongés dans ce liquide; ils perdent alors leur couleur jaune, leur demi-transparence, et reprennent l'aspect et les

propriétés physiques qu'ils ont à l'état frais.
L'eau adhère faiblement à toutes ces matières,
car il suffit de les soumettre à une pression ménagée pour en séparer assez d'eau pour qu'elles
perdent de nouveau les propriétés qui les ca-
ractérisent à l'état frais. Cependant il faut observer que jamais on n'opère une séparation
complète du liquide, car il y en a une certaine
quantité qui reste certainement fixée aux tissus
organiques par l'affinité chimique.

La flexibilité du bois est due à l'eau interposée, car, à moins qu'on ne le réduise à des plaques extrêmement minces, il est cassant quand
on le prive de son humidité. Vous en aurez la
preuve en exposant du papier épais à une chaleur insuffisante pour le brûler, mais capable
de le dessécher.

L'eau, qui donne la ductilité à l'argile, à la
pâte de farine de froment, me semble être dans
un état analogue à celui dont je viens de parler.

B. *Des actions que l'eau exerce sans se décomposer, mais en faisant éprouver quelque altération à des corps composés.*

L'eau agit sur certains corps en leur faisant
éprouver une altération sensible. Par exemple,

il existe des sels qui ne peuvent s'y dissoudre, au moins en certaines proportions, sans
éprouver un changement d'équilibre dans leurs
principes immédiats; tel est le nitrate de bismuth; si je verse de l'eau sur ce sel, il se sépare
en deux parties; l'une se dépose, c'est un sous-
sel; l'autre partie, l'acide nitrique, reste dans
la liqueur, mais elle retient en dissolution une
certaine quantité de sous-sel.

C. *Des actions que l'eau exerce en se décompo-*
sant.

Plusieurs corps simples décomposent l'eau:
les uns, comme le chlore, s'emparent de son hydrogène; d'autres, comme le fer, et surtout le
potassium, s'emparent de son oxigène. Quand
vous faites passer de la vapeur d'eau sur du fer
chauffé au rouge dans un tube de porcelaine, la
décomposition de l'eau s'opère, et on admet
généralement que pour 3 atomes de fer il y a
8 atomes d'eau décomposés; 16 atomes d'hydrogène se dégagent, et 8 atomes d'oxigène, en
s'unissant au fer, forment 2 atomes de peroxide
et 1 atome de protoxide.

La décomposition de l'eau s'opère, ainsi que
vous l'avez vu hier, lorsque du fer, de l'acide sul-

furique et de l'eau réagissent dans un flacon auquel on a adapté un tube recourbé propre à recueillir les gaz ; il se produit alors du sulfate de fer, et il se dégage de l'hydrogène. Or, nous avons mis en réaction du fer, de l'acide sulfurique et de l'eau ; nous savons que le sulfate de fer est composé de protoxide de fer et d'acide sulfurique ; ainsi le fer oxidé aux dépens de l'eau s'est combiné avec l'acide sulfurique, et l'hydrogène est devenu libre ; et, si l'opération était faite avec une assez grande précision, nous pourrions, en déterminant le poids de l'hydrogène dégagé, et celui de l'oxigène fixé au métal, nous assurer que la somme de ces poids est précisément égale au poids de l'eau décomposée.

La théorie atomistique représente encore dans ce cas avec exactitude les proportions suivant lesquelles les corps se combinent. Si nous avons 1 atome de fer, nous savons que pour le convertir en protoxide, il lui faut 2 atomes d'oxigène ; nous savons, d'un autre côté, que le soufre se combine à 3 atomes d'oxigène pour former de l'acide sulfurique ; mais, comme dans l'expérience qui nous occupe l'acide sulfurique n'éprouve pas de changement de nature, nous pouvons le considérer comme un corps simple.

Dans le sulfate de fer il y a 2 atomes d'acide sulfurique; enfin l'eau se compose de 2 atomes d'hydrogène et de 1 atome d'oxigène. Cela posé, si nous mettons en contact de l'acide sulfurique, de l'eau et du fer, il faudra 2 atomes d'eau pour convertir 1 atome de fer en protoxide, et 2 atomes d'acide sulfurique pour neutraliser ce protoxide; enfin, il faudra de l'eau en excès pour dissoudre la combinaison.

Corps mis en réact.   *Résultat*   *Résultat définitif.*

1 atome de fer. . . . . 4 at. hydrogène. . . . . 4 at. hydrogène

2 at. eau = { 2 oxigène 2 oxig. } = 1 prot. de fer ou { 1 prot. de fer } = 1 at. sulf. de fer.
            { 4 hydrog. 1 fer }   { 2 acide sulfur. }

2 at. acide sulfurique.   2 acide sulfurique.

V. PROPRIÉTÉS ORGANOLEPTIQUES.

· L'eau est inodore; elle passe pour insipide; mais, quand on la goûte, elle produit toujours une sensation particulière, qui est le résultat de deux actions : d'abord, prenant l'eau à une température plus basse que celle de notre bouche, nous devons éprouver une sensation de fraîcheur, mais ce n'est point une sensation spéciale à l'organe du goût. En second lieu, la salive étant imprégnée de sels qui sont délayés par l'eau, il résulte de l'affaiblissement de leur action une autre sensation qui se confond peut-être avec celle que l'eau elle-même peut exercer sur le goût.

VI. ÉTAT.

L'eau se trouve dans la nature à l'état solide, à l'état liquide et à l'état de fluide élastique. Pendant l'hiver, tant que la température est à quelques degrés au-dessous de zéro, elle conserve son état de glace, et il faut qu'il survienne dans l'atmosphère une élévation de température pour qu'elle devienne liquide.

L'eau existe à l'état de vapeur dans l'atmosphère aux températures ordinaires en quantités sensibles. Pour le démontrer, il suffit de mettre de l'hydrochlorate d'ammoniaque dans un vase de verre, et d'y verser de l'eau froide; les corps, en se combinant, donnent lieu à un abaissement de température; or cet abaissement de température rend le vase qui est en contact avec le mélange plus froid que l'air; à son tour, le vase refroidit l'air qui le touche, dès lors la vapeur d'eau qui s'y trouve mélangée se réduit à l'état liquide, qui se condense en gouttelettes sur les parois extérieures du vase. Ce phénomène s'observe encore dans les chaleurs de l'été, lorsque des bouteilles, qui étaient conservées dans une cave, viennent à être transportées dans une atmosphère plus chaude que celle de la cave.

VII. PRÉPARATION.

On ne rencontre guère dans la nature l'eau assez pure pour les usages de l'analyse chimique, cependant elle est nécessaire à l'exécution du plus grand nombre des opérations de recherches. Heureusement que presque toutes les eaux naturelles soumises à la *distillation* donnent un produit qui, s'il n'est pas absolument pur, l'est assez pour les usages auxquels on le destine.

La distillation de l'eau ou d'un liquide quelconque consiste essentiellement à soumettre le corps qu'on veut distiller à l'ébullition dans un vaisseau appelé *chaudière*. Celle-ci est recouverte par un *chapiteau* qui communique avec un tuyau appelé *serpentin*, lequel est enveloppé d'eau qu'on a soin de maintenir froide. Enfin le serpentin communique avec un vase de verre qui fait l'office de *récipient*. L'appareil que nous venons de décrire est un alambic ; ordinairement il est en cuivre rouge.

Rien n'est plus simple que de concevoir l'effet de la distillation sur l'eau qu'on fait bouillir dans la chaudière : elle se réduit en vapeur qui se répand peu à peu dans toute la capacité de l'appareil; mais comme cette vapeur trouve les parois du serpentin froides, elle s'y condense en liquide qui coule dans le récipient. S'il n'y avait dans l'eau que des matières étrangères plus fixes qu'elle, il serait aisé de se procurer ce liquide à l'état de pureté; mais comme il contient toujours de l'air, de l'acide carbonique, de l'ammoniaque, ou une matière azotée capable de produire cet alcali par l'action de la chaleur, l'eau distillée n'est jamais parfaitement pure. Voici les résultats que m'a présentés l'eau de Seine distillée.

Elle contient toujours une certaine proportion d'*oxigène* et d'*azote*, et cela ne doit pas surprendre, puisque l'eau qui a été réduite en vapeur se condense au milieu d'une certaine quantité d'air; il s'y trouve en outre de l'acide *carbonique* dont une partie est unie à de l'*ammoniaque*; c'est à la présence de cet acide qu'elle doit sa propriété de rougir très-sensiblement la teinture de tournesol, et celle de précipiter en blanc par le sous-acétate de plomb. Ayant essayé de chasser l'acide carbonique de l'eau distillée, en la faisant bouillir dans un ballon de verre, je trouvai que l'eau avait dissous une quantité sensible de l'alcali du vaisseau.

Le produit de la distillation de l'eau de Seine contient non-seulement de l'acide carbonique et une certaine quantité d'ammoniaque, mais encore très-souvent une matière organique.

VIII. USAGES.

Les usages de l'eau sont très-nombreux. A l'état liquide elle est employée dans toutes les opérations de la teinture pour dissoudre les matières colorantes, tantôt immédiatement, tantôt par l'addition d'un acide ou d'un alcali. Elle sert également pour enlever les matières qui ne doivent pas rester sur les étoffes qu'on a teintes ; à l'état de vapeur, elle donne le moyen de chauffer des bains de teinture contenus dans des cuves de bois. En un mot on ne peut guère citer d'arts qui n'en aient un absolu besoin.

IX. HISTOIRE.

La composition de l'eau a été établie synthétiquement en 1781 par Cavendish, qui brûla de l'hydrogène et de l'oxigène en vases clos. En 1785, Lavoisier confirma ce résultat ; et quelques années après, MM. Fourcroy, Vauquelin et Séguin produisirent 500 grammes d'eau dans une expérience qui dura plusieurs jours.

CHAPITRE III.

EAU OXIGÉNÉE (ḢḢ *ou* ḢḢ + O).

I. NOMENCLATURE ET COMPOSITION.

On l'appelle souvent *deutoxide d'hydrogène*, mais nous préférons à ce nom celui d'*eau oxigénée*, par la raison que nous pensons que ce composé doit être plutôt représenté par de l'eau unie à de l'oxigène que par de l'oxigène uni à de l'hydrogène. En conséquence, nous nous représentons l'eau oxigénée de la manière suivante :

$$\text{Eau} \ldots 2 = \begin{cases} \text{Oxigène} & 1 \\ \text{Hydrog.} & 2 \end{cases} 1 = \begin{cases} \text{Oxigène} & 1 \\ \text{Hydrog.} & 2 \end{cases} 112,48.$$

$$\text{Oxigène. } 1 \ldots\ldots\ldots\ldots 1 \ldots\ldots\ldots 100,$$

$$\text{poids atomist.} = 212,48.$$

II. PROPRIÉTÉS PHYSIQUES.

L'eau oxigénée est encore liquide à 30° au-dessous de zéro.

Sa tension est moindre que celle de l'eau. Elle peut être réduite en vapeur en la mettant dans un appareil distillatoire dans lequel on fait le vide après avoir plongé le récipient au milieu de la glace.

Sa densité est égale à 1,452.

Elle est *incolore*.

III. PROPRIÉTÉS CHIMIQUES.

A. *Cas où elle s'altère.*

A la température ordinaire, l'eau oxigénée se décompose lentement, soit à la lumière, soit dans l'obscurité.

A 20°, elle laisse dégager sensiblement de l'oxigène. Si elle était exposée subitement à 100°, elle ferait explosion.

L'eau oxigénée dissoute dans l'eau est moins altérable qu'à l'état de pureté.

Elle est décomposée par l'électricité à la manière de l'eau ordinaire.

Un grand nombre de corps solides la décomposent sans contracter aucune union ni avec l'eau, ni avec l'oxigène ; de sorte qu'il est impossible d'expliquer l'action de ces corps par l'affinité élective. Tels sont :

Parmi les corps simples,

> Le charbon en poudre,
> L'argent,

Le platine,
L'or,
L'osmium, etc.

Parmi les corps métalliques,

Le protoxide de manganèse,
Le massicot,
Le peroxide de fer,
La potasse,
La soude, etc.

Parmi les matières organiques,

La fibrine,
Le tissu du foie,
—   des poumons, etc.

Il est des corps qui, en décomposant l'eau oxigénée, s'emparent de son oxigène. Tels sont :

Parmi les corps simples,

Le sélénium,
L'arsenic,
Le potassium, etc.

Parmi les corps composés,

La chaux,
La baryte,
La strontiane, etc.
Le sulfure d'arsenic,
—   de plomb,

L'acide hydriodique,
— hydrosulfurique,
— arsénieux,
— sulfureux, etc.

Parmi les matières organiques,

Les matières colorantes en général. — Elles s'altèrent en perdant leur couleur.

Enfin il y a des corps qui, comme l'oxide d'argent, perdent leur oxigène en même temps qu'ils séparent celui de l'eau oxigénée.

B. *Cas où elle ne s'altère pas.*

Le bore, le phosphore, le soufre, l'iode, le fer, l'étain, l'antimoine, le tellure, n'ont pas, ou presque pas, d'action sur l'eau oxigénée.

Il en est de même de l'alumine, de la silice, de l'oxide de chrome, etc.

Il est des corps qui, loin de la décomposer, lui donnent plus de stabilité. Tels sont les acides solubles en général; et en particulier les acides hydrophtorique, hydrochlorique, phosphorique, arsénique, etc.

IV. PROPRIÉTÉS ORGANOLEPTIQUES.

Elle est inodore, ou presque inodore.

Elle blanchit l'épiderme.

Mise sur la langue, elle la blanchit, épaissit la salive, et produit une sensation analogue à celle de certaines dissolutions métalliques.

V. ÉTAT ET PRÉPARATION.

Elle est le produit de l'art. Ne pouvant décrire en détail le procédé suivi pour la préparer, je me bornerai à ce qui suit :

1º On neutralise de l'acide hydrochlorique par du deutoxide de barium. Il se forme de l'hydrochlorate de baryte et de l'eau oxigénée qui restent dissous dans de l'eau.

2º On précipite la baryte par l'acide sulfurique. On obtient d'une part du sulfate de baryte, et de l'autre part de l'eau oxigénée unie à de l'eau et à de l'acide hydrochlorique.

3º On met la liqueur précédente avec du sulfate d'argent, il se produit de l'eau et du chlorure d'argent qui se précipite. La liqueur est formée d'eau, d'eau oxigénée et d'acide sulfurique.

4º En précipitant l'acide sulfurique par l'eau de baryte, on obtient une dissolution d'eau oxigénée dans l'eau ordinaire.

5º En exposant la dissolution précédente

dans le vide sec, l'eau ordinaire s'évapore avant l'eau oxigénée.

VI. USAGES.

L'eau oxigénée a été employée avec succès par M. Mérimée pour nettoyer d'anciens dessins qui étaient tachés par du sulfure de plomb. L'eau oxigénée était dissoute dans une quantité d'eau telle, que la liqueur contenait huit fois son volume d'oxigène; elle était appliquée avec un pinceau sur les taches, qui, au bout de une ou deux minutes, étaient converties en sulfate de plomb blanc.

VII. HISTOIRE.

Elle fut découverte par M. Thénard, en 1818.

PARIS, IMPRIMERIE DE DECOURCHANT,
Rue d'Erfurth. n° 1. près l'Abbaye.

CINQUIÈME LEÇON.

AZOTE (Az).

TROISIÈME ESPÈCE DE CORPS SIMPLES.

PREMIÈRE SECTION.

CHAPITRE PREMIER. — AZOTE.

I. NOMENCLATURE.

Le mot azote est formé de deux mots grecs, de α privatif, ζωή, vie. On a voulu exprimer par ce nom que le corps auquel on l'applique n'est pas propre à entretenir la vie, et que, sous ce rapport, il diffère de l'oxigène, substance qui, avec l'azote, forme la plus grande partie de l'atmosphère terrestre.

Nitrogène et *septon* sont synonymes d'azote.

I

II. PROPRIÉTÉS PHYSIQUES.

Il est gazeux, et n'a pu être liquéfié.

Par la compression, il dégage de la chaleur.

Sa densité est de 0,9757.

Le décimètre cube pèse 1ᵍ,2675.

Le poids de l'atome est de 88,51. Mais des chimistes l'évaluent au double de ce nombre, c'est-à-dire à 177,02.

Il est incolore.

III. PROPRIÉTÉS CHIMIQUES.

L'azote, mêlé avec le gaz hydrogène, ne contracte aucune union avec cet élément : mais dans certains cas ces corps se combinent, et forment l'azoture d'hydrogène qui est appelé *ammoniaque*.

L'azote et l'oxigène ne se combinent point à la température ordinaire; mais si on soumet à un courant d'étincelles électriques 1 volume d'azote et 2 volumes d'oxigène, les corps forment de l'acide nitreux. Outre cette combinaison, ils sont susceptibles de s'unir en quatre proportions, en sorte qu'il y a cinq combinaisons d'azote et d'oxigène, dont trois sont acides.

Nous rappellerons ici que 100 volumes d'eau à la température de 18° peuvent dissoudre 4,2 volumes d'azote, et que ce gaz est moins soluble que l'oxigène, ce qui explique pourquoi l'air qu'on retire de l'eau est plus riche en oxigène que ne l'est l'air atmosphérique.

IV. PROPRIÉTÉS ORGANOLEPTIQUES.

L'azote est inodore, insipide, impropre à la respiration; nous le respirons pourtant continuellement et sans inconvénient, mais alors il est mêlé avec l'oxigène de l'atmosphère.

V. ÉTAT.

L'azote est un des élémens des matières végétales et animales, et, comme je l'ai déjà dit, de l'ammoniaque et de l'acide nitrique. Mélangé avec l'oxigène dans la proportion de 0,785 à 0,789, il forme l'air atmosphérique, qui en outre contient de la vapeur d'eau et du gaz acide carbonique.

VI. PRÉPARATION.

La manière d'obtenir l'azote consiste à mettre dans de l'air un corps qui puisse en absorber l'oxigène, par exemple du phosphore. On place celui-ci dans une petite capsule de porcelaine qui pose sur une plaque de liége flottant sur l'eau d'une cuve pneumato-chimique; on l'allume, et on recouvre le tout d'une cloche de verre remplie d'air. L'oxigène s'unit au phosphore, et forme de l'acide phosphorique qui est absorbé peu à peu par l'eau, de sorte qu'il ne reste que de l'azote mêlé d'un peu d'acide carbonique, qu'on en sépare au moyen de l'eau de potasse.

VII. USAGES.

Il n'est d'aucun usage.

VIII. HISTOIRE.

L'azote fut découvert en 1772 par le docteur Rutherfort; en 1773, Lavoisier le considéra comme un des élémens de l'air.

SECTION II.

DES COMBINAISONS DE L'AZOTE

AVEC L'HYDROGÈNE ET L'OXIGÈNE.

CHAPITRE II.

DE L'AMMONIAQUE (Az ^{3}H).

I. COMPOSITION.

	en poids.	en vol.		en atomes.
Azote. . .	82,542 .	1	condensés en 2 { 1 . .	88,51
Hydrogène.	17,458 .	3	{ 3 .	18,72
	100,000		poids atomistique	107,23

II. NOMENCLATURE.

L'ammoniaque a long-temps porté le nom d'*alcali volatil*, et celui d'*alcali volatil fluor* lorsqu'elle était dissoute dans l'eau.

Elle devrait porter le nom d'azoture d'hydrogène, si on n'avait égard qu'à sa composition élémentaire.

III. PROPRIÉTÉS PHYSIQUES.

A. *A l'état gazeux.*

L'ammoniaque libre de toute combinaison est toujours à l'état de gaz lorsqu'elle est exposée à la température ordinaire sous la simple pression de l'atmosphère; mais elle se liquéfie si elle est suffisamment refroidie et comprimée.

Sa densité est de 0,591.

Elle est incolore.

B. *A l'état liquide.*

L'ammoniaque liquide a une tension de $6\frac{1}{2}$ atmosphères à la température de 10°.

Sa densité est de 0,76.

Elle est incolore.

IV. PROPRIÉTÉS CHIMIQUES.

A. *Cas où l'ammoniaque ne se décompose pas.*

Tant que l'ammoniaque ne se décompose pas, elle jouit des propriétés alcalines au plus haut degré, ainsi que le démontrent la couleur verte qu'elle communique à la teinture de violette, la couleur bleue qu'elle fait prendre à la teinture de tournesol rougie par un acide, et enfin les sels qu'elle forme avec tous les acides.

Elle s'unit à l'eau avec dégagement de chaleur et en proportions indéfinies. Une mesure de ce liquide est susceptible de dissoudre 670 mesures d'ammoniaque, suivant sir H. Davy, et 780 mesures, suivant M. Thomson. La densité de la combinaison est de 0,875 suivant le premier, et de 0,900 suivant le second; exposée à —55°, elle se prend en une gelée épaisse. La chaleur en dégage une grande quantité d'ammoniaque. La simple exposition à l'air produit le même effet, mais dans ce cas l'acide carbonique est absorbé par la portion d'ammoniaque qui ne se volatilise pas.

La solution aqueuse d'ammoniaque doit être conservée dans un flacon bouché à l'émeri.

B. *Cas où l'ammoniaque s'altère.*

L'ammoniaque se décompose quand elle est soumise à l'action de l'étincelle électrique, mais la décomposition est toujours lente, c'est-à-dire que pour réduire une quantité sensible de gaz en ses élémens, il faut multiplier les étincelles qu'on fait passer au moyen d'un excitateur dans un volume connu de gaz qui doit être contenu dans une petite cloche placée sur le mercure. A mesure que la décomposition fait des progrès, on voit le gaz augmenter de volume, mais on ne parvient pas à décomposer la totalité de l'ammoniaque soumise à l'expérience. Si, lorsqu'on juge l'électrisation suffisante, on mesure le volume des gaz, et qu'on les mette ensuite en contact avec un peu d'eau, on dissoudra l'alcali non décomposé; et en retranchant le volume de cet alcali non décomposé du volume du gaz qui a été soumis à l'expérience, la différence exprimera le volume de l'alcali qui a été décomposé. Or ce dernier volume est au volume d'azote et d'hydrogène provenant de sa décomposition :: 1 : 2. On peut en outre faire l'analyse des gaz dans un eudiomètre par l'oxigène, et s'assurer qu'ils sont formés de 3 volumes d'hydrogène et de 1 volume d'azote.

Un courant de gaz ammoniaque qu'on fait passer dans un tube de porcelaine rempli de fragmens de porcelaine est décomposé, sinon en totalité au moins en partie. Si on remplace les fragmens de porcelaine par du cuivre, du fer, etc., la décomposition est plus prononcée. Le cuivre devient cassant, et sa densité est diminuée. M. Thénard pense que les métaux agissent physiquement, c'est-à-dire sans se combiner avec aucune portion d'ammoniaque ou de ses élémens. M. Savart pense le contraire.

Toutes les fois que la température de l'ammoniaque est suffisamment élevée, et qu'elle se trouve en contact avec l'oxigène, celui-ci se porte sur son hydrogène pour former de l'eau; c'est pour cette raison que, lorsque vous présentez la flamme d'une bougie à l'orifice d'une cloche de gaz ammoniaque renversée, la flamme s'agrandit, mais elle s'éteint ensuite. C'est encore pour la même raison que le mélange de 2 volumes d'ammoniaque et de $1\frac{1}{2}$ d'oxigène détonne quand on y plonge une bougie enflammée.

V. PROPRIÉTÉS ORGANOLEPTIQUES.

L'ammoniaque a une odeur forte et stimulante, une saveur acre et caustique. Au sujet de l'odeur de l'ammoniaque, je vous ferai remarquer, Messieurs, que cette odeur se manifeste dans un grand nombre de cas. Par exemple, on a donné pour caractère aux alcalis caustiques fixes, tels que la potasse, la soude, la chaux, d'avoir une saveur urineuse; hé bien, cette propriété ne leur appartient pas; il faut la reporter à l'ammoniaque, *et à l'am-*

moniaque agissant sur l'odorat et non sur le goût. En effet, quand vous mettez de la potasse ou de la soude très-étendue d'eau dans la bouche, ces alcalis réagissent sur les sels ammoniacaux contenus dans la salive, l'ammoniaque, devenue libre, se volatilise; elle sort en partie par le nez, et c'est alors que la membrane de l'odorat en reçoit l'impression. Cette sensation étant simultanée avec l'impression que reçoit le goût du contact de l'alcali caustique, on a été porté ainsi à attribuer à ce dernier une saveur urineuse qu'il n'a point. Pour s'en convaincre, il suffit d'arrêter l'air qui s'échappe par le nez, en appuyant les doigts contre les narines : la sensation dont je parle est alors complètement détruite; d'un autre côté, il suffit de mêler de la salive avec un alcali fixe pour sentir l'odeur urineuse lorsqu'on flaire le mélange.

VI. ÉTAT.

L'ammoniaque se trouve dans la nature, mais rarement à l'état caustique, et cela se conçoit, car dans les circonstances où elle se forme, elle est le plus souvent en présence d'acides pour lesquels elle a une grande affinité; aussi est-elle presque toujours à l'état de sous-carbonate, de sulfate et d'hydrochlorate; elle se produit dans la plupart des décompositions spontanées des matières organiques azotées.

VII. PRÉPARATION.

La manière d'obtenir l'ammoniaque à l'état de gaz est fort simple ; on prend parties égales d'hydrochlorate d'ammoniaque et de chaux, réduites en poudre ; on en fait un mélange qu'on introduit dans une cornue et qu'on recouvre ensuite avec des morceaux de chaux ; la cornue est garnie d'un tube recourbé qui plonge dans un bain de mercure ; on chauffe le mélange ; lorsqu'on juge le gaz qui se dégage assez pur, on le recueille dans une cloche : on est assuré de sa pureté quand il est entièrement soluble dans l'eau.

Pour obtenir l'ammoniaque en dissolution dans l'eau, on introduit dans une cornue de grès un mélange fait à parties égales, de chaux éteinte à l'eau et d'hydrochlorate d'ammoniaque ; on adapte à la cornue un tube de sûreté qui va plonger dans un flacon ; celui-ci communique de la même manière avec un second flacon, qui communique lui-même avec un troisième : ces deux vases doivent être rem-

plis d'eau au tiers de leur capacité environ;
enfin le troisième communique avec un dernier
flacon. On chauffe la cornue, du gaz ammoniaque et de la vapeur d'eau se dégagent; celle-ci
se condense en partie dans le premier flacon
avec une petite quantité d'ammoniaque, tandis
que le reste va se dissoudre dans le second, et
même dans le troisième.

Voyons ce qui se passe dans cette expérience.
Nous avons mis dans la cornue de l'hydrate de
chaux et de l'hydrochlorate d'ammoniaque.
Supposons qu'on ait

$$1 \text{ atome de chaux} \dots\dots\dots = \begin{cases} 2 \text{ at. oxigène.} \\ 1 \text{ — calcium.} \end{cases}$$

$$4 \text{ at. hydrochl. d'amm.} = \begin{cases} 4 \text{ acide hydr.} = \begin{cases} 4 \text{ — chlore.} \\ 4 \text{ — hydrog.} \end{cases} \\ 4 \text{ ammoniaq.} = \begin{cases} 4 \text{ — azote.} \\ 12 \text{ — hydrog.} \end{cases} \end{cases}$$

plus un excès de chaux.

A une température élevée, l'équilibre des
élémens de l'atome de chaux et de ceux des
4 atomes d'hydrochlorate d'ammoniaque est
rompu : un nouvel équilibre s'établit; 4 atomes
de chlore se combinent avec 1 atome de calcium pour former 1 atome de chlorure de calcium, qui étant fixe reste dans la cornue uni à
l'excès de chaux; les 4 atomes d'hydrogène de

l'acide hydrochlorique, se combinant avec les 2 atomes d'oxigène, qui ont abandonné le calcium, donnent naissance à 2 atomes d'eau qui se dégagent avec les 4 atomes d'ammoniaque : l'eau qui constituait l'hydrate de chaux se volatilise en même temps.

En grand on opère la décomposition de l'hydrochlorate d'ammoniaque dans des tubes de fonte.

L'ammoniaque fluor contient presque toujours des matières étrangères. Lorsqu'on s'est servi d'eau distillée, et qu'on n'a pas pris, d'ailleurs, toutes les précautions imaginables, il arrive presque toujours qu'il s'y trouve une petite quantité d'huile empyreumatique et d'acide carbonique ; et lorsqu'on a fait usage d'eau ordinaire, par exemple d'eau de puits ou d'eau de Seine, l'ammoniaque fluor contient de plus de l'acide sulfurique, et même de l'acide hydrochlorique.

Voyons comment on reconnaît la présence de ces corps dans l'ammoniaque fluor.

Y reconnaître la présence de l'acide hydrochlorique.

On y met de l'acide nitrique en excès ; on

ajoute ensuite du nitrate d'argent; et si le liquide n'est pas troublé, c'est que l'ammoniaque ne contient pas d'acide hydrochlorique.

Y reconnaître la présence de l'acide carbonique.

On mêle l'ammoniaque avec du nitrate de baryte ou même de l'hydrochlorate de chaux bien neutre et bien pur dans un flacon bouché à l'émeri. Si au bout de quelques heures il ne se produit pas de précipité, on peut être sûr que l'ammoniaque ne contient pas de quantité notable d'acide carbonique.

Y reconnaître la présence d'une huile empyreumatique.

Il faut mêler peu à peu avec l'ammoniaque un volume d'acide sulfurique concentré égal au sien; si elle ne prend pas une teinte plus ou moins rousse, elle ne contient point d'huile.

Y reconnaître l'acide sulfurique.

Quand elle a été neutralisée par l'acide hydrochlorique, elle ne doit pas précipiter l'hydrochlorate de baryte.

L'ammoniaque, ainsi que nous l'avons dit, peut être rendue liquide. Il suffit pour cela de chauffer, dans un tube de verre fermé à la lampe, un composé de chlorure d'argent et d'ammoniaque, pendant que l'extrémité opposée est refroidie.

VIII. usages.

L'ammoniaque mérite de fixer l'attention du teinturier par le rôle qu'elle joue dans un grand nombre de ses procédés.

C'est elle qui tient l'indigotine désoxigénée en dissolution dans les *cuves d'indigo* dites à *l'urine*.

Elle donne plus de solubilité dans l'eau à plusieurs principes colorans qu'ils n'en auraient sans elle. Mais lorsqu'on veut appliquer l'ammoniaque à cet usage, il faut s'être assuré que les principes colorans que l'on veut dissoudre ne sont pas susceptibles de former avec elle une combinaison susceptible d'absorber plus ou moins rapidement l'oxigène atmosphérique, ainsi que cela arrive par exemple à l'hématine.

L'ammoniaque sert à *virer* certaines couleurs, le cramoisi entre autres; mais ce n'est pas l'ammoniaque pure que l'on emploie à cet usage, c'est l'*urine fermentée*, qui contient du sous-carbonate d'ammoniaque.

M. Raymond a prescrit une eau légèrement

ammoniacale pour violeter le bleu de Prusse appliqué sur la soie.

L'ammoniaque, en virant une couleur, peut agir :

1° En neutralisant un acide qui est uni à un principe colorant dont cet acide modifie la couleur ;

2° En s'unissant directement à un principe colorant ;

3° En neutralisant un acide uni à un principe colorant, et en modifiant elle-même ce même principe colorant.

L'urine fermentée dont on fait usage dans le lavage des laines agit principalement par son ammoniaque.

Enfin l'ammoniaque ou son sous-carbonate peut être employée pour enlever des taches de certaines matières grasses, et pour en faire disparaître d'autres qui ont été produites par des acides sur des étoffes colorées.

IX. HISTOIRE.

L'ammoniaque n'a été connue des alchimistes qu'à l'état de sous-carbonate et d'ammoniaque fluor. Black a distingué le sous-carbonate de l'ammoniaque caustique. Priestley a obtenu cet alcali à l'état de gaz, et Berthollet l'a analysé.

CHAPITRE III.

PROTOXIDE D'AZOTE ($\dot{A}z\,Az$ *ou* $\dot{A}z^2$).

I. COMPOSITION.

	en poids.	en vol.	en atomes.
Oxigène	63,901	$\frac{1}{2}$	$\begin{cases} 1 & \cdots & 100. \end{cases}$
Azote	36,099	1	$\begin{cases} 2 & \cdots & 177,02. \end{cases}$
	100,000		poids atomist. 277,02.

Oxigène . 63,901 . . . $\frac{1}{2}$ $\Big\}$ = 1 vol. $\Big\{$ 1 . . . 100.
Azote. . . 36,099 . . . 1 $\Big\}$ $\Big\{$ 2 . . . 177,02.

100,000   poids atomist. 277,02.

II. NOMENCLATURE.

Air nitreux déphlogistiqué, oxidule d'azote, oxide nitreux.

III. PROPRIÉTÉS PHYSIQUES.

A. *A l'état gazeux.*

Le protoxide d'azote est gazeux.
Sa densité est de 1,527.
Le décimètre cube pèse $1^{gr\cdot}$,9836.
Il est inodore.

B. *A l'état liquide.*

Il peut être réduit en liquide par la compression et le refroidissement.

Il a une tension de 5o atmosphères à la température de 7°,2. Son pouvoir réfringent est des plus faibles.

Il est incolore.

IV. PROPRIÉTÉS CHIMIQUES.

100^{m} d'eau en absorbent 78^{m} à $18°$. Cette solution neutralise jusqu'à un certain point les alcalis. La chaleur en dégage le gaz.

Quand on soumet le protoxide d'azote à l'étincelle électrique, il se réduit en azote et en deutoxide d'azote. Il est très-facile de se rendre compte de ce résultat, d'après la composition du deutoxide d'azote, qui est pour 1 volume oxigène $\frac{1}{2}$, azote $\frac{1}{2}$. D'après cela, on conçoit comment l'étincelle électrique réduit 1 volume de protoxide d'azote

$$\text{En 1 vol. deutox. d'azote} = \left\{ \begin{array}{l} \frac{1}{2}\ \text{oxig.} \\ \frac{1}{2}\ \text{azote} \end{array} \right\} + \frac{1}{2}\ \text{v. azote libre.}$$

Une forte chaleur produit le même effet.

Si on introduit dans un eudiomètre un mélange de 1 volume de protoxide d'azote et de 1 volume d'hydrogène, et qu'on enflamme le gaz par l'étincelle électrique, il se produit 1 volume de vapeur d'eau qui se condense, tandis que 1 volume de gaz azote devient libre.

V. PROPRIÉTÉS ORGANOLEPTIQUES.

Il a une saveur sucrée. Il est inodore.

On peut lire dans tous les ouvrages de chimie les effets du protoxide d'azote sur les personnes qui l'ont respiré à l'état de pureté.

VI. ÉTAT.

Il ne se trouve pas dans la nature.

VII. PRÉPARATION.

On l'obtient en soumettant à l'action d'une chaleur modérée, dans une cornue de verre, du nitrate d'ammoniaque desséché.

On le recueille dans des flacons remplis d'eau, après avoir laissé dégager les premières portions de gaz.

Voici le résultat de l'opération d'après la théorie atomistique :

$$1 \text{ atome d'acide nitrique} = \begin{cases} 5 \text{ at. oxig.} = \begin{cases} 3 \text{ at. oxig.} \\ 2 \text{ at. oxig.} \end{cases} \\ 2 \text{ at. azote.} \end{cases}$$

$$2 \text{ atomes d'ammoniaque} = \begin{cases} 2 \text{ at. azote.} \\ 6 \text{ at. hydrog.} \end{cases}$$

Les 6 atomes d'hydrogène + 3 atomes d'oxigène forment 3 atomes d'eau ; les 4 atomes d'azote + les 2 atomes d'oxigène forment 2 atomes de protoxide d'azote.

VIII. USAGES.

Il n'est d'aucun usage.

IX. HISTOIRE.

Priestley l'a mentionné dans ses écrits, mais c'est sir H. Davy qui en a bien déterminé la nature en 1799.

CHAPITRE IV.

DEUTOXIDE D'AZOTE ($\dot{A}z\,\dot{A}z$ *ou* $\ddot{A}z^2$).

I. COMPOSITION.

$$
\begin{array}{lll}
\text{en poids.} & \text{en vol.} & \text{en atomes.} \\
\text{Oxig. } 53{,}19 \ . \ 1 \left.\right\} & = 2 \text{ vol.} & \left\{ \begin{array}{l} 2 \ . \ 200 \\ 2 \ . \ 177{,}02 \end{array} \right. \\
\text{Azote } 46{,}81 \ . \ 1 \left.\right\} & & \\
\hline
100{,}00 & & \text{poids atom. } 377{,}02
\end{array}
$$

II. NOMENCLATURE.

Gaz nitreux.

III. PROPRIÉTÉS PHYSIQUES.

Il est gazeux.

Sa densité est de 1,0391.

Le décimètre cube pèse 1$^{\text{gr.}}$,3499.

Il est incolore.

IV. Propriétés chimiques.

100 mesures d'eau bouillie en absorbent 5 mesures.

La solution n'a pas d'action sur le tournesol. Elle est entièrement décomposée par la chaleur.

L'oxigène a une action remarquable sur lui à la température ordinaire. A peine met-on ces gaz en contact, qu'il se produit une vapeur rouge, qui est de l'acide nitreux; il se dégage en même temps de la chaleur sans lumière. En faisant passer dans une cloche refroidie à 20°, contenant des fragmens de verre, et vide de tout gaz, 1 volume d'oxigène et 2 volumes de deutoxide d'azote, on obtient de l'acide nitreux à l'état liquide sans aucun résidu gazeux.

Lorsqu'on fait passer dans une cloche pleine de mercure une forte solution de potasse, et 1 volume d'oxigène, puis 5 volumes de deutoxide d'azote, le corps qui se produit n'est plus de l'acide nitreux, mais de l'acide hyponitreux : il reste un volume de deutoxide d'azote.

La composition de l'acide hyponitreux est facile à établir, puisque le deutoxide d'azote absorbé se compose de 2 volumes d'oxigène et de

2 volumes d'azote. Elle doit être évidemment de :

3 volumes oxigène ;
2 — azote ;
ou 1 ½ — oxigène ;
1 — azote.

Le deutoxide d'azote est donc très-disposé à se combiner avec l'oxigène, et très-disposé à produire des acides.

On démontre l'acidité de la combinaison qui résulte de l'union du deutoxide d'azote avec l'oxigène, par l'expérience suivante : on introduit dans un flacon rempli de mercure et renversé sur la cuve hydrargiro-pneumatique du deutoxide d'azote et de la teinture de tournesol, de manière à y laisser une certaine quantité de mercure. On bouche le flacon pour l'ôter de la cuve, puis, l'ouverture regardant la terre, on tire le bouchon de manière à laisser écouler un peu de mercure, et à permettre à de l'air d'entrer dans le flacon. La couleur rouge, que prend aussitôt la teinture du tournesol, annonce que l'oxigène a formé un acide en s'unissant au deutoxide d'azote.

Ce gaz n'est pas décomposé par la chaleur.

Il ne l'est pas par l'hydrogène pur, mais lorsqu'on fait un mélange de :

$$1 \text{ volume de deutoxide d'azote,}$$
$$1 \quad - \quad \text{de protoxide d'azote,}$$

et qu'on y ajoute de l'hydrogène, la décomposition a lieu par l'étincelle électrique. Nous allons voir dans quelle proportion l'hydrogène doit être employé.

$$1 \text{ vol. de deutoxide d'azote} = \begin{cases} \text{oxigène } \frac{1}{2} \text{ volume,} \\ \text{azote. . } \frac{1}{2} \text{ volume.} \end{cases}$$

$$1 \text{ vol. de protoxide d'azote} = \begin{cases} \text{oxigène } \frac{1}{2} \text{ volume.} \\ \text{azote. . } 1 \text{ volume.} \end{cases}$$

Nous avons donc en tout 1 volume d'oxigène et 1 volume et demi d'azote. Il est aisé de voir que pour convertir cet oxigène en eau, il faudra 2 volumes d'hydrogène ; on obtiendra, 1° 2 volumes de vapeur d'eau, composée de 2 volumes d'hydrogène et de 1 volume d'oxigène ; 2° 1 $\frac{1}{2}$ volume de gaz azote.

Il paraît que c'est à l'aide de l'élévation de la température résultant de la combustion du protoxide d'azote et de l'hydrogène, que la décomposition du deutoxide s'opère par l'hydrogène.

V. PROPRIÉTÉS ORGANOLEPTIQUES.

Le deutoxide d'azote doit être considéré comme un poison très-violent. Mais, à la vérité, lorsque nous le respirons au milieu de l'air, ce n'est pas ce gaz à l'état de pureté qui agit sur nos poumons, mais l'acide nitreux résultant de l'union du deutoxide d'azote avec l'oxigène de l'atmosphère.

Nous ne pouvons dire quelles sont l'odeur et la saveur de ce gaz, par la raison que nous ne pouvons le mettre en contact avec l'organe de l'odorat ou avec l'organe du goût, sans qu'il soit converti en acide nitreux.

VI. ÉTAT.

On ne l'a pas rencontré dans la nature.

VII. PRÉPARATION.

La manière de préparer le deutoxide d'azote est très-simple ; elle consiste à mettre 6 parties d'acide nitrique de 15 à 20°, avec 1 partie de planures de cuivre, dans une fiole munie d'un tube recourbé, et à recueillir sur de l'eau le gaz qui se produit. Il est facile de se rendre compte de ce qui se passe dans cette opération. Nous avons :

Une portion A acide nit. étendue d'eau
Une portion B acide nitrique . . . . . $= \begin{cases} \text{oxigène.} \\ \text{deutox. azote.} \end{cases}$
Du cuivre.

L'oxigène de la portion B s'unit au cuivre et produit du deutoxide de cuivre, lequel se combinant avec la portion d'acide nitrique A, forme du *nitrate de deutoxide de cuivre;* tandis que le *deutoxide d'azote* se dégage à l'état gazeux.

Les deux portions d'acide nitrique se comportent donc différemment. L'une agit par attraction élémentaire, en se réduisant en deutoxide d'azote, et en oxigène qui se porte sur le cuivre, et l'autre agit sur le deutoxide de cuivre sans s'altérer. C'est un exemple des cas où un corps peut agir sur un autre par attraction résultante et par attraction élémentaire.

Voici les résultats en atomes :

3 atomes de cuivre,

8 at. d'acide nit. $= \begin{cases} 6 \text{ atomes d'acide nitrique,} \\ 2 \text{ at. d'acide nit.} = \begin{cases} 6 \text{ at. d'oxigène,} \\ 2 \text{ at. deut. azot.} \end{cases} \end{cases}$

Deux atomes d'acide nitrique décomposés cèdent 6 atomes d'oxigène aux 3 atomes de cuivre; il en résulte 3 atomes de deutoxide, qui forment 3 atomes de nitrate de deutoxide avec 6 atomes d'acide nitrique.

VII. USAGES.

Il a été employé pour analyser l'air. Aujourd'hui on le produit dans plusieurs fabriques d'acide sulfurique pour convertir l'acide sulfureux en acide sulfurique.

IX. HISTOIRE.

Hales l'a observé le premier. Priestley, en 1772, en décrivit les propriétés principales.

~~~~~~

CHAPITRE V.

DE L'ACIDE HYPONITREUX ($\ddot{A}z^2$).

COMPOSITION.

	en poids.	en vol.	en atomes.	
Oxigène. . .	62,891	. . . $1\frac{1}{2}$	. . . 3	 300,00
Azote. . . .	37,109	. . . 1	. . . 2	 177,02
	100,000		poids atomist.	477,02

Cet acide n'a point encore été obtenu à l'état libre. Avant que M. Gay-Lussac en ait établi la
~~~~~~

composition, on le confondait avec l'acide nitreux.

~~~~~~

CHAPITRE VI.

ACIDE NITREUX ($\ddot{\text{A}}\text{z}\dot{\text{A}}\text{z}$ *ou* $\overset{\cdots}{\text{A}}\text{z}^2$).

I. COMPOSITION.

	en poids.	en vol.	en atomes.	
Oxigène.	69,321	2	4	400,00
Azote.	30,679	1	2	177,02
100,000			poids atomist.	577,02

II. PROPRIÉTÉS PHYSIQUES.

Il est liquide jusqu'à 28°, où il entre en ébullition, et jusqu'à 40 et quelques degrés au-
dessous de zéro, où quelques chimistes disent
qu'il se congèle en une masse blanche.

Sa densité est de 1,451.

A 20° au-dessous de zéro, il est incolore; à
—10, il est légèrement coloré; à zéro, il est d'un
jaune fauve; à 15°, il est jaune orangé; et enfin
à la température où il entre en ébullition, il est
~~~~~~

d'un orangé rouge. Ainsi le même corps exposé à des températures différentes dans une étendue de 48° centigrades, est incolore ou coloré diversement. S'il était possible d'appliquer sur une étoffe un corps analogue à l'acide nitreux par cette propriété, cette étoffe serait blanche à une température, et colorée à une autre, et sa couleur varierait suivant l'intensité de la chaleur. Cette observation est curieuse, en ce qu'elle démontre que la couleur dans les corps peut tenir à une circonstance bien légère, puisqu'un simple changement dans la température est susceptible de déterminer la coloration d'une substance incolore, ou d'en déterminer la décoloration si elle est colorée.

III. PROPRIÉTÉS CHIMIQUES.

L'acide nitreux n'est pas décomposé par la chaleur, il ne se combine qu'avec un très-petit nombre de corps sans éprouver d'altération.

Il peut dissoudre le deutoxide d'azote, et alors il prend une couleur verte ; peut-être dans ce cas se forme-t-il de l'acide hyponitreux.

Si on l'agite avec beaucoup d'eau, il se décompose : du deutoxide d'azote se dégage, et de l'acide nitrique reste en dissolution.

Lorsqu'on verse goutte à goutte l'acide nitreux dans l'eau, une portion se réduit en acide nitrique qui se dissout, et en deutoxide d'azote qui, restant uni avec la portion d'acide nitreux indécomposé, forme avec elle un liquide vert qui se précipite au fond du vase. Peut-être ce liquide est-il formé d'acides hyponitreux et nitreux.

Si on ajoute successivement de l'acide nitreux à une même quantité d'eau, il se dégagera du deutoxide d'azote, mais le dégagement ira toujours en diminuant et enfin il cessera entièrement. Arrivé à ce terme, l'eau dissoudra encore de nouvel acide, et elle se colorera successivement en bleu verdâtre, en vert et en jaune orangé.

A une température élevée, l'hydrogène enlève l'oxigène à l'acide nitreux.

Il en est de même du fer ou du cuivre. C'est même en faisant passer l'acide nitreux en vapeur sur ce dernier métal chauffé au rouge, dans un tube de porcelaine, qu'on peut en faire l'analyse.

IV. PROPRIÉTÉS ORGANOLEPTIQUES.

L'acide nitreux a une odeur forte, une saveur acide très-corrosive ; il jaunit la peau, les poils, la laine, etc. C'est un poison violent.

V. ÉTAT.

Ce corps n'a point été trouvé dans la nature, cependant il est probable qu'il se forme dans les circonstances où de l'air est soumis à de fortes décharges électriques. On sait en effet que l'électrisation détermine la combinaison de l'azote avec l'oxigène, et que toutes les fois qu'une base salifiable n'est pas présente, le résultat de la combinaison est de l'acide nitreux. Il est donc possible que dans les régions atmosphériques où il y a de très-grandes quantités d'électricité développée, cet acide se produise.

VI. PRÉPARATION.

La manière de préparer l'acide nitreux consiste à prendre le sel connu sous le nom de nitrate de protoxide de plomb, à le bien sécher au soleil, à le soumettre ensuite à la distillation dans une petite cornue, et à recevoir le produit dans un ballon refroidi.

On peut encore, en faisant passer 2 volumes de deutoxide d'azote avec 1 volume d'oxigène bien sec dans un tube de verre qui a été rempli de fragmens de porcelaine, et qui a été refroidi à 20° au-dessous de zéro, obtenir le même acide à l'état liquide.

VII. USAGES.

Il n'est pas employé ; mais à la rigueur il pourrait servir, comme l'acide nitrique, pour colorer la laine en jaune.

VIII. HISTOIRE.

L'acide nitreux a été découvert peu de temps après qu'on a eu connu l'acide nitrique ; car il suffit d'élever la température de ce dernier, ou de soumettre à son action un très-grand nombre de corps, et particulièrement des métaux, pour voir se dégager des vapeurs rutilantes d'acide nitreux. Néanmoins ce n'est qu'en 1816 que ses propriétés ont été bien déterminées par M. Dulong.

CHAPITRE VII.

ACIDE NITRIQUE (ÀzÀz *ou* Az₂).

SECTION Iʳᵉ. — ACIDE NITRIQUE ANHYDRE.

I. COMPOSITION.

	en poids.	en vol.	en atomes.	
Oxigène. . .	73,853	. . . 2,5	5 . .	500,00
Azote	26,147	. . . 1	2 . .	177,02
	100,000		poids atomist.	677,02

II. NOMENCLATURE.

Il devrait porter le nom d'*acide azotique*.

L'acide nitrique anhydre est inconnu. Nous allons l'étudier en combinaison avec l'eau.

SIXIÈME LEÇON.

SOUFRE (S).

QUATRIÈME ESPÈCE DE CORPS SIMPLES.

PREMIÈRE SECTION.

CHAPITRE PREMIER. — SOUFRE.

PROPRIÉTÉS PHYSIQUES.

A. *A l'état solide.*

Le soufre est solide jusqu'à 108°.

Il se présente sous deux formes très-distinctes qui constituent deux sous-espèces pour les minéralogistes cristallographes; l'une de ces formes est un prisme oblique à bases rhombes : telle est celle du soufre fondu qui a cristallisé par le refroidissement; l'autre forme est un oc-

1

taèdre : telle est celle du soufre qui a cristallisé au sein du sulfure de carbone.

La densité du soufre en masse est 1,99. Quand il est en cristaux homogènes, elle est de 2,033.

Le poids de l'atome de soufre est de 201,16. Il est fragile.

Sa couleur, connue sous le nom de jaune de soufre, est un jaune verdâtre qui est un des types des diverses couleurs jaunes.

Quand on le tient dans la main, il se brise en faisant entendre un craquement particulier.

Il est mauvais conducteur de la chaleur et de l'électricité.

B. *A l'état liquide.*

A mesure que le soufre approche de son terme de fusion, sa couleur tire davantage sur l'orangé; et à partir de 108°, son terme de fusion, sa couleur se fonce de plus en plus jusqu'à environ 300°, où il entre en ébullition, et où sa couleur est le rouge brun : on observe encore, en même temps qu'il s'échauffe, qu'il acquiert de la viscosité, et ce de plus en plus jusqu'à 260°.

Le soufre liquide, dont la température n'excède pas 140°, refroidi brusquement par le contact de l'eau froide dans laquelle on le jette, est friable, opaque, et d'un jaune verdâtre ; mais s'il a été refroidi subitement quand il était bouillant, il n'est plus friable, opaque et jaune de soufre, mais il est très-mou, demi-transparent, et d'un rouge brun : sa densité a augmenté, elle a été évaluée à 2,325. Au bout de 24, 48 heures, le soufre mou cristallise et perd alors sa transparence, sa mollesse, et toute ou presque toute sa couleur rougeâtre.

On a attribué d'abord ces phénomènes que présente le soufre tenu en fusion, à la fixation d'une petite quantité d'oxigène, mais Jurine fils et H. Davy ont vu qu'ils étaient le résultat d'un simple changement dans l'arrangement des particules. D'un autre côté, on pensait avant M. Dumas que pour épaissir le soufre il fallait le tenir long-temps en fusion, mais ce chimiste a vu qu'il suffit d'en élever la température au degré convenable et de le refroidir ensuite subitement.

Les changemens qu'on observe dans les propriétés physiques du soufre, particulièrement ceux qui se rapportent à sa couleur, doivent fixer l'attention du teinturier, et lui prouver que l'arrangement différent des mêmes particules exerce une grande influence sur la manière dont les corps affectent nos sens et particulièrement l'organe de la vue.

C. *A l'état de vapeur.*

La vapeur de soufre a une tension de $0^m,760$ à la température de 300° environ.

Elle est d'un rouge orangé.

Quand elle se condense au milieu de beaucoup d'air, elle forme la *fleur de soufre.*

Sa densité n'a pas été déterminée directement.

II. PROPRIÉTÉS CHIMIQUES.

Lorsqu'on soumet le soufre à l'action d'une pile suffisamment énergique, il se développe un peu d'acide hydrosulfurique; mais il n'est pas douteux que l'hydrogène qui se manifeste dans cette expérience ne soit accidentel.

Le soufre s'unit au gaz hydrogène à une certaine température sans en changer le volume.

Il se combine à l'oxigène en 4 proportions, et les 4 combinaisons qui en résultent sont acides.

Lorsqu'on plonge du soufre fondu et embrasé, contenu dans une petite coupe de porcelaine, dans un flacon de gaz oxigène, la flamme du combustible est pâle et bleuâtre, et le produit est du gaz acide sulfureux. La théorie indique que le volume du gaz oxigène ne doit pas changer, cependant il y a toujours, en opérant avec le soufre ordinaire, une contraction de 0,05 à 0,07. Sir H. Davy dit qu'en opérant avec du soufre bien pur, la contraction peut n'être que de 0,02 du volume de l'oxigène.

Le soufre ne décompose pas l'eau.

Il ne peut brûler dans le protoxide d'azote qu'à une température très-élevée. Il se produit 1 volume d'acide sulfureux, et 1 volume d'azote devient libre.

Le deutoxide d'azote ne brûle pas le soufre.

Le soufre ne s'enflamme dans la vapeur nitreuse qu'à une température plus élevée que celle qu'il exige pour s'unir au gaz oxigène.

L'acide nitrique bouillant le convertit en acide sulfurique.

III. PROPRIÉTÉS ORGANOLEPTIQUES.

Il est odorant et insipide.

IV. ÉTAT.

Il est très-répandu dans la nature, soit à l'état natif, dans les terrains volcaniques particulièrement, soit à l'état de sulfure et de sulfate.

Les matières organiques en contiennent, et on peut citer la laine, les poils, les crins pour exemple.

V. EXTRACTION ET PRÉPARATION.

On extrait le soufre du bisulfure de fer en chauffant celui-ci dans des cylindres de terre qui communiquent à des récipiens pleins d'eau.

On fait encore des pyramides avec des combustibles végétaux et des matières pyriteuses; on y met le feu, la combustion est lente et comme étouffée; dès lors la plus grande partie du soufre échappant à la combustion, se dégage et vient se condenser dans des cavités qu'on a ménagées dans la partie supérieure des pyramides.

Enfin en Italie, on extrait le soufre des terrains volcaniques où il est disséminé, en chauffant le minerai qui le contient dans des pots de terre placés dans un fourneau *à galère*.

Manière de purifier le soufre.

Pour séparer du soufre qu'on a ainsi obtenu, les matières étrangères qui lui donnent une couleur grise, on a recours à divers procédés.

L'un d'eux consiste à mettre le soufre dans

une chaudière en fonte, où on le tient en fusion pendant un temps assez long pour que les
matières étrangères se précipitent au fond. Mais,
parce qu'il y a de ces matières qui sont très-
divisées, et que le soufre liquide a une viscosité
très-sensible, on ne parvient jamais à le purifier complètement par ce moyen.

Un procédé, préférable à tout autre, consiste
à faire volatiliser le soufre dans une chambre
de plomb. Si on y accumule une assez grande
quantité de vapeur pour que les portions qui se
sont volatilisées en premier lieu, et qui se sont
solidifiées, se fondent de nouveau, on obtiendra un soufre fondu qui, étant coulé dans des
moules de forme quelconque, aura un très-bel
aspect.

On purifie aussi le soufre par la sublimation,
et dans ce cas il est connu sous le nom de *fleurs
de soufre* ou de *soufre sublimé*. Les fleurs de
soufre ne sont essentiellement que du soufre
très - divisé; cependant celles du commerce,
quand elles viennent d'être préparées, contiennent presque toujours une certaine quantité
d'acide sulfureux; et quand elles sont anciennes, de l'acide sulfurique. Aussi rougissent-
elles la teinture de tournesol quand on n'a

pas eu la précaution de les laver à grande eau.

La pureté du soufre se reconnaît à sa vive couleur jaune de citron, et à ce qu'en le distillant dans une cornue, il donne un sublimé de couleur homogène sans laisser de résidu.

VI. USAGES.

Le soufre, à cause de sa combustibilité et de la facilité avec laquelle il prend feu, est employé à amorcer les allumettes. Il entre dans la composition de la poudre à canon, etc., etc.

Il sert à fabriquer les acides sulfurique et sulfureux.

Dissous ou mélangé dans les corps gras, à l'état d'acide sulfureux, d'acide hydrosulfurique et de sulfure hydrogéné, il est employé dans plusieurs maladies de la peau.

VII. HISTOIRE.

Il est connu de la plus haute antiquité, et c'est le corps que les premiers chimistes considéraient particulièrement comme éminemment combustible.

SECTION II.

DES COMBINAISONS DU SOUFRE AVEC L'OXIGÈNE ET L'HYDROGÈNE.

CHAPITRE II.

ACIDE SULFUREUX ($\ddot{S}$).

I. COMPOSITION.

	poids.		atomes.
Oxigène.	49,86	2.	200
Soufre.	50,14	1.	201,16
			poids at. 401,16

II. NOMENCLATURE.

Esprit de soufre.

III. PROPRIÉTÉS PHYSIQUES.

A. *A l'état gazeux.*

Sa densité est de 2,234, suivant Thénard, et de 2,193, suivant H. Davy.

Le décimètre cube pèserait 2^{gr},8489, d'après la dernière évaluation.

Il est incolore.

Soumis à un froid suffisant, il prend l'état liquide.

B. *A l'état liquide.*

Sous la pression de 0^{m},760 de mercure, l'acide sulfureux liquide entre en ébullition à la température de 10° au-dessous de zéro. On ne peut donc le conserver liquide aux températures ordinaires que dans des flacons exactement fermés et suffisamment résistans.

Sa densité est de 1,45.

Un thermomètre à air marquant 10°, sur lequel on répand de l'acide sulfureux liquide, se refroidit considérablement, car, en en faisant l'expérience au milieu de l'air atmosphérique, le thermomètre s'abaisse à 57° au-dessous de zéro; et dans un espace vide de tout fluide aériforme, il s'abaisserait jusqu'à 67°. Ces expériences ont été faites avec beaucoup de soin par M. Bussy, qui, dans ces derniers temps, a obtenu l'acide sulfureux liquide en assez grande quantité pour le soumettre à de nombreuses expériences.

Le froid produit dans le vide est plus grand que celui qui l'est dans l'air, par la raison que l'évaporation en un temps donné est plus rapide dans le premier cas que dans le second. On conçoit d'après cela que l'acide sulfureux peut être employé avec succès pour étudier les changemens que les corps peuvent éprouver par un grand refroidissement; c'est aussi ce qu'a fait M. Bussy, en opérant de la manière suivante : à un tube T (fig. 6), rempli de chlorure de calcium, substance extrêmement avide d'humidité, il a fait communiquer un autre tube BB' coudé à angle droit, et dont la partie B avait été soufflée en boule à la lampe. L'extrémité B' plongeait de quelques centimètres dans le mercure; le tube T était adapté à un appareil dans lequel on préparait le fluide élastique qu'on voulait refroidir. En passant sur le chlorure de calcium, il abandonnait la vapeur d'eau qu'il pouvait contenir, et parvenu ainsi desséché dans la boule B, il éprouvait l'action du froid produit par l'évaporation rapide de l'acide sulfureux qu'on répandait sur la boule. Par ce moyen, M. Bussy a réduit l'ammoniaque, le chlore à l'état liquide, et le cyanogène à l'état solide.

On peut facilement congeler l'eau au moyen du froid que produit l'acide sulfureux. Il suffit pour cela de jeter ce dernier en excès dans de l'eau ; une portion s'évapore, une autre se dissout, et enfin une troisième tombe au fond du vase. Si on touche cette dernière avec l'extrémité d'un tube de verre, sur-le-champ elle entre en ébullition, et le froid produit alors congèle l'eau.

IV. PROPRIÉTÉS CHIMIQUES.

A. *Cas où il ne s'altère pas.*

Il rougit la teinture de tournesol, mais à la longue il la décompose ; il est inaltérable par l'action de la chaleur ; il est susceptible de se dissoudre dans l'eau, à laquelle il communique ses propriétés acides.

Une mesure d'eau à la température de 18° peut dissoudre $43^m,78$ de gaz sulfureux. L'eau saturée d'acide sulfureux a une densité de 1,02 à zéro du thermomètre. Cette eau peut être congelée sans abandonner son acide ; cela prouve une affinité réelle entre ces corps, car nous citerons dans la suite la dissolution d'un acide gazeux (le carbonique) qui est décomposée par le seul fait de la congélation dans l'eau. Cepen-

dant l'acide sulfureux ne tient pas très-forte-
ment à l'eau, car en exposant à la température
de 18º l'eau qui en est saturée, elle commen-
cera à bouillir en laissant dégager une certaine quantité de son gaz. Néanmoins on ne
peut en séparer la totalité par la simple ébullition.

Le gaz sulfureux est sans action sur l'oxigène, les oxides d'azote, et la vapeur nitreuse
exempte d'humidité.

B. *Cas où il est altéré.*

Il éprouve, de la part de l'oxigène et de l'eau,
une action qui n'est sensible qu'à la longue,
et qui donne lieu à une production d'acide sulfurique.

Si l'on mêle 2 volumes d'acide sulfureux
avec 1 volume d'oxigène dans une cloche pleine
de mercure, et qu'on y fasse passer de l'eau, il
y aura une diminution rapide de volume due à
la dissolution du gaz acide sulfureux. Mais ensuite l'absorption deviendra extrêmement lente,
par la raison qu'elle sera le résultat de l'union
de l'acide sulfureux dissous avec le gaz oxigène,
et que cette combinaison ne se fait que lentement.

L'hydrogène n'a aucune action à froid sur le gaz sulfureux; mais à chaud il se produit de l'eau, et du soufre devient libre. Si la température est convenable, et que l'hydrogène soit en excès, il se forme de l'acide hydrosulfurique.

Pour enlever l'oxigène à 1 volume d'acide sulfureux, il faut 2 volumes d'hydrogène.

Lorsqu'on introduit dans un ballon dans lequel on a fait le vide

Gaz acide sulfureux.	2 volumes,
Oxigène.	2 —
Deutoxidé d'azote.	2 —

sur-le-champ les 2 volumes de deutoxide d'azote, en s'unissant avec 1 volume d'oxigène, produisent de la vapeur nitreuse; mais toute action chimique est suspendue après cet effet. Si alors on ajoute de l'eau au mélange, des phénomènes très-remarquables se manifestent : la vapeur rouge disparaît peu à peu, et l'on voit se déposer sur les parois du ballon une matière blanche cristalline qui peut être considérée comme une combinaison d'*acide sulfurique*, d'*acide nitreux* et d'*eau*. C'est en quelque sorte un *sulfate d'acide nitreux hydraté*. Il faut admettre, conséquemment, à cette manière de voir, que l'eau qu'on a ajoutée à un mélange

$$\text{de} \begin{cases} \text{Gaz acide sulfureux.} \dots \dots \quad 2 \text{ volumes,} \\ \text{Gaz oxigène.} \dots \dots \dots \quad 1 \quad — \\ \text{Vapeur nitreuse} = \begin{cases} \text{Oxigène.} \, . \quad 1 \quad — \\ \text{Deut. azot.} \quad 2 \quad — \end{cases} \end{cases}$$

a déterminé l'union de 2 volumes d'acide sulfureux avec 1 volume d'oxigène pour former de l'acide sulfurique, lequel s'est uni avec de l'acide nitreux et de l'eau, et a formé un composé cristallisé. Aussitôt que ces cristaux sont en contact avec l'eau, ils donnent lieu, suivant M. Gay-Lussac, à un dégagement d'acide nitreux, accompagné probablement de deutoxide d'azote, et l'on trouve dans la liqueur de l'acide sulfurique mêlé à un peu d'acide nitrique, et peut-être aussi à de l'acide nitreux, si on n'a pas employé une grande quantité d'eau.

MM. Clément et Desormes, qui ont observé les premiers la formation de la substance cristallisée dont nous venons de parler, par la rencontre des gaz sulfureux, oxigène et deutoxide d'azote, humides, l'ont considérée autrement que nous venons de le faire ; suivant eux, elle ne serait pas un *sulfate d'acide nitreux hydraté*, mais *un sulfate de deutoxide d'azote hy-*

draté. Dès lors, pour la produire, il suffirait de

Gaz sulfureux. . . . . 1 vol.
Gaz oxigène. 1   + eau.
Deutoxide d'azote. . . 2

Dès lors, quand on les mettrait en contact avec la quantité d'eau nécessaire pour les dissoudre, ce ne serait plus de l'acide nitreux qui se dégagerait, mais du gaz deutoxide d'azote pur. Or, M. Gay-Lussac s'est assuré du contraire, et il a vu en outre qu'il suffit de verser de l'acide sulfurique dans l'acide nitreux pour obtenir des cristaux semblables aux premiers.

V. PROPRIÉTÉS ORGANOLEPTIQUES.

L'acide sulfureux a une odeur suffocante, une action très-forte sur les yeux, qu'il excite à pleurer; il irrite la gorge et provoque la toux. Aujourd'hui on l'emploie en bain contre la gale.

VI. ÉTAT.

L'acide sulfureux se produit dans le voisinage des volcans, et cela n'est pas étonnant, puisqu'il s'en dégage du soufre en vapeur, et que toutes les fois que celle-ci est suffisamment échauffée, elle forme avec l'oxigène atmosphérique de l'acide sulfureux.

VII. PRÉPARATION.

La manière de préparer le gaz acide sulfureux est extrêmement simple. On met dans une fiole de verre 1 partie de mercure et 5 parties d'acide sulfurique concentré; on adapte à la fiole un tube recourbé; on élève la température du mélange, et lorsqu'on présume qu'il se dégage du gaz sulfureux, on engage le tube sous une petite cloche remplie de mercure. On est assuré de la pureté du gaz lorsqu'il est dissous en totalité par l'eau. En même temps qu'il se développe de l'acide sulfureux, il se forme du sulfate de protoxide de mercure.

La réaction des corps est facile à concevoir :

$$2 \text{ at. acide sulfuriq.} = \begin{cases} 1^{\text{er}} \text{ at. acide sulfurique.} \\ 2^{\text{e}} \text{ at.} = \begin{cases} 1 \text{ at. acide sulfureux.} \\ 1 \text{ at. d'oxigène.} \end{cases} \end{cases}$$

1 at. de mercure.

En élevant la température, l'atome d'oxigène du second atome d'acide sulfurique se combine avec 1 atome de mercure pour former 1 atome de protoxide de mercure, qui s'unit au premier atome d'acide sulfurique, tandis que l'atome d'acide sulfureux se dégage à l'état gazeux. Il en résulte donc

1 atome de sulfate de protoxide de mercure,
1 atome d'acide sulfureux.

Lorsqu'on veut obtenir de l'acide sulfureux à l'état liquide, il faut mettre le mélange dont je viens de parler dans une cornue dont le bec doit avoir été effilé de manière à ce qu'il puisse être engagé dans un long tube de verre rempli de chlorure de calcium. Ce tube est adapté à un ballon à long col tubulé, et à la tubulure duquel est fixé un tube qui plonge dans du mercure. Le ballon doit être refroidi de 15 à 20° au-dessous de zéro, au moyen d'un mélange de glace pilée et de sel marin. En élevant la température de la cornue, le gaz acide sulfureux se dégage, il dépose toute l'humidité qu'il peut contenir dans le tube rempli de chlorure de calcium, et arrive enfin dans le ballon; en même temps l'air des vaisseaux se dégage. Lorsque tout, ou au moins la plus grande partie de ce dernier, est dégagé, l'acide sulfureux, saisi par le froid, prend l'état liquide.

L'opération étant terminée, on verse l'acide dans des flacons, qu'on a eu soin de faire refroidir en les tenant plongés dans le mélange frigorifique.

Pour préparer l'acide sulfureux dissous dans l'eau, on fait usage d'un appareil composé d'un ballon auquel on a adapté un tube en S; un second tube se rend dans un flacon où l'on a mis une très-petite quantité d'eau; un tube de sûreté met ce flacon en communication avec deux autres flacons munis également de tubes de sûreté.

Avant de monter l'appareil, on met dans le matras 3 à 4 parties d'acide sulfurique et 1 partie de copeaux de sapin très-divisés et très-secs. Lorsque les flacons ont été remplis d'eau, on élève la température du mélange. Peu à peu l'acide sulfurique réagit sur la matière ligneuse; du charbon est mis à nu, et du gaz acide sulfureux se dégage. Mais ce gaz est toujours mêlé d'acide carbonique, par la raison que l'oxigène de l'acide sulfurique décomposé se porte non-seulement sur de l'hydrogène, mais encore sur du carbone. Quoi qu'il en soit, l'acide carbonique ne nuit pas à l'acide sulfureux; et d'ailleurs il est si peu soluble dans l'eau en comparaison de ce dernier, qu'une grande partie ne se dissout pas, et que celle qui se dissout ne peut avoir en général aucun inconvénient dans les usages auxquels on peut appliquer la solution aqueuse d'acide sulfureux.

Dans les arts, et particulièrement dans les ateliers de teinture où l'on blanchit la laine et

la soie au moyen du gaz acide sulfureux, on se
contente de mettre du soufre dans un réchaud
garni de charbons allumés, qui est placé dans
une chambre fermée où l'on a étendu les étoffes qu'on veut blanchir, et qui sont humides;
on forme donc aux dépens du soufre et de l'oxigène atmosphérique de la chambre, de l'acide
sulfureux qui, en se dissolvant ensuite dans
l'eau qui mouille l'étoffe, finit par la blanchir.
Mais il y a dans cette dernière manière d'opérer des effets qui ne se présenteraient pas si on
exposait les étoffes à l'action de l'acide sulfureux qui aurait été produit au moyen de l'acide
sulfurique et du bois, soit qu'on employât l'a-
cide sulfurique dissous dans l'eau, soit qu'on
l'employât à l'état gazeux, car de la manière
dont on opère en général dans les ateliers de
teinture, il peut arriver que les laines et les
soies qui sont exposées à la vapeur du soufre
brûlant se recouvrent dans quelques parties de
poussière de soufre due à de la vapeur qui s'est
condensée sans avoir brûlé. C'est, au reste, sur
quoi je reviendrai dans la seconde partie du
cours.

Puisque l'acide sulfureux a la propriété, lorsqu'il est dissous dans l'eau, d'absorber l'oxi-

gène de l'air et de se convertir en acide sulfurique, il faut en conclure qu'il est nécessaire,
pour conserver sa solution aqueuse, de la préserver du contact de l'air; autrement on risque-
rait de n'avoir qu'une faible solution d'acide sulfurique dépourvue de la propriété qu'a l'acide
sulfureux de blanchir la laine et la soie.

VIII. USAGES.

L'acide sulfureux est employé, comme nous
venons de le dire, au blanchîment de la soie,
de la laine et même du ligneux, à cause de la
propriété qu'il a de détruire un assez grand
nombre de principes colorans, sans que pour
cela il attaque les matières mêmes de ces étoffes; mais on a trop généralisé son action décolorante sur les matières organiques, car il en est
qu'il ne décolore pas. La faculté qu'il a de détruire les taches que la plupart de nos fruits produisent sur la laine et sur la soie est telle, qu'il
suffit souvent, pour produire cet effet, d'exposer les étoffes tachées et légèrement mouil-
lées à l'acide sulfureux qu'exhale une pincée de
soufre qu'on a jetée sur des charbons.

IX. HISTOIRE.

Stalh établit le premier que l'acide sulfureux devrait être considéré comme une espèce de corps. Schele l'obtint, en 1771, en dissolution dans l'eau. Priestley, en 1774, fit connaître le moyen de l'obtenir à l'état gazeux.

~~~~~~

CHAPITRE III.

ACIDE SULFURIQUE ($\overset{\cdots}{S}$).

§ Iᵉʳ.

ACIDE SULFURIQUE ANHYDRE.

I. COMPOSITION.

	en poids.	en vol.	en atomes.	
Oxigène :	59,86	3	3	300
Soufre	40,14	1	1	201,16
	100,00		poids at.	501,16

	volumes.
Acide sulfureux	2
Oxigène	1
~~~~~~

II. NOMENCLATURE.

Acide sulfurique concret fumant.

III. PROPRIÉTÉS PHYSIQUES.

A. *A l'état solide.*

L'acide sulfurique solide est difficile à couper, souvent il présente des fibres, ou plutôt de longues aiguilles cristallines, réunies parallèlement les unes aux autres.

B. *A l'état liquide.*

Il est blanc opaque.

Il se liquéfie à une température de 25°, mais il conserve sa liquidité à 20°; sa densité est de 1,97. Il est transparent, réfracte fortement la lumière et cristallise en houppes soyeuses; il se volatilise sans décomposition; sa vapeur est incolore.

IV. PROPRIÉTÉS CHIMIQUES.

A. *Cas où il ne s'altère pas.*

L'acide sulfurique est un des corps les plus déliquescens. C'est à cette forte affinité pour l'eau, et à la faible tension du composé qu'il forme avec elle, qu'il faut attribuer la fumée blanche qu'il répand dans l'air; c'est encore à cette forte affinité qu'il faut rapporter la cause première du bruit qu'on entend, lorsqu'on jette une petite quantité de cet acide dans l'eau : il se dégage alors une si grande quantité de chaleur, qu'une portion de liqueur passant subitement à l'état aériforme, produit le même effet que si on plongeait un morceau de fer rouge de feu dans un liquide vaporisable.

L'acide sulfurique liquéfié est susceptible de dissoudre le soufre; il en résulte des liquides bruns, verts ou bleus, suivant la proportion du soufre qui est dissous. L'eau qu'on ajoute à ces liquides s'unit à l'acide sulfurique, et forme une combinaison qui est incapable de dissoudre le soufre; dès lors celui-ci se précipite.

V. ÉTAT.

Il est toujours un produit de l'art, mais il existe dans la nature en combinaison avec l'eau et les bases salifiables.

VI. PRÉPARATION.

On le prépare avec l'acide sulfurique *fumant* qui provient de la distillation du sulfate de fer, et un procédé avantageux pour se procurer l'acide sulfurique fumant, est celui que nous allons décrire d'après M. Bussy. On introduit dans une cornue de grès deux kilogrammes de sulfate de protoxide de fer qui a été desséché ; on fait communiquer cette cornue au moyen d'une alonge avec un ballon à pointe renfermant 750 grammes d'acide sulfurique hydraté concentré ; enfin ce ballon communique à un matras tubulé auquel on a adapté un tube qui plonge de $0^m,01$ dans le mercure ; la cornue doit être chauffée dans un fourneau à réverbère. On pourrait, avec les précautions convenables, faire usage d'une cornue de verre qui serait lutée à l'extérieur.

En élevant suffisamment la température du sulfate de fer, il donne : 1° de l'acide sulfurique anhydre ; 2° de l'acide sulfurique hydraté, parce qu'on n'a pas desséché complètement le sulfate de fer ; 3° du gaz acide sulfureux.

Voyons ce que ces produits vont devenir. Nous avons mis dans le premier ballon 750 grammes d'acide sulfurique hydraté pour 2 kilogrammes de sulfate de fer. Cet acide sulfurique peut dissoudre l'acide sulfurique anhydre, et condenser en même temps l'acide sulfurique hydraté qui se dégage de la cornue, plus une petite quantité d'acide sulfureux ; tels seront donc les produits du ballon. Ce qui échappera à la condensation se rendra dans le matras. En opérant ainsi, M. Bussy a obtenu 1 kilogramme d'acide sulfurique qui répandait à l'air d'épaisses fumées blanches. Il était semblable en un mot à celui qui est connu dans le commerce sous le nom d'*acide sulfurique fumant de Nordhausen.*

L'acide de Nordhausen est essentiellement formé d'acide sulfurique hydraté et d'acide sulfurique anhydre ; mais il contient presque toujours de l'acide sulfureux et des atomes de matière organique qui le colorent en brun.

La densité de l'acide de Nordhausen est variable ; elle peut être de 1,89 et même de 1,90, et d'autant plus forte qu'il y a plus d'acide anhydre et moins d'acide sulfureux.

Il bout de 40 à 50°.

Ce produit est beaucoup plus propre que l'acide sulfurique hydraté ordinaire pour dissoudre l'indigo.

L'acide sulfurique anhydre étant beaucoup plus expansible que l'acide sulfurique hydraté, il en résulte que, si l'on met dans une cornue le produit que nous avons obtenu dans le premier ballon, si l'on adapte le col de la cornue, qui doit avoir été effilé, à un long tube de verre qu'on place dans un mélange frigorifique, et qu'ensuite, lorsque ce tube de verre sera refroidi autant que possible, l'on soumette la cornue à l'action de la chaleur, l'acide sulfurique anhydre se vaporisera et cristallisera le long des parois du tube refroidi. Quand l'opération sera terminée, il faudra fermer à la lampe l'extrémité ouverte du tube dans lequel on a reçu le produit, sans quoi il se résoudrait en acide sulfurique hydraté.

VII. USAGES.

L'acide sulfurique anhydre n'est d'aucun usage.

VIII. HISTOIRE.

Il a été extrait de l'acide fumant de Nordhausen, par MM. Vogel de Bayreuth et Bussy.

§ II.

ACIDE SULFURIQUE HYDRATÉ ($\ddot{S} + \ddot{H}H$ *ou* $\ddot{S}$aq).

I. COMPOSITION.

	en poids.	en atomes.	
Acide sulfurique . .	81,68	1	5o1,16
Eau	18,32	1	112,48
	100,00	poids at.	613,64

Je vous ferai remarquer, Messieurs, que l'oxigène de l'eau est un tiers de l'oxigène de l'acide sulfurique ; ce qui est précisément le même rapport que celui que nous avons trouvé dans les sulfates de protoxide de fer et de protoxide de mercure.

II. NOMENCLATURE.

Huile de vitriol.

III. PROPRIÉTÉS PHYSIQUES.

L'acide sulfurique hydraté est liquide.

Il se congèle à 20°. Il entre en ébullition à 327°.

Sa densité est de 1,845. Il est parfaitement transparent, et n'a aucune couleur quand il est pur.

IV. PROPRIÉTÉS CHIMIQUES.

A. *Cas où il ne s'altère pas.*

Il est doué des propriétés caractéristiques des acides au plus haut degré; aussi en ai-je fait usage dans la première leçon pour vous rendre témoins des changemens de couleur que diverses matières organiques éprouvent par le contact des acides.

L'acide sulfurique hydraté, dont la densité est de 1,78, est représenté par 1 atome d'acide et 2 atomes d'eau. Il se congèle à quelques degrés au-dessous de zéro, et conserve l'état solide à la température de $+ 7°$; enfin il entre en ébullition à 223°, 88; par l'action de la chaleur on peut en volatiliser la moitié de l'eau, mais une petite quantité d'acide se volatilise en même temps. Un thermomètre plongé dans cet acide qui est placé sur le feu, cesse de s'élever lorsqu'il est parvenu à une densité de 1,845.

L'acide sulfurique, quoique déjà uni à de l'eau, a une action tellement puissante sur ce liquide, que la chaleur dégagée du mélange de 4 parties d'acide et de 1 partie de glace, élève le thermomètre à 100°. Si, au contraire, l'on opérait le mélange de 1 partie d'acide et de 4 parties de glace avec les précautions convenables, on aurait un froid de 20°.

Dans ce cas comme dans le précédent la glace se liquéfie; or, pour comprendre ces résultats, qui sont en apparence contradictoires, il faut se rappeler deux faits généraux : 1° c'est que la glace en se fondant comme tous les solides qui se liquéfient, absorbe de la chaleur; 2° c'est que deux corps qui ont une forte action mutuelle, comme l'acide sulfurique anhydre et l'eau, dégagent de la chaleur, et que cette chaleur est généralement bien plus forte que celle nécessaire pour liquéfier ces corps lorsqu'ils sont à l'état solide.

Il est aisé maintenant d'expliquer les phénomènes que manifestent l'acide sulfurique et la glace, suivant les proportions où on les mélange. Supposons que, pour une quantité donnée d'acide sulfurique, il faille une quantité A de glace pour produire le maximum de chaleur que les corps sont susceptibles de dégager par leur action mutuelle; il en résultera qu'en faisant le mélange avec une quantité de glace plus grande que A, tout ce qui sera en excès absorbera de la chaleur pour se fondre ; dès lors cet excès abaissera la température du mélange, et s'il est assez considérable il demandera pour se fondre plus de chaleur qu'il n'y en a de dégagée ; dès lors il se produira du froid, par la raison que cet excès de glace en prendra aux corps voisins. On conçoit, d'après ce que nous venons de dire, que si la glace en excès à la quantité A absorbait précisément la chaleur dégagée, il n'y aurait aucune variation de température. D'où on peut conclure qu'il ne faut pas toujours croire qu'il n'y a point d'action chimique entre des corps, parce qu'ils n'éprouvent pas par leur mélange un changement de température.

L'acide sulfurique concentré est très-déliquescent : conséquemment on ne peut le conserver à l'état de concentration que dans des vases exactement fermés.

L'acide sulfurique versé dans l'acide nitreux forme une combinaison qui se dépose en cristaux, et qui a les propriétés dont nous avons parlé plus haut en traitant de l'acide sulfureux.

L'acide sulfurique, chauffé avec de l'acide nitrique concentré, détermine, par son affinité pour l'eau, la réduction d'une portion d'acide nitrique en vapeur nitreuse et en oxigène.

L'acide sulfurique dissout une certaine quantité d'acide sulfureux liquide anhydre ; sa densité diminue. Il ne se colore pas et n'a point la propriété de fumer à l'air.

B. *Cas où il est altéré.*

Soumis à l'électricité voltaïque, l'acide sulfurique hydraté se réduit en oxigène qui va au pôle positif, et en soufre qui se rend au pôle négatif. L'eau de combinaison est aussi décomposée.

Exposé à la chaleur, il se décompose en partie en 2 volumes d'acide sulfureux, en 1 volume d'oxigène et en vapeur d'eau. Il peut arriver que par la condensation il y ait de l'acide sulfureux et de l'oxigène qui, sous l'influence de l'eau, repassent à l'état d'acide sulfurique ; mais la combinaison de ces corps ne s'opérant qu'avec beaucoup de lenteur, la plus grande partie de l'oxigène et de l'acide sulfureux restent isolés.

L'acide sulfurique que l'on fait passer dans

un tube rouge de feu avec de l'hydrogène donne lieu aux mêmes phénomènes que lorsqu'on fait cette expérience avec de l'acide sulfureux.

L'acide sulfurique que l'on met en contact avec du soufre se décompose à une température élevée; il en résulte du gaz acide sulfureux qui provient évidemment de ce que le soufre s'est emparé d'une portion de l'oxigène de l'acide sulfurique, et de l'acide sulfurique désoxigéné.

Que l'on mette en contact

1 atome de soufre,

2 at. d'acide sulfurique = $\begin{cases} 2 \text{ atomes oxigène,} \\ 2 \text{ atomes acide sulfureux,} \end{cases}$

l'atome de soufre se combinera avec les 2 atomes d'oxigène et produira 1 atome d'acide sulfureux. D'autre part les 2 atomes d'acide sulfurique perdant 2 atomes d'oxigène, seront réduits à 2 atomes d'acide sulfureux; en sorte qu'on aura pour produit total 3 atomes de ce dernier acide.

V. PROPRIÉTÉS ORGANOLEPTIQUES.

Il est inodore et d'une causticité extrême; c'est pourquoi on ne peut apprécier son action sur l'organe du goût.

Étendu d'eau il a une saveur aigre comme la

plupart des acides. Dans cet état il n'est pas délétère.

VI. ÉTAT.

L'acide sulfurique se rencontre dans la nature; on l'a trouvé à peu près pur, mais dissous, dans l'eau d'un lac de l'île de Java. Il est très-probable que l'acide sulfurique natif provient dans beaucoup de cas de la combinaison de l'acide sulfureux avec l'oxigène atmosphérique et l'eau.

VII. PRÉPARATION.

Pendant long-temps on ne s'est procuré cet acide qu'en distillant les sulfates de fer, de zinc ou de cuivre, et c'est encore par ce procédé qu'on prépare en Saxe, à Nordhausen, l'acide connu sous les noms d'*acide glacial*, d'*acide fumant de Nordhausen*, ainsi que nous l'avons dit plus haut.

La distillation des sulfates n'est avantageuse pour se procurer l'acide sulfurique que dans les pays où les sulfates sont très-abondans. On a cherché d'abord en Angleterre, et ensuite en France, à préparer l'acide sulfurique d'une manière plus économique; et enfin on y est parvenu après de longs efforts. Le procédé généralement adopté consiste à développer par la combustion d'un mélange de 9 parties de soufre et de 1 partie de nitre, du gaz sulfureux et du deutoxide d'azote, qui, au moyen de l'oxigène atmosphérique et de l'eau, donnent de l'acide sulfurique ; les corps réagissent dans une *chambre de plomb*.

Une chambre de plomb est formée d'une charpente de bois revêtue intérieurement de lames de ce métal soudées les unes aux autres ; la capacité d'une chambre moyenne est de 18,000 à 20,000 pieds cubes. ABCDG (fig. 7), représente la coupe d'une telle chambre : au-dessous est un fourneau F dont la cheminée est extérieure. Il est couvert d'une plaque en fonte K dont les bords sont relevés. Le sol C de la chambre est incliné et couvert d'acide sulfurique à 10°.

Lorsqu'on veut opérer on introduit, par une porte L pratiquée dans la paroi AB de la chambre, le mélange de soufre et de nitre, et on le met sur la plaque K. L'élévation de température détermine bientôt l'inflammation du soufre ; la combustion est entretenue au moyen d'un courant d'air qui s'établit par une petite ouverture pratiquée à quelques pouces au-dessus du mélange, et la cheminée G de la chambre.

3.

Il se produit de l'acide sulfureux aux dépens de l'oxigène atmosphérique, et, aux dépens du nitre, de l'acide sulfurique des élémens de l'acide qui forme, avec la base de ce sel, du sulfate de potasse, et du deutoxide d'azote qui passe promptement à l'état d'acide nitreux au moyen de l'oxigène de l'air. Comme il y a de l'eau dans la chambre, il doit nécessairement se former de l'acide sulfurique, d'après ce que nous avons dit plus haut en traitant de l'acide sulfureux : en admettant que les cristaux de sulfate d'acide nitreux hydraté ou de deutoxide d'azote hydraté se formassent, l'excès d'eau en dégagerait bientôt, soit de l'acide nitreux, soit du deutoxide d'azote, qui, en redevenant libres, détermineraient sur une nouvelle quantité d'acide sulfureux un transport d'oxigène atmosphérique.

On voit la nécessité que l'atmosphère de la chambre soit humide, et que la condensation des vapeurs soit rapide; c'est pour cela qu'on dirige presque toujours un courant de vapeur d'eau dans l'intérieur de la chambre au moyen d'un éolipyle ou d'une petite chaudière à vapeur.

Il y a des fabriques d'acide sulfurique où

l'on brûle le mélange dans un fourneau adossé à la chambre.

Il en est d'autres où, au lieu de mêler du nitre au soufre, on ne brûle que du soufre; on dirige alors dans la chambre du gaz nitreux développé par la réaction de l'acide nitrique sur des matières organiques, telles que de la mélasse, de l'amidon, et on y porte un courant de vapeur d'eau produite dans une petite chaudière, qui est montée sur un fourneau placé au-dessous du sol de la chambre. A la cheminée de la chambre on adapte une soupape creuse et renversée, dont les bords plongent dans l'eau. M. Payen préfère cet appareil à tout autre, et il dit qu'il donne 300 d'acide sulfurique d'une densité de 1,845 pour 100 de soufre, tandis que dans les appareils ordinaires on n'en obtient que de 250 à 260.

Je reprends la préparation de l'acide sulfurique. Dès que l'eau de la chambre de plomb a dissous une assez grande quantité d'acide pour marquer 40 à 45° à l'aréomètre de Baumé, on l'en retire. Outre l'acide qu'on veut obtenir, il contient de l'acide sulfureux, de l'acide nitreux, du sulfate de fer en quantité notable, et de petites quantités de sulfates de plomb, de potasse, et de chaux quand on a fait usage d'eau de puits. On verse ce liquide dans une chaudière de plomb, et on le chauffe pour chasser d'abord les acides sulfureux et nitreux, ainsi qu'une certaine proportion d'eau. Quand il marque 5o°, on l'introduit dans des cornues de verre placées sur un fourneau à galère, où on le concentre jusqu'à ce qu'il marque 66°. Cette dernière concentration se fait avec bien plus d'avantage dans une chaudière de platine, recouverte d'un chapiteau de platine, que dans des cornues. On transvase l'acide au moyen d'un syphon en platine dans un réservoir en grès; et quand il est refroidi et bien clair, on le soutire dans des *damesjeannes* en grès que l'on bouche avec des bouchons de grès à rebords. On recouvre ceux-ci de glaise, et on entoure le tout avec un morceau de toile ficelé. L'acide sulfurique ainsi préparé ne contient qu'une petite quantité de sulfates, la plus grande partie s'étant déposée par la concentration et le refroidissement. Il est propre aux usages de la teinture. Cependant il est bon de connaître les moyens qu'on emploie pour l'avoir parfaitement pur, car celui-ci est nécessaire pour des opérations de recherches.

On met l'acide sulfurique dans une cornue de verre avec un fil de platine. On assujétit la cornue dans un fourneau à réverbère; on y adapte un ballon à long col sans lut; puis on procède à la distillation. Si on négligeait de mettre le fil de platine, il y aurait des soubresauts qui rendraient l'opération difficile.

L'acide sulfurique doit être conservé dans des vaisseaux qui ferment exactement, surtout s'il est placé dans un endroit humide. Autrement il attirerait l'eau de l'atmosphère et s'affaiblirait plus ou moins, et dès lors il ne serait plus propre à la préparation du *bleu de Saxe* ou du *sulfate d'indigo*. Au reste, si cet accident arrivait, il suffirait de le mettre dans un ballon de verre avec un fil de platine, de placer le ballon sur un triangle de fer dans un fourneau à réverbère, et de faire bouillir le liquide.

La couleur brune que prend l'acide sulfurique concentré qui est exposé au contact des matières organiques, tient à ce qu'il les altère en mettant à nu une matière abondante en carbone. Lorsque la couleur de l'acide sulfurique n'est que légère, elle n'est pas nuisible à son emploi en teinture.

Si on avait quelque raison de croire à l'existence de l'acide nitrique dans l'acide sulfurique, il suffirait pour l'y reconnaître d'étendre dans l'eau distillée quelques grammes d'acide, et de le neutraliser ensuite par la litharge; aussitôt il se produirait du sulfate de plomb insoluble, et il resterait en dissolution du nitrate de plomb qu'on reconnaîtrait en faisant évaporer la liqueur filtrée à siccité; et en chauffant le résidu dans un petit tube de verre fermé à un bout, le nitrate dégagerait de l'acide nitreux.

Pour priver l'acide sulfurique de son acide nitrique, il suffirait de le faire bouillir pendant un temps suffisant.

VIII. usages.

L'acide sulfurique hydraté sert à préparer l'acide hydrochlorique, l'acide sulfureux, le chlore, à extraire l'acide nitrique, l'acide tartrique, l'acide citrique, etc.; il sert à essayer les soudes; on l'emploie avec avantage dans le blanchîment des toiles. Il dissout l'indigo, et cette dissolution est employée pour teindre en bleu la laine et la soie. L'acide fumant de Nordhausen est surtout propre à cette préparation; mais quand on a de l'acide sulfurique hydraté aussi concentré que possible, qu'on a pris la précaution de sécher l'indigo réduit en poudre avant de le mêler à l'acide, on est toujours sûr de faire une excellente composition, en supposant que l'indigo soit d'une bonne qualité.

CHAPITRE IV.

ACIDE HYPOSULFUREUX ($\dot{S}\dot{S}$ ou $\ddot{S}_2$).

COMPOSITION.

L'acide hyposulfureux n'a point encore été isolé des bases salifiables auxquelles il est uni dans les hyposulfites. Il est formé de

	en poids.		atomes.
Oxigène. . . .	33,2	2 . . .	200
Soufre.	66,8	2 . . .	402,32
	100,0	poids at.	602,32

CHAPITRE V.

ACIDE HYPOSULFURIQUE (S̈S̈ ou S̈²).

I. COMPOSITION.

	en poids.		en atomes.
Oxigène. . . .	55,413	5 . . .	5oo
Soufre	44,587	2 . . .	4o2,3·2
	100,000		poids at. 9o2,32

ou

Acide sulfurique. 1
Acide sulfureux 1

Cet acide n'a point encore été isolé de l'eau ni même obtenu en combinaison définie avec ce liquide.

II. PROPRIÉTÉS.

Il est liquide.

La densité du plus concentré qu'on ait obtenu était de 1,347.

Il est incolore.

Il se réduit par la chaleur en 1 at. d'acide sulfurique et 1 at. d'acide sulfureux.

Il éprouve même cette décomposition lorsqu'il est placé dans le vide sec.

L'air atmosphérique, l'oxigène, l'acide nitrique concentré, le chlore, le sulfate rouge de
manganèse ne l'altèrent pas à froid.

III. ÉTAT, PRÉPARATION, USAGES, HISTOIRE.

On le prépare en décomposant l'hyposulfate
de baryte dissous dans l'eau par l'acide sulfurique. Il se dépose du sulfate de baryte, et si on
n'a mis que la quantité d'acide sulfurique nécessaire pour neutraliser la base, on obtient une
solution pure d'acide hyposulfurique ; il suffit
de la faire concentrer ensuite dans le vide séché
par l'acide sulfurique, jusqu'à ce qu'elle marque
1,347.

Cet acide n'est d'aucun usage en teinture.

Il fut découvert en 1819 par MM. Gay-Lussac et Welter.

CHAPITRE VI.

ACIDE HYDROSULFURIQUE (S²H).

I. COMPOSITION.

	en poids.	en vol.		en atomes.	
Soufre	94,159	$\frac{1}{2}$	$= 1$	1 . . .	201,16
Hydrogène.	5,841	1		2 . . .	12,48
	100,000			poids at.	213,64

II. NOMENCLATURE.

Cet acide a porté le nom d'*air puant*, à cause de sa mauvaise odeur, d'*air hépatique*, de *gaz hépatique*, d'*acide hydrothionique*, d'*hydrogène sulfuré*.

III. PROPRIÉTÉS PHYSIQUES.

A. *A l'état gazeux.*

Il est gazeux à la température ordinaire. Exposé au froid et à la compression, il se liquéfie.

Sa densité est de 1,1912.

Le décimètre cube pèse 1ᵍ,5475.

Il est incolore.

B. *A l'état liquide.*

Il est extrêmement fluide. Sa densité est de

0,9. A 10°, sa tension est de 17 atmosphères. Sa force réfringente paraît un peu supérieure à celle de l'eau.

IV. PROPRIÉTÉS CHIMIQUES.

A. *Cas où il ne s'altère pas.*

Il a une saveur sucrée, il rougit la couleur du tournesol.

Cette eau, exposée à l'action de la chaleur, perd la totalité de son acide.

B. *Cas où il s'altère.*

L'acide hydrosulfurique est décomposé par l'action de la chaleur; il suffit de le faire passer dans un tube de porcelaine rouge de feu, pour qu'une portion soit réduite en hydrogène et en soufre.

En électrisant de l'acide hydrosulfurique, le soufre s'en sépare et l'hydrogène est mis en liberté.

L'oxigène à la température ordinaire n'a pas d'action sur l'acide hydrosulfurique gazeux, ou du moins, s'il en a une, elle est extrêmement lente. Mais si l'acide est dissous dans l'eau, peu à peu l'hydrogène est brûlé par le gaz oxigène, et il se dépose du soufre.

Si on fait un mélange de 1 vol. $\frac{1}{2}$ d'oxigène

avec 1 volume d'acide hydrosulfurique, et qu'on élève suffisamment la température, ou qu'on soumette le mélange à l'étincelle électrique, il se produit une forte détonnation, et le résultat est de l'eau et de l'acide sulfureux : en admettant qu'il ne se produise que de l'eau et de l'acide sulfureux, sans acide sulfurique, $\frac{1}{2}$ volume d'oxigène s'est porté sur 1 volume d'hydrogène pour former 1 volume de vapeur d'eau, et 1 volume d'oxigène s'est porté sur $\frac{1}{2}$ volume de vapeur de soufre pour former 1 volume d'acide sulfureux.

Lorsqu'on veut faire cette combustion dans un eudiomètre, il faut mettre 3 volumes d'oxigène, et n'opérer que sur une petite quantité de mélange, autrement l'eudiomètre se briserait; il se produit un peu d'acide sulfurique.

Si on enflammait dans l'eudiomètre 1 volume d'oxigène mêlé avec 2 volumes d'acide hydrosulfurique, il n'y aurait guère que l'hydrogène qui brûlerait, le soufre se déposerait.

Lorsqu'on approche le gaz acide hydrosulfurique d'une bougie allumée, il prend feu, et brûle avec une flamme bleuâtre : il se produit de l'eau, de l'acide sulfurique, et une portion de soufre échappe à la combustion.

Si l'on verse de l'acide nitrique chargé d'acide nitreux dans la solution aqueuse de l'acide hydrosulfurique, il se sépare du soufre parce qu'il y a de l'hydrogène brûlé; mais un excès d'acide peut brûler le soufre.

L'acide nitrique étendu ne trouble la solution d'acide hydrosulfurique que très-lentement.

L'acide sulfurique concentré décompose peu à peu l'acide hydrosulfurique; il se forme de l'eau et il se dépose du soufre : pour 1 atome d'acide sulfurique il faut 3 atomes d'acide hydrosulfurique.

1 volume de gaz sulfureux et 2 volumes de gaz hydrosulfurique n'agissent que lentement à l'état sec, mais si l'eau est présente il se forme de l'eau et un dépôt de soufre au moment du contact.

V. PROPRIÉTÉS ORGANOLEPTIQUES.

L'acide hydrosulfurique a une odeur forte d'œufs pourris, une saveur acide et sucrée, et enfin il est extrêmement délétère. D'après les expériences de MM. Thenard et Dupuytren, l'air qui en contient $\frac{1}{1500}$ de son volume tue sur-le-champ un verdier; un chien de moyenne taille périt dans un air qui en contient $\frac{1}{8}$, et un cheval ne peut vivre dans un air qui en contient $\frac{1}{250}$; ces expériences démontrent le danger auquel s'exposent les personnes qui se trouvent auprès d'un appareil d'où se dégage de l'acide hydrosulfurique.

Lorsqu'on fait une opération qui donne lieu à un dégagement considérable de ce gaz, par exemple, lorsqu'on décompose une grande quantité de sulfure de baryte pour en faire des sels, il faut avoir la précaution d'adapter un tube à l'appareil qui contient le mélange des corps, afin que l'acide hydrosulfurique soit porté dans un fourneau où il se convertisse en acide sulfureux, qui à la vérité a une odeur très-irritante, mais qui n'est pas aussi dangereux que l'acide hydrosulfurique; et d'ailleurs il est entraîné dans la cheminée du fourneau.

VI. ÉTAT NATUREL.

On trouve l'acide hydrosulfurique dans les eaux minérales, et généralement dans toutes les eaux qui contiennent du sulfate de chaux et des matières organiques, et qui n'ont pas le contact de l'air. Telle est l'origine de l'acide hydrosulfurique, 1° dans les eaux de la Bièvre qui séjournent dans une citerne; 2° dans les eaux qui contiennent du sulfate de chaux qu'on a renfermées dans des tonneaux dont l'intérieur n'a pas été charbonné. La matière végétale du tonneau, en réagissant sur le sulfate de chaux le convertit en hydrosulfate.

Cette conversion du sulfate de chaux en hydrosulfate s'opère pendant la chaleur de l'été dans la rivière même de Bièvre.

Les eaux qui contiennent de l'acide hydrosulfurique se reconnaissent à leur odeur et à la propriété qu'elles ont de noircir l'argent, le cuivre, l'étain et le plomb, ainsi que le papier imprégné d'acétate de plomb, ou de plusieurs oxides et sels métalliques.

Le voisinage des eaux sulfureuses qui répandent continuellement dans l'atmosphère du gaz acide hydrosulfurique, nuit beaucoup aux teinturiers qui font usage de mordans à base de protoxide de plomb.

VII. PRÉPARATION.

La manière de préparer l'acide hydrosulfurique consiste à mettre dans un ballon du sulfure de fer avec de l'acide sulfurique, dont le degré à l'aréomètre doit être de 10 à 15°, suivant la température du milieu dans lequel on opère ; le gaz se dégage et on le recueille sous des cloches remplies d'eau; mais presque toujours il est mêlé avec de l'hydrogène qui n'est pas sulfuré. C'est pour cette raison que si on veut l'obtenir à l'état de pureté, il est nécessaire d'employer de l'acide hydrochlorique et du sulfure d'anti-moine.

Pour préparer l'acide hydrosulfurique en dissolution dans l'eau, il faut adapter à un ballon contenant un des mélanges précédens, un appareil de Woulf; c'est-à-dire des flacons munis de tubes de sûreté et remplis d'eau.

Pour 1 atome de protosulfure de fer, il faut 2 atomes d'eau et deux atomes d'acide sulfuri-que, en effet :

$$1 \text{ at. de protosulfure de fer} = \begin{cases} 2 \text{ atomes de soufre,} \\ 1 \quad\text{---}\quad \text{de fer;} \end{cases}$$

$$2 \text{ atomes d'eau.} \ldots \ldots = \begin{cases} 2 \quad\text{---}\quad \text{oxigène,} \\ 4 \quad\text{---}\quad \text{hydrogène.} \end{cases}$$

2 atomes d'acide sulfurique exigent 1 atome de protoxide de fer formé par l'union de 1 atome de fer et de 2 atomes d'oxigène; on voit qu'il reste 4 atomes d'hydrogène et 2 atomes de soufre qui doivent constituer 2 atomes d'acide hydrosulfurique.

$$\text{Pour 1 at. de sulfure d'antim. formé de} \begin{cases} 2 \text{ soufre,} \\ 1 \text{ antimoine;} \end{cases}$$

$$\text{il faut 4 at. d'acide hydrochl. formé de} \begin{cases} 4 \text{ chlore,} \\ 4 \text{ hydrogène.} \end{cases}$$

Et en effet, les 4 atomes de chlore donnent 1 atome de chlorure d'antimoine, et les 4 atomes d'hydrogène avec les 2 atomes de soufre donnent 2 atomes d'acide hydrosulfurique.

M. Faraday a préparé l'acide hydrosulfurique liquide de la manière suivante :

Il a pris un tube courbé, à branches inégales. La branche la plus courte était fermée. Au moyen d'un entonnoir, il l'a remplie presque entièrement d'acide hydrochlorique très-concentré, en évitant de mouiller les parois de l'autre branche. Il a introduit, jusque sur la surface de l'acide, une feuille de platine à bords relevés ; et enfin, il a déposé dessus de petits fragmens de protosulfure de fer, jusqu'à ce que le tube fût presque plein. Il en a fermé l'ouverture à la lampe, puis il a fait couler l'acide sur le protosulfure de fer. Après deux jours, il a placé l'extrémité de la branche la plus courte dans un mélange de glace et de sel, et a chauffé légèrement l'autre branche au bain-marie ; par ce moyen il s'est distillé de l'acide hydrosulfurique liquide.

VIII. USAGES.

L'acide hydrosulfurique n'est pas employé en teinture, mais les teinturiers et les dégraisseurs doivent connaître l'action qu'il exerce sur les métaux et sur plusieurs mordans.

Ils doivent savoir aussi que des eaux qui contiendraient de l'hydrosulfate de chaux pourraient être employées pour en purifier qui contiendraient des sulfates de fer et de cuivre.

IX. HISTOIRE.

L'acide hydrosulfurique fut découvert en 1777 ; Berthollet le considéra comme un acide, tout en reconnaissant qu'il ne contenait pas d'oxigène.

CHAPITRE VII.

SOUFRE HYDROGÉNÉ.

On a donné le nom de *soufre hydrogéné de Schéèle*, d'*hydrure de soufre*, à une substance que Schéèle a observée le premier en décomposant par l'acide hydrochlorique faible le *sulfure hydrogéné de potasse* dissous dans l'eau. On prend un flacon bouché à l'émeri, d'une capacité de 2 onces, on y verse une forte solution de sulfure hydrogéné jusqu'à ce qu'il soit au tiers plein, puis on achève de l'emplir avec de l'acide hydrochlorique à 6°. On assujétit le bouchon et on agite le mélange jusqu'à ce qu'on ait un *liquide jaune oléagineux*, bien séparé du liquide aqueux.

Ce liquide jaune oléagineux se décompose avec la plus grande rapidité en acide hydrosulfurique et en soufre.

Quelques chimistes le considèrent comme l'acide des sulfures hydrogénés.

PARIS, IMPRIMERIE DE DECOURCHANT,
RUE D'ERFURTH, N° 1 PRÈS L'ABBAYE.

SEPTIÈME LEÇON.

SÉLÉNIUM (Se).

CINQUIÈME ESPÈCE DE CORPS SIMPLES.

PREMIÈRE SECTION.

CHAPITRE PREMIER. — SÉLÉNIUM.

Messieurs,

Le sélénium ne peut être pour le teinturier
l'objet d'aucune étude spéciale, par la raison
qu'il n'est point un des élémens des matières
qu'il emploie, qu'il ne se rencontre qu'en petite quantité dans la nature, et que parmi ses
combinaisons il n'en est aucune qui aujourd'hui
lui soit utile. Cependant, comme il a été découvert récemment, il n'est pas impossible qu'on
le rencontre un jour en grande quantité, et

1

que de nouvelles expériences mettent sur la voie d'en tirer parti, nous mentionnerons ses principaux caractères, afin que le teinturier se fasse une idée de l'utilité qu'il peut espérer de son emploi.

I. NOMENCLATURE.

Le nom de *sélénium* est dérivé du mot grec σελήνη, lune.

II. PROPRIÉTÉS PHYSIQUES.

Le sélénium est solide jusqu'à 100 et quelques degrés, où il se liquéfie. Sa densité est entre 4,30 et 4,32. Le poids de l'atome est de 495,91.

Celui qui a été fondu et refroidi promptement est d'un brun foncé.

Le sélénium très-divisé est rouge de cinabre; il se volatilise au-dessous de la chaleur rouge, et sa vapeur a quelque analogie, par ses propriétés physiques, avec celle du soufre; elle est moins orangée.

Il est mauvais conducteur de la chaleur et de l'électricité.

III. PROPRIÉTÉS CHIMIQUES.

C'est principalement avec le soufre que nous

comparerons le sélénium. Il a moins d'affinité que lui pour l'oxigène; car, en le chauffant dans un vaisseau d'une grande capacité rempli de ce gaz, on le sublime, sans qu'il s'oxigène. Cependant il brûle avec une flamme colorée en vert bleuâtre à son sommet, si on dirige un courant de gaz oxigène dans une boule de verre où on le chauffe; les produits de la combustion sont un *oxide* gazeux dont l'odeur est extrêmement désagréable, et un corps solide volatilisable qui porte le nom d'*acide sélénieux*.

Outre ces deux combinaisons, le sélénium s'unit encore à l'oxigène en une troisième proportion qui constitue l'*acide sélénique*.

Il est susceptible de se combiner avec l'hydrogène. La combinaison est un acide gazeux.

Il se combine au soufre en toutes proportions.

Il ne décompose pas l'eau, et ne s'y dissout pas.

L'acide nitrique le convertit en acide sélénieux.

IV. PROPRIÉTÉS ORGANOLEPTIQUES.

Il est inodore, même à l'état de vapeur.
Il est insipide.

V. ÉTAT.

Il se trouve dans la nature disséminé dans certains persulfures de fer, celui de Fahlun, par exemple ; dissous dans plusieurs soufres natifs ; à l'état de séléniures de cuivre, de cuivre et d'argent, de plomb, etc.

VI. PRÉPARATION.

Nous renvoyons aux traités de chimie.

VII. HISTOIRE.

Il a été découvert par M. Berzelius, en 1817.

SECTION II.

COMBINAISONS DU SÉLÉNIUM AVEC L'OXIGÈNE
ET L'HYDROGÈNE.

CHAPITRE II.
ACIDE SÉLÉNIEUX $(\ddot{S}e)$.

I. COMPOSITION.

	en poids.	en atomes.	
Oxigène	28,74	2	200
Sélénium	71,26	1	495,91

poids at. 695,91

L'acide sélénieux hydraté se volatilise à une température moins élevée que l'acide sulfurique. Sa vapeur est d'un jaune foncé, et susceptible de cristalliser quand elle se refroidit lentement.

Il est très-soluble dans l'eau.

Il y a une remarque très importante à faire, c'est que l'*acide sélénieux* est l'acide que M. Berzelius a nommé *sélénique*.

~~~~~~

CHAPITRE III.

ACIDE SÉLÉNIQUE ($\overset{...}{Se}$).

———

I. COMPOSITION.

	en poids.		en atomes.	
Oxigène	37,68		3	300
Sélénium	62,32		1	495,91
	100,00	poids atom.		795,91

On ne le connaît qu'à l'état d'hydrate et de séléniate.

L'acide sélénique hydraté est liquide et incolore.

Exposé à la chaleur, il commence à se décomposer en oxigène et en acide sélénieux à partir de la température de 280°. A 290°, la décomposition est rapide.

L'acide qui a été chauffé à

165°	a une densité de	2,524
267°	—	2,600
285°	—	2,625
~~~~~~

Dans ce dernier cas, l'acide contient un peu d'acide sélénieux.

L'acide sélénique qui a été chauffé au-dessus de 280° paraît formé de

Acide sélénique 84,25
Eau. 15,75
———
100,00

La composition théorique, en supposant l'hydrate formé de 1 atome d'acide et de 1 atome d'eau, est de

Acide. 87,62
Eau. 12,38
———
100,00

L'acide sélénique a une affinité pour l'eau qui est tout-à-fait comparable à celle de l'acide sulfurique pour le même liquide.

L'acide hydrosulfurique ne le décompose pas.

L'acide sélénique a une affinité des plus puissantes pour les bases; aussi le séléniate de baryte n'est-il pas décomposé complètement par l'acide sulfurique.

L'acide sélénique fut découvert en 1827 par MM. Mitscherlich et Nitzsch. Ils l'obtinrent en convertissant d'abord le sélénite de soude en séléniate, au moyen du nitrate de soude, et ensuite en décomposant par l'acide hydrosulfurique le séléniate de plomb provenant de la décomposition du séléniate de soude par le nitrate de plomb.

CHAPITRE IV.

ACIDE HYDROSÉLÉNIQUE (Se²H).

COMPOSITION.

	en poids.		en atomes.	
Sélénium	97,4	1	495,91
Hydrogène	2,6	2	12,48
	100,0		poids at. 508,39

Il a beaucoup d'analogie avec l'acide hydrosulfurique.

Il est gazeux.

Il est soluble dans l'eau. Cette dissolution agit sur les sels métalliques comme celle de l'acide hydrosulfurique.

L'oxigène décompose rapidement sa solution. Il y a formation d'eau et dépôt de sélénium. Si la décomposition s'opère sur un corps poreux

qui a été plongé dans l'eau d'acide hydrosélénique, ce corps se *colorera* ou se teindra, jusqu'à
une certaine profondeur, de la couleur du sélénium.

CHAPITRE V.

SULFURE DE SÉLÉNIUM (²S Se).

COMPOSITION.

	en poids.	en atomes.	
Soufre	44,79	. . . . . 2	402,32
Sélénium.	55,21	. . . . . 1	495,91
	100,00	poids at.	898,23

M. Berzelius l'a obtenu en mêlant des solutions d'acide hydrosulfurique et d'acide sélénieux ; il se forme de l'eau et du sulfure de sélénium. Pour ce résultat, il faut 2 atomes d'acide
hydrosélénique et 1 atome d'acide sélénieux.

Il est très-fusible.

Vous voyez que le sélénium a beaucoup d'a-
nalogie avec le soufre, mais que cependant il
en diffère en ce qu'il est moins inflammable, en
ce qu'il est susceptible de former un oxide et

que l'acide sélénieux, qui correspond par sa composition de 2 atomes d'oxigène et de 1 atome de sélénium, à l'acide sulfureux, en diffère par son état solide. Quant à l'acide sélénique, il se rapproche beaucoup de l'acide sulfurique.

PHOSPHORE (P).

SIXIÈME ESPÈCE DE CORPS SIMPLES.

PREMIÈRE SECTION.

CHAPITRE PREMIER. — PHOSPHORE.

I. NOMENCLATURE.

Le mot phosphore est dérivé de deux mots grecs, φερω, porte, et φως, lumière. On a appelé le corps que nous étudions, *phosphore de Kunckel,* — *d'Angleterre,* — *d'urine,* pour le distinguer de plusieurs autres substances qui ont la propriété de luire dans l'obscurité.

II. Propriétés physiques.

Le phosphore est solide jusqu'à la température de 43°, où il entre en fusion; et s'il continue à recevoir de la chaleur, il finit par se vaporiser. On indique généralement 290° pour la température où il entre en ébullition; sir H. Davy l'évalue à 271°, et M. Thénard au-dessous de 200°.

Le phosphore cristallise en octaèdres alongés. Quand il a été refroidi lentement, il est lamelleux. A zéro il est cassant; mais il commence à devenir ductile à mesure que la température s'élève au-dessus de 10°.

Sa densité est de 1,77.

Le poids de son atome est de 196,15. M. Berzelius prend 392,30, c'est-à-dire le double de 196,15.

Le phosphore est incolore, et il nous offre un exemple à ajouter à ceux que nous ont présentés le soufre et l'acide nitreux, relativement à l'influence que l'arrangement des particules d'un corps exerce sur la couleur de ce corps.

Du phosphore qui avait été distillé plusieurs fois de suite, et qui avait paru plus pur à M. Thénard que des échantillons qui ne l'avaient été qu'une fois, a présenté à cet illustre chimiste la propriété de devenir noir lorsqu'après l'avoir fondu de 60 à 70°, on le plongeait subitement dans l'eau froide; tandis que le même phosphore fondu à 45°, et refroidi lentement, était incolore et transparent.

M. Thénard est porté à croire que les échantillons de phosphore qui ne deviennent pas noirs par un refroidissement subit contiennent une petite quantité d'hydrogène qu'ils sont susceptibles de perdre par plusieurs distillations successives.

La densité de la vapeur du phosphore est de 2,2052, suivant M. Dumas.

III. PROPRIÉTÉS CHIMIQUES.

Exposé long-temps à la lumière dans le vide du baromètre, dans le gaz azote, le gaz hydrogène, l'eau bouillie, etc., il prend une couleur rougeâtre.

Soumis à l'action de l'électricité, il laisse dégager une très-petite quantité d'hydrogène; il est difficile de prononcer sur l'état de combinaison où se trouve l'hydrogène dans le phosphore. Il ne serait point étonnant que ces deux corps fussent combinés ensemble, mais il pourrait se faire aussi que l'hydrogène provînt de la décomposition d'une petite quantité d'humidité restée adhérente au phosphore ; car lorsqu'il s'agit de séparer les dernières parties d'un corps qui peuvent être, je ne dirai pas combinées, mais simplement adhérentes à la surface d'un autre, cela devient fort difficile, surtout quand les deux corps sont volatils. Dans tous les cas, cette expérience ne prouve nullement que le phosphore soit composé ; car une fois qu'il a perdu la petite quantité d'hydrogène dont il est question, il continue à jouir de toutes les propriétés que nous regardons comme le caractérisant essentiellement.

Le phosphore présente une propriété remarquable relativement à son action sur l'oxigène. Si vous mettez du phosphore dans le gaz oxigène, sous la pression de $0^m,760$ de mercure, et à la température de 10 à 15°, il n'y aura pas d'action entre les corps ; mais si vous élevez leur température à 38° environ, sur-le-champ la combinaison s'opèrera avec un vif dégagement de lumière et de chaleur. C'est une expérience dont vous avez été témoins lorsque nous avons voulu connaître la pureté du gaz oxigène provenant de la distillation du chlorate de potasse. Nous avons introduit un mor-

ceau de phosphore dans un tube de verre rempli de mercure, et après l'avoir fondu, nous y
avons fait passer du gaz oxigène bulle à bulle;
la combinaison s'est opérée rapidement, et l'oxigène n'a pas laissé de résidu gazeux, parce qu'il
était pur. Le résultat de cette combustion est
de l'acide phosphorique.

Si l'oxigène, au lieu d'être soumis à une pression de 0ᵐ,760, ne l'est qu'à une pression de
0ᵐ,10 à 0ᵐ,05, que sa température soit comprise entre 5 et 27°, et qu'il soit d'ailleurs humide, le phosphore qu'on y plongera répandra
des fumées blanches formées d'acide phosphatique, ou plutôt d'acides phosphorique et phosphoreux unis à l'eau qui se trouvait dans l'air
à l'état de vapeur élastique. Cette observation
due à M. Bellani, qu'en diminuant la pression
que supporte l'oxigène, on le rend susceptible
de contracter une combinaison avec un corps
solide qu'il n'aurait pas formée auparavant à
la même température, est contraire à ce qu'on
pouvait imaginer, car il était plus naturel de
croire qu'en écartant les particules d'un gaz en
contact avec un solide, on diminuerait par là
sa tendance à s'y combiner, plutôt qu'on ne
l'augmenterait.

Si le phosphore répand des fumées dans l'air de l'atmosphère à la température ordinaire, sous une pression où il n'en répand pas dans le gaz oxigène, cela tient précisément à ce que l'oxigène qui est dans l'atmosphère n'y a qu'une faible tension, puisqu'il est mêlé avec quatre fois son volume d'azote.

Vous voyez, messieurs, que les diverses températures auxquelles les corps s'unissent peuvent avoir de l'influence sur la nature de leurs combinaisons, puisqu'en élevant la température du phosphore à 38°, la combustion se fait rapidement, et que le produit est du phosphore saturé d'oxigène ou de l'acide phosphorique, tandis que dans le cas où la combustion se fait lentement, le produit est de l'acide phosphatique.

Il ne paraît pas y avoir de dégagement de lumière dans la combustion lente du phosphore observée à la lumière du jour; mais dans l'obscurité, le phosphore brille de cette lueur qu'on appelle *lumière* ou *flamme phosphorique*.

Le phosphore est susceptible de s'unir à l'oxigène en deux autres proportions qui produisent l'acide *phosphoreux* et l'acide *hypophosphoreux*, et suivant plusieurs chimistes il s'y combine encore en deux autres proportions qui constituent un *oxide blanc* et un *oxide rouge*.

L'hydrogène et le phosphore ne sont pas susceptibles de se combiner directement, mais ils peuvent dans certaines circonstances produire des combinaisons gazeuses, l'*hydrogène perphosphoré* et l'*hydrogène protophosphoré*.

Le phosphore paraît décomposer l'eau ; au moins toutes les fois qu'il y est plongé un certain temps, le liquide manifeste des propriétés acides, et en outre il contient de l'hydrogène phosphoré. Cependant on ne peut dire qu'il soit démontré par des expériences exactes que l'eau soit réellement décomposée, mais c'est l'opinion la plus probable. Quoi qu'il en soit, l'action du phosphore pour décomposer l'eau est extrêmement faible ; car, après un certain temps, les phénomènes qui semblent annoncer cette décomposition cessent absolument, et l'on n'a pas observé qu'à une température plus élevée que la température ordinaire, le phosphore eût plus d'action sur l'oxigène de l'eau. C'est, au reste, un sujet qui mérite d'être étudié.

Le phosphore est susceptible de se combiner avec le soufre en toutes sortes de proportions.

Ces combinaisons donnent lieu à un très-vif dégagement de chaleur, et quelquefois même, dit-on, à un dégagement de lumière. Il faut n'opérer que sur de petites quantités, et avec beaucoup de précaution, pour ne point courir le danger de se blesser.

Quoique les combinaisons du phosphore avec le soufre se fassent, comme je viens de le dire, en toutes sortes de proportions, cependant il est extrêmement probable qu'il existe des combinaisons définies, lesquelles sont susceptibles de se dissoudre dans un excès, soit de phosphore, soit de soufre, et qu'une de ces combinaisons a été obtenue par M. Faraday. Elle était formée de 1 atome de soufre et de 2 atomes de phosphore.

Le phosphore se comporte avec le sélénium de la même manière qu'avec le soufre.

IV. PROPRIÉTÉS ORGANOLEPTIQUES.

Le phosphore exhale une odeur *alliacée* très-sensible, mais il n'est pas prouvé qu'elle appartienne à la vapeur même de ce corps ; car, comme on sent cette odeur par l'intermédiaire de l'air, il n'est pas impossible qu'elle soit due à une petite quantité de phosphore oxigéné. Cette hypothèse est d'autant plus probable, que de l'air dans lequel du phosphore a brûlé sans laisser de résidu solide, a l'odeur dont je parle.

V. ÉTAT NATUREL.

Le phosphore n'existe dans la nature qu'à l'état de combinaison. On trouve des phosphates dans le règne minéral ; ceux de chaux, de magnésie, de soude, d'ammoniaque et de potasse, font partie des êtres organisés : le phosphore uni à l'oxigène, à l'azote, au carbone et à l'hydrogène, forme la matière grasse du cerveau.

VI. PRÉPARATION.

Nous ne pouvons décrire ici le procédé au moyen duquel on prépare le phosphore ; nous nous contenterons de dire qu'on réduit le phosphate de chaux des os calcinés, au moyen de l'acide sulfurique, en sulfate et en surphosphate ; qu'on expose ce dernier, après l'avoir séparé du sulfate, à l'action du charbon et de la chaleur, et qu'alors une partie de l'acide phosphorique est décomposée par le charbon, de manière que du phosphore est mis en liberté, pendant que l'oxigène qui y était uni se porte sur le charbon et produit de l'acide carbonique et de l'oxide de carbone.

VII. USAGES.

Il est employé à la fabrication des briquets qu'on nomme *phosphoriques;* à préparer l'acide phosphorique; mais le phosphore, comme phosphore, n'est point utile dans l'art de la teinture, il ne nous intéresse que par les combinaisons qu'il est susceptible de former.

VIII. HISTOIRE.

Brandt le découvrit en 1669.

SECTION II.

COMBINAISONS DU PHOSPHORE AVEC L'OXIGÈNE ET L'HYDROGÈNE.

CHAPITRE II.

ACIDE PHOSPHORIQUE.

§ Iᵉʳ.

ACIDE PHOSPHORIQUE ANHYDRE ($\overset{\cdots}{PP}$ ou $\overset{\cdots}{P^2}$).

I. COMPOSITION.

	en poids.	en atomes.	
Oxigène	56,03	5	500,00
Phosphore	43,97	2	392,30
	100,00	poids at.	892,30

II. PROPRIÉTÉS PHYSIQUES.

Il est solide à la température ordinaire, fusible quand on le chauffe ; mais, suivant sir

H. Davy, quand il est parfaitement exempt d'eau, il ne se volatilise pas, quoiqu'on l'expose au rouge blanc.

Il est plus dense que l'eau.

Il n'a pas de couleur.

III. PROPRIÉTÉS CHIMIQUES.

Il est soluble dans l'eau en toutes proportions : nous reviendrons sur les propriétés de cette solution en traitant de l'acide phosphorique hydraté.

Il est déliquescent.

IV. ÉTAT NATUREL.

Il ne se trouve dans la nature qu'à l'état salin.

V. PRÉPARATION.

On le prépare en brûlant, dans de l'oxigène qu'on a desséché au moyen du chlorure de calcium, du phosphore qu'on a privé d'eau en le distillant plusieurs fois : mais il est extrêmement difficile d'avoir l'acide phosphorique anhydre parfaitement pur, parce que, lorsqu'on brûle du phosphore dans le gaz oxigène sec, on est presque toujours obligé de faire usage de vaisseaux deverre; dès lors l'acide résultant de la combustion, se trouvant en contact à une température élevée avec le verre, décompose cette substance en s'unissant à l'alcali et à la silice qui la constituent.

C'est à cause de cette difficulté de se procurer de l'acide phosphorique anhydre que l'on n'a guère étudié que l'acide hydraté.

§ II.

ACIDE PHOSPHORIQUE HYDRATÉ.

I. COMPOSITION.

M. Dulong estime que 120,6 parties d'acide phosphorique hydraté contiennent 20,6 parties d'eau qu'une chaleur rouge ne peut en séparer.

II. PROPRIÉTÉS PHYSIQUES.

L'acide phosphorique hydraté est solide, fusible et volatil.

Il est susceptible de cristalliser.

Lorsqu'il a été fondu, et refroidi sans le contact de l'humidité, il a l'aspect d'un verre transparent et incolore.

Il est plus dense que l'eau.

III. PROPRIÉTÉS CHIMIQUES.

Il est déliquescent.

Si on jette un fragment d'acide phosphorique hydraté dans de l'eau, il se dissout en donnant lieu à un dégagement de chaleur.

IV. PROPRIÉTÉS ORGANOLEPTIQUES.

Il a une saveur aigre, et peut être pris à l'intérieur quand sa dissolution dans l'eau est faible.

Il n'a point d'odeur.

V. ÉTAT NATUREL.

Il est un produit de l'art.

VI. PRÉPARATION.

On met 8 parties d'acide nitrique à 34°, dans une cornue de verre tubulée et bouchée à l'émeri. Celle-ci doit être placée dans un bain de sable. On y adapte un ballon tubulé à long col; on assujétit dans la tubulure de ce ballon, au moyen d'un bouchon, un long tube de verre ouvert aux deux bouts; on divise 1 partie de phosphore en petits morceaux; on en met un dans la cornue; on la ferme, puis on la chauffe. Le phosphore s'empare bientôt d'une partie de l'oxigène d'une portion de l'acide nitrique; il se dégage de l'acide nitreux et du deutoxide d'azote, et l'acide phosphorique produit se dissout dans l'acide nitrique indécomposé. On débouche la cornue pour y ajouter un morceau de phosphore, et on continue ainsi jusqu'à ce que tout soit dissous.

Il faut se garder de faire concentrer l'acide phosphorique dans le verre, de peur de l'attaquer. C'est pourquoi il faut verser la liqueur de la cornue dans une capsule de platine où on en sépare les dernières portions d'acide nitrique. Si l'on veut avoir un acide vitreux, il faut le chauffer dans un creuset de platine couvert, jusqu'à ce qu'on le juge suffisamment concentré.

VII. USAGES.

L'acide phosphorique n'est pas employé en teinture. Son action sur les matières colorantes a de l'analogie en général avec celle de l'acide sulfurique.

VIII. HISTOIRE.

Stahl avait confondu l'acide phosphorique avec l'acide hydrochlorique, puisqu'il regardait le phosphore comme un composé de phlogistique et d'acide hydrochlorique. Margraff fit voir que le produit acide de la combustion du phosphore avait des propriétés particulières.

Enfin Lavoisier établit la vraie nature de l'acide phosphorique.

CHAPITRE III.

ACIDE PHOSPHOREUX.

§ Ier.

ACIDE PHOSPHOREUX ($\overset{...}{PP}$ ou $\overset{...}{P}$).

COMPOSITION.

	en poids.		en atomes.	
Oxigène	43,33	3	300,00
Phosphore	56,67	2	392,30
	100,00	poids at.	692,30

Cet acide n'a pas été obtenu anhydre.

§ II.

ACIDE PHOSPHOREUX HYDRATÉ.

I. COMPOSITION.

	en poids.		en atomes.	
Acide phosphoreux	75,48	1	692,30
Eau	24,52	2	224,96
	100,00	poids at.	917,26

II. PROPRIÉTÉS PHYSIQUES.

Cristallisable en prismes alongés.
Incolore.

III. PROPRIÉTÉS CHIMIQUES.

Il est déliquescent, et par conséquent très-soluble dans l'eau.

Il s'unit au gaz ammoniac : une douce chaleur dégage de l'eau de la combinaison saline. C'est même le moyen de démontrer la composition immédiate de l'acide phosphoreux hydraté.

Il n'absorbe que très-lentement l'oxigène gazeux.

Les acides nitreux et nitrique le convertissent en acide phosphorique.

Exposé à la chaleur, il dégage du gaz hydrogène protophosphoré, et laisse un résidu d'acide phosphorique, probablement hydraté. En opérant au milieu de l'air, l'hydrogène protophosphoré s'enflamme, parce qu'il est échauffé.

En admettant que l'hydrogène protophosphoré soit formé de 2 atomes de phosphore et de 6 atomes d'hydrogène, 4 atomes d'acide phosphoreux réagiront sur 3 atomes d'eau, de manière que 3 atomes d'acide phosphoreux, en prenant 3 atomes d'oxigène aux 3 atomes d'eau, + 3 atomes d'oxigène à 1 atome d'acide phosphoreux, donneront 3 atomes d'acide phosphorique, et les 2 atomes de phosphore de l'atome d'acide décomposé, en s'unissant avec les 6 atomes d'hydrogène des 3 atomes d'eau, donneront 1 atome d'hydrogène protophosphoré.

IV. PROPRIÉTÉS ORGANOLEPTIQUES.

Il a une saveur aigre. Il est inodore.

V. ÉTAT NATUREL.

Produit de l'art.

VI. PRÉPARATION.

On verse du protochlorure de phosphore dans l'eau : ce liquide est décomposé; son oxigène forme avec le phosphore de l'acide phosphoreux, et son hydrogène forme avec le chlore de l'acide hydrochlorique. En faisant évaporer doucement la liqueur, ce dernier acide se dégage, et il reste de l'acide phosphoreux qui cristallise par le refroidissement.

1 at. de protochlorure de phosphore $=\begin{cases} \text{chlore . . } 6 \\ \text{phosphore 2} \end{cases}$

1 at. d'acide hydrochlorique. . . . . $=\begin{cases} \text{chlore . . } 1 \\ \text{hydrog. . . } 1 \end{cases}$

Conséquemment, s'il décompose 3 atomes d'eau, il y aura

1 atome d'acide phosphoreux. . . . $= \begin{cases} \text{oxigène. . 3} \\ \text{phosphore 2} \end{cases}$

6 atomes d'acide hydrochlorique . . $= \begin{cases} \text{chlore . . 6} \\ \text{hydrog. . 6} \end{cases}$

VII. USAGES.

Il n'est d'aucun usage.

VIII. HISTOIRE.

Il a été découvert par sir H. Davy.

CHAPITRE IV.
ACIDE HYPOPHOSPHOREUX.

§ Iᵉʳ.

ACIDE HYPOPHOSPHOREUX (P⁴).

COMPOSITION.

	en poids.		en atomes.	
Oxigène.	27,66	. . . . .	3	 300,00
Phosphore	72,34	. . . . .	4	 784,60
	100,00		poids at.	1084,60

Il n'est connu qu'en combinaison avec l'eau et les bases salifiables.

§ II.

ACIDE HYPOPHOSPHOREUX HYDRATÉ.

Sa composition n'a point été déterminée par l'expérience.

Il est liquide, visqueux et incristallisable.

Il est soluble dans l'eau en toutes proportions.

Les acides nitreux et nitrique le convertissent en acide phosphorique.

Au feu il se comporte comme l'acide phosphoreux hydraté, sauf qu'il donne du phosphore avec l'hydrogène protophosphoré.

En effet, supposons 4 atomes d'acide hypophosphoreux et 3 atomes d'eau décomposés par la chaleur, nous aurons les mêmes produits que précédemment, plus 8 atomes de phosphore mis en liberté.

Il a une saveur aigre.

Il n'est d'aucun usage.

HISTOIRE ET PRÉPARATION.

M. Dulong le découvrit en 1816.

Il le prépara en traitant le phosphure de baryte par l'eau, filtrant la liqueur qui conte-

naît de l'hypophosphite de baryte, y ajoutant
de l'acide sulfurique pour précipiter toute la
baryte, puis faisant évaporer doucement la liqueur filtrée.

CHAPITRE V.

ACIDE PHOSPHATIQUE.

Le phosphore qui brûle lentement dans l'air
humide donne une liqueur acide qui a été prise
pour de l'acide phosphoreux jusqu'à l'époque
où sir H. Davy fit connaître l'acide phosphoreux à l'état d'hydrate pur.

Pour recueillir facilement cette liqueur, on
introduit des bâtons de phosphore dans des
tubes de verre dont une extrémité a été effilée
à la lampe ; on place ces tubes dans un entonnoir dont le bec s'engage dans l'orifice d'un flacon : celui-ci est placé sur une assiette qui contient de l'eau ; on recouvre le tout d'une cloche
portant deux petites ouvertures, une au sommet et l'autre en bas.

D'après cette disposition, la combustion du

phosphore se fera constamment lentement, parce que son contact avec l'air sera gêné, et que le dégagement de chaleur ne sera jamais assez grand pour déterminer l'inflammation, par la raison que la masse du verre enlèvera une partie de la chaleur dégagée par la combustion.

M. Dulong regarde l'acide phosphatique comme un composé d'acide phosphorique et d'acide phosphoreux hydratés, dans lequel le premier fait fonction d'acide, et le second celui de base. C'est là ce qu'il a voulu exprimer par le mot *phosphatique,* qui rappelle la dénomination des sels formés par l'acide phosphorique.

Les propriétés de l'acide phosphatique peuvent se déduire de celles des deux acides qui le constituent, en considérant qu'ils ne sont qu'à l'état de simple mélange.

M. Sage est le premier chimiste qui ait traité de l'acide phosphatique d'une manière spéciale.

CHAPITRE VI.

HYDROGÈNE PERPHOSPHORÉ (^{2}P ^{4}H).

I. COMPOSITION.

	en poids.	en vol.			en atomes.	
Phosphore.	94,02	$1\frac{1}{2}$	$\left.\right\} = 2$ ou $3 \left.\right\} = 4$		2 ..	392,30
Hydrogène.	5,98	3	6		4 ..	24,96
	100,00				poids at.	417,26

II. NOMENCLATURE.

Gaz hydrogène phosphuré, gaz hydrogène phosphoré.

III. PROPRIÉTÉS PHYSIQUES.

Il est gazeux.

Sa densité est de 1,761, suivant M. Dumas.

Il est incolore.

IV. PROPRIÉTÉS CHIMIQUES.

100$^{\text{m.}}$ d'eau bouillie en dissolvent 2,14 d'hydrogène perphosphoré, suivant MM. Henry et
Davy.

Dès que ce gaz a le contact de l'atmosphère,

il s'enflamme; et si on le fait arriver lentement et par bulle à la surface de l'eau ou du mercure, en inclinant doucement dans ces liquides une cloche remplie de ce gaz, l'inflammation est accompagnée d'un phénomène remarquable : ce sont des cercles d'une fumée blanche qui s'élèvent dans l'air en s'élargissant de plus en plus. Cette fumée est une sorte de vapeur vésiculaire formée d'acide phosphorique ou phosphoreux et d'eau.

Si on fait passer de l'hydrogène perphosphoré bulle à bulle dans une cloche de gaz oxigène, il y a détonnation, formation d'eau et d'un oxacide de phosphore; mais jamais tout ce combustible n'est brûlé, une quantité notable se dépose en pellicules jaunâtres. Le résultat est le même lorsque la température de l'oxigène est de 110 à 120°, et quel que soit l'excès de l'oxigène.

M. Dumas est parvenu à brûler complètement le gaz hydrogène perphosphoré en mêlant des volumes égaux d'oxigène et d'acide carbonique, chauffant ce mélange de 100 à 120°, et y faisant arriver bulle à bulle de l'hydrogène perphosphoré mêlé avec de l'acide carbonique : la lumière est faible et jaunâtre. Suivant M. Dumas, 8 volumes d'hydrogène perphosphoré absorbent alors 15 volumes d'oxigène; 6 volumes brûlent 12 volumes d'hydrogène, et 9 en brûlent 3 de phosphore, pour former de l'acide phosphoreux, et non de l'acide phosphorique, comme on le croit généralement.

Lorsqu'on fait passer du gaz oxigène dans un tube de verre étroit qui contient de l'hydrogène perphosphoré, il n'y a pas d'inflammation, le phosphore brûle lentement, à l'exclusion de l'hydrogène, et donne naissance à des fumées blanches. Cela tient à ce que le phosphore s'unit à l'oxigène à une température moins élevée que l'hydrogène, et que la masse du verre en contact avec le mélange absorbe assez de la chaleur développée par la combustion du phosphore, pour que la température de l'hydrogène soit abaissée au-dessous du degré nécessaire pour qu'il s'enflamme.

L'azote n'a aucune action sur ce gaz.

Le soufre chauffé dans l'hydrogène perphosphoré le décompose en s'unissant à ses deux élémens; il se produit du sulfure de phosphore et du gaz acide hydrosulfurique.

L'hydrogène perphosphoré, abandonné à lui-même, laisse déposer du phosphore, et passe à l'état d'hydrogène protophosphoré.

Lorsqu'on l'expose à une chaleur suffisante dans un tube de porcelaine, il se décompose en hydrogène protophosphoré.

Soumis à une suite d'étincelles électriques, il laisse déposer du phosphore.

L'hydrogène perphosphoré dissous dans l'eau réduit un assez grand nombre d'oxides métalliques qui sont à l'état salin; il se forme en général de l'eau et des phosphures métalliques.

V. Propriétés organoleptiques.

L'odeur de l'hydrogène perphosphoré est assez difficile à constater, puisqu'il est si facilement dénaturé par le contact de l'air; cependant on lui reconnaît généralement une odeur alliacée très-forte, parce que cette odeur est celle de l'hydrogène protophosphoré, et qu'elle se manifeste quand on prépare l'hydrogène perphosphoré.

L'eau qui est saturée de ce gaz a une saveur amère très - sensible, en même temps qu'elle exhale une odeur alliacée.

VI. État naturel.

C'est un produit de l'art; cependant quelques

personnes admettent qu'il se forme dans la putréfaction de plusieurs matières organiques.

VII. PRÉPARATION.

Le procédé le plus simple pour préparer l'hydrogène perphosphoré consiste à mettre dans une fiole du phosphore avec une solution très-concentrée de potasse. En élevant la
température des corps, l'eau est décomposée,
son hydrogène forme, avec une portion de phosphore, de l'hydrogène perphosphoré, et son oxigène forme, avec une autre portion de phosphore, de l'acide hypophosphoreux qui s'unit
à la potasse. L'hydrogène perphosphoré est constamment mêlé d'une certaine quantité d'hydrogène pur, et dans une proportion assez constante de 37°,5 du premier à 62°,5 du second,
suivant M. Dumas.

On ne connaît aucun procédé qui donne de
l'hydrogène perphosphoré exempt d'hydrogène; mais, au reste, au moyen du sulfate de
cuivre, qui absorbe l'hydrogène perphosphoré
sans toucher à l'hydrogène, il est toujours facile
de déterminer la proportion suivant laquelle les
gaz sont mélangés.

VIII. HISTOIRE.

M. Gingembre le découvrit en 1783.

La composition de l'hydrogène perphosphoré a été établie, dans ces derniers temps, par M. Dumas.

CHAPITRE VII.

HYDROGÈNE PROTOPHOSPHORÉ (^{2}P ^{6}H).

I. COMPOSITION.

	en poids.	en vol.	en atomes.
Phosphore. .	91,29	1	2 392,30
Hydrogène. .	8,71	3	6 37,44
	100,00		poids at. 429,74

$$\left.\begin{matrix}1\\3\end{matrix}\right\} = 2 \left\{\begin{matrix}2 \ldots \ldots 392,30\\6 \ldots \ldots 37,44\end{matrix}\right.$$

II. PROPRIÉTÉS PHYSIQUES.

Il est gazeux.

Sa densité est de 1,214.

Le décimètre cube pèse 1^{gr},5777, suivant M. Dumas.

Il est incolore.

III. PROPRIÉTÉS CHIMIQUES.

1 mesure d'eau dissout ½ mesure de ce gaz, suivant sir H. Davy.

Il diffère de l'hydrogène perphosphoré en ce qu'il n'est pas spontanément inflammable lorsqu'il a le contact de l'air.

Si on mêle dans un eudiomètre 2 volumes d'hydrogène protophosphoré avec 6 ou 8 volumes d'oxigène, et qu'on enflamme le mélange par un moyen quelconque, par exemple en soulevant l'eudiomètre de manière à diminuer la pression des gaz, il y a constamment 4 volumes d'oxigène employés à convertir les élémens du gaz en eau et en acide phosphorique, savoir : 1 ½ qui brûlent l'hydrogène, et 2 ½ qui brûlent le phosphore.

Lorsqu'on fait détonner 2 volumes d'hydrogène perphosphoré et 3 volumes d'oxigène, il se produit de l'eau et de l'acide phosphoreux, ainsi que M. Thomson l'a observé.

IV. PROPRIÉTÉS ORGANOLEPTIQUES.

Analogues à celles du précédent.

V. ÉTAT NATUREL.

Il est un produit de l'art.

VI. PRÉPARATION.

On l'obtient en faisant bouillir l'acide phosphoreux, l'acide phosphatique, ou l'acide hypophosphoreux, et recevant le gaz qui s'en dégage sur le mercure.

On peut encore le préparer en faisant passer, dans une cloche placée sur le mercure, de l'acide hydrochlorique concentré, et du phosphure de chaux en poudre enveloppé dans du papier Joseph.

VII. HISTOIRE.

Il a été caractérisé par sir H. Davy en 1812 : avant cette époque on avait bien fait mention d'un gaz hydrogène phosphoré qui n'était point inflammable à l'air ; mais on ne savait en quoi il différait essentiellement de l'hydrogène perphosphoré.

ARSENIC (As).

SEPTIÈME ESPÈCE DE CORPS SIMPLES.

PREMIÈRE SECTION.
CHAPITRE PREMIER. — ARSENIC.

I. NOMENCLATURE.

Cobalt testacé.

II. PROPRIÉTÉS PHYSIQUES.

L'arsenic est solide ; il se volatilise à une température de 180°, et ce qu'il faut remarquer, c'est qu'il ne se fond pas quand il est chauffé sous la simple pression de l'atmosphère ; mais s'il était renfermé dans une cavité dont les parois fussent résistantes, il se liquéfierait.

Sa densité est de 5,96.

Son poids atomistique est de 470,12 ; M. Berzelius le compte double de ce nombre.

Il est cassant et susceptible d'être réduit

en poudre fine ; c'est pour cette raison qu'il était considéré par les anciens chimistes comme un demi-métal.

Il cristallise, toutes les fois que sa vapeur se condense lentement, en octaèdre ou en tétraèdre.

Il est conducteur de la chaleur et de l'électricité.

Suivant M. Dumas, la densité de la vapeur d'arsenic est de 5,1839.

III. PROPRIÉTÉS CHIMIQUES.

Il est susceptible de s'unir à l'hydrogène en deux proportions, lorsque l'hydrogène est à l'état naissant.

Il se combine aisément avec l'oxigène à l'aide de la chaleur, le produit est de l'*acide arsénieux*.

Dans d'autres circonstances, l'arsenic peut absorber une plus grande quantité d'oxigène et passer à l'état d'*acide arsénique*.

L'arsenic exposé à la température ordinaire dans l'air atmosphérique, qui contient toujours de la vapeur d'eau, se recouvre d'une poudre noire qui a été considérée par M. Berzelius comme un protoxide ; mais il est probable qu'elle n'est qu'un mélange, ou peut-être une combinaison d'arsenic métallique et d'acide arsénieux. Ce qu'il y a de certain, c'est que de l'arsenic exposé à l'air après avoir été réduit en poudre très-divisée, augmente de poids, et qu'ensuite lorsqu'on le soumet à l'action de la chaleur, on obtient de l'acide arsénieux et de l'arsenic. Il est encore certain que dès que l'arsenic est recouvert d'une légère couche noire, l'action de l'air semble s'arrêter tout-à-fait sur le métal qui est au-dessous de cette couche.

Il ne se combine point avec l'azote.

Il se combine avec le soufre en trois proportions définies; mais on peut n'obtenir que des combinaisons indéfinies en chauffant l'arsenic et le soufre dans des vaisseaux de verre.

Il enlève le soufre à l'hydrogène à l'aide de la chaleur.

L'arsenic est susceptible de s'unir en proportions indéfinies avec le sélénium et le phosphore; il se produit des combinaisons qui ne sont pas acides.

Il ne décompose pas l'eau.

Les acides nitreux et nitrique le convertissent en acide arsénieux, et en acide arsénique s'ils sont employés en excès.

L'acide sulfurique bouillant le convertit en acide arsénieux ; il se développe du gaz acide sulfureux.

L'arsenic est susceptible de réagir sur l'acide arsénique dissous dans l'eau : il se dégage de l'*hydrogène arséniqué*.

IV. PROPRIÉTÉS ORGANOLEPTIQUES.

L'arsenic est inodore ; il ne paraît être délétère que quand il est uni avec quelques corps. Ce qu'il y a de certain, c'est que la matière que l'on emploie pour empoisonner les mouches, et qu'on appelle vulgairement *cobalt testacé* ou *cobalt tue-mouches*, contient de l'acide arsénieux ; et c'est bien certainement cet acide qui est le poison. L'arsenic combiné avec d'autres corps que l'oxigène est également délétère.

V. ÉTAT NATUREL.

Il se trouve dans la nature à l'état natif, à l'état de sulfure, d'arséniure et d'arséniate.

VI. EXTRACTION.

On l'obtient en général en grillant des mines arsénicales dans des fourneaux à réverbère. L'arsenic qui est dans la plupart de ces mines à l'état métallique se volatilise : une portion, en brûlant, produit de l'acide arsénieux.

VII. USAGES.

L'arsenic entre dans la composition de plusieurs alliages. Il y a quelques-unes de ses combinaisons qui ont été employées en teinture, et qui le sont encore. J'en dirai un mot en traitant des sulfures d'arsenic.

SECTION II.

COMBINAISONS DE L'ARSENIC AVEC L'OXIGÈNE, LE SOUFRE ET L'HYDROGÈNE.

CHAPITRE II.

ACIDE ARSÉNIEUX ($\overset{...}{As^2}$).

1. COMPOSITION.

	en poids.	en atomes.	
Oxigène	24,19	3	300
Arsenic	75,81	2	940,24
	100,00	poids at.	1240,24

II. Nomenclature.

Arsenic blanc, oxide d'arsenic.

III. Propriétés physiques.

Solide. Plus volatil que l'arsenic; quand on le chauffe en petite masse dans un vaisseau d'une grande capacité, il se volatilise avant de se liquéfier.

Il est en masse transparente vitreuse ou en masse opaque ayant l'aspect de l'émail.

Il cristallise en tétraèdres ou en octaèdres.

Sa densité est de 3,71.

Il est incolore. Souvent celui du commerce est coloré en jaune par du sulfure d'arsenic.

IV. Propriétés chimiques.

L'acide arsénieux est soluble dans 80 parties d'eau froide et dans 15 parties d'eau bouillante; et c'est pour cette raison que quand on fait une dissolution saturée à chaud, cette dissolution se trouble abondamment par le refroidissement.

L'acide arsénieux a toutes les propriétés des acides, quant à la réaction qu'il exerce sur la teinture de tournesol, aux caractères de ses combinaisons avec les bases salifiables; néanmoins je dois dire qu'il y a des réactifs colorés qui éprouvent certains changemens de la part des corps décidément acides, et qui n'en éprouvent pas de la part de l'acide arsénieux. Lorsque je traiterai des principes colorans, je reviendrai sur cet objet.

L'acide arsénieux est susceptible de se dissoudre en plus grande quantité dans des liquides qui contiennent de l'acide hydrochlorique et de l'acide nitrique que dans l'eau pure; mais ces combinaisons ne peuvent être considérées comme des sels.

L'acide arsénieux chauffé avec du gaz hydrogène se décompose; il en résulte de l'eau et de l'arsenic métallique.

Il est décomposé à chaud par le soufre. 2 atomes d'acide arsénieux et 9 atomes de soufre donnent 3 atomes de gaz sulfureux et 2 atomes de deutosulfure d'arsenic.

Enfin, lorsqu'on verse de l'acide hydrosulfurique dissous dans l'eau dans la solution de l'acide arsénieux, il se produit sur-le-champ un très-beau précipité jaune-orangé du deutosulfure d'arsenic.

Il faut 3 atomes d'acide hydrosulfurique pour décomposer 1 atome d'acide arsénieux; il se forme alors 3 atomes d'eau et 1 atome de deuto-sulfure d'arsenic.

Lorsqu'on chauffe dans une cornue de verre 1 partie d'acide arsénieux réduit en poudre avec 3 ou 4 parties d'acide nitrique à 34°, et 1 partie d'acide hydrochlorique fumant, l'acide arsénieux se combine avec de l'oxigène, et devient acide arsénique. Il faut, pour opérer cette conversion, que 1 atome d'acide arsénieux s'unisse à 2 atomes d'oxigène. Dès que la liqueur a pris de la viscosité, il faut la transvaser de la cornue dans une capsule de porcelaine où on l'évapore à siccité pour séparer l'acide nitrique de l'acide arsénique; mais il y a des précautions à prendre, par la raison que si l'on chauffait trop fortement le résidu, on séparerait les deux atomes d'oxigène qui se sont combinés avec l'atome d'acide arsénieux, et alors l'acide arsénique repasserait à l'état d'acide arsénieux.

V. PROPRIÉTÉS ORGANOLEPTIQUES.

L'acide arsénieux a une odeur d'ail quand il a été réduit en vapeur; et c'est la cause de l'odeur que produit l'arsenic lorsqu'on le projette sur des charbons ardens au milieu de l'air.

Il est extrêmement délétère.

VI. ÉTAT NATUREL.

L'acide arsénieux se trouve dans la nature.

VII. PRÉPARATION.

On le prépare pour ainsi dire accidentellement. Lorsqu'on grille des mines de cobalt arsénicales dans des fours à réverbère, l'arsenic métallique qui s'en dégage est brûlé et converti en acide arsénieux qui se condense dans des cheminées. Pour le purifier, on le sublime dans des vaisseaux de fonte cylindriques recouverts d'un cône.

VIII. USAGES.

L'acide arsénieux forme avec le deutoxide de cuivre des combinaisons de couleur verte qui sont employées principalement dans la fabrication des papiers peints. Il est possible d'appliquer ces combinaisons sur les étoffes.

CHAPITRE III.

ACIDE ARSÉNIQUE ($\overset{\cdots}{As}As$ *ou* $\overset{\cdots}{As_2}$).

I. COMPOSITION.

Oxigène. . . . . . . 34,72 . . . . . 5 . . . . 5oo
Arsenic. . . . . . . 65,28 . . . . . 2 940,24
             —————   —————
            100,00   poids at. 1440,24

II. PROPRIÉTÉS PHYSIQUES.

L'acide arsénique est solide; il ne peut être volatilisé sans décomposition.

Il est incolore.

III. PROPRIÉTÉS CHIMIQUES.

Il s'unit à toutes les bases salifiables, et ses caractères acides sont bien plus prononcés que ceux de l'acide arsénieux.

Si l'on verse de l'acide arsénique et de l'acide arsénieux dans deux verres où l'on a mis de la teinture de tournesol, on remarque que le premier mélange est beaucoup plus rouge que le second. Pour bien entendre la raison de ces différences, il faut concevoir qu'en versant un acide dans la teinture de tournesol en quantité suffisante, une portion s'empare de l'alcali de ce dernier, et la couleur rouge de sa matière colorante se manifeste ; mais cette couleur rouge est modifiée par la réaction même de la seconde portion d'acide. Or, c'est à cette dernière réaction qu'il faut attribuer les différences qu'on observe dans la couleur du tournesol qu'on a rougi avec des acides différens.

L'acide arsénique est déliquescent ; 2 parties d'eau froide suffisent pour le dissoudre.

Par l'action de la chaleur, il perd les deux cinquièmes de son oxigène, et passe à l'état d'acide arsénieux.

L'acide arsénique est décomposable par l'hydrogène et par le soufre ; il se produit dans le dernier cas du gaz acide sulfureux et du deutosulfure d'arsenic.

Il l'est également par le phosphore.

Il est encore décomposé par l'acide hydrosulfurique, mais sa décomposition ne s'opère pas aussi facilement que celle de l'acide arsénieux. Il faut quelque temps pour qu'on s'aperçoive de la réaction des corps, qui est annoncée par le développement d'une couleur jaune. Il se produit du tritosulfure d'arsenic.

IV. PROPRIÉTÉS ORGANOLEPTIQUES.

L'acide arsénique a une saveur aigre; c'est un poison plus violent encore que l'acide arsénieux.

V. ÉTAT NATUREL.

Il ne se trouve dans la nature qu'à l'état d'arséniate.

VI. PRÉPARATION.

J'ai indiqué les moyens de l'obtenir.

VII. USAGES.

L'acide arsénique a été employé dans quelques ateliers de teinture, principalement dans ceux de toiles peintes.

CHAPITRE IV.

PROTOSULFURE D'ARSENIC (^{2}S ^{2}As).

I. COMPOSITION.

	en poids.	en atomes.	
Soufre	29,97	2	402,32
Arsenic.	70,03	2	940,24
	100,00	poids at.	1342,56

II. NOMENCLATURE.

Sulfure d'arsenic rouge, *réalgar.*

III. PROPRIÉTÉS PHYSIQUES.

Il est solide, fusible et volatil.

Il cristallise. Sa forme dérive d'un prisme rhomboïdal oblique.

Sa densité est de 3,3.

Il est rouge, opaque, ou demi-transparent.

IV. PROPRIÉTÉS CHIMIQUES.

Lorsqu'il est chauffé avec le contact de l'air ou de l'oxigène, il est converti en acides arsénieux et sulfureux.

Les 2 atomes de soufre absorbent 4 atomes d'oxigène, et les 2 atomes d'arsenic en absorbent 3.

L'acide nitrique le convertit en acides sulfurique et arsénique.

V. PROPRIÉTÉS ORGANOLEPTIQUES.

Le protosulfure d'arsenic est vénéneux, mais moins que les autres combinaisons d'arsenic. Dans certains pays on l'emploie comme purgatif.

VI. ÉTAT NATUREL.

Cette substance existe dans la nature. On pourrait bien la préparer, mais il y aurait à surmonter quelque difficulté dans le cas où l'on voudrait obtenir précisément la combinaison qui constitue le protosulfure, par la raison que ce composé est susceptible de se dissoudre en toutes proportions, soit dans le soufre, soit dans le deutosulfure d'arsenic.

CHAPITRE V.

DEUTOSULFURE D'ARSENIC ($^3S\ ^2As$).

I. COMPOSITION.

	en poids.	en atomes.	
Soufre	39,09	3	603,48
Arsenic	60,91 :	2	940,24
	100,00	poids at.	1543,72

Il correspond à l'acide arsénieux; car nous avons vu que 1 atome d'acide arsénieux et 3 atomes d'acide hydrosulfurique donnent 1 atome de deutosulfure et 3 atomes d'eau.

II. NOMENCLATURE.

Il porte le nom de *sulfure jaune* ou d'*orpiment,* à cause de sa couleur.

III. PROPRIÉTÉS PHYSIQUES.

Ce sulfure est susceptible de se fondre et de se volatiliser comme le précédent.

IV. PROPRIÉTÉS CHIMIQUES.

Il se combine à plusieurs bases salifiables,

entre autres à l'ammoniaque, à la soude, à la potasse, avec lesquelles il forme des composés solubles dans l'eau. Quand il est ainsi dissous dans la potasse ou dans la soude, il a une activité très-remarquable pour absorber de l'oxigène. C'est en vertu de cette propriété qu'on l'emploie pour préparer un *bleu d'application*, dont on se sert dans les manufactures de toiles peintes.

Ainsi le sulfure d'arsenic, qui à la température ordinaire ne se combine pas à l'oxigène de l'air, quand il sera dissous dans la potasse aura une combustibilité plus grande, et pourra être employé comme matière combustible propre à enlever l'oxigène à quelques substances.

Il se comporte à l'air et avec l'acide nitrique comme le précédent.

V. PROPRIÉTÉS ORGANOLEPTIQUES.

Elles sont analogues à celles du protosulfure.

VI. ÉTAT NATUREL.

Il se trouve dans la nature.

VII. PRÉPARATION.

Il n'est pas inutile de dire comment on prépare un sulfure d'arsenic jaune propre à teindre la soie en cette couleur, par le procédé de M. Braconnot. On prend 1 partie de soufre, 2 parties d'acide arsénieux et 5 parties de potasse du commerce, et on soumet le mélange des matières à l'action de la chaleur dans un creuset de terre. Quand elles ont été tenues au rouge pendant une demi-heure ou trois quarts d'heure, on laisse refroidir le creuset; puis on en retire la matière fondue; on la délaie dans l'eau; on filtre le liquide, et l'on y verse enfin de l'acide sulfurique faible : il se forme du sulfate de potasse qui reste seul en dissolution, tandis que du sulfure d'arsenic se dépose en flocons d'un jaune citron, qui, recueillis et desséchés, passent à la couleur jaune orangée. Nous verrons dans la deuxième partie du cours l'emploi en teinture du sulfure d'arsenic ainsi préparé. Vous pouvez observer déjà que les étoffes colorées par cette matière ne pourront point résister à l'action des liqueurs alcalines, surtout à chaud.

VIII. USAGES.

Nous venons de dire qu'il entre dans la composition d'un bleu d'application, et qu'il sert à teindre la soie.

CHAPITRE VI.

TRITOSULFURE D'ARSENIC ($^5S\ ^2As$).

COMPOSITION.

	en poids.	en atomes.	
Soufre	51,68	5 . . .	1005,80
Arsenic.	48,32	2 . . .	940,24
	100,00	poids at.	1946,04

Ce sulfure correspond à l'acide arsénique.

Prenons 1 atome d'acide arsénique,

$$\text{qui est} = \begin{cases} 5 \text{ oxigène,} \\ 2 \text{ arsenic,} \end{cases}$$

et traitons-le par 5 atomes d'acide hydrosulfurique,

$$\text{qui sont} = \begin{cases} 5 \text{ soufre,} \\ 10 \text{ hydrogène,} \end{cases}$$

nous aurons 5 atomes d'eau et 1 atome de tritosulfure d'arsenic.

L'acide hydrosulfurique décompose, en effet, la solution d'acide arsénique, mais l'action est plus lente que celle qu'il exerce sur la solution de l'acide arsénieux.

Il est moins fusible que le soufre.

Il se sublime sans altération.

Ce sulfure est d'un jaune moins orangé que le deutosulfure ; quand il a été fondu, il est transparent, d'un rouge jaunâtre pâle.

Il est insoluble dans l'eau.

Il rougit la teinture de tournesol lorsqu'on l'y fait bouillir.

CHAPITRE VII.

GAZ HYDROGÈNE ARSÉNIURÉ (^{2}As ^{6}H).

I. COMPOSITION.

	en poids.	en vol.		en atomes.
Arsenic. . .	96,17 .	$1\frac{1}{2}\Big\} = 1$ ou	$\left.\begin{array}{c}1\\3\end{array}\right\} = 2$	. . 940,24
Hydrogène.	3,83 .			. . 37,44
	100,00			poids at. 977,68

II. NOMENCLATURE.

Gaz hydrogène arsénical ; gaz hydrogène arséniqué.

III. PROPRIÉTÉS PHYSIQUES.

Il se liquéfie sous la pression de 0^m,760, à une

température de 30 à 32º au-dessous de zéro.

C'est M. Stromeyer qui l'a obtenu le premier à l'état liquide.

IV. PROPRIÉTÉS CHIMIQUES.

Une suite d'étincelles électriques le décomposent : de l'hydrogène est mis en liberté, et de l'arsenic se précipite à l'état d'hydrure.

Il est réduit par la chaleur à de l'hydrogène et à de l'arsenic.

Ce gaz n'éprouve aucune action de la part du gaz oxigène sec, tant que la température n'est pas élevée; mais le mélange des gaz détonne par la chaleur et l'étincelle électrique; il se forme de l'eau et de l'acide arsénieux.

Lorsqu'on allume avec une bougie une cloche de gaz hydrogène arséniuré au milieu de l'atmosphère, il y a inflammation; mais tout l'arsenic ne brûle pas; une portion se dépose à l'état d'une poudre d'un brun marron, qui est de l'hydrure d'arsenic.

Ce gaz est décomposé par l'eau aérée; il se produit de l'acide arsénieux; de l'arsenic et de l'hydrogène sont mis en liberté.

Le soufre chauffé dans ce gaz produit du sulfure d'arsenic et de l'acide hydrosulfurique.

V. PROPRIÉTÉS ORGANOLEPTIQUES.

Il a une odeur nauséabonde.
Il est extrèmement délétère.

VI. PRÉPARATION.

On prépare le gaz hydrogène arséniuré en traitant un alliage de 2 parties d'arsenic et de 3 parties d'étain, par l'acide hydrochlorique, dans une fiole munie d'un tube à gaz. L'alliage doit être réduit en poudre. Rien n'est plus aisé que d'expliquer ce qui se passe. L'acide hydrochlorique, formé de chlore et d'hydrogène, se décompose. Le chlore se porte sur l'étain, et l'hydrogène sur l'arsenic ; et comme l'hydrogène arséniuré est gazeux, il se dégage, et le chlorure d'étain reste dans la fiole où l'on opère. On pourrait également admettre une décomposition de l'eau, et, dans ce cas, ce serait un hydrochlorate de protoxide d'étain qui serait produit. Ce gaz est toujours mêlé d'hydrogène.

On peut déterminer la proportion du mélange, ainsi que l'a fait M. Dumas, en l'agitant avec la solution du sulfate de cuivre qui dissout l'hydrogène arséniuré, à l'exclusion de l'hydrogène.

VII. HISTOIRE.

Il a été découvert par Schéèle, et étudié d'une manière spéciale par M. Stromeyer.

CHAPITRE VIII.

HYDRURE D'ARSENIC.

I. PROPRIÉTÉS.

L'*hydrure d'arsenic* est pulvérulent, d'une couleur brune rougeâtre. Lorsqu'on l'expose à l'action de la chaleur et de l'air, il brûle avec flamme, en donnant lieu à une production d'eau et d'acide arsénieux.

L'hydrure d'arsenic est insipide.

II. PRÉPARATION.

La manière de le préparer est très - simple. Elle consiste à électriser sous l'eau de la poudre d'arsenic, en la mettant en communication avec le fil négatif d'une pile; le courant électrique étant établi, l'oxigène de l'eau se porte

au pôle positif, et son hydrogène au pôle négatif, où il s'unit à la poudre d'arsenic.

Cette expérience est très-propre à démontrer
l'influence que l'électricité peut exercer pour
déterminer la combinaison des corps en général.

On peut encore obtenir l'hydrure d'arsenic
en mettant l'arséniure de potassium en contact
avec l'eau. Alors l'oxigène de ce liquide se porte
sur du potassium et forme de la potasse, et son
hydrogène se combine avec l'arsenic : il se
produit non-seulement de l'hydrure d'arsenic, mais encore de l'*hydrogène arséniuré.*

III. HISTOIRE.

L'hydrure d'arsenic a été découvert par
sir Humphry Davy. Il a été ensuite étudié par
MM. Gay-Lussac et Thénard.

PARIS, IMPRIMERIE DE DECOURCHANT,
RUE D'ERFURTH, N° 1 PRÈS L'ABBAYE.

HUITIÈME LEÇON.

MOLYBDÈNE (M$_o$).

HUITIÈME ESPÈCE DE CORPS SIMPLE.

Il n'a été obtenu qu'en petits grains cassans, d'une densité de 8,611, suivant Bucholz.

Le poids atomistique du molybdène est de 598,6.

A froid, il paraît être inaltérable par le contact de l'air; à chaud il produit une vapeur qui est susceptible de se condenser en poussière ou en cristaux blancs. Ce produit est de l'acide molybdique.

Le molybdène donne encore avec l'oxigène 2 combinaisons : un acide molybdeux, qui est bleu, et un oxide brun.

Il s'unit au soufre.

Pelletier dit qu'il s'unit au phosphore.

Il n'existe dans la nature qu'à l'état de sulfure et de molybdate de protoxide de plomb.

C'est en chauffant l'acide molybdique dans un creuset brasqué qu'on obtient le molybdène à l'état métallique.

Ce métal n'est point employé en teinture.

Cronstedt distingua le premier le sulfure de molybdène de la plombagine. Schéèle, en 1778, obtint l'acide molybdique en traitant ce minéral par l'acide nitrique; enfin Hielm, en 1782, réduisit l'acide molybdique en métal.

Voici les proportions de plusieurs composés de molybdène.

ACIDE MOLYBDIQUE ($\overset{...}{Mo}$).

	en poids.		en atomes.
Oxigène.	33,39	3	300
Molybdène	66,61	1	598,60
	100,00	poids at.	898,60

L'acide molybdique cristallise en petites aiguilles blanches.

Il exige 960 parties d'eau bouillante pour se dissoudre.

Il est désoxigéné par l'hydrogène à l'état naissant, par le charbon, par le soufre.

2 parties d'acide molybdique et 1 partie de molybdène triturées avec la quantité d'eau né-

cessaire pour réduire le mélange en bouillie,
donnent l'acide molybdeux. Quand le mélange
est devenu bleu, on ajoute 8 à 10 parties d'eau,
on fait bouillir, et on filtre la dissolution à 49°.

ACIDE MOLYBDEUX ($\ddot{\text{M}}$o).

	en poids.		en atomes.
Oxigène	25,04	2	200
Molybdène	74,96	1	598,60
	100,00	poids at.	798,60

Il est bleu et soluble dans l'eau.

OXIDE DE MOLYBDÈNE ($\dot{\text{M}}$o).

Oxigène	14,31	1	100
Molybdène	85,69	1	598,60
	100,00	poids at.	698,60

SULFURE DE MOLYBDÈNE (^{2}S$\dot{\text{M}}$o).

Soufre	40,19	2	402,32
Molybdène	59,81	1	598,60
	100,00	poids at.	1000,92

CHROME (Cr).

NEUVIÈME ESPÈCE DE CORPS SIMPLE.

PREMIÈRE SECTION. — CHROME.

I. NOMENCLATURE.

Le mot chrôme vient du grec $\chi\rho\omega\mu\alpha$, couleur. Cette dénomination fait allusion à la propriété colorante du corps auquel on l'a appliquée.

II. PROPRIÉTÉS PHYSIQUES.

Le chrôme n'a point encore été obtenu en masse compacte d'un volume assez considérable pour qu'on en ait étudié les propriétés physiques avec quelque précision. Celui qu'on a préparé était en grains ou en masse poreuse; il était cassant, fort dur, et fort peu fusible.

Son poids atomistique est de 703,64.

III. PROPRIÉTÉS CHIMIQUES.

A froid il ne se combine pas à l'oxigène sec ou humide.

A chaud il se convertit en oxide.

L'acide nitrique paraît être le seul acide qui soit susceptible de l'attaquer d'une manière sensible. En en distillant à plusieurs reprises 20 parties sur 1 partie de chrôme, on finit par convertir le métal ou au moins une portion en acide chrômique.

IV. ÉTAT NATUREL.

Le chrôme se trouve dans la nature en assez grande quantité, mais engagé dans diverses combinaisons. ✓

V. PRÉPARATION.

On chauffe aussi fortement que possible à une bonne forge l'oxide de chrôme renfermé dans un creuset brasqué. Le chrôme est un des métaux les plus réfractaires.

VI. USAGES.

Il n'est d'aucun usage à l'état métallique, mais son oxide et plusieurs de ses sels sont aujourd'hui fréquemment employés comme matières colorantes.

VII. HISTOIRE.

Le chrôme fut découvert en 1797 par M. Vauquelin, dans le plomb rouge de Sibérie.

SECTION II.

COMBINAISONS DU CHROME AVEC L'OXIGÈNE.

ACIDE CHROMIQUE ($\overset{\cdots}{Cr}$).

COMPOSITION.

	en poids.		en atomes.	
Oxigène	46,02		6	600
Chrôme	53,98		1	703,64
	100,00		poids at.	1303,64

On ne connaît l'acide chrômique qu'à l'état hydraté et de sel.

ACIDE CHROMIQUE HYDRATÉ ($\overset{\ldots}{Cr}{}^2 \ddot{H}^2$).

I. COMPOSITION.

L'acide chrômique hydraté est formé

	en poids.	en atomes.	
Acide chromique.	85,28	1	1303,64
Eau.	14,72	2	224,96
	100,00	poids at.	1528,60

II. PROPRIÉTÉS.

L'acide chrômique hydraté desséché est d'un rouge orangé.

Il cristallise difficilement.

Il est déliquescent, conséquemment très-soluble dans l'eau. La solution a une saveur très-acide, austère et métallique.

Pour se rendre compte du rôle que joue l'acide chrômique dans les actions chimiques, il faut le considérer sous deux rapports : comme acide qui tend à neutraliser les alcalis, et comme corps oxigénant qui tend à abandonner une portion de son oxigène.

Sous le premier rapport, l'acide chrômique, en se combinant aux bases salifiables, forme des sels colorés en rouge et en jaune dont quelques-uns sont susceptibles de colorer les étoffes.

Tel est surtout le *chrómate de plomb*, matière qui donne des jaunes qu'il est facile de faire passer à l'orangé.

Sous le second rapport, l'acide chrômique tend à abandonner une partie de son oxigène, et à passer à l'état d'oxide ; par exemple :

A. Chauffé, il perd la moitié de son oxigène, et se réduit en oxide vert.

La lumière du soleil tend à effectuer la même décomposition.

B. Chauffé avec l'acide sulfurique concentré, il se produit un sulfate d'oxide de chrôme vert et un dégagement d'oxigène.

Mêlé avec l'acide sulfureux, il produit du sulfate de chrôme.

Mêlé avec l'acide hydrosulfurique, il se forme de l'eau et de l'oxide de chrôme ; du soufre est mis à nu.

Lorsqu'on voudra employer l'acide chrômique en teinture, il ne faudra jamais perdre de vue les propriétés que nous venons de lui reconnaître. S'il s'agit de le fixer sur une étoffe par une base salifiable, on en choisira une qui ne soit pas disposée à se suroxigéner, et on éloignera l'acide du contact de toute matière assez combustible pour le désoxigéner.

OXIDE VERT DE CHROME ($\overset{\cdots}{\mathrm{Cr}}$).

	en poids.		en atomes.
Oxigène	29,89	3	300
Chrôme	70,11	1	703,64
	100,00	poids at.	1003,64

Il est vert; et s'il est à l'état d'hydrate gélatineux, il se dissout dans l'eau de potasse et les acides nitrique, sulfurique, etc., etc.; tandis que, s'il a été fortement séché, il ne s'y dissout pas. Ses dissolutions sont vertes.

Comme il n'est pas décomposé à la chaleur la plus forte du four à porcelaine, il est employé avec succès pour colorer les poteries fines et les émaux en vert olive.

DEUTOXIDE DE CHROME ($\overset{\cdot\cdot}{\mathrm{Cr}}$).

	en poids.		en atomes.
Oxigène	36,24	4	400
Chrôme	63,76	1	703,64
	100,00	poids at.	1103,64

Préparations de chrôme utiles à l'art de la teinture.

On trouve en France, dans le département du Var, un minéral connu sous le nom de *fer chrômé*, qui paraît essentiellement formé d'oxide vert de chrôme, de fer oxidé, et peut-être d'alumine. Après l'avoir réduit en poudre et mélangé avec la moitié de son poids de nitrate de potasse, on en emplit un creuset de terre aux $\frac{7}{8}$ de sa capacité ; on ferme le creuset avec un couvercle de terre, et on l'expose à une chaleur graduée jusqu'au rouge cerise ; on soutient cette température pendant une ou plusieurs heures, suivant la quantité de matière. A l'aide de la chaleur, l'acide nitrique se décompose, son oxigène se porte sur l'oxide de chrôme, et le convertit en acide chrômique qui neutralise la potasse. Lorsqu'on traite la matière refroidie par l'eau, le chrômate de potasse est dissous, à l'exclusion de l'oxide de fer qui était uni à l'oxide de chrôme. Il y a presque toujours une certaine quantité de fer chrômé qui n'a pas été attaquée : si on voulait en extraire le chrôme, il faudrait traiter ce résidu par l'acide hydrochlorique, laver la partie insoluble, et la chauffer avec $\frac{1}{4}$ de son poids de nitre.

La lessive de chrômate de potasse n'est pas pure ; elle est mêlée d'acide manganésique, d'alumine et de silice, qui sont dissous par un léger excès de potasse. Il faut en conséquence la faire bouillir pour en précipiter l'acide manganésique; neutraliser l'excès d'alcali par l'acide nitrique; et si on a mis trop d'acide, ajouter un peu de sous-carbonate de potasse, filtrer, puis faire cristalliser le chrômate de potasse.

Ce sel une fois obtenu en cristaux, peut servir à préparer tous les chrômates insolubles, l'acide chrômique et l'oxide de chrôme.

On prépare les chrômates insolubles en versant la solution aqueuse de chrômate de potasse dans la solution d'un sel quelconque dont la base forme avec l'acide chrômique un chrômate insoluble. Il suffit, pour obtenir ce dernier à l'état de pureté, de le laver avec soin.

On prépare l'acide chrômique en dissolvant du chrômate de baryte dans l'acide nitrique, précipitant la baryte par la quantité d'acide sulfurique strictement nécessaire pour la neutraliser; puis faisant évaporer presque à siccité la liqueur, qui doit avoir été filtrée dans un filtre de papier lavé à l'acide hydrochlorique.

L'oxide de chrôme peut être obtenu en distillant dans une cornue le chrômate de protoxide de mercure. L'oxigène de l'oxide et la moitié de celui de l'acide se dégagent avec le mercure réduit en vapeur, et il reste de l'oxide vert de chrôme.

On peut encore, en chauffant au rouge dans un creuset de terre fermé, comme l'a fait M. Lassaigne, parties égales de chrômate de potasse et de soufre, traitant la matière fondue et refroidie par l'eau, obtenir l'oxide de chrôme.

TUNGSTÈNE (Tu).

DIXIÈME ESPÈCE DE CORPS SIMPLE.

Il est appelé *scheelium*, *scheelin*, *wolframium* par quelques savans.

Sa couleur est un gris de fer éclatant; il est très-dur et très-difficile à fondre.

Sa densité est de 17,4 à 17,6.

Son poids atomistique est de 1183,2.

Le tungstène ne se combine pas à froid avec l'oxigène sec, mais à chaud il s'y unit en produisant du feu : si la température n'est pas élevée, il se convertit en acide tungstique qui est jaune, et dans le cas contraire en un oxide qui est brun.

Il paraît se combiner au soufre et au phosphore.

Les acides sulfurique et hydrochlorique n'ont pas d'action sur lui.

L'acide nitrique le convertit en acide tungstique.

Le tungstène existe dans la nature à l'état de tungstate de chaux et de tungstate double de protoxides de fer et de manganèse.

On peut obtenir l'acide de ces deux espèces de sels en les traitant par l'acide hydrochlorique : le résidu contient l'acide tungstique. En le faisant digérer dans l'ammoniaque, il se forme un tungstate soluble qu'on fait cristalliser en aiguilles par évaporation spontanée. Ces aiguilles, purifiées par cristallisation et chauffées avec précaution, se réduisent à de l'acide tungstique.

L'acide tungstique, chauffé dans un creuset brasqué, est ramené à l'état métallique.

Le tungstène n'est pas employé en teinture.

L'acide tungstique fut découvert par Schéèle en 1781, et il fut réduit en métal par les frères d'Elhuyart.

Voici les proportions de plusieurs composés de tungstène.

ACIDE TUNGSTIQUE (T̈u).

	en poids.		en atomes.	
Oxigène.	20,23	3	. . . .	3oo
Tungstène.	79,77	1	. . . .	1183,2
	100,00		poids at.	1483,2

Il est jaune de citron.

Insoluble dans l'eau.

Il devient bleu quand on le met dans un verre avec de l'eau, du zinc et de l'acide hydrochlorique ou sulfurique.

Une température rouge en sépare une partie de son oxigène.

Il devient vert par son exposition à la lumière.

OXIDE DE TUNGSTÈNE (T̈u).

	en poids.		en atomes.	
Oxigène	14,46	2	. . . .	200
Tungstène	85,54	1	. . . .	1183,2
	100,00		poids at.	1383,2

On peut l'obtenir en faisant passer un courant d'hydrogène sur de l'acide tungstique qui est chauffé au rouge dans un tube de verre.

SULFURE DE TUNGSTÈNE (₂S Tu).

	en poids.		en atomes.	
Soufre.	25,37	2		402,32
Tungstène.	74,63	1		1183,20
	100,00		poids at.	1585,52

CARBONE (C).

ONZIÈME ESPÈCE DE CORPS SIMPLE.

PREMIÈRE SECTION.

CHAPITRE PREMIER. — CARBONE.

On donne le nom de carbone à un corps fixe qui s'unit au gaz oxigène, sans en changer le volume, et qui forme alors le gaz acide carbonique.

Si on soumet le diamant à cette épreuve, comparativement avec du noir de fumée qu'on aura obtenu en faisant passer de la vapeur d'huile de lavande, ou de toute autre huile essenticile, dans un tube de porcelaine rouge de feu, et qui aura été ensuite exposé à une chaleur rouge blanche dans un creuset fermé, on trouvera à ces deux substances les caractères du carbone; c'est-à-dire que des poids égaux de chacune d'elles convertiront les mêmes volumes d'oxigène en des volumes égaux d'acide carbonique, et que le poids de l'acide carbonique produit par chacune des deux substances représentera le poids de l'oxigène, plus le poids de chaque corps qui s'y est uni. Certes, quand l'expérience conduit à confondre dans une espèce deux substances aussi distinctes que le sont entre elles le diamant et le carbone noir, il faut que l'arrangement, soit des particules, soit des atomes qui constituent une particule, ait une bien grande influence sur les propriétés physiques de la matière; car assurément le carbone noir et le diamant paraissent plutôt les deux extrêmes d'une série de corps, qu'ils ne paraissent appartenir à une même espèce. On voit par ce fait qu'il n'y a point de science aussi propre que la chimie à déterminer la nature des corps, car elle démontre l'identité de deux substances qui sont extrêmement différentes pour le physicien.

I. NOMENCLATURE.

Le mot de *carbone* exprime que le corps qui porte ce nom est la partie essentielle du charbon.

II. PROPRIÉTÉS PHYSIQUES.

A. *Du diamant.*

Il cristallise en octaèdre.

Sa densité est de 3,55.

Il est remarquable par son extrême dureté.

Sa réfraction est extrêmement forte.

Il ne conduit pas l'électricité.

Il suffit de l'exposer un instant aux rayons du soleil pour qu'il répande une lumière sensible dans l'obscurité.

B. *Du carbone noir.*

Le carbone noir est également solide et fixe ; sa forme varie, mais aujourd'hui elle ne peut être ramenée à un type régulier, en sorte que la cristallisation du carbone noir nous est inconnue.

Sa densité est de 2 environ : il est très-probable que si on la déterminait sur du carbone qui aurait été réduit en poudre impalpable, et dont on aurait séparé tout l'air qui peut y adhérer, on la trouverait plus grande.

Il est opaque, et sa couleur est un type auquel on rapporte celle de beaucoup d'autres corps. Cependant, lorsqu'il est très-divisé dans l'eau et qu'on le voit par transmission, il paraît bleu.

Le carbone noir diffère du diamant, en ce qu'il est conducteur de l'électricité; mais pour constater cette propriété dans le charbon ordinaire, il est nécessaire que celui-ci ait été fortement calciné; car s'il n'était pas entièrement dépouillé d'hydrogène et d'oxigène, il ne conduirait pas l'électricité.

———

Le poids atomistique du carbone est de 76,63.

III. PROPRIÉTÉS CHIMIQUES.

Le carbone est susceptible de se combiner à l'oxigène en trois proportions, qui ont été déterminées avec exactitude. Les composés qui en résultent sont : l'oxide de carbone, l'acide carboneux ou oxalique, et l'acide carbonique. Toutes les fois que le gaz oxigène se combine directement au carbone et à chaud, il en résulte de l'acide carbonique.

Si la température du carbone est élevée jusqu'au rouge, la combustion est des plus vives. On remarque qu'il y a, 1° dégagement de chaleur; 2° dégagement de lumière; 3° manifestation d'électricité.

Il se dégage beaucoup de chaleur, car 1 partie de charbon est susceptible d'en fondre 109,9 de glace à zéro.

La lumière est des plus éclatantes, non pas qu'il se produise une flamme étendue, mais le carbone solide, qui n'est pas encore brûlé, répand le plus vif éclat.

Suivant M. Pouillet, il se manifeste de l'électricité pendant cette combustion; car il a trouvé que le charbon qui brûle est électrisé négativement, tandis que l'acide carbonique produit l'est positivement.

S'il n'y a point de détonation, comme il y en a lorsqu'on enflamme un mélange d'oxigène et d'hydrogène, cela tient à l'état des corps. Le carbone brûlant à l'état solide, la couche extérieure est d'abord embrasée et se combine à l'oxigène; en même temps elle échauffe la couche suivante et la met dans les conditions propres à brûler à son tour; il en résulte que la combustion se propage de la surface extérieure aux parties intérieures, mais cette propagation est toujours lente. La combustion de l'hydrogène s'opère tout autrement : ce corps étant gazeux et mélangé avec l'oxigène, s'y trouve dans un état de division extrême ; dès lors, quand vous enflammez un pareil mélange, il y a, dans un temps très-court, un très-grand nombre de parties qui prennent part à la combustion ; et comme elles s'échauffent beaucoup et se dilatent, de manière à occuper subitement un bien plus grand volume que celui qu'elles occupaient auparavant, elles frappent l'air avec force : de là le phénomène de la détonation. Mais si le carbone brûle sans bruit dans le gaz oxigène, vous concevrez très-bien comment il en produit, si on le mêle intimement avec une matière qui contient l'oxigène à l'état solide, et qui est susceptible, par l'élévation de la température, de le lui céder rapidement pour le convertir en gaz acide carbonique. C'est ce qui arrive au mélange de charbon et de nitrate de potasse fait dans des proportions convenables : il détonne fortement quand on y met le feu après l'avoir renfermé dans un canon. Dans ce cas, le mélange des matières solides donnant lieu, dans un très-court espace de temps, à un volume considérable

de gaz, doit présenter un phénomène analogue
à celui d'un mélange gazeux, qui n'est détonant
que parce que les gaz qui le constituent occupent tout-à-coup, en brûlant rapidement, un volume bien plus grand qu'avant leur combustion.

Le diamant est susceptible de brûler dans
le gaz oxigène comme le carbone noir, mais il
exige plus de chaleur. La meilleure manière de
le faire brûler consiste à le placer dans une
capsule de platine très-mince et trouée, et à
faire tomber sur le diamant, qui est renfermé
dans une cloche ou un ballon plein de gaz
oxigène, le foyer d'une lentille exposée à la
lumière directe du soleil.

C'est en opérant la combustion du carbone
noir ou du diamant dans un appareil d'où rien
ne peut s'échapper, qu'on observe que l'oxigène
forme de l'acide carbonique sans changer de
volume ; bien entendu qu'il faut pour cela que
le carbone noir soit exempt d'hydrogène.

De même que vous avez vu 2 volumes d'hydrogène et 1 volume d'oxigène mélangés, soumis à une température comprise entre 340° et
la température rouge obscur, se combiner lentement sans dégagement de lumière sensible
et sans explosion, de même du charbon suffi-

samment divisé, par exemple, tel qu'il se trouve dans le charbon de copeaux de sapin, brûle lentement à une température de 280 à 300°, sans répandre de lumière. Il y a plus, c'est que le charbon poreux peut brûler lentement même à la température ordinaire; mais cette combustion paraît s'arrêter lorsque le volume de l'acide carbonique produit se trouve dans la proportion convenable pour saturer le pouvoir absorbant du charbon qui n'a pas brûlé.

L'hydrogène est susceptible de s'unir au carbone dans un assez grand nombre de proportions définies; mais si ces corps peuvent s'unir ensemble directement, c'est dans des circonstances qui n'ont pas encore été exactement déterminées.

L'azote peut se combiner avec le carbone dans certaines circonstances, et les résultats de la combinaison sont : 1° lorsque la proportion de l'azote est faible, le *charbon animal*; 2° lorsque les corps se sont unis atome à atome, le *cyanogène*, fluide élastique qu'il importe au teinturier de connaître, à cause des belles couleurs qu'il produit en s'unissant avec un grand nombre de substances.

Le soufre que l'on fait passer sur le carbone

rouge, s'y combine dans le rapport de 2 atomes de soufre à 1 atome de carbone. Ce composé est liquide, il se nomme *sulfure de carbone*.

Le carbone peut se combiner avec une moindre proportion de soufre, et former un composé solide noir.

Il est susceptible d'enlever l'oxigène à l'hydrogène ; c'est ce qu'on voit en faisant passer de la vapeur d'eau dans un tube de porcelaine contenant du carbone rouge de feu. Il se produit de l'acide carbonique, et de l'hydrogène est mis en liberté.

Il serait facile de se rendre compte de cette expérience, si ces produits étaient les seuls qu'on obtînt. En effet,

1 atome d'eau . . . . $= \begin{cases} 2 \text{ at. hydrogène,} \\ 1 \text{ at. oxigène,} \end{cases}$

1 atome acide carbonique $= \begin{cases} 2 \text{ at. oxigène,} \\ 1 \text{ at. carbone.} \end{cases}$

Pour former de l'acide carbonique il faudrait

2 atomes d'eau . . . $= \begin{cases} 4 \text{ hydrogène,} \\ 2 \text{ oxigène,} \end{cases}$

contre 1 atome de carbone, car, en supposant que la décomposition s'opérât comme je viens de le dire, on aurait

1 atome acide carbonique $= \begin{cases} 2 \text{ oxigène,} \\ 1 \text{ carbone,} \end{cases}$

+ 4 atomes d'hydrogène.

Mais en faisant passer de la vapeur d'eau dans un tube de porcelaine qui contient du carbone rouge de feu, le résultat est plus compliqué que celui que nous venons d'indiquer; et voici pourquoi : l'acide carbonique mis en contact avec le carbone à une haute température, se change en oxide de carbone, de telle sorte que 1 atome d'acide carbonique, en s'unissant à 1 atome de carbone, forme 2 atomes d'oxide de carbone.

Si la combinaison avait lieu dans cette proportion, le résultat serait 2 atomes d'oxide de carbone + 4 atomes d'hydrogène; mais ce n'est ni ce résultat, ni le premier que l'on obtient. Il est très-probable qu'en faisant passer la vapeur d'eau sur le charbon rouge de feu, il se produit d'abord de l'acide carbonique; mais que ce même acide, rencontrant du carbone en excès, s'y combine pour donner naissance à de l'oxide de carbone. Il est certain que si vous aviez une colonne de charbon suffisamment longue, et dont la température serait élevée au rouge, en arrêtant l'émission de la vapeur d'eau à une certaine époque, vous n'obtiendriez que de l'oxide de carbone avec de l'hydrogène; mais ce n'est pas le cas qui se présente ordinairement. Dès lors vous devez avoir un mélange d'acide carbonique, d'oxide de carbone et d'hydrogène.

Les oxides d'azote, dont la température est suffisamment élevée, et qui ont en même temps le contact du carbone, sont réduits en acide carbonique et en azote. Rien de plus aisé que de déterminer quels seront les résultats de cette décomposition. Prenons par exemple un volume de protoxide d'azote : il est égal à $\frac{1}{2}$ volume d'oxigène $+$ 1 volume d'azote; si nous y brûlons du carbone, nous aurons 1 volume d'azote $+\frac{1}{2}$ volume d'acide carbonique. Si nous prenons

$$1 \text{ vol. deutoxide d'azote} = \begin{cases} \frac{1}{2} \text{ oxigène.} \\ \frac{1}{2} \text{ azote,} \end{cases}$$

pour y faire brûler du carbone, nous aurons $\frac{1}{2}$ volume d'azote $+\frac{1}{2}$ acide carbonique; de sorte que le volume des gaz restera le même.

La vapeur nitreuse est décomposée par le carbone : on obtient de l'acide carbonique et de l'azote.

L'acide nitrique concentré dissout le carbone noir et forme un composé astringent.

L'acide nitrique très-concentré, surtout quand il est mélangé avec un quart de son poids d'acide sulfurique hydraté, embrase le charbon très-divisé et légèrement chaud, sur lequel on le répand doucement et de manière à l'humecter seulement.

L'acide sulfureux est réduit par le carbone rouge à du soufre et à de l'acide carbonique. Il est très-aisé de déterminer le rapport suivant lequel cette réaction s'opère, puisque nous savons que l'acide sulfureux contient 2 atomes d'oxigène contre 1 atome de soufre. Il y aura donc 1 atome de soufre mis en liberté pour chaque atome d'acide carbonique produit.

L'acide sulfurique hydraté est décomposé par le carbone noir, à une température peu élevée, en acide sulfureux et en acide carbonique. Mais si on faisait passer de l'acide sulfurique sur le carbone rouge en excès, on obtiendrait du soufre et de l'oxide de carbone.

Les acides oxigénés de phosphore sont susceptibles de perdre leur oxigène lorsqu'on les met en contact avec du carbone à une température suffisante : c'est même le procédé que l'on suit ordinairement pour obtenir le phosphore. On désoxigène par ce combustible l'acide phosphorique qui est en excès dans le surphosphate de chaux.

Le carbone est également susceptible d'en-

lever l'oxigène à l'arsenic, ainsi qu'au molybdène, au tungstène et au chrôme; et c'est par
son intermède qu'on réduit à l'état métallique
ces mêmes métaux lorsqu'ils sont unis à l'oxigène.

IV. Propriétés organoleptiques.

Il est inodore et insipide.

V. État naturel.

Il se trouve dans la nature à l'état de diamant
et à celui d'une matière noire qu'on appelle
antracite, dont la densité est assez considérable.

On le trouve encore à l'état de carbone hydrogéné, contenant en même temps une certaine proportion d'oxigène; telle est la houille,
ou charbon de terre. Enfin, il existe dans la
nature à l'état d'acide carbonique, soit libre,
soit uni à un grand nombre de bases salifiables.

Presque toutes les matières organiques contiennent du carbone comme élément essentiel.

VI. Préparation.

Quand on veut s'en procurer de pur, on fait
passer, comme nous l'avons dit, de l'huile de
térébenthine dans un tuyau de porcelaine luté
extérieurement, qu'on fait chauffer au rouge.

On retire le charbon du tube quand il est refroidi, et on le chauffe ensuite au blanc dans
un creuset de platine qu'on a renfermé dans
un creuset de terre.

VII. usages.

Le carbone et l'hydrogène sont les bases de
toutes les matières combustibles que nous brûlons pour nous procurer de la chaleur et de
la lumière.

Le charbon végétal et le charbon animal,
c'est-à-dire le charbon qu'on obtient par la distillation du bois et celui qu'on prépare en distillant les os, présentent des faits qui intéressent trop les arts en général, et la théorie de la
teinture en particulier, pour que je puisse me
dispenser d'entrer à ce sujet dans quelques détails. Ils feront la matière d'un appendice que
je placerai après l'histoire des composés définis
de carbone dont je vais traiter dans la section
suivante.

SECTION II.

COMBINAISONS DU CARBONE AVEC L'OXIGÈNE, L'HYDROGÈNE, L'AZOTE ET LE SOUFRE.

CHAPITRE II.

OXIDE DE CARBONE (Ċa).

I. COMPOSITION.

	poids.	volume.		atomes.	
Oxigène . .	56,65	. . . $\frac{1}{2}$	$\bigg\} = 1$	1	100
Carbone . .	43,35	. . . $\frac{1}{2}$		1	76,53
	100,00			poids at.	176,53

II. PROPRIÉTÉS PHYSIQUES.

Il est gazeux, et n'a pas été liquéfié.

Sa densité est de 0,9732.

Le décimètre cube pèse 1^{gr}, 2643.

Il est incolore.

III. PROPRIÉTÉS CHIMIQUES.

100 mesures d'eau bouillie n'en dissolvent que 6,2 mesures à la température de 18°.

L'hydrogène, l'azote, le soufre, le sélénium, le phosphore, l'arsenic, le molybdène, le tungstène, le chrôme, ne font éprouver aucun changement à l'oxide de carbone.

L'oxide de carbone se combine avec l'oxigène lorsque la température est suffisamment élevée. Qu'on introduise dans un eudiomètre

Oxigène . . . . . . 1 vol.
Oxide de carbone 1 vol.

après la combustion on aura 1 volume d'acide carbonique et $\frac{1}{2}$ volume d'oxigène. Or, comme nous avons vu que 1 volume d'acide carbonique contient 1 volume d'oxigène, et que de 1 volume d'oxigène qu'on a mêlé à 1 volume d'oxide de carbone pour le brûler, on en retrouve $\frac{1}{2}$ volume, il est évident que le volume d'oxide de carbone brûlé devait contenir $\frac{1}{2}$ volume d'oxigène.

La flamme de l'oxide de carbone est bleue et très-pâle, et cela doit être, d'après ce que nous avons dit de la flamme de l'hydrogène (3ᵉ leçon, p. 13), puisque la première ne contient pas plus de matière solide que la seconde.

Le charbon et le fer chauffés au rouge faible, et à plus forte raison, une bougie enflammée qu'on plonge dans un mélange de 1 volume d'oxide de carbone et de $\frac{1}{2}$ volume d'oxigène, déterminent la combinaison des gaz : elle s'opère avec une assez forte détonation.

IV. PROPRIÉTÉS ORGANOLEPTIQUES.

L'oxide de carbone est inodore, insipide et délétère.

V. ÉTAT NATUREL.

Il ne se trouve pas dans la nature

VI. PRÉPARATION.

On peut le préparer en soumettant à la distillation dans une petite cornue de verre le composé appelé *oxalate de plomb*, parfaitement desséché. S'il ne l'était pas, le produit contiendrait du gaz hydrogène carboné.

Dans cette opération, on obtient un mélange d'acide carbonique et d'oxide de carbone : en l'agitant sur le mercure avec de l'eau de potasse, on absorbe le premier gaz à l'exclusion du second. Le résidu de la distillation est un mélange de plomb métallique et de protoxide.

On peut encore préparer l'oxide de carbone par le procédé de M. Dumas, qui consiste à faire chauffer dans un matras 1 partie de bioxalate de potasse et 6 parties d'acide sulfurique concentré. Le gaz est toujours mélé d'acide carbonique, qu'il faut en séparer au moyen de la potasse.

VII. USAGES.

Il n'est d'aucun usage en teinture, mais la connaissance de ses propriétés est indispensable pour bien connaître le carbone.

VIII. HISTOIRE.

Il a été découvert par Priestley, qui l'obtint en distillant des poids égaux d'oxide de zinc et de charbon fortement calciné. Cruiskhank et MM. Clément et Desormes en ont fait connaître la composition à peu près dans le même temps.

CHAPITRE III.

ACIDE CARBONIQUE (Ċa).

I. composition.

	en poids.	en vol.		en atomes.
Oxigène.	72,32	2		2 200
Carbone.	27,68	1	= 2	1 76,53
	100,00			poids at. 276,53

II. nomenclature.

Gaz, air fixe, air méphitique, acide crayeux.

III. propriétés physiques.

A. *A l'état gazeux.*

Sous la pression de 0,760, il conserve son état gazeux aux températures les plus basses que nous puissions produire ; mais si la pression est augmentée, il se liquéfie.

Sa densité est de 1,5245.

Le décimètre cube pèse 1^{g},98033.

Il est incolore.

B. *A l'état liquide.*

L'acide carbonique liquide distille très-rapidement entre — 17°,8 et 0, dans les tubes qui le contiennent.

A la température de 0, sa tension est égale à 36 atmosphères. Il faut donc des tubes extrêmement forts pour le conserver.

Son pouvoir réfringent est beaucoup plus faible que celui de l'eau.

IV. PROPRIÉTÉS CHIMIQUES.

L'acide carbonique est un acide très-faible, aussi ne rougit-il que légèrement la teinture de tournesol, et est-il sans action sur le papier coloré par cette teinture.

Lorsque la teinture de tournesol a été rougie par le gaz carbonique, et qu'elle est exposée pendant un temps suffisant à l'air et à plus forte raison dans un espace vide très-grand par rapport à la liqueur, le gaz carbonique qu'elle avait absorbé s'en sépare, et la teinture reprend sa couleur bleue.

100 mesures d'eau peuvent dissoudre 106 mesures d'acide carbonique; en sorte que la dissolution se fait à peu près à volume égal.

L'eau perd son acide carbonique par la congélation, par l'ébullition et par l'exposition à l'air; mais une fois que de l'eau a dissous de l'acide carbonique, il n'est guère possible de l'en priver absolument par aucun de ces moyens. C'est à cette difficulté qu'il faut attribuer, au moins en partie, la présence d'une certaine quantité d'acide carbonique dans l'eau provenant de la distillation de l'eau de Seine.

Le réactif qu'on peut employer pour reconnaître si une eau contient de l'acide carbonique, en supposant toutefois qu'il n'y ait pas d'autre acide en dissolution, est le sous-acétate de plomb. Il est aisé de constater si le précipité qu'on a obtenu avec ce réactif est du sous-carbonate de protoxide de plomb.

L'oxigène est sans action sur le gaz acide carbonique.

L'hydrogène à une température rouge est susceptible d'en séparer la moitié de son oxigène, et de le réduire conséquemment en oxide de carbone. Pour que cette décomposition ait lieu, il suffit de faire passer dans un tube rouge de feu

$$1 \text{ volume d'hydrogène}, + 1 \text{ vol. acide carbonique} = \begin{cases} \frac{1}{2} \text{ vol. d'oxigène}, \\ + 1 \text{ vol. d'ox. de carbone.} \end{cases}$$

Le volume d'hydrogène, en se combinant à $\frac{1}{2}$ volume d'oxigène, formera 1 volume de vapeur d'eau, et il restera 1 volume d'oxide de carbone.

Le phosphore ne décompose l'acide carbonique qu'autant que celui-ci est uni à une base alcaline, et que le sel qui en résulte est chauffé au rouge avant de recevoir le contact de la vapeur de phosphore.

On convertit l'acide carbonique en oxide de carbone en le faisant passer sur du charbon fortement calciné, et dont la température est élevée au rouge ; l'acide double alors de volume en se changeant en oxide de carbone.

V. PROPRIÉTÉS ORGANOLEPTIQUES.

L'acide carbonique a une saveur aigrelette qui est sensible dans l'eau suffisamment chargée de ce gaz, car, s'il n'y en a qu'une très-petite quantité, il est impossible de reconnaître le goût acide de la dissolution.

Il a une légère odeur : il faut, pour la constater, flairer de l'acide carbonique contenu dans un flacon, en empêchant, autant que possible, qu'il arrive de l'air dans les narines.

Il est très-délétère, et c'est pour cette raison

qu'il faut toujours avoir soin d'établir une ventilation dans les endroits où l'on a des fourneaux en combustion, et qui sont alimentés par du charbon ou même de la braise ; car c'est une grande erreur de croire que le produit de la combustion de cette dernière matière n'est pas dangereux, comme l'est celui du charbon.

VI. ÉTAT NATUREL.

L'acide carbonique existe dans l'atmosphère : D'après M. Th. de Saussure, il y en aurait dans 100 volumes d'air, en hiver, environ 0,045, et en été, environ 0,078.

Il sort du sein de la terre, et s'échappe en bouillonnant d'un grand nombre d'eaux dites minérales. Non-seulement toutes, ou presque toutes ces sortes d'eaux en contiennent plus ou moins en dissolution, mais il n'est pas d'eaux coulant à la surface de la terre dans lesquelles il ne s'en trouve aussi ; à la vérité la quantité en est très-faible.

Les eaux dures, qui se troublent par la chaleur avant de bouillir, qui rendent orangées les couleurs jaunes, qui tendent à violeter l'écarlate, doivent en général ces propriétés à la présence du carbonate de chaux. Elles agissent sur les matières colorantes à la manière d'un alcali faible, mais cette action est celle de la chaux, et n'appartient pas à l'acide carbonique.

VII. PRÉPARATION.

On peut obtenir le gaz acide carbonique en distillant le sous-carbonate de chaux dans une cornue de grès, à laquelle on a adapté un tube à gaz qui va s'ouvrir dans un flacon rempli d'eau. A l'aide d'une chaleur rouge, l'acide carbonique prend l'état gazeux, et se sépare ainsi de la chaux, qui reste dans la cornue à l'état solide.

A ce procédé, qui peut être économique dans certains cas, on préfère celui qui consiste à s'emparer de la chaux du sous-carbonate de cette base au moyen de l'acide hydrochlorique ou de l'acide sulfurique. Quand on tient à avoir de l'acide carbonique dissous dans l'eau parfaitement pur, l'acide sulfurique convient mieux que l'acide hydrochlorique.

On met dans un flacon à deux tubulures de l'eau avec du marbre; à ce flacon on adapte deux tubes, 1º l'un en S, destiné à verser l'acide qu'on veut faire agir sur le marbre; 2º l'au-

tre deux fois courbé, à angle droit ; il doit communiquer avec un second flacon rempli d'eau,
et l'extrémité du tube, qui doit plonger jusqu'au
fond du liquide, doit avoir été effilée à la lampe.
Cette précaution est surtout nécessaire lorsqu'on
emploie de l'acide hydrochlorique pour décomposer le marbre. Le second flacon communique
avec un récipient qu'on a rempli d'eau et renversé sur la tablette d'une cuve pneumato-chimique. Si l'on voulait préparer en même temps une
dissolution aqueuse d'acide carbonique, il faudrait que le second flacon communiquât avec un
troisième rempli d'eau ; le second serait destiné
à laver le gaz. Lorsque tout est ainsi disposé,
on verse de l'acide hydrochlorique dans le premier flacon, on aperçoit à l'instant même une
vive effervescence occasionée par le dégagement de l'acide carbonique. Dans les circonstances où l'on opère, l'acide hydrochlorique
ayant pour la chaux une affinité plus grande
que celle de l'acide carbonique pour la même
base, doit expulser celui-ci du marbre, de
même que nous avons vu le fer mêlé avec du
sulfure de mercure, en chasser ce métal pour
se combiner avec le soufre. La décomposition
du marbre est plus lente, quand on se sert

d'acide sulfurique au lieu d'acide hydrochlorique.

On reconnaît la pureté du gaz acide carbonique à ce qu'il est absorbé en totalité par l'eau
de potasse, et que sa dissolution dans l'eau distillée ne précipite pas le nitrate d'argent. Ce
réactif ne s'emploie que dans le cas où l'on a
fait usage d'acide hydrochlorique pour décomposer le marbre.

Lorsqu'on veut dissoudre dans un liquide un
gaz qui n'est pas très-soluble, ou bien qu'on
veut purifier un gaz par le lavage, il est nécessaire d'effiler le tube qui conduit le gaz
au milieu du liquide qui doit le dissoudre ou
le laver, afin qu'il n'y arrive qu'en bulles ex-
cessivement petites. En effet, plus le gaz est
divisé, plus les conditions sont favorables à
sa dissolution ou à son lavage. Lorsqu'on fait
usage pour décomposer le sous-carbonate de
chaux d'un acide tel que l'hydrochlorique, qui
est susceptible de prendre facilement l'état de
fluide élastique, il arrive que les bulles d'acide
carbonique qui se dégagent présentent à l'acide
hydrochlorique un espace vide de liquide, qui
détermine une certaine quantité de cet acide à
prendre l'état élastique. De là une nécessité ab-

solue de faire passer le gaz dans le plus grand
état de division possible dans de l'eau, quand on
veut l'obtenir à l'état de pureté. C'est parce que
l'acide sulfurique n'a qu'une tension extrêmement faible à la température ordinaire, qu'il est
préférable de l'employer pour décomposer le
marbre; mais il a ce désavantage sur l'acide hydrochlorique, qu'il produit un sel peu soluble
avec la chaux, lequel a l'inconvénient de couvrir
le marbre indécomposé, et de le soustraire ainsi
à l'action ultérieure de l'acide; il est vrai qu'au
moyen d'un agitateur, on parvient jusqu'à un
certain point à diminuer cet inconvénient.

Il y a une autre observation à faire relativement à la nature du sous-carbonate de chaux
qu'il faut employer dans cette opération : lorsqu'on veut préparer de l'eau chargée d'acide
carbonique destinée à être prise en boisson, c'est
de ne pas prendre des sous-carbonates de chaux
qui contiennent des matières organiques odo-
rantes, car l'acide carbonique dégagé de ces sels
au moyen d'un acide est rendu plus ou moins
odorant par son mélange avec les matières organiques dont nous parlons.

Enfin nous remarquerons que plusieurs auteurs ont conseillé d'agiter l'eau qui est en con-

tact avec l'acide carbonique pour déterminer l'absorption de ce gaz. Toutes les fois qu'on ne se propose de dissoudre qu'une très-petite quantité d'un gaz peu soluble dans un liquide, cette pratique peut être utile; mais lorsqu'on veut saturer autant que possible un liquide d'un tel gaz, il faut bien se donner de garde d'agiter les corps, car si le liquide était saturé, une portion s'en dégagerait par l'agitation, parce qu'il est vrai de dire qu'un liquide agité a moins de capacité pour dissoudre un fluide élastique, que n'en a ce même liquide lorsque ses particules sont en repos.

Il est bon aussi, quand on fait l'opération dont je viens de parler, de ne pas remplir entièrement les flacons du liquide qu'on veut saturer de gaz, car celui-ci ne pourrait s'y dissoudre que quand il le traverserait. Or, dans le cas où le flacon n'est pas entièrement plein, il se forme bientôt dans la partie vide de liquide une atmosphère d'acide carbonique qui, se trouvant en contact avec l'eau, tend à s'y dissoudre, et conséquemment à la saturer; de cette manière, la dissolution se fait pour ainsi dire en deux actes: dans le premier, l'acide est dissous dans son passage au travers de l'eau; dans le second, il l'est par la surface du liquide en contact avec l'atmosphère qu'il forme.

On facilite encore la dissolution de l'acide carbonique 1° en mettant dans l'eau des obstacles qui l'obligent à y circuler long-temps avant d'en sortir; 2° en comprimant le gaz lorsqu'il est en contact avec l'eau.

M. Faraday l'a obtenu à l'état liquide en décomposant le sous-carbonate d'ammoniaque par l'acide sulfurique concentré dans un tube courbé, de la même manière qu'il a décomposé le sulfure de fer par l'acide hydrochlorique pour liquéfier l'acide hydrosulfurique.

VIII. usages.

L'acide carbonique n'est pas employé en teinture, mais le teinturier doit connaître ses propriétés, parce que la potasse, la soude et l'ammoniaque, qu'il emploie dans un assez grand nombre d'opérations, sont à l'état de sous-carbonate; et d'ailleurs la connaissance de cet acide se lie de la manière la plus intime à la théorie de son art.

IX. histoire.

L'acide carbonique a été considéré comme un élément par Priestley et Bergman, etc., etc.

Quelques savans, pour qui l'hydrogène était le phlogistique, crurent l'acide carbonique un composé d'oxigène et d'hydrogène.

Enfin, Lavoisier démontra par le synthèse que le gaz carbonique résulte de la combinaison du charbon le plus pur avec l'oxigène.

CHAPITRE IV.

ACIDE CARBONEUX ou OXALIQUE ($\overset{..}{C}a_2$).

§ Iᵉʳ.

ACIDE OXALIQUE ANHYDRE.

I. COMPOSITION.

	en poids.	en atomes.	
Oxigène	66,22	3	300
Carbone	33,78	2	153,06
	100,00	poids at.	453,06

ou

$$1 \text{ at. d'acide carbonique} = \begin{cases} \text{oxigène} & \dots & 2, \\ \text{carbone} & \dots & 1, \end{cases}$$

$$1 \text{ at. d'oxide de carbone} = \begin{cases} \text{oxigène} & \dots & 1, \\ \text{carbone} & \dots & 1. \end{cases}$$

II. NOMENCLATURE.

Il a été appelé *acide du sucre, acide saccha-rin*, parce qu'on l'avait préparé en faisant réagir l'acide nitrique sur le sucre; il a porté le nom d'*acide du sel d'oseille*, parce qu'on peut l'extraire du bioxalate de potasse, qui est connu dans le commerce sous le nom de *sel d'oseille*. Le nom d'*acide oxalique*, qu'il porte actuellement, devrait être changé en celui d'*acide carboneux*. C'est pour nous conformer à l'usage que nous n'employons pas cette dernière dénomination, à l'exclusion de la première.

§ II.

ACIDE OXALIQUE HYDRATÉ.

I. COMPOSITION.

L'acide oxalique forme avec l'eau deux combinaisons.

$$(\overset{\cdots}{Ca}{}^{2}\ {}^{3}\overset{\cdot}{H}{}_{2})$$

La première est formée de

	en poids.	en atomes.	
Acide oxalique.	57,31	1	453,06
Eau.	42,69	3	337,44
	100,00	poids at.	790,50

la seconde l'est de
$$(\overset{\cdot\cdot\cdot\cdot}{Ca^2\,H_2})$$

	en poids.		en atomes.	
Acide oxalique. . .	80,11	. . . . . .	1	453,06
Eau.	19,89	. . . . . .	1	112,48
	100,00		poids at.	565,54

On voit que cette dernière composition est
équivalente à celle-ci :

Acide carbonique.	2
Hydrogène	2

II. NOMENCLATURE.

Le premier hydrate est l'*acide oxalique cristallisé*, et le second l'*acide oxalique sublimé*.
Nous distinguerons le premier du second par
le mot *surhydraté*.

III. PROPRIÉTÉS PHYSIQUES DE L'ACIDE SURHY-
DRATÉ.

L'acide oxalique surhydraté est en cristaux,
dont la forme est un prisme quadrangulaire,
terminé par des sommets dièdres.

Quand il a cristallisé confusément, les prismes sont aciculaires.

Il est transparent, incolore.

IV. PROPRIÉTÉS CHIMIQUES DE L'ACIDE SURHY-
DRATÉ.

A. *Cas où il n'éprouve aucun changement.*

Lorsqu'on met des cristaux de cet acide dans l'eau froide, on entend souvent un craquement dû probablement à une rupture qu'ils éprouvent avant de se dissoudre.

Une partie de cet acide exige environ 2 parties d'eau froide et 1 partie d'eau bouillante pour se dissoudre.

100 parties d'alcool bouillant en dissolvent 46 d'acide, et 100 parties d'alcool froid 40.

B. *Cas où il éprouve un changement dans la proportion de son eau.*

Lorsqu'on le soumet à la distillation dans une petite cornue de verre adaptée à un petit ballon tubulé, auquel on ajuste un tube qui va s'ouvrir sous une cloche pleine de mercure, on obtient de l'eau, de l'acide hydraté sublimé : à la fin de l'opération une petite quantité d'acide est décomposée en acide carbonique, en gaz inflammable et en charbon.

Lorsqu'on le chauffe doucement avec du protoxide de plomb, il s'y combine, et se dépouille de la totalité de son eau.

C. *Cas où l'acide surhydraté est complètement altéré.*

Lorsqu'on le fait passer dans un tube de porcelaine rouge de feu, il est réduit en acide carbonique, en oxide de carbone, en gaz hydrogène peut-être carboné, et en eau.

L'acide nitrique bouilli long-temps avec lui le convertit en eau et en acide carbonique.

L'acide sulfurique concentré et chaud le réduit en acide carbonique et en oxide de carbone, suivant l'observation de M. Doëbereiner.

Le chlorure d'or en dissolution dans l'eau le décompose rapidement; son chlore absorbe l'hydrogène d'une portion d'eau, tandis que l'oxigène de celle-ci convertit l'acide oxalique en acide carbonique.

V. PROPRIÉTÉS ORGANOLEPTIQUES.

Il a une saveur acide très-prononcée.

Il est inodore.

Il est délétère quand on le fait prendre à des animaux en une proportion suffisamment forte.

VI. ÉTAT NATUREL.

Il se trouve dans les végétaux à l'état libre et à celui d'oxalate.

VII. PRÉPARATION.

A une cornue de verre tubulée on adapte un récipient tubulé à long col; à la tubulure de ce ballon on adapte un tube de 1 mètre, ouvert aux deux bouts; on introduit dans la cornue 1 partie d'amidon et 8 parties d'acide nitrique à 32°; on chauffe doucement au bain de sable, ou à feu nu; il se dégage du gaz acide carbonique, du gaz nitreux et de l'acide nitreux.

Quand l'action se ralentit, on porte la chaleur jusqu'à faire bouillir la liqueur, on la concentre, puis on la verse dans une capsule pour la faire cristalliser. Les cristaux séparés de l'eau mère doivent être lavés à l'eau froide, puis, redissous, et la solution doit être mise à cristalliser. La première eau mère des cristaux peut être reprise par de nouvel acide nitrique.

Au lieu de traiter l'amidon par 8 parties d'acide, on peut le traiter d'abord par 3 ou 4 parties seulement; faire cristalliser la liqueur; puis traiter l'eau mère par 2 parties d'acide nitrique;

faire cristalliser de nouveau, et reprendre l'eau mère des nouveaux cristaux par 2 parties de ce même acide.

On prépare encore l'acide oxalique en décomposant l'acétate de plomb par le bioxalate de potasse, et en traitant par l'acide sulfurique, étendu de 5 à 6 fois son poids d'eau, l'oxalate de plomb bien lavé.

L'acide oxalique pur doit brûler, quand on le chauffe à l'air dans une petite capsule de porcelaine, sans laisser de résidu.

VIII. USAGES.

Il est employé principalement pour dissoudre le peroxide de fer, et en général les sels à base de ce métal qui sont fixés sur des étoffes, particulièrement sur celles de coton.

On s'en sert encore pour aviver certaines couleurs.

Le bioxalate de potasse est souvent préférable à l'acide oxalique pour dissoudre les taches de rouille.

IX. HISTOIRE.

Bergman décrivit, en 1776, l'acide oxalique préparé par la réaction de l'acide nitrique et du sucre. Schéèle, en 1784, prouva l'identité de cet acide avec celui du sel d'oseille. Enfin M. Dulong établit la vraie composition de cet acide en 1815, en prouvant que l'acide contenu dans l'oxalate de plomb sec n'est formé que d'oxigène et de carbone.

PARIS, IMPRIMERIE DE DECOURCHANT,
RUE D'ERFURTH, N° 1, PRÈS L'ABBAYE.

NEUVIÈME LEÇON.

CHAPITRE V.

GAZ HYDROGÈNE BICARBONÉ (C²H).

I. COMPOSITION.

	en poids.	en vol.		en atomes.
Carbone . . .	85,98	. . . 1 ⎱ = 1	⎰ 1 . . .	76,53
Hydrogène. .	14,02	. . . 2 ⎰	⎱ 2 . . .	12,48
	100,00		poids at.	89,01

II. NOMENCLATURE.

Gaz oléfiant, gaz hydrogène deutocarboné, gaz hydrogène percarboné.

La dénomination de bicarboné exprime qu'il y a deux fois autant de carbone dans la combinaison, que dans le gaz hydrogène protocarboné.

III. PROPRIÉTÉS PHYSIQUES.

Il n'a pas été liquéfié.

Sa densité est de 0,9816.

Le décimètre cube pèse 1ᵍʳ,2752.

Il est incolore.

IV. PROPRIÉTÉS CHIMIQUES.

Il est peu soluble dans l'eau.

Le gaz hydrogène bicarboné est décomposé par la chaleur rouge, il double de volume, et dépose son carbone sur les parois du tube où il est chauffé.

Un mélange de 1 volume de ce gaz et de 3 volumes d'oxigène est enflammé par l'étincelle électrique, un charbon embrasé et un fer rouge; la détonation est très-forte.

En enflammant ce mélange dans un eudiomètre sur le mercure, par l'étincelle électrique, il est aisé de démontrer la composition du gaz inflammable; mais il faut, pour faire l'expérience sans accident, ajouter au mélange précédent 2 volumes d'oxigène, autrement l'eudiomètre serait brisé par la force expansive des gaz; après l'opération vous avez un résidu gazeux formé de

2 vol. d'acide carbonique,
2 vol. d'oxigène.

Vous absorbez 1° l'acide carbonique par l'eau de potasse, 2° l'oxigène par le phosphore chauffé.

Or 2 volumes d'acide carbonique représentent 1 volume de carbone et 2 volumes d'oxigène.

Ces 2 volumes d'oxigène ajoutés aux 2 volumes restant donnent 4 volumes; conséquemment il y a eu 1 volume d'oxigène qui a été employé pour brûler 2 volumes d'hydrogène, et pour former 2 volumes de vapeur d'eau.

L'air se comporte à peu près comme l'oxigène, sauf que les phénomènes de la combustion ne sont pas si intenses.

Lorsque le gaz hydrogène bicarboné arrive dans l'atmosphère en jet continu par un orifice circulaire, et qu'on l'allume avec une bougie, il donne une flamme brillante en comparaison de celle de l'hydrogène pur brûlant dans la même circonstance. A quoi tient cette différence? nous l'avons déjà dit : à la présence dans la flamme du premier, d'une matière solide qui est portée à l'incandescence. Cette matière est du carbone. Il suffit de mettre un morceau de platine ou de porcelaine dans la flamme de l'hydrogène bicarboné, pour voir ces corps se recouvrir d'une couche de noir de fumée. D'après ce que nous avons dit de l'action décomposante de la chaleur sur l'hydrogène bicarboné, il est aisé d'expliquer la présence du carbone dans sa flamme ; en effet, la combustion complète du carbone et de l'hydrogène ne pouvant avoir lieu dans un temps donné, que dans la couche superficielle du gaz qui a le contact de l'atmosphère, l'autre portion qui est hors de ce contact ne doit pas brûler dans le même temps ; mais elle laisse précipiter du carbone par l'effet de la chaleur que développe la couche superficielle qui brûle. Presque tout le charbon qui s'est ainsi précipité dans la partie inférieure de la flamme finit par brûler, lorsqu'il est parvenu au sommet de cette flamme ; mais il y en a toujours une portion qui échappe à la combustion, et qui se dépose à l'état de noir de fumée.

Si l'on enflammait un mélange de 1 volume d'hydrogène bicarboné et de 3 volumes d'oxigène, la flamme produite n'aurait pas le même éclat que celle d'un jet d'hydrogène bicarboné enflammé dans l'air, par la raison que dans le premier cas il ne se déposerait point de matière solide.

V. PROPRIÉTÉS ORGANOLEPTIQUES.

Il est odorant et délétère.

VI. ÉTAT NATUREL.

Il est un produit de l'art.

VII. PRÉPARATION.

On le prépare en faisant chauffer dans une fiole, munie d'un tube à gaz, 4 parties d'acide sulfurique concentré et 1 partie d'alcool. On reçoit le gaz dans des flacons remplis d'eau qu'il faut transporter sur le mercure quand ils sont pleins, afin d'y faire passer un peu de potasse, pour absorber l'acide sulfureux et l'acide carbonique qui sont mêlés à l'hydrogène bicarboné.

VIII. USAGES.

Il n'est pas employé en teinture.

IX. HISTOIRE.

Il a été découvert par les chimistes hollandais, en 1796. L'analyse en a été faite par M. Th. de Saussure.

CHAPITRE VI.

GAZ HYDROGÈNE PROTOCARBONÉ (C ^{4}H).

I. COMPOSITION.

	en poids.	en vol.		en atomes
Carbone . . .	75,41	. . . $\frac{1}{2}$	$\Big\} = 1$	$\Big\{$ 1 76,53
Hydrogène . .	24,59	. . . 2		4 24,96
	100,00			poids at. 101,49

Vous devez remarquer, messieurs, que sous le même volume il contient la même quantité d'hydrogène que le précédent.

II. NOMENCLATURE.

Air ou gaz inflammable des marais, gaz hydrogène des marais.

III. PROPRIÉTÉS PHYSIQUES.

Il n'a pas été liquéfié.

Sa densité est de 0,5595.

Le poids du décimètre cube est 0^{gr},727.

Il est incolore.

IV. propriétés chimiques.

Il est moins soluble dans l'eau que le précédent.

Il ne faut que 2 volumes d'oxigène pour brûler 1 volume de ce gaz. Il est clair que 1 volume d'oxigène est employé à brûler 2 volumes d'hydrogène, et que l'autre volume l'est à brûler $\frac{1}{2}$ volume de carbone; on a donc 2 volumes de vapeur d'eau et 1 volume d'acide carbonique.

Ce mélange est enflammé par l'étincelle électrique et la flamme d'une bougie, mais il ne l'est pas par la plupart des corps solides rouges de feu qui enflamment l'hydrogène bicarboné, parce qu'il exige une température beaucoup plus élevée que ce dernier.

Un fer chauffé au rouge blanc n'en détermine pas l'inflammation.

C'est sur cette haute température qu'il exige pour s'enflammer, qu'est fondé l'usage de *la lampe de sûreté*, une des découvertes les plus ingénieuses de l'esprit humain.

Supposons dans une atmosphère détonante d'hydrogène protocarboné et d'oxigène, un espace sphérique de quelques pouces cubes, li-

mité de toutes parts par une toile métallique
dont les fils ne laissent entre eux que des interstices très-petits : supposons encore que nous y
excitions une étincelle électrique : le mélange
contenu dans cet espace sphérique détonnera,
et la toile métallique absorbera une certaine
quantité de chaleur à l'eau et à l'acide carbonique produits par la combustion. On conçoit
maintenant que si la température de la toile métallique ne s'élève pas au degré nécessaire pour
enflammer l'hydrogène protocarboné, tout le
mélange détonant, placé hors de l'enveloppe,
ne prendra pas feu. Or, c'est précisément ce qui
arrive lorsque la flamme d'une lampe occupe
l'axe d'un cylindre de toile métallique, dont
les interstices ont $\frac{1}{120}$ de pouce ; cette lampe,
plongée dans de l'air rendu détonant par de
l'hydrogène protocarboné, continue à brûler ;
il y a plus, elle enflamme le gaz détonant qui arrive dans l'intérieur du cylindre, mais la combustion ne se propage pas au dehors ; par conséquent cette lampe peut guider le mineur dans
les galeries d'une mine de houille, dont l'air est
mêlé d'hydrogène protocarboné, sans qu'il ait
à craindre aucune détonation.

V. PROPRIÉTÉS ORGANOLEPTIQUES.

Il est légèrement odorant, et délétère.

VI. ÉTAT NATUREL ET PRÉPARATION.

Il sourd de la terre dans plusieurs lieux d'Italie ; on reconnaît une source de ce gaz à la flamme qui se manifeste lorsqu'on en approche une bougie allumée. On a même tiré parti de ces sources pour faire de la chaux, etc.

Ce gaz se dégage de la vase des marais, des fossés, en un mot des eaux stagnantes ou peu courantes, au fond desquelles il y a des matières végétales en décomposition. Il suffit, pour s'en convaincre, d'agiter la vase de ces eaux au-dessous d'un flacon dans l'orifice duquel on a introduit un large entonnoir. Le gaz hydrogène protocarboné des marais qu'on recueille par ce moyen est toujours mêlé d'acide carbonique, et de 0,13 à 0,15 d'azote ; quelquefois il contient de l'acide hydrosulfurique.

Le gaz hydrogène protocarboné se dégage dans les galeries des mines de houille. C'est pour se préserver des accidens produits par son inflammation que sir H. Davy a imaginé la lampe de sûreté.

Le gaz inflammable qu'on obtient de la distillation de la houille, et qui sert pour l'éclairage, est en grande partie formé d'hydrogène protocarboné ; mais il contient en outre de l'hydrogène bicarboné et plusieurs autres composés inflammables dont la nature n'a pas encore été parfaitement déterminée.

On ne connaît pas de procédé qui donne de l'hydrogène protocarboné parfaitement pur.

CHAPITRE VII.

GAZ HYDROGÈNE QUADROCARBONÉ ($2C\,^2H$).

M. Dalton a, dans ces derniers temps, signalé aux chimistes un gaz qui diffère du précédent, en ce qu'il contient sous le même volume la même quantité d'hydrogène et 4 fois plus de carbone ; il est donc formé de

$$
\begin{array}{llll}
 & \text{en vol.} & \text{en atomes.} & \\
\text{Carbone.} \ldots 2 & \Big\} = 1 & \ldots\; 2 \ldots & 153,06 \\
\text{Hydrogène} \ldots 2 & & \ldots\; 2 \ldots & 12,48 \\
 & & \text{poids at.} & \overline{165,54}
\end{array}
$$

Je ne serais pas éloigné de penser que ce gaz se produit dans la distillation de certains corps gras. Au moins ai-je remarqué deux fois, dans mes recherches sur ces substances, un gaz inflammable dont la composition se rapportait exactement à celle de M. Dalton.

APPENDICE

AUX COMBINAISONS D'HYDROGÈNE ET DE CARBONE.

Lorsque le gaz destiné à l'éclairage, provenant de la distillation de l'huile, a été soumis pendant un certain temps à une pression de 3o atmosphères, il laisse déposer un liquide qui a fixé l'attention de M. Faraday. Cet habile chimiste l'a trouvé formé de 3 corps, dont deux au moins paraissent des composés définis de carbone et d'hydrogène; il a décrit ceux-ci sous les dénominations de *bicarbure d'hydrogène* et de *nouveau carbure d'hydrogène;* nous les désignerons par les dénominations de *composé cristallisable* et de *composé gazeux.*

COMPOSÉ CRISTALLISABLE.

(*Bicarbure d'hydrogène de Faraday.*)

I. COMPOSITION.

	vol.		atomes.
Carbone.	3		3
Hydrogène.	3	= 1 v.	3

II. PROPRIÉTÉS PHYSIQUES.

A. *A l'état liquide.*

Il entre en ébullition dans le verre à 85, 5.

A 15° 5 sa densité est de 0,85.

A zéro il cristallise : 9 volumes, en se congelant, se réduisent à 8 volumes,

Il est incolore.

B. *A l'état solide.*

A — 18° le bicarbure est fragile et susceptible de se pulvériser.

Sa densité est de 0,955.

Lorsqu'on élève la température du bicarbure
d'hydrogène, il se fond à 5°, 5.

C. *A l'état de vapeur.*

Sa densité est quarante fois celle de l'hydrogène, ou 2,752.

III. PROPRIÉTÉS CHIMIQUES.

Il est peu soluble dans l'eau.

Il l'est beaucoup dans les huiles fixes et volatiles, l'alcool et l'éther.

Chauffé dans un tube rouge, il dépose du charbon, et devient gaz hydrogène carboné.

Sa vapeur, mêlée à l'air, le rend détonant lorsqu'on y plonge une bougie.

1 volume de vapeur exige 7,5 volumes d'oxigène pour brûler.

$$\text{Le résultat est de} \begin{cases} 6 \text{ v. acide carboniq.} & \begin{cases} \text{oxigène} & 6 \text{ vol.} \\ \text{carbone} & 3 \end{cases} \\ 3 \text{ v. de vapeur d'eau} & \begin{cases} \text{oxigène} & 1\frac{1}{2} \\ \text{hydrog.} & 3 \end{cases} \end{cases}$$

COMPOSÉ GAZEUX.

(*Nouveau carbure d'hydrogène de Faraday.*)

I. COMPOSITION.

	vol.		atomes.
Carbone.	2	. . . .	2
Hydrogène . . .	4	. . . .	4

(Carbone 2, Hydrogène 4) $= 1$ V.

Il est extrêmement remarquable que cette composition, quant à la nature et à la proportion des élémens, soit identique avec celle du gaz hydrogène bicarboné; mais elle en diffère en cela que sous le même volume elle contient le double de carbone et d'hydrogène. C'est un exemple que l'arrangement des mêmes atomes, unis en même proportion, a beaucoup d'influence sur les propriétés de leurs composés.

II. PROPRIÉTÉS PHYSIQUES.

A. *A l'état gazeux.*

Sa densité est de 1,8576 à 1,9264.
Il est incolore.
Il se liquéfie à — 18°.

B. *A l'état liquide.*

Le plus léger des solides et des liquides connus, car à 12° sa densité n'est que de 0,627.

III. PROPRIÉTÉS CHIMIQUES.

Cette substance à l'état élastique est peu soluble dans l'eau, elle l'est beaucoup dans l'alcool.
L'huile d'olive en dissout 6 fois son volume.
L'acide sulfurique concentré 100 fois le sien.
1 volume de cette vapeur exige pour brûler, 6 volumes d'oxigène.

$$\text{Il en résulte} \begin{cases} 4 \text{ vol. acide carbonique} = \begin{cases} \text{oxigène } 4 \\ \text{carbone } 2 \end{cases} \\ 4 \text{ vol. vapeur d'eau } \ldots = \begin{cases} \text{oxigène } 2 \\ \text{hydrog. } 4 \end{cases} \end{cases}$$

CHAPITRE VIII.

CYANOGÈNE (Az C ou Cy).

I. COMPOSITION.

	en poids.	en vol.		en atomes.
Azote.	53,63 1	$\Big\}$ = 1	$\Big\{$ 1 . . .	88,51
Carbone.	46,37 1		1 . . .	76,53

100,00   poids at. 165,04

II. NOMENCLATURE.

En ayant égard à la composition élémentaire, et en ne le considérant pas d'ailleurs comme un acide, il devrait porter le nom d'*azoture de carbone*.

III. PROPRIÉTÉS PHYSIQUES.

A. *A l'état gazeux.*

Il peut être réduit en solide.

Sa densité est de 1,8064.

Le décimètre cube pèse 2^{gr},3640.

Il est incolore.

B. *A l'état liquide.*

Le cyanogène exposé à un froid suffisant, par exemple à celui qui résulte de l'évaporation de l'acide sulfureux liquide, est susceptible non-seulement de se liquéfier, mais encore de cristalliser.

Le cyanogène reste liquide à — 17°,8.

A -+- 7,2 sa tension est de 3,6 à 3,7 atmosphères.

Sa densité est de 0,9.

IV. PROPRIÉTÉS CHIMIQUES.

J'examinerai d'abord les propriétés que présente le cyanogène dans le cas où il éprouve une décomposition. Je traiterai ensuite de ses propriétés dans le cas où il ne se décompose pas. Je m'écarterai donc de la règle que je suis ordinairement dans l'exposition des propriétés chimiques des corps composés.

A. *Cas où le cyanogène éprouve une altération.*

L'action de l'oxigène sur le cyanogène est nulle à froid. Mais si vous chauffez un mélange de 2 volumes d'oxigène et de 1 volume de cyanogène, ou si vous y faites passer une étincelle électrique, il y aura une combustion : le carbone formera avec l'oxigène de l'acide carbonique; or, comme il y avait 2 volumes d'oxigène et 1 volum ede cyanogène contenant 1 volume de carbone, il est clair que nous aurons 2 volumes d'acide carbonique, et 1 volume d'azote.

Le cyanogène brûle avec une flamme bleuâtre nuancée de pourpre; et par la raison qu'il ne se sépare pas de matière solide pendant la combustion, la flamme n'est pas éclatante.

Lorsqu'on enflamme un mélange de cyanogène et d'air atmosphérique, la combustion est moins vive et la détonation moins forte que lorsque le cyanogène a été mêlé avec de l'oxigène.

Le cyanogène exposé à une assez haute température n'est pas décomposé; mais si on le fait passer sur du fer rouge de feu, il est réduit en azote et en carbone qui recouvre le fer.

B. *Cas où le cyanogène ne s'altère pas.*

Le cyanogène à l'état naissant se combine avec un volume d'hydrogène égal au sien; il se produit de l'acide hydrocyanique, dont le volume est égal à celui des deux gaz.

Suivant quelques chimistes, il est susceptible de se combiner en plusieurs proportions avec l'oxigène, pour former des acides.

Il est soluble dans l'eau ; 1 volume de ce liquide en prend, à la température de 20°, 4,5 volumes. La solution rougit la teinture de tournesol ; par conséquent le cyanogène pourrait être rangé parmi les acides.

CONSIDÉRATIONS SUR LE CYANOGÈNE.

Lorsque le cyanogène est chauffé avec l'oxigène, il se comporte à la manière d'un corps combustible ; et en effet, le carbone qu'il contient donne lieu à une combustion proprement dite. S'il existe réellement des oxacides de cyanogène, le cyanogène serait dans ces combinaisons le corps combustible. Ainsi le cyanogène, soit qu'on le considère sous le rapport de *l'attraction élémentaire*, soit qu'on le considère sous celui de *l'attraction résultante de ses élémens*, est, dans les exemples précédens, une *substance combustible*.

D'un autre côté, en s'unissant avec son propre volume d'hydrogène, il constitue l'acide hydrocyanique, analogue aux acides hydrosulfurique, hydrosélénique, et surtout, ainsi que nous le verrons, aux acides hydrochlorique et hydriodique : or, dans l'acide hydrocyanique, le cyanogène joue le rôle de comburant relativement à l'hydrogène, et sous ce rapport il a la plus grande analogie avec le soufre et le sélénium, et surtout, ainsi que nous le verrons, avec le chlore et l'iode, qui, comme lui, en s'unissant à l'hydrogène volume à volume, donnent un volume double d'un hydracide gazeux.

Enfin la propriété qu'il a de rougir le tournesol, le place à côté des acides.

On voit, par ce que nous venons de dire, que le cyanogène est un des corps les plus remarquables qu'on puisse étudier, puisque, à l'exception de l'alcalinité, on trouve en lui les propriétés antagonistes les plus générales et les plus importantes que nous présentent les corps simples et les corps composés envisagés sous le rapport chimique. (Leçon 1re, pag. 35 et 40.)

V. PROPRIÉTÉS ORGANOLEPTIQUES.

Le cyanogène a une odeur pénétrante et qui a quelque rapport avec celle des amandes amères. On attribue généralement l'odeur de

ces fruits à de l'acide hydrocyanique qu'ils contiendraient.

VI. ÉTAT NATUREL.

Le cyanogène est un produit de l'art, mais il
est très-probable qu'il se forme dans les matières organiques.

VII. PRÉPARATION.

La manière de le préparer est extrêmement
simple. Il faut se procurer d'abord du *cyanure
de mercure* parfaitement neutre; en supposant
qu'il ne le fût pas, il serait nécessaire de neutraliser l'oxide de mercure qu'il contiendrait
par de l'acide hydrocyanique. Il faut ensuite le
pulvériser, le sécher exactement, puis le soumettre à la distillation dans une cornue ou un
petit tube de verre. On reçoit le cyanogène
dans des cloches pleines de mercure. Il ne faut
pas trop élever la température, autrement on
en décomposerait une portion, et conséquemment n aurait un produit mélangé d'azote.

VIII. USAGES.

Le cyanogène doit fixer l'attention du teinturier, par la raison que, s'il ne l'emploie pas im-

médiatement, il trouve dans plusieurs de ses combinaisons des matières colorantes plus ou moins précieuses pour teindre les étoffes. Le cyanogène est en effet un des principes immédiats du *bleu de Prusse* et de ce qu'on a appelé des *prussiates*.

IX. HISTOIRE.

Le cyanogène a été découvert par M. Gay-Lussac, en 1815.

CHAPITRE IX.

SULFURE DE CARBONE (^{2}S C).

I. COMPOSITION.

	en poids.	en vol.	en atomes.	
Soufre. .	84,02	2	2	402,32
Carbone.	15,98	1	1	76,53
	100,00		poids at.	478,85

II. NOMENCLATURE.

Il a été appelé *soufre hydrogéné* par M. Lampadius.

III. PROPRIÉTÉS PHYSIQUES.

A. *A l'état liquide.*

Il est liquide jusqu'à la température de 45°, où il entre en ébullition sous la pression de 0ᵐ,760.

A 22 ¹⁄₂, sa densité est de 1,263.

Il est incolore.

B. *A l'état de vapeur.*

Sa densité est de 2,67.

Il est incolore.

IV. PROPRIÉTÉS CHIMIQUES.

Il est inaltérable par la chaleur et l'électricité.

Il ne se dissout pas dans l'eau.

Il est susceptible de dissoudre du soufre, surtout à chaud. Il se colore en jaune, et la solution évaporée doucement laisse le corps qu'il avait dissous sous la forme de cristaux octaèdres.

Il est inflammable; il brûle avec une flamme bleue, et en produisant des gaz acides sulfureux et carbonique.

V. PROPRIÉTÉS ORGANOLEPTIQUES.

Il a une odeur extrèmement fétide et une saveur âcre et brûlante.

VI. ÉTAT. PRÉPARATION.

Il est le produit de l'art; mais je ne dois point insister sur sa préparation, parce que le sulfure de carbone n'est employé à aucun usage en teinture. Je dirai simplement qu'il se forme toutes les fois que le soufre rencontre du charbon très-divisé à une haute température; par exemple lorsqu'on fait passer du soufre dans un canon de porcelaine qui contient du charbon rouge de feu, et qui communique, par l'extrémité opposée à celle qui reçoit le soufre, à un ballon et à des flacons de Woulf remplis d'eau.

Le sulfure de carbone préparé par ce procédé a toujours une couleur jaune qui est due à du soufre qu'il tient en dissolution. On l'en sépare au moyen d'une distillation ménagée.

VII. HISTOIRE.

M. Lampadius obtint le sulfure de carbone en 1796, mais il le prit pour un sulfure d'hydrogène; quelques années après, MM. Clément et Desormes l'obtinrent en faisant passer du soufre en vapeur sur du charbon rouge de feu, et le considérèrent comme un composé de soufre et de carbone. Il fut analysé par M. Vauquelin, et ensuite par MM. Berzelius et Marcet.

APPENDICE

A L'HISTOIRE CHIMIQUE DU CARBONE.

Le charbon peut être envisagé comme une des matières les plus importantes que nous puissions étudier : sa connaissance intéresse le teinturier par l'utilité qu'il en retire comme combustible, par l'emploi qu'il peut en faire pour clarifier les eaux, et enfin par la liaison de plusieurs de ses propriétés avec la théorie de son art. Dans cette première partie du cours, nous ne pouvons que poser les faits généraux qui deviendront plus tard des principes féconds en conséquence.

On distingue deux sortes de charbon : le *charbon végétal* et le *charbon animal*. En général, le premier provient du bois, et le second de la distillation des os. Mais les épithètes de *végétal* et d'*animal* pourraient induire en erreur, si on croyait que toutes les substances végétales donnent un charbon analogue à celui du bois, et toutes les matières d'origine animale un charbon analogue à celui des os. Ce qui distingue essentiellement ces charbons l'un de l'autre, c'est que, dans leur état ordinaire, c'est-à-dire quand ils n'ont pas été exposés au rouge blanc pendant plusieurs heures, le premier est formé de carbone et d'une petite quantité d'hydrogène, et que le second l'est de carbone et d'une petite quantité d'azote. Or, comme il existe des principes immédiats végétaux qui sont aussi azotés que le sont ceux des animaux qui donnent du charbon animal, de même qu'il existe des principes immédiats animaux qui ressemblent au bois, en ce qu'ils ne contiennent pas d'azote et qu'ils donnent un charbon hydrogéné, il en résulte que ce n'est pas l'origine végétale ou animale des charbons qui les distingue essentiellement, mais la nature du corps qui s'y trouve uni au carbone. Il ne faut pas croire que les charbons hydrogénés qui proviennent des diverses espèces de principes immédiats dépourvus d'azote, soient identiques par toutes leurs propriétés au charbon de bois. Il faut en dire autant des charbons azotés. Ainsi, celui qui provient des os est distinct, sous plusieurs rapports, du charbon qui provient du sang, de la peau, etc.

Tous les procédés suivis pour réduire en charbon une matière organique quelconque, consistent essentiellement à l'exposer à la chaleur, de manière à séparer du carbone la plus grande partie des élémens volatils qui y sont combinés.

§ Ier.

CHARBON VÉGÉTAL ou **CHARBON HYDROGÉNÉ.**

Dans les arts, on n'emploie que le charbon de bois.

I. PRÉPARATION.

Il y a deux procédés pour le préparer. Le plus ancien est celui qu'on pratique le plus fréquemment. Après avoir rassemblé une suffisante quantité de bois de 1 mètre à $0^m,8$ de longueur, et de $0^m,027$ à $0^m,081$ de diamètre, on en forme des espèces de cônes, arrondis au sommet, qu'on nomme *fourneaux ;* la base des plus grands a de 4 à 5 mètres de diamètre, sur une hauteur à peu près égale. On recouvre les cônes d'une couche d'argile pure, ou d'argile mêlée de cendre ou de poussier de charbon. On les couvre encore de plaques de gazon. On a eu le soin de ménager au bas de chacun d'eux une ouverture qui est celle d'un canal légèrement incliné qui aboutit à l'axe du cône où se trouve un espace, qu'on peut considérer comme une cheminée, et dans lequel on a mis du bois menu et bien sec. C'est à ce bois qu'on met le feu, en jetant dessus du charbon embrasé. L'ouverture de la cheminée reste découverte jusqu'à ce qu'il en sorte de la flamme. Alors on y met une plaque de gazon qui ne doit point la fermer exactement.

Les parties de bois voisines du canal et de la cheminée où il y a du bois sec en combustion, s'échauffent ; elles laissent dégager des fluides aériformes inflammables, tels que de l'hydrogène carboné, de l'oxide de carbone, des huiles empyreumatiques qui, étant exposés à une température suffisante, sont brûlés par l'air qu'ils rencontrent ; la combustion étant ainsi entretenue, toutes les parties du bois s'échauffent et finissent par être réduites en charbon. Ces fluides inflammables servent à la carbonisation, non-seulement par la chaleur qu'ils produisent en brûlant, mais encore parce qu'ils préservent le combustible solide de l'action comburante de l'air.

Ce procédé revient jusqu'à un certain point à distiller du bois dans un appareil clos ; mais il y a cette différence que la chaleur nécessaire à la distillation résulte, en grande partie au moins, de la matière combustible qui est dégagée du bois même à l'état aériforme.

La durée de la carbonisation et du refroidissement est de 4 à 7 jours suivant la quantité de bois qui composait le cône ou *fourneau.*

Le second procédé de carbonisation consiste à introduire les morceaux de bois qu'on veut charbonner dans des cylindres en tôle qui font l'office de cornues. On recueille les gaz et les produits liquides qui contiennent de l'acide pyroligneux, c'est-à-dire de l'acide acétique qui est employé avec succès en teinture, à l'état libre ou de vinaigre, et à celui d'acétate de plomb ou d'acétate d'alumine.

La différence qu'il y a entre les deux procédés, c'est que le dernier donne tout le charbon qu'on peut obtenir du bois au moyen de la chaleur, tandis que par le premier on en perd toujours une certaine quantité. Le produit du second procédé est plus abondant que celui du premier, et il est d'une qualité plus égale ; on n'y trouve pas de *fumerons,* c'est-à-dire de morceaux de bois qui n'ont pas été suffisamment chauffés, comme on en rencontre dans le charbon fait par le premier procédé.

On obtient par celui-ci de 18 à 20 parties de charbon pour cent de bois; et par le second, on peut en obtenir de 24 à 25, et même 28 pour cent.

Du reste la quantité de cendre, par rapport au bois, est la même, car toutes les parties fixes au feu, qui étaient dans le végétal, se retrouvent dans le charbon.

Il y a entre les deux sortes de charbons une assez grande différence pour certaines opérations. Le charbon préparé dans des cylindres est plus combustible que le charbon préparé par le procédé ordinaire, et sous ce rapport il convient moins aux essais de coupelle, et en général à toutes les opérations où l'on a besoin d'une chaleur forte, soutenue pendant un certain temps.

Nous verrons que la température à laquelle le bois est exposé pendant la carbonisation a une grande influence sur plusieurs propriétés du charbon.

II. composition.

Le charbon obtenu par les différens procédés que nous venons d'indiquer est formé, pour la plus grande partie, de carbone, d'une petite quantité d'hydrogène et d'oxigène, et, en outre, de quelques centièmes de cendre ; celle-ci est la matière inorganique fixe au feu, que le végétal d'où le charbon provient avait puisée dans le sol.

Telle est la composition du charbon de bois qui n'a pas eu le contact de l'atmosphère ; car, dès qu'il y est exposé, il absorbe une certaine quantité des fluides élastiques qui le constituent.

M. Dœbereiner a considéré le charbon de sapin, abstraction faite de sa cendre, comme un composé défini de 6 volumes de carbone et de ı volume d'hydrogène. S'il est impossible de nier l'affinité de l'hydrogène pour le carbone dans le charbon ordinaire, lorsqu'on a égard à la grande chaleur qui est nécessaire pour le déshydrogéner ; cependant il faut avouer, malgré la grande probabilité qu'il existe un carbure d'hydrogène solide et noir, que jusqu'ici on n'a pas indiqué un procédé précis pour se le procurer dans un état constant de composition.

III. PROPRIÉTÉS PHYSIQUES.

Le charbon végétal provenant du bois est so-lide, sonore et très-dur : il paraît plus léger que l'eau ; mais lorsqu'il a été pendant quelque temps dans ce liquide, il finit par se précipiter au fond, parce qu'il perd peu à peu une partie de l'air qu'il contenait dans ses interstices, et qui le rendait spécifiquement plus léger que l'eau. Le charbon, exempt d'air, a une densité qui, sans erreur, peut être portée à 2,000 au moins. Sui-vant M. Cheuvreusse sa densité est d'autant plus grande qu'il a été préparé à une tempé-rature plus élevée.

Il est facile de s'expliquer pourquoi le char-bon conserve la forme du bois dont il provient, forme absolument accidentelle à sa nature. Pen-dant la carbonisation, la matière ligneuse ne se ramollissant pas, et la force de cohésion ne permettant pas aux particules du charbon de se séparer, il n'y a aucune raison pour que ces par-ticules ne conservent pas entre elles les mêmes rapports apparens de position que ceux où elles se trouvaient dans le bois.

Le charbon est mauvais conducteur de la cha-leur lorsqu'il n'a pas été fortement chauffé ; dans

SECT. II. — ACIDE NITRIQUE HYDRATÉ (Az⁵+Ḧ⁵).

I. COMPOSITION.

	en poids.		en atomes.	
Acide nitrique . .	85,76	. . . . .	1 . .	677,02
Eau.	14,24	. . . . .	1 . .	112,48
	100,00	poids atomist.		789,50

L'acide nitrique le plus concentré paraît contenir un peu plus d'eau que l'acide hydraté
dont nous venons de donner la composition.
Suivant le docteur Ure, l'acide d'une densité de
1,50 est formé de

Acide. 79,7
Eau. 20,3

II. NOMENCLATURE.

L'acide nitrique hydraté a été appelé *acide
du nitre, esprit de nitre, acide nitreux, eau
forte* quand il est étendu d'eau.

III. PROPRIÉTÉS PHYSIQUES.

L'acide nitrique hydraté est liquide jusqu'à
la température de 50° au-dessous de zéro, où il
se prend en une masse qui a la consistance butireuse. Il est possible que cette masse soit

formée d'une partie solide et d'une partie qui aura résisté à la liquéfaction, et dans laquelle l'acide nitrique et l'eau seront dans un autre rapport que dans la partie solide.

L'acide nitrique le plus concentré que l'on ait obtenu entre en ébullition à la température de 86°.

Sa densité à 18° est de 1,512; il est incolore toutes les fois qu'il est privé d'acide nitreux.

IV. PROPRIÉTÉS CHIMIQUES.

A. *Cas où l'acide nitrique ne se décompose pas.*

L'acide nitrique est un des acides les plus puissans. Il neutralise exactement les alcalis; il n'éprouve point d'altération aux températures ordinaires, lorsqu'il n'est pas exposé à l'action de la lumière.

Il s'unit à l'eau en toutes proportions. Un dégagement de chaleur résulte de cette combinaison, lorsque l'acide nitrique est dans une proportion convenable relativement à ce liquide.

L'acide nitrique étendu que l'on mêle avec la glace produit du froid, à cause de la rapidité avec laquelle la liquéfaction s'opère.

M. Dalton a dressé le tableau suivant de température où de l'acide nitrique, étendu de diverses quantités d'eau, entre en ébullition sous la pression de 0,^{m}.760.

L'acide nitrique d'une densité de	1,50 bout à . .	99
Id.	1,45	115,5
Id.	1,42	120
Id.	1,40	119
Id.	1,35	117
Id.	1,30	113
Id.	1,20	108
Id.	1,15	104

Dalton a vérifié des observations de Cornette, Lassone et Proust, c'est que l'acide d'une densité de 1,42 passe à la distillation sans éprouver de changement dans sa densité, tandis qu'il n'en est pas de même d'un acide dont la densité excède 1,42, et d'un acide qui est plus faible. Dans le premier cas, le produit qui distille d'abord est plus dense que celui qui vient ensuite, tandis que dans le second cas le contraire a lieu.

L'acide nitrique concentré répand des fumées blanches à l'air. Ce phénomène est dû à ce que la vapeur acide qui s'exhale de l'acide nitrique s'unit à la vapeur d'eau qui est dans l'atmosphère, et forme avec elle une combinaison dont la tension étant moindre que celle des deux vapeurs, se précipite à l'état vésiculaire, c'est-

3.

à-dire en parties liquides très-divisées que l'on suppose avoir la forme de vésicules.

B. *Cas où l'acide nitrique est décomposé.*

L'acide nitrique se décompose par l'électricité voltaïque : l'oxigène va au pôle positif, et l'azote va au pôle négatif, d'où il suit que l'oxigène est négatif par rapport à l'azote.

A une chaleur rouge, l'oxigène est en partie séparé de l'azote; de l'oxigène est isolé, de l'acide nitreux se produit, et de l'eau devient libre; car il est probable que pendant que les corps sont exposés à une température rouge, la vapeur d'eau n'est pas combinée avec l'acide nitreux.

Lorsque l'acide nitrique concentré est exposé à la lumière, il éprouve une décomposition analogue à celle qui se produit quand cet acide est échauffé; c'est-à-dire qu'une portion est réduite en oxigène qui se dégage à l'état gazeux, et en acide nitreux, qui reste dissous dans l'acide nitrique qui n'a pas été décomposé. La décomposition s'arrête par la raison que la proportion d'eau se trouve augmentée relativement à l'acide nitrique non décomposé, et peut-être aussi que l'affinité de l'acide ni-

treux pour l'acide nitrique contribue à don
ner de la stabilité à ce dernier. De là on doit
tirer cette conséquence, qu'il ne faut pas laisser de l'acide nitrique concentré dans un endroit qui est exposé aux rayons du soleil. Outre
l'inconvénient qui résulterait de la décomposition dont nous venons de parler, il pourrait
arriver que la tension de l'acide nitreux et de
l'oxigène serait assez intense, en raison de l'élévation de la température, pour briser le flacon,
en supposant ce dernier fortement bouché.

A une chaleur rouge, la vapeur nitrique brûle
l'hydrogène, il se forme de l'eau, et il se dégage
de l'azote.

L'acide nitrique dissout le deutoxide d'azote,
et d'autant mieux, qu'il est plus concentré.
Celui qui est au-dessus de 40° à l'aréomètre de
Baumé devient alors plus ou moins orangé ;
celui qui est à 32° devient vert ; celui qui est à
30° au plus devient bleuâtre ; enfin celui qui est
à 20° ne se colore pas sensiblement.

Il est très-probable que l'acide nitrique est
réduit en acide nitreux par le gaz deutoxide d'a-
zote, et que celui-ci se change en ce même
acide au moyen de l'oxigène qu'il absorbe. Il
est très-aisé de décolorer l'acide nitrique qui

contient de l'acide nitreux. Il suffit de l'exposer à une douce chaleur pour volatiliser ce dernier.

L'acide nitrique orangé, ou comme on dit rutilant, mêlé avec une certaine quantité d'eau, s'échauffe beaucoup, et laisse dégager de la vapeur nitreuse, et peut-être du deutoxide d'azote provenant de la décomposition d'une portion d'acide nitreux. Si la quantité d'eau ajoutée n'est pas trop considérable, l'acide étendu est coloré en vert ou en bleuâtre par l'acide nitreux.

L'acide nitrique qui contient de l'acide nitreux décolore sur-le-champ le sulfate rouge de manganèse.

V. PROPRIÉTÉS ORGANOLEPTIQUES.

Il a une odeur forte, une saveur très-caustique. C'est un poison violent qui désorganise les tissus des animaux, au moins quand il est concentré. Il a, comme l'acide nitreux, la propriété de les colorer en jaune.

VI. ÉTAT.

Il paraît que l'acide nitrique peut se trouver à l'état libre, ou à celui de nitrate d'ammoniaque dans les pluies d'orage; mais dès que ces pluies ont le contact du sol, ou de certaines poussières, l'acide libre doit être promptement neutralisé par des substances alcalines, telles que des sous-carbonates de chaux et de magnésie. Aussi, pour s'assurer de l'existence de l'acide nitrique libre dans les eaux pluviales, faudrait-il les recueillir dans des vaisseaux inattaquables par cet acide, tels que des capsules de porcelaine, de platine, de verre.

On trouve encore l'acide nitrique à l'état de nitrate de chaux, de magnésie, de potasse, dans les vieux bâtimens humides, dans les lieux-bas qui sont fréquentés par des animaux, par exemple dans des basses-cours, des écuries, des étables; les vieux murs de pierre calcaire poreuse des rues basses et étroites sont toujours plus ou moins imprégnés de ces nitrates.

VII. PRÉPARATION.

On prépare l'acide nitrique avec le sel connu sous le nom de nitrate de potasse. Quand on veut avoir l'acide très-concentré, on fond le sel dans une capsule d'argent ou de platine. Afin de le dessécher parfaitement, on le pulvérise et on l'introduit dans une cornue de verre tubulée bouchée à l'émeri, au moyen d'un entonnoir à

longue tige ; on verse par-dessus de l'acide sulfurique concentré, et on ferme le vaisseau avec
son bouchon.

La meilleure proportion d'acide sulfurique
et de sel est de 6 parties du premier à 66°, contre 10 parties du second.

On ajuste à la cornue, qui doit être placée
sur un bain de sable ou assujétie dans un fourneau pour être chauffée à feu nu, un matras tubulé à long col, à la tubulure duquel on adapte
un bouchon qui est traversé par un long tube
de verre ouvert aux deux bouts. On chauffe la
cornue très-doucement ; il paraît d'abord une
vapeur orangée : celle-ci est le résultat de la
décomposition qu'éprouve une portion d'acide
nitrique, laquelle est réduite en gaz oxigène
et en vapeur nitreuse. A mesure que la température s'élève, de l'acide nitrique hydraté distille, et on observe que la vapeur disparaît peu
à peu ; enfin elle reparaît à la fin de l'opération,
lors du dégagement des dernières portions d'a-
cide nitrique. Le produit de la distillation est
un liquide plus ou moins coloré en jaune, dont
la densité est de 1,49 à 1,50. 100 de nitre peuvent en donner environ 45,5.

On ne peut décomposer complètement le ni-

trate de potasse par l'acide sulfurique qu'autant
que l'on emploie assez de cet acide pour former avec sa base non pas un sel neutre, mais
un bisulfate. Nous allons représenter ces proportions en atomes :

$$1 \text{ atome de nitrate de potasse} = \begin{cases} 2 \text{ at. acide nitrique,} \\ 1 \text{ at. potasse.} \end{cases}$$

1 atome de potasse neutralisant 2 atomes d'a-
cide sulfurique, il faut pour décomposer complètement le nitrate employer 4 atomes d'acide
sulfurique, lesquels sont formés de

4 atomes d'acide,
4 atomes d'eau.

Maintenant, en faisant chauffer ce mélange,
4 atomes d'acide sulfurique forment avec l'a-
tome de potasse 1 atome de bisulfate, tandis
que 4 atomes d'eau se répartissent entre l'acide
nitrique et le bisulfate. Pour que les 2 atomes
d'acide nitrique fussent convertis en hydrate,
il ne faudrait que 2 atomes d'eau, mais il y en
a un peu plus qui se dégage.

Dans les arts on se procure l'acide nitrique
par deux procédés ; mais l'un d'eux est essentiellement celui que nous venons de décrire, avec
cette différence qu'au lieu de distiller le mélange de nitre et d'acide sulfurique dans une

cornue, on le chauffe dans des tuyaux de fonte qui communiquent avec de grandes bouteilles à trois tubulures appelées *bonbonnes*, dans lesquelles on a mis de l'eau ordinaire ou de l'eau tenant déjà de l'acide nitrique. Plus la température est élevée, moins les tuyaux sont attaqués.

Le second procédé consiste à chauffer dans des *cuines* ou cornues de grès un mélange de 1 partie de nitrate de potasse et de 2 parties d'argile humide formée de silice et d'alumine. Ces cuines sont placées sur un fourneau dit à galère, et chacune d'elles communique, au moyen d'une petite alonge de grès, avec un récipient de même matière contenant un peu d'eau. Dans cette opération, l'alumine, et surtout la silice, en se combinant avec la potasse, au moyen de la chaleur, déterminent la séparation de l'acide nitrique. Le dégagement de cet acide est aidé par l'eau de l'argile. On obtient ordinairement de 1 partie de nitre 1 partie d'acide nitrique à 32°. Ce procédé n'est plus guère employé, du moins à Paris.

Purification de l'acide nitrique.

L'acide ainsi recueilli peut contenir trois substances étrangères, 1° de l'acide nitreux qui le colore en jaune; 2° de l'acide sulfurique ou du sulfate acide de potasse; 3° du chlore ou de l'acide hydrochlorique.

1° La présence de l'acide nitreux dans l'acide nitrique est indiquée par la couleur orangée, et par la propriété qu'il lui donne de décolorer le sulfate rouge de manganèse.

2° Pour constater la présence de l'acide sulfurique on fait usage du nitrate de baryte; s'il n'y a pas de précipité, on en conclut l'absence de l'acide sulfurique et de tout sulfate. Pour faire cette épreuve, il faut avoir soin d'étendre préalablement l'acide d'eau; si l'on se contentait de verser l'acide concentré dans le sel de baryte, on aurait un précipité blanc assez abondant; et si l'on en avait conclu que l'acide était impur, on aurait pu se tromper, par la raison que l'acide nitrique concentré précipite toujours le nitrate de baryte, en raison de l'affinité qu'il a pour l'eau qui tient le sel en dissolution. Mais ce précipité est facile à distinguer du sulfate de baryte, parce qu'il se dissout complètement dans l'eau. Si après avoir constaté la présence de l'acide sulfurique dans l'acide nitrique, on voulait savoir s'il est à l'état de bisulfate de potasse, il faudrait évaporer une portion d'acide dans une petite capsule de platine, et voir si ce résidu, dissous dans l'eau, précipiterait le chlorure de platine, comme le font les sels de potasse.

3º On reconnaît l'existence du chlore ou de l'acide hydrochlorique dans l'acide nitrique au moyen du nitrate d'argent. Ce sel y produit un précipité, ou en altère la transparence, suivant la proportion d'acide hydrochlorique contenue dans l'acide qu'on essaie. Le chlorure d'argent est insoluble dans un excès d'acide nitrique.

En faisant subir ces épreuves aux acides du commerce, on y trouvera de l'acide nitreux quand ils sont concentrés, et toujours de l'acide hydrochlorique. La présence de ce dernier ne doit pas étonner, puisque le nitrate de potasse qu'on emploie est toujours mêlé d'une certaine quantité de chlorure de potassium ou de sodium, et que ces corps, en se décomposant, donnent naissance à du chlore ou à de l'acide hydrochlorique qui se mêlent avec l'acide nitrique. Quant à l'acide sulfurique ou au bisulfate de potasse, il y a des acides du commerce qui en sont exempts.

Il s'agit maintenant d'indiquer les moyens de purifier l'acide nitrique. Occupons-nous d'abord d'en séparer l'acide nitreux.

Le moyen qu'on emploie pour cela consiste à exposer cet acide à une température de 40 à 45°. L'acide nitreux sera chassé, par la raison qu'il est plus expansible que l'acide nitrique. Il y aura bien aussi de l'acide nitrique qui se volatilisera, mais ce ne sera qu'une très-faible quantité, parce qu'il faut 86° de chaleur pour faire bouillir l'acide nitrique concentré, et qu'il ne faut que 28° pour faire bouillir l'acide nitreux.

Il y a deux moyens de séparer le chlore ou l'acide hydrochlorique de l'acide nitrique. Le premier consiste à verser dans l'acide du nitrate d'argent. On attend que le précipité soit déposé, on décante ensuite le liquide dans une cornue à laquelle on a adapté un matras à long col tubulé, et l'on soumet le tout à la distillation. L'excès de nitrate d'argent que l'on a mis reste dans la cornue, tandis que l'acide pur passe dans le récipient. Si l'acide nitrique contenait de l'acide sulfurique ou du bisulfate de potasse, ces matières resteraient dans la cornue, en supposant qu'on ne distillât pas à siccité.

L'acide hydrochlorique étant un gaz permanent, tandis que l'acide nitrique ne peut produire qu'une vapeur, on peut purifier celui-ci de l'acide hydrochlorique en le soumettant à la distillation. L'acide hydrochlorique se volatilise avec une certaine quantité d'eau et d'acide nitrique, et le résidu est de l'acide nitrique exempt d'acide hydrochlorique. On en a la preuve en essayant cet acide par le nitrate d'argent qui ne doit pas le troubler si l'opération a été bien faite.

Lorsqu'on distille des liquides acides, il est nécessaire de mettre dans les cornues des fils de platine, en supposant que les liquides n'aient point d'action sur ce métal. L'objet de cette précaution est d'empêcher les soubresauts qui auraient lieu si la colonne du liquide qu'on distille avait une certaine hauteur.

VIII. USAGES.

L'acide nitrique est un réactif très-précieux en chimie. Il est employé directement en teinture pour faire des jaunes orangés sur laine. Il concourt à plusieurs préparations très-utiles.

particulièrement à la composition pour l'écarlate.

IX. HISTOIRE.

Raimond Lulle, au xiiie siècle, découvrit le moyen d'extraire l'acide nitrique du nitrate de potasse au moyen de l'argile; plus tard Glauber découvrit celui de l'en extraire au moyen de l'acide sulfurique.

Enfin, en 1784, Cavendish fit connaître la nature élémentaire de cet acide.

PARIS, IMPRIMERIE DE DECOURCHANT,
RUE D'ERFURTH, N° 1 PRÈS L'ABBAYE.

cet état on peut donc en revêtir une capacité que l'on veut maintenir à une certaine température; mais il faut avoir égard à la grande disposition qu'il a de *rayonner la chaleur*. A cet égard, il tend à se refroidir beaucoup, et conséquemment à refroidir les corps qu'il touche. Mais si le charbon dont on a couvert une capacité est lui-même revêtu d'une substance douée d'un faible pouvoir rayonnant, comme l'est une enveloppe de fer-blanc ou de tout autre corps métallique bien poli, le refroidissement de la capacité sera très-lent, par la raison que la petite quantité de chaleur que l'enveloppe métallique pourra recevoir du contact du charbon ne tendra que très faiblement à se disperser dans l'espace.

Le charbon qui a été préparé à une haute température est conducteur de la chaleur, suivant l'observation de M. Cheuvreusse.

Le charbon est bon conducteur de l'électricité, lorsque toutefois il a été fortement chauffé, car autrement il ne le serait pas; et lorsqu'il s'agit d'employer ce corps comme conducteur dans la construction des paratonnerres, il faut être sûr qu'il a été exposé à une température suffisante pour lui donner cette propriété.

IV. PROPRIÉTÉS CHIMIQUES.

Le charbon brûle vivement dans l'air, quand on en élève la température, et il exige d'autant moins de chaleur que ses parties sont plus divisées et plus sèches : c'est ainsi que les charbons d'asphodèle, de chènevotte ou de toile prennent feu avec une très-grande facilité. Toutes choses égales d'ailleurs, le charbon qui a été le moins chauffé est le plus combustible.

Lorsqu'on brûle dans l'oxigène du charbon qui contient de l'hydrogène, on trouve presque toujours dans le résidu de la combustion une petite quantité d'hydrogène et d'oxide de carbone.

V. ABSORPTION DES FLUIDES ÉLASTIQUES PAR LE CHARBON ET LES CORPS POREUX EN GÉNÉRAL.

Les différentes espèces de fluides élastiques sont absorbées en des proportions diverses par le charbon d'une même espèce de bois.

Cette proposition résulte d'expériences de MM. Rouppe et Norden, du comte Morozzo, et surtout de celles de M. Th. de Saussure, que nous allons rapporter :

Ce physicien distingué a trouvé que 1 volume

de charbon de buis, qui a été préalablement
rougi, et refroidi sans le contact de l'air, absorbe
à la température de 11 à 13°, et sous une pression de 0^m,724 de mercure :

90 volumes de gaz ammoniaque,
85 — acide hydrochlorique,
65 — acide sulfureux,
55 — acide hydrosulfurique,
40 — protoxide d'azote,
35 — acide carbonique,
35 — hydrogène bicarboné,
9,42 — oxide de carbone,
9,25 — oxigène,
7,50 — azote,
1,75 — hydrogène.

Vous voyez, Messieurs, par ce tableau, que
les gaz simples sont moins absorbables que les
gaz composés en général, et que les gaz composés les plus absorbables sont ceux qui ont
des propriétés acides ou alcalines prononcées,
et le plus de solubilité dans l'eau.

Vous concevez que si, avant d'introduire
dans un gaz le charbon dont on veut déterminer le pouvoir absorbant, on n'avait pas la précaution de l'exposer à une température rouge
et de le laisser refroidir sans le contact de
l'air, on serait induit en erreur par les fluides

aériformes qu'il aurait pris dans l'atmosphère, ce qui affaiblirait son pouvoir absorbant d'une certaine quantité. C'est pour être à l'abri de cette cause d'erreur, qu'il faut dépouiller le charbon de tous les gaz qu'il pourrait contenir, en le faisant rougir, ou bien encore en l'exposant au vide de la machine pneumatique; car M. Th. de Saussure a constaté que le charbon qui a été *dégazé* par ce dernier procédé, a sensiblement le même pouvoir absorbant que celui qui a été chauffé au rouge. Cette observation est importante en ce qu'il existe des corps organiques destructibles par la chaleur, dont le pouvoir absorbant ne pourrait être mesuré, si on n'avait pas la ressource de les dégazer en les soumettant au vide.

L'absorption des gaz par le charbon n'est jamais instantanée. M. Th. de Saussure l'a généralement considérée comme achevée après 24 ou 36 heures. Il a remarqué que le charbon que l'on conserve des années entières dans l'oxigène continue à en absorber, quoique très-lentement à la vérité. Mais parce qu'il se produit en même temps de l'acide carbonique, et que celui-ci est plus absorbable que l'oxigène, on conçoit qu'à mesure qu'il s'en forme, le charbon a la faculté d'absorber de nouvel oxigène dans l'atmosphère où il est plongé.

L'absorption des gaz par le charbon est accompagnée d'un dégagement de chaleur qui est d'autant plus sensible, toutes choses égales d'ailleurs, qu'elle est plus rapide.

Puisque nous avons vu que le charbon peut être dégazé par la chaleur et par son séjour dans le vide, il est clair que du charbon qui aura été saturé d'un gaz à une certaine température, devra en abandonner lorsqu'il sera exposé à une température plus élevée, ou à une pression moindre que celle où il a été saturé de ce gaz.

Le charbon qui est saturé d'un gaz en abandonne une partie, lorsqu'on le plonge dans l'eau. C'est ce dont il est aisé de se convaincre en introduisant sous une cloche pleine d'eau, du charbon qui soit saturé d'air atmosphérique, ou de tout autre gaz peu soluble dans ce liquide.

Le charbon saturé d'un gaz mis dans un autre gaz, laisse constamment dégager une portion du premier en même temps qu'il absorbe plus ou moins du second.

M. Th. de Saussure dit que si le volume du gaz expulsé est plus grand que celui du gaz

absorbé, il y a production de froid, tandis que dans le cas contraire il y a dégagement de chaleur.

Les charbons obtenus de bois différens n'ont pas tous, indistinctement au même degré, le pouvoir d'absorber les gaz.

Les charbons de buis, de chêne, et des bois denses en général, ont un pouvoir absorbant plus grand que ceux de sapin, de bouleau, et des bois blancs légers.

Mais M. Th. de Saussure a observé que les différens gaz sont absorbés par des charbons différens, en quantités qui sont entre elles dans les mêmes rapports pour tous ; par exemple si 1 volume d'un certain charbon absorbe la moitié moins d'acide carbonique que 1 volume de charbon de buis, il absorbera la moitié moins de toute autre espèce de gaz.

Il ne faut pas croire que la propriété d'absorber les gaz soit particulière à la matière qui nous occupe ; tous les corps poreux la possèdent ; et pour avoir une juste idée des causes auxquelles on peut rapporter cette propriété dans le charbon, il faut prendre en considération les corps avec lesquels il la partage.

Nous avons vu que les quantités de gaz qui

sont absorbées par différentes sortes de charbon sont entre elles dans les mêmes rapports. *Il n'en est pas de même de celles qui le sont par des corps poreux autres que le charbon.* Par exemple, si vous prenez 1 volume d'écume de mer dépouillé de toute substance gazeuse par l'action de la chaleur ou du vide, si vous le mettez avec différens gaz, et que vous dressiez un tableau correspondant à celui que nous avons donné pour le charbon de buis, il se trouvera des gaz qui seront plus absorbables par le charbon que par l'écume de mer, et réciproquement.

TABLEAU D'EXPÉRIENCES

Faites par M. Th. de Saussure, avec de l'écume de mer de Valecar, à la température de 15°, et sous une pression de 0^m,73.

1 volume de cette écume de mer a absorbé :
    15 volumes de g. ammoniac,
    11,7   —   acide hydrosulfurique,
    5,66 —   hydrogène bicarboné,
    5,26 —   acide carbonique,
    3,75 —   protoxide d'azote,
    1,60 —   azote,
    1,49 —   oxigène,
    1,17 —   oxide de carbone,
    0,44 —   hydrogène.

Le ligneux, soit à l'état de bois, soit à l'état de coton ou de fil, ainsi que la laine et la soie, ont la propriété d'absorber les fluides élastiques. Par conséquent cette propriété, qu'on aurait pu croire n'appartenir qu'à des corps qui n'ont pas, à proprement parler, de rapports avec la teinture, se trouve dans les matières premières de cet art; et lorsque nous traiterons de ses procédés, nous verrons qu'il n'est pas indifférent à la réussite d'une de ses opérations qu'il y ait de l'air dans les interstices ou les pores des étoffes, ou qu'il n'y en ait pas.

Le bois de coudrier, la filasse de lin, la laine et la soie écrue, absorbent les gaz dans l'ordre suivant :

TABLEAU.

1 volume de bois de coudrier, vide d'air et séché,
1 —   de filasse de lin,   —
1 —   de laine,   —
1 —   de soie écrue,   — ont absorbé :

	BOIS.	FILASSE.	LAINE.	SOIE ÉCRUE.
Ammoniaque	100	68		78
Acide carbon.	1,1	0,62	1,7	1,1
Hyd. bicarb.	0,71	0,48	0,57	0,50
Hydrogène. .	0,58	0,35	0,30	0,30
Oxid. carbone	0,58	0,35	0,30	0,30
Oxigène . . .	0,47	0,35	0,43	0,44
Azote.	0,21	0,33	0,24	0,125

On voit que le charbon et l'écume de mer condensent plus d'azote que d'hydrogène, tandis que c'est le contraire pour le bois, la filasse, la laine et la soie. On voit en outre que la laine et la soie absorbent plus d'oxigène que d'hydrogène, tandis que le contraire a lieu pour le bois de coudrier.

En cherchant les causes qui peuvent exercer de l'influence dans les absorptions des différens fluides élastiques par les solides poreux, on en trouve trois principales : 1° la porosité du solide; 2° l'affinité de la base du fluide élastique pour le solide; 3° la cause qui maintient la base du gaz à l'état de fluide élastique. Nous les examinerons successivement.

1° Il ne faut pas croire que plus un corps sera poreux, c'est-à-dire plus il présentera d'interstices, plus il aura de capacité pour absorber les fluides élastiques. Ainsi il ne faut pas croire que le charbon de liége, qui est un des plus poreux qu'on connaisse (parce que le liége se boursouffle beaucoup lorsqu'il se carbonise), ait un pouvoir absorbant supérieur au charbon de buis. Le premier ne condense pas plus de son propre volume d'air atmosphérique, et M. Théodore de Saussure regarde son pouvoir absorbant comme à peu près nul, tandis qu'il en est tout autrement du charbon de buis. Celui-ci étant très-dense par rapport à l'autre, il faut admettre que des pores extrêmement petits, mais assez grands cependant pour recevoir les gaz, sont beaucoup plus disposés à absorber des fluides aériformes que des pores très-larges. Et si vous vous rappelez que les propriétés chimiques s'exercent au contact apparent, vous concevrez très-bien qu'un solide qui a des pores extrêmement fins peut présenter beaucoup plus de surface à un gaz qu'un solide dont les pores sont très-grands. Mais tout en reconnaissant que l'étendue de la surface du solide poreux doit exercer une grande influence sur l'absorption, cependant nous n'assurerons pas qu'il n'y ait pas d'autres causes qui aient de l'influence; par exemple, la figure même des pores.

Il est certain que si l'on prend deux poids égaux de charbon de buis, qu'on réduise l'un en poudre fine, et qu'on détermine son pouvoir absorbant relativement à l'autre qui aura conservé l'état d'agrégation qui lui est naturel, on verra que le pouvoir absorbant de la poudre sera bien inférieur à celui du charbon dont les particules sont cohérentes.

2° L'influence de l'affinité du solide poreux sur la base du gaz ne peut être mise en doute d'après ce résultat, que le charbon et l'écume de mer condensent plus d'azote que d'hydrogène, tandis que les bois condensent plus d'hydrogène que d'azote. Il faut donc nécessairement avoir recours à l'affinité élective pour expliquer la différence des résultats; car, s'il n'y avait que des propriétés mécaniques, il est clair que les quantités diverses de fluides élastiques absorbées par les divers solides poreux, devraient être entre elles dans les mêmes rapports, ainsi qu'on l'observe pour les quantités qui sont absorbées par les diverses sortes de charbon.

3° La cause qui tend à maintenir les fluides élastiques dans l'état où leurs particules sont libres de la cohésion, est évidemment opposée aux deux causes dont nous venons d'examiner les effets, c'est-à-dire à celles auxquelles nous rapportons le phénomène de l'absorption.

Il est tout simple, d'après cela, que l'élévation de la température qui augmente la tension d'un gaz, diminue l'effet de l'absorption.

Il est tout simple encore que, toutes choses égales d'ailleurs, les fluides élastiques qui ont le plus de tendance à se liquéfier, soient les plus disposés à être absorbés.

VI. ABSORPTION DES CORPS ODORANS PAR LE CHARBON.

La propriété qu'on remarque au charbon dont on saupoudre la viande et le poisson, rendus odorans par un commencement de putréfaction, est d'anéantir cette odeur; sa propriété de produire le même effet sur de l'eau rendue odorante par de l'acide hydrosulfurique, benzoïque, des huiles empyreumatiques, de l'infusion de valériane, de l'essence d'absinthe, de l'ognon, etc., peut se déduire de sa propriété d'absorber les fluides élastiques en général; car les corps odorans ne sont en définitive que des substances à l'état fluide élastique qui sont sensibles à l'odorat; et comme nous avons vu que l'eau n'expulse pas d'un charbon la totalité du gaz qu'il a absorbé, il en résulte que du charbon pourra enlever à de l'eau le gaz qui la rend odorante.

Mais il ne faut pas croire que le charbon soit susceptible d'absorber tous les corps odorans indistinctement; il en est, comme le camphre, sur lesquels il n'a pas d'action, ou plutôt sur lesquels il n'en a qu'une extrêmement faible.

VII. ABSORPTION DES MATIÈRES COLORANTES PAR LE CHARBON.

Le charbon présente la propriété extrêmement remarquable pour nous d'enlever à l'eau un certain nombre de matières qu'elle tient en dissolution, et qui, à l'état libre, sont solides.

Par exemple, si on fait une infusion colorée avec 200 grammes d'eau et 1 gramme de garance; qu'on prenne 50 centimètres cubes de cette infusion, et qu'on les agite à la température de 18^d avec 5 grammes de poudre de charbon ordinaire calciné, au bout d'une heure l'infusion sera décolorée. Nous devons en conclure que dans les circonstances où nous avons opéré, c'est-à-dire avec telles proportions d'eau, de matière colorante et de charbon, et à telle température, la matière colorante a une affinité élective plus forte pour le charbon que pour l'eau.

Nul doute que si le charbon était incolore aussi bien que l'est le diamant, il ne parût coloré ou *teint*. Ces expériences sont fondamentales pour la théorie de la teinture.

§ II.

CHARBON ANIMAL.

Quoique, d'après la définition que nous avons donnée du charbon animal, toute matière organique azotée soit susceptible d'en donner par l'action de la chaleur, cependant le nom de *charbon animal*, tout générique qu'il est, s'applique presque toujours au charbon obtenu de la distillation des os.

I. PRÉPARATION.

Les os sont, comme tout le monde sait, formés 1° d'une matière organique dont une partie est susceptible de se convertir en gélatine par l'action de l'eau bouillante ; 2° de matière inorganique qui consiste principalement en sous-phosphates de chaux et de magnésie, et en sous-carbonate de chaux.

Le charbon animal se prépare en distillant les os dans des cylindres de fonte. On recueille avec soin le sous-carbonate d'ammoniaque produit par la décomposition de la matière organique. Le résidu est le charbon animal.

Si on veut l'avoir à l'état de pureté, on le soumet à l'action de l'acide hydrochlorique qui dissout toutes les matières étrangères au charbon.

II. COMPOSITION.

M. Dœbereiner regarde le charbon animal comme un composé de

en atomes.

Azote 1
Carbone 3

Il existe très-probablement un azoture de carbone solide à proportion fixe, mais on n'a pas indiqué un procédé précis pour se le procurer. La difficulté d'y parvenir est l'ignorance où l'on est sur le moment où il faut cesser de chauffer la matière azotée qu'on charbone; car, si on ne la chauffe pas assez, le résidu retient de l'hydrogène, et dans le cas contraire, il a perdu trop d'azote. On conçoit aisément ce dernier résultat, puisque le charbon animal peut être complètement désazoté par la chaleur.

III. PROPRIÉTÉS.

Le charbon des os a cela d'analogue au charbon de bois, qu'il conserve la forme de la matière qui l'a fourni.

On n'a pas fait d'expériences suffisamment

précises, pour que nous les rapportions, sur le pouvoir qu'a le charbon animal d'absorber les gaz et les corps odorans; on ne l'a guère examiné que sous le rapport de son pouvoir décolorant. Il jouit de cette propriété à un bien plus haut degré que le charbon végétal; et l'usage qu'on en fait aujourd'hui dans l'extraction et la purification du sucre, n'a pas peu contribué à multiplier les fabriques de sucre de betteraves, en rendant l'extraction de ce principe immédiat des végétaux plus facile et plus économique qu'elle ne l'était auparavant.

En comparant le charbon animal et le charbon végétal l'un à l'autre, à l'égard de leur pouvoir décolorant, on ne peut s'empêcher de remarquer entre eux des différences analogues à celles que présentent la laine, la soie, le chanvre, le lin, le coton, suivant leur aptitude différente à se combiner à tel principe colorant ou à tel mordant salin; et si nous reprenons la supposition que nous faisions tout-à-l'heure d'un charbon végétal incolore, et que nous l'étendions au charbon animal, il arriverait que celui-ci pourrait se teindre dans des circonstances où le premier ne se colorerait pas; et, à cet égard, le résultat serait tout-à-fait analogue à celui que présentent la laine et la soie avec certaines matières colorantes qui sont absorbées à froid par celle-ci, tandis qu'elles ne le sont pas par la première.

Le pouvoir décolorant du charbon animal ordinaire réside dans le carbone et non dans les sous-phosphates et le sous-carbonate de chaux qu'il contient. On en a la preuve en comparant le pouvoir décolorant d'un poids A de charbon animal pourvu de ses sels, et d'un poids A de ce même charbon traité par l'acide hydrochlorique; celui-ci est bien plus décolorant que l'autre; mais si l'on eût employé une quantité de charbon animal pourvu de ses sels, contenant un poids A de charbon azoté pur, on eût trouvé cette quantité plus décolorante que le poids A du charbon azoté séparé de ses sels. Conséquemment, lorsqu'il s'agit de décolorer des liqueurs, que je suppose d'ailleurs n'avoir aucune action sur les sous-phosphates de chaux et de magnésie, ainsi que sur le sous-carbonate de chaux, il est avantageux d'employer le charbon animal sans l'avoir préalablement passé à l'acide hydrochlorique.

J'en ai dit assez, Messieurs, sur le charbon, pour que vous sentiez toutes les applications que l'on peut faire de la connaissance de ses propriétés à la théorie de la teinture et aux procédés de cet art.

Sous le premier rapport, le charbon nous a offert une substance qui exerce des actions chimiques, sans que ses parties perdent leur cohésion, et qui est susceptible de *s'unir* avec des principes colorans à la manière des étoffes.

Sous le second rapport, il nous a offert une substance précieuse pour épurer les eaux; non-seulement c'est un excellent filtre mécanique comme le sable, mais dans plusieurs circonstances le teinturier peut en faire usage pour enlever à des eaux certaines substances qui y sont contenues, et qui sont nuisibles à plusieurs de ses opérations. Seulement nous ferons remarquer que si l'on voulait se servir de la première eau qui a passé dans un filtre de charbon végétal neuf, il faudrait être sûr que les sels alcalins ne nuiraient pas à l'usage auquel on destine le liquide filtré, car il contient plusieurs sels, et notamment du sous-carbonate de potasse.

PARIS, IMPRIMERIE DE DECOURCHANT,
RUE D'ERFURTH, N° 1, PRÈS L'ABBAYE.

DIXIÈME LEÇON.

BORE (B).

DOUZIÈME ESPÈCE DE CORPS SIMPLE.

CHAPITRE PREMIER. — BORE.

I. NOMENCLATURE.

Le nom du Bore est tiré du mot *borax*, ancienne dénomination du sous-borate de soude,
qui, de tous les corps dont le bore est un des
élémens, est le plus anciennement connu.

II. PROPRIÉTÉS PHYSIQUES.

Le bore est solide, infusible au feu de nos
fourneaux. Sa densité est plus grande que celle
de l'eau.

Son poids atomistique ne paraît pas encore
fixé. Dans un 1er travail, M. Berzelius l'avait

1

trouvé de 69,655; dans un 2ᵉ, il l'a porté à 271,96.

Il ne conduit pas l'électricité.

Il est d'un brun olivâtre sans éclat.

Quand on divise les corps simples en combustibles non métalliques et en combustibles métalliques, le bore appartient à la première division.

III. PROPRIÉTÉS CHIMIQUES.

Il ne se combine avec l'oxigène qu'à une température assez élevée; il se produit du feu, mais la combustion est bientôt interrompue par une couche vitreuse qui recouvre les parties de bore qui n'ont pas brûlé. Cette couche vitreuse est de l'acide borique.

Le bore n'a pas d'action sur l'eau à froid; mais, à une température rouge, il la décomposerait sans doute, avec dégagement d'hydrogène et production d'acide borique.

Il est converti en acide borique quand on le traite par l'acide nitrique.

Je n'entrerai pas dans de plus grands détails sur les propriétés chimiques de ce corps, qui, encore peu connu, n'est d'aucun usage.

IV. PROPRIÉTÉS ORGANOLEPTIQUES.

Il est inodore et insipide.

V. ÉTAT NATUREL.

Il se trouve dans la nature à l'état d'acide borique libre et de borate.

VI. PRÉPARATION.

On l'obtient en faisant réagir du potassium, substance très-avide d'oxigène, sur l'acide borique, à une température qui n'est pas très-élevée, puisqu'on peut soumettre le mélange des corps à leur action réciproque dans un tube de verre. Le potassium s'empare alors de l'oxigène de l'acide borique : il en résulte de la potasse d'une part et du bore de l'autre. Mais la totalité de l'acide n'étant pas décomposée, il y en a une portion qui s'unit à l'alcali; on a donc un sous-borate de potasse et du bore. En traitant ces corps par l'eau, le sous-borate est dissous à l'exclusion du bore.

VII. HISTOIRE.

En 1808, sir H. Davy remarqua que l'acide borique soumis à l'action de la pile éprouvait une décomposition, et qu'une matière noire se rassemblait au pôle négatif; mais il n'examina point cette substance, qui était certainement le radical de l'acide soumis à l'expérience. Peu de temps après, MM. Gay-Lussac et Thénard décomposèrent ce même acide par le potassium, et se procurèrent ainsi une assez grande quantité de bore pour en constater l'existence comme espèce particulière de corps simple.

CHAPITRE II.

ACIDE BORIQUE ($\overset{..}{\text{B}}$ Berz., 1ᵉʳ travail. $\overset{:::}{\text{B}}$ Berz., 2ᵉ travail).

§ Iᵉʳ.

ACIDE BORIQUE ANHYDRE.

I. COMPOSITION.

	1ᵉʳ TRAVAIL.			2ᵉ TRAVAIL.		
	poids.	atomes.		poids.	atomes.	
Oxigène	74,17	2	200	68,81	6	600
Bore . .	25,83	1	69,65	31,19	1	271,96
	100,00	p. at.	269,65	100,00	p. at.	871,96

II. nomenclature.

L'acide borique a porté le nom de *sel sédatif de Homberg*. On le rangeait parmi les *sels*, à l'époque où l'on considérait comme tels toutes les substances qui sont sapides et solubles dans l'eau ; on le distinguait des autres sels par l'épithète de *sédatif*, parce qu'on lui attribuait des propriétés calmantes, et par le nom du chimiste *Homberg* qui l'avait fait connaître. Il a ensuite été appelé *acide boracique*, et enfin *acide borique*.

III. propriétés.

L'acide borique anhydre est sous forme vitreuse, fixe à une température rouge blanche.

Il est incolore et transparent.

Il forme avec l'eau deux combinaisons, un hydrate et un surhydrate.

L'acide borique anhydre n'a été obtenu jusqu'ici qu'en très-petite quantité, en faisant brûler le bore dans l'air atmosphérique, ou mieux encore dans l'oxigène desséché.

§ II.

ACIDE BORIQUE A L'ÉTAT D'HYDRATE.

I. COMPOSITION.

L'acide *borique hydraté*, suivant le 1er travail de M. Berzelius ($\ddot{B} + \dot{H}H$ *ou* $\ddot{B}.$ *aq.*), est formé de

	en poids.		en atomes.	
Acide borique. .	70,56	. . . . . 1	269,65	
Eau.	29,44	. . . . . 1	112,48	
	100,00	poids at.	382,13	

L'acide *borique surhydraté* ($\ddot{B} + {}^{2}\dot{H}H$ *ou* $\ddot{B}\,{}^{2}aq.$) est formé de

Acide borique. .	54,52	. . . . . 1	269,65
Eau.	45,48	. . . . . 2	224,96
	100,00	poids at.	494,61

II. NOMENCLATURE.

L'acide borique surhydraté est l'acide borique qui a cristallisé au milieu de l'eau. Presque toujours ses propriétés ont été décrites, sans être distinguées de celles de l'acide borique simplement hydraté.

III. PROPRIÉTÉS PHYSIQUES.

L'acide borique surhydraté est le plus souvent en prismes très-aplatis ou en tables hexagonales, brillantes et nacrées.

Sa densité est de 1,479.

IV. PROPRIÉTÉS CHIMIQUES.

Il n'est pas très-soluble dans l'eau, car il faut 50 parties d'eau bouillante pour en dissoudre une partie d'hydrate, et la solution se trouble beaucoup par le refroidissement.

L'acide borique dissous dans l'eau a des propriétés assez remarquables. D'abord, il rougit très-sensiblement la teinture de tournesol, et sous ce rapport il a le caractère des acides. J'ajoute qu'en se combinant avec les alcalis, il forme des sels parfaitement caractérisés. Mais il agit sur l'hématine plutôt comme une base alcaline qu'à la manière d'un acide. Depuis que j'ai remarqué ce phénomène il y a dix-huit ans, on en a observé d'autres qui lui sont analogues. Nous reviendrons sur ce sujet lorsque nous parlerons des principes colorans. Il faut savoir encore que l'acide borique est sans action sur la teinture de violette. Il est donc alcalin à l'hématine, acide au tournesol, et neutre à la couleur des violettes.

L'acide borique surhydraté perd la moitié de son eau long-temps avant de rougir. L'hydrate restant chauffé au rouge en perd aussi, mais on ignore s'il peut être réduit à de l'acide anhydre. En opérant dans une cornue, on observe que la vapeur d'eau, en se dégageant, entraîne avec elle de l'acide hydraté ou surhydraté, qui cristallise en feuillets dans la voûte de la cornue.

V. PROPRIÉTÉS ORGANOLEPTIQUES.

Il est inodore et n'a qu'une faible saveur.

VI. ÉTAT NATUREL.

Il se trouve à l'état libre dans les eaux de petits lacs d'Italie, et, dit-on, à l'état de sous-borate de soude dans celles de quelques lacs des Indes.

VII. PRÉPARATION.

On le prépare en dissolvant du borax calciné dans 3 parties $\frac{1}{2}$ d'eau bouillante, et ajoutant assez d'acide sulfurique à la solution pour saturer la soude. L'acide borique se dépose par le refroidissement en feuillets nacrés. On le lave sur le filtre avec de l'eau froide; on le fait cristalliser plusieurs fois, puis on le fait sécher.

VIII. usages.

Jusqu'ici l'acide borique n'a été employé en teinture que dans des essais.

IX. histoire.

Il fut découvert en 1702 par Homberg, et décomposé et recomposé en 1808 par MM. Gay-Lussac et Thénard.

SILICIUM (Si).

TREIZIÈME ESPÈCE DE CORPS SIMPLE.

PREMIÈRE SECTION. — SILICIUM.

I. nomenclature.

Silicium vient du mot *silex*.

II. propriétés physiques.

Le silicium est solide, infusible au chalumeau.

Son poids atomistique est de 277,8.

Il a une couleur brune-noisette; il est sans éclat métallique.

Il ne conduit pas l'électricité.

III. PROPRIÉTÉS CHIMIQUES.

Le silicium se combine, sous l'influence de certains corps, avec une petite quantité d'hydrogène : il constitue un *siliciure* solide, qu'on a appelé improprement *hydrure de silicium*.

Il est susceptible de se combiner avec l'oxigène; non à l'état de pureté, car alors il peut être chauffé dans ce gaz sans qu'il s'y unisse; mais pour peu qu'il contienne de l'hydrogène ou plutôt du siliciure d'hydrogène, il y brûle; de l'eau et de la silice ou acide silicique sont les produits de la combustion.

Le soufre et le silicium rouge de feu sont sans action mutuelle, mais la combinaison de ces corps a lieu dans quelques circonstances.

IV. PROPRIÉTÉS ORGANOLEPTIQUES.

Il est inodore et insipide.

V. ÉTAT NATUREL.

Il se trouve dans la nature à l'état de silice et de silicate.

VI. PRÉPARATION, USAGES, HISTOIRE.

Le silicium se prépare par un procédé analogue à celui que nous avons indiqué pour obtenir le bore, c'est-à-dire qu'on fait réagir le potassium sur des composés de silicium; mais je n'entrerai dans aucuns détails à cet égard, parce qu'ils sont sans intérêt pour nous; je me bornerai à dire que le silicium n'est d'aucun usage. Il fut caractérisé comme espèce de corps simple en 1824, par M. Berzelius.

SECTION II.

OXIDE DE SILICIUM ($\overset{...}{Si}$).

I. COMPOSITION.

	poids.	atomes.	
Oxigène	51,92	3	300
Silicium	48,08	1	277,8
	100,00		poids at. 577,8

On voit qu'il correspond par sa composition à l'acide sulfurique, puisqu'il contient comme lui 3 atomes d'oxigène.

II. NOMENCLATURE.

Il est appelé *Silice*, *Acide silicique*. Ce dernier nom lui est donné à cause de ses rapports avec les acides.

III. PROPRIÉTÉS PHYSIQUES.

La silice est solide, infusible à la température de nos fourneaux ordinaires, mais à une température plus élevée elle se fond.

On la trouve dans la nature cristallisée en rhomboèdres. Dans cet état sa densité est de 2,66.

IV. PROPRIÉTÉS CHIMIQUES.

La silice ne se dissout dans l'eau qu'en très-petite quantité. Il ne faut pas croire que celle qui se trouve dans le résidu de l'évaporation de certaines eaux naturelles était tenu en dissolution par l'eau pure, car il arrive très-souvent qu'elle est dissoute par l'intermède, soit d'un acide, soit d'une base avec laquelle elle forme un silicate plus soluble qu'elle ne l'est à l'état de pureté.

Kirwan a estimé que la silice est soluble dans mille fois son poids d'eau; mais l'état d'agrégation dans lequel on la prend a de l'influence sur son degré de solubilité. Ainsi la silice séparée du silicate de potasse par l'acide hydrochlorique, et qui n'a pas été exposée au feu, est plus soluble que le cristal de roche réduit d'ailleurs en poudre fine.

La silice en poudre sèche absorbe la vapeur d'eau; par exemple, 100 parties exposées dans un atmosphère humide, peuvent prendre de 10 à 15 parties d'eau hygrométrique. Dans cet état il ne faut pas la considérer comme un hydrate de silice, mais comme un corps poreux qui a absorbé de la vapeur d'eau.

Elle n'éprouve pas d'action de la part des solutions aqueuses des acides que nous avons examinés jusqu'ici, mais lorsqu'on la chauffe au rouge avec de l'acide borique ou phosphorique, elle se combine avec eux.

La silice pulvérulente et même celle qui, contenant de l'eau interposée, est à l'état de gêlée, n'est pas dissoute par les acides sulfurique, nitrique, hydrochlorique, etc.; mais elle l'est si ces acides la trouvent dans un grand état de division. Voici une dissolution aqueuse concentrée de silice dans la potasse; je la partage en deux portions égales, je n'ajoute rien à l'une, tandis que j'étends l'autre de six parties d'eau environ. Je verse de l'acide hydrochlorique en excès dans les deux portions. Vous voyez que la première donne un abondant précipité, qui ne se redissout pas dans le nouvel acide que j'ajoute, tandis que la seconde portion ne se trouble pas ; mais si nous faisons chauffer cette dernière liqueur, de l'eau et de l'acide en excès se volatiliseront, et la liqueur concentrée à un certain point, abandonnée à elle-même, ou évaporée très-lentement, se prendra en *gelée.* Celle-ci n'est autre chose que de la silice très-divisée, qui retient entre ses parties tout le liquide qui n'a pas été évaporé. Si cette gelée est exposée de nouveau à la chaleur, elle perdra son eau et il ne restera plus que de la silice anhydre, à l'état pulvérulent, et le sel provenant de l'union de la potasse avec l'acide qu'on a employé pour décomposer le silicate alcalin. En versant de l'eau sur la matière, on dissoudra le sel, et la silice restera à l'état de poudre blanche.

La silice qui se sépare de l'eau en flocons gélatineux, a été considérée par quelques chimistes comme un *hydrate,* mais nous avons dit, en traitant de la nomenclature chimique, que nous n'appliquerions cette dénomination qu'à des combinaisons définies. Or, la silice en gelée n'est certainement point dans ce cas, ou bien, si elle est unie à de l'eau en proportion définie, ce n'est qu'avec une portion du liquide qui s'y trouve, et nous pensons que cette portion, qui n'a point été déterminée, est distincte de celle qui constitue la gelée. L'eau qui rend la silice ou son hydrate gélatineux, nous semble être dans le même état que celui où se trouve ce même liquide dans les tissus organiques frais, sur les propriétés physiques desquels il exerce tant d'influence. (4ᵉ leçon, page 17.)

Quand on met la silice pulvérulente en contact avec de l'eau, elle l'absorbe en vertu de la capillarité; mais il ne se produit pas de gelée.

La silice n'éprouve aucune action des corps simples que nous avons examinés jusqu'ici.

V. PROPRIÉTÉS ORGANOLEPTIQUES.

La silice est inodore, insipide.

VI. ÉTAT NATUREL.

Elle se trouve à l'état de pureté ou de silicate dans les êtres organisés, particulièrement dans l'épiderme des plantes de la famille des graminées. Il y a des bambous de l'Inde qui contien-

nent dans leurs nœuds des concrétions de la
grosseur d'une noisette, qui sont formées de
silice et d'une petite quantité d'alcali; on les
nomme *tabasheer*.

Les toiles de lin et de chanvre qu'on a passées
à l'acide hydrochlorique laissent une cendre
blanche qui n'est presque formée que de silice.

On l'a trouvée dans des calculs de la vessie
des animaux; mais en général elle y est rare.
Du reste, cela n'a rien de surprenant, puisqu'il
y a de la silice dans les plantes et dans beaucoup
d'eaux naturelles dont les animaux se nourris-
sent.

La silice pure ou à l'état de silicate constitue
les pierres siliceuses, et la plupart des pierres
dures étincelantes sous le choc du briquet.

VII. PRÉPARATION.

La manière de préparer la silice consiste à
fondre 1 partie de sable siliceux pulvérisé avec
3 parties de potasse dans un creuset d'argent.
Quand la matière a été fondue et refroidie, on
la délaie avec 20 ou 30 fois son poids d'eau,
dans une capsule de porcelaine, puis on ajoute
un excès d'acide hydrochlorique; on fait évaporer à sec, en remuant continuellement la ma-

tière vers la fin de l'opération; enfin on ajoute au résidu de l'eau aiguisée d'acide hydrochlorique; la silice est séparée à l'état solide de toute matière étrangère. Il ne s'agit plus que de la jeter sur un filtre et de l'y laver à l'eau bouillante; l'oxide de fer, la chaux et l'alumine, que pouvait contenir le sable, se retrouvent dans la liqueur filtrée.

VIII. USAGES.

La silice n'est pas employée dans la teinture, mais comme élément des corps organisés elle a dû fixer notre attention. Elle nous intéresse encore sous un autre rapport, c'est qu'elle est un des élémens du verre; et quand on fait certaines opérations de recherches dans des vaisseaux de cette matière, il ne faut pas perdre de vue qu'ils sont composés essentiellement de sursilicate de potasse ou de soude et de sursilicate de chaux, et qu'un grand nombre de corps, notamment l'eau chaude, sont capables d'enlever à ces vaisseaux du soussilicate de potasse ou de soude; par conséquent si on ne tenait pas compte de ce fait, on pourrait prendre des alcalis et de la silice du verre pour les élémens d'une matière qu'on examinerait. Il ne faut pas croire que l'eau n'agisse sur les vaisseaux de verre qu'après un long contact ; il suffit qu'elle y ait bouilli pendant une heure pour qu'elle contienne une quantité sensible de silice et de potasse ou de soude.

La silice et l'alumine sont la base des poteries de terre, des fourneaux et des briques.

COLOMBIUM (Col.).

QUATORZIÈME ESPÈCE DE CORPS SIMPLE.

Le colombium ou tantale est un métal à peine connu ; on croit qu'il a pour poids atomistique 2305,75. On suppose qu'il forme deux combinaisons avec l'oxigène : l'une contient 3 atomes d'oxigène et 1 atome de colombium ; l'autre contient 2 atomes du premier pour 1 atome du second. La première combinaison constitue un acide incolore, insoluble dans l'eau ; la deuxième un oxide. Mais le colombium ne se trouve qu'en très-petite quantité dans la nature, et rien ne fait croire qu'il puisse être employé en teinture.

ACIDE COLOMBIQUE (Cöl.).

	en poids.		en atomes.	
Oxigène.	11,51	3		300
Colombium.	88,49	1		2305,75
	100,00		poids at.	2605,75

OXIDE DE COLOMBIUM (Cöl.).

	en poids.		en atomes.	
Oxigène	7,98	2		200
Colombium	92,02	1		2305,75
	100,00		poids at.	2505,75

TITANE (Ti.).

QUINZIÈME ESPÉCE DE CORPS SIMPLE.

Iʳᵉ SECTION. — TITANE.

I. NOMENCLATURE.

Son nom fait allusion aux Titans de la mytho-
logie grecque.

II. PROPRIÉTÉS PHYSIQUES.

Il est solide et très-dur.

Sa densité est de 5,3.

Le poids de son atome est de 778,20.

Il est métallique et d'une couleur rouge de cuivre.

Il conduit très-bien l'électricité.

III. PROPRIÉTÉS CHIMIQUES.

A la température ordinaire, l'air n'a pas d'accès sur lui ; à une température élevée et continue, il s'oxide et devient pourpre ou rouge.

Les acides nitrique sulfurique et hydrochlorique, l'eau régale bouillante, n'ont pas d'action sur lui.

IV. PROPRIÉTÉS ORGANOLEPTIQUES.

Il est insipide et inodore.

V. USAGES.

Le titane à l'état de cyanure double de fer ou d'hydrocyanoferrate, est susceptible de teindre la soie en jaune, et cette couleur, s'alliant avec le bleu de Prusse, forme, ainsi que je m'en suis assuré, des verts beaucoup plus solides à la lumière que ceux que l'on fait avec des matières colorantes jaunes et bleues de nature organique.

VI. HISTOIRE.

En 1781, M. Gregor reconnut le titane, comme substance particulière, dans un sable noir de la vallée de Menachan. En 1795, Klaproth, qui ignorait cette découverte, décrivit comme substance nouvelle l'oxide de titane qu'il avait retiré du schorl rouge.

SECTION II.

COMBINAISONS DU TITANE AVEC L'OXIGÈNE ET LE SOUFRE.

CHAPITRE PREMIER.

OXIDE DE TITANE ($\overset{....}{Ti}$).

I. COMPOSITION.

	en poids.		en atomes.	
Oxigène	33,95	4		400,00
Titane	66,05	1		778,20
	100,00		poids at.	1178,20

II. NOMENCLATURE.

Acide titanique.

III. Propriétés physiques.

Il est solide, d'un blanc tirant plus ou moins sur le jaunâtre.

Exposé au feu, il devient jaune foncé ; mais par le refroidissement la couleur s'affaiblit beaucoup. La première fois qu'il éprouve l'action de la chaleur, il devient incandescent avant d'être parvenu à la chaleur rouge : l'incandescence ne dure que quelques secondes. Après qu'il a éprouvé ce phénomène, la cohésion de ses particules est augmentée d'une manière remarquable.

IV. Propriétés chimiques.

L'oxide de titane est susceptible d'être dissous par l'acide hydrochlorique, etc., au moins lorsqu'il est à l'état de surtitanate de potasse, et qu'il n'a pas éprouvé l'action de la chaleur ; mais ces dissolutions sont peu stables, surtout quand elles ont été faites avec des acides peu concentrés. En général, cet oxide n'a que de faibles propriétés alcalines. Il est susceptible de former avec les bases décidément alcalines des combinaisons dans lesquelles il joue le rôle d'un acide, et que pour cette raison on appelle *titanates*.

L'oxide de titane imbibé d'huile et chauffé dans un creuset brasqué est réduit.

Le zinc mis dans une solution hydrochlorique de surtitanate de potasse développe une couleur bleue que plusieurs chimistes attribuent à la formation d'un protoxide de titane.

V. ÉTAT NATUREL.

Il existe dans la nature des oxides de titane colorés en rouge et en bleu, dont les rapports avec l'oxide que nous avons décrit n'ont point encore été exactement déterminés. On y trouve aussi du titanate de fer, ainsi que du titanate et du silicate de chaux unis ensemble.

VI. PRÉPARATION.

On réduit du titanate de fer natif ou du ruthil en poudre fine. On l'expose à une chaleur rouge dans un creuset d'argent, après l'avoir mêlé avec deux ou trois fois son poids de sous-carbonate de potasse. On lave la masse à l'eau froide. On dissout le résidu dans l'acide hydrochlorique concentré. On a ainsi une solution de peroxides de fer et de titane, à laquelle on ajoute un poids d'acide tartrique, égal au plus à celui des deux oxides : on y verse de l'ammoniaque très-étendue d'eau, mais on n'en met pas assez pour la troubler. On précipite ensuite le fer au moyen de l'hydrosulfate d'ammoniaque; on filtre, on lave le précipité avec de l'eau contenant un peu d'hydrosulfate d'ammoniaque. On fait évaporer les liqueurs filtrées à siccité. On calcine le résidu : on le fait bouillir ensuite dans l'eau aiguisée d'acide hydrochlorique, et on obtient par ce moyen de l'oxide de titane assez pur. Si on voulait le redissoudre dans l'acide hydrochlorique, on serait obligé de le chauffer au rouge avec son poids de sous-carbonate de potasse, et de laver la matière avec l'eau. On aurait ainsi un surtitanate de potasse soluble dans l'acide hydrochlorique. On jugerait que la solution est exempte de fer quand elle précipiterait en jaune orangé par l'hydrocyanoferrate de potasse.

CHAPITRE II.

SULFURE DE TITANE (^{4}S Ti).

COMPOSITION.

	en poids.	en atomes.	
Soufre	50,83	4	804,64
Titane	49,17	1	778,20
	100,00	poids at.	1582,84

Ce sulfure a été obtenu par M. H. Rose, en faisant passer du sulfure de carbone sur de l'oxide de titane chauffé dans un tube de porcelaine au rouge blanc.

Il est d'un vert foncé.

ANTIMOINE (At *ou* Sb).

SEIZIÈME ESPÈCE DE CORPS SIMPLE.

Ire SECTION. — ANTIMOINE.

I. PROPRIÉTÉS PHYSIQUES.

L'antimoine est un métal solide, fusible à 432° centigrades, et susceptible de se réduire en vapeur. Il est remarquable par la propriété qu'il a de cristalliser en larges feuillets, et, quand on prend des précautions convenables, en cubes et en octaèdres. On observe surtout sa disposition à cristalliser quand on en coule une masse de plusieurs hectogrammes dans un moule cylindrique, où la surface du métal n'est pressée que par l'atmosphère. Cette surface présente après le refroidissement une étoile plus ou moins régulière, qu'autrefois les alchimistes considéraient comme un présage du succès de la transmutation des métaux en or. Aussi donnèrent-ils à l'antimoine une attention toute particulière.

La densité de ce métal est de 6,7.

Son poids atomistique est de 712,9.

Sa couleur est d'un blanc bleuâtre ; il jouit d'un bel éclat métallique.

Il conduit bien l'électricité.

II. PROPRIÉTÉS CHIMIQUES.

Il ne s'unit pas à l'hydrogène.

Il se combine à l'oxigène en trois proportions. Les composés au maximum d'oxigène ont plus d'analogie avec les acides qu'avec les bases salifiables : c'est pourquoi on les a appelés acides antimonieux et antimonique. On a réservé le nom d'oxide d'antimoine à la combinaison inférieure.

L'antimoine s'unit, à des températures suffisamment élevées, au soufre, au sélénium, au phosphore et à l'arsenic.

L'eau n'est pas décomposée par l'antimoine.

L'acide nitrique a une grande action sur ce métal. S'il est très-concentré, il le convertit en acide antimonique, qui ne se dissout pas ; quand il est faible, il le convertit en protoxide, qu'il dissout.

III. PROPRIÉTÉS ORGANOLEPTIQUES.

Il a une légère odeur, et plusieurs de ses combinaisons ont des propriétés qui les font employer en médecine.

IV. ÉTAT NATUREL.

On le trouve dans la nature, souvent à l'état de sulfure, quelquefois à l'état d'oxide.

V. PRÉPARATION.

On l'extrait du sulfure d'antimoine.

SECTION II.

DES COMBINAISONS DE L'ANTIMOINE AVEC L'OXIGÈNE ET LE SOUFRE.

PROTOXIDE D'ANTIMOINE ($\overset{...}{At}$ ou $\overset{...}{Sb}$).

	en poids.	en atomes.	
Oxigène	15,68	3	300
Antimoine	84,32	1	1612,9
	100,00		poids at. 1912,9

On le prépare en précipitant par l'eau, du protochlorure d'antimoine, traitant le précipité lavé par le sous-carbonate de potasse, puis exposant le résidu à l'action de la chaleur.

Il a une couleur légèrement jaune ; il est fusible, et susceptible par le refroidissement de cristalliser en aiguilles réunies en faisceaux.

Il n'a les propriétés alcalines qu'à un faible degré.

Chauffé avec le soufre en excès, il est réduit en gaz acide sulfureux et en sulfure d'antimoine.

Il cède son oxigène au carbone à une température rouge.

———

DEUTOX. D'ANTIMOINE, ACID. ANTIMONIEUX $(\ddot{A}t\,\text{ou}\,\ddot{S}\ddot{b})$.

Oxigène.	19,87	4	400
Antimoine.	80,13	1	1612,9
	100,00		poids at. 2012,9

L'acide antimonieux s'obtient par la combustion de l'antimoine. Mettez de l'antimoine dans un creuset percé d'un trou dans l'une de ses parois, un peu plus haut que ne sera la surface du métal, quand il sera fondu : renversez sur le creuset un second creuset percé d'un trou à son fond, vous aurez par ce moyen une capacité

prismatique dans laquelle il s'établira un courant
d'air. Ce courant aura un double effet : en tou-
chant le métal, il le convertira, au moyen de son
oxigène, en acide antimonieux; en outre il en-
traînera cet acide réduit en vapeur dans la partie supérieure de l'appareil, où il se déposera
sous la forme d'aiguilles plus ou moins brillantes, que les anciens connaissaient sous le nom
de *fleurs d'antimoine.*

L'acide antimonieux jouit d'une légère solubilité dans l'eau. Celle-ci en dissout assez pour
se colorer par l'acide hydrosulfurique.

Quand l'acide antimonieux est très-divisé, et
qu'on le met en contact avec du tournesol humide, il le rougit.

TRITOX. D'ANTIMOINE, ACIDE ANTIMONIQUE (Àt ou S̈b).

Oxigène. . . . . . 23,66 . . . . . 5 500
Antimoine . . . . 76,34 . . . . . 1 1612,9

        100,00   poids at. 2112,9

Le tritoxide d'antimoine ou l'acide antimonique s'obtient toutes les fois qu'on traite l'antimoine par l'acide nitrique, et qu'on n'expose
pas la matière à une température suffisante pour

faire passer l'acide antimonique à l'état d'acide antimonieux.

On peut encore l'obtenir en faisant détoner 1 partie d'antimoine en poudre avec 3 parties de nitrate de potasse, lavant le résidu à l'eau et le traitant ensuite par l'acide nitrique.

SULFURE D'ANTIMOINE (^{3}S At).

Soufre.	27,23	3	6o3,48
Antimoine.	72,77	1	1612,90
	100,00		poids at. 2216,38

Il cristallise en aiguilles qui ont le brillant métallique : exposé au feu et à l'air, il se convertit en acide sulfureux et en protoxide d'antimoine.

Lorsqu'on précipite une solution de protoxide d'antimoine par un hydrosulfate soluble, on obtient un précipité qui a été regardé comme un hydrosulfate par quelques chimistes, et comme un sulfure hydraté par d'autres. Si ce composé avait une couleur plus fixe, il pourrait être employé avec succès en teinture.

TELLURE (Te).

DIX-SEPTIÈME ESPÈCE DE CORPS SIMPLE.

PREMIÈRE SECTION. — TELLURE.

I. NOMENCLATURE.

Le mot *tellure* dérive de *tellus*, terre.

II. PROPRIÉTÉS PHYSIQUES.

Le tellure est un métal solide, fusible à une basse température, et un peu moins volatil que le mercure. Il cristallise en aiguilles ou en lames; il est cassant.

Sa densité est de 6,75;

Son poids atomistique, de 806,45.

Il conduit l'électricité.

III. PROPRIÉTÉS CHIMIQUES.

Il se combine en deux proportions avec l'hydrogène : celle qui est avec excès de tellure est solide, et celle qui est avec excès d'hydrogène est gazeuse et acide. Elle ressemble aux acides hydrosélénique et hydrosulfurique.

Le tellure n'est point employé en teinture, et on ne voit point le parti qu'on en pourrait tirer. Il est d'ailleurs assez rare, et par conséquent d'un prix élevé.

SECTION II.

COMPOSÉS DE TELLURE.

OXIDE DE TELLURE ($\overset{..}{Te}$).

	en poids.	en atomes.	
Oxigène	19,87	2	200
Tellure	80,13	1	806,45
	100,00	poids at.	1006,45

Il est blanc, légèrement jaunâtre, fusible à une température voisine de la chaleur rouge.

Il s'unit aux bases salifiables et forme des composés analogues aux sels, que l'on appelle à cause de cela *tellurates*.

ACIDE HYDROTELLURIQUE.

	en poids.		en atomes.	
Tellure	96,998	1		806,45
Hydrogène	3,002	4		24,96 ?
	100,000		poids at.	831,41

Il est gazeux, incolore, et a une odeur analogue à celle de l'acide hydrosulfurique.

Enflammé, après qu'on l'a mélangé avec l'oxigène, il détonne.

Il est soluble dans l'eau. Cette solution absorbe l'oxigène de l'atmosphère. Il se forme de l'eau, et il se sépare un hydrure de tellure qui colore la liqueur en pourpre, tant qu'il y est suspendu.

HYDRURE DE TELLURE.

Cet hydrure est en poudre brune.

SULFURE DE TELLURE (^{2}S Te).

	en poids.		en atomes.	
Soufre	33,28	2		402,32
Tellure	66,72	1		806,45
	100,00		poids at.	1208,77

CHLORE (Ch).

DIX-HUITIÈME ESPÈCE DE CORPS SIMPLE.

PREMIÈRE SECTION.

CHAPITRE PREMIER. — CHLORE.

§ Iᵉʳ.

CHLORE ANHYDRE.

I. NOMENCLATURE.

La substance qui a été appelée *acide marin déphlogistiqué, acide muriatique oxigéné*, et enfin *chlore*, est des plus importantes pour le teinturier. Je ne craindrai donc pas d'entrer dans trop de détails à son sujet.

II. PROPRIÉTÉS PHYSIQUES.

A. *A l'état aériforme.*

Le chlore est gazeux à la température ordinaire, et sous la pression de l'atmosphère; mais soumis au froid et en même temps à une pression de 4 atmosphères, il prend l'état liquide.

Sa densité est de 2,428.

Sa couleur est le jaune verdâtre.

B. *A l'état liquide.*

A 15°,5 la tension du chlore liquide est de 4 atmosphères; à—17,8 il est encore liquide.

Il est jaune.

Sa densité paraît être de 1,33.

Le poids de l'atome est de 221,325; plusieurs chimistes ne l'évaluent qu'à 220.

III. PROPRIÉTÉS CHIMIQUES.

A. *Chlore et corps simples.*

Le chlore est en général électro-négatif dans la plupart de ses combinaisons; il est donc à cet égard analogue à l'oxigène; mais M. Gay-Lussac a vu que par rapport à l'oxigène il est électro-positif, c'est-à-dire combustible.

Lorsqu'on fait un mélange de 1 volume de chlore et de 1 volume d'hydrogène, et qu'on le garde dans l'obscurité, il n'y a aucune action; mais si l'on plonge dans le vase un corps en ignition, un charbon rouge et même une brique chauffée au rouge obscur, il y aura au même instant une détonation très-forte, et un dégagement de lumière blanche. L'étincelle électrique, et, ce qu'il y a de très-remarquable, l'exposition du mélange aux rayons du soleil, détermineront pareillement la combinaison des gaz.

Comparons les phénomènes qui ont lieu pendant la réaction du chlore et de l'hydrogène, à ceux que nous avons vus se manifester pendant l'union de l'hydrogène avec l'oxigène.

Il y a dans les deux cas production de chaleur, et d'une lumière qui n'est pas éclatante par la raison qu'il n'y a pas de matière solide dans les flammes.

Je ne sache pas qu'on ait constaté le dégagement d'électricité; mais s'il y en a un dans la combustion de l'hydrogène par l'oxigène, il est bien probable qu'il y en a un aussi dans la combustion de l'hydrogène par le chlore.

Quant à la détonation, elle s'explique par l'expansion subite que le produit de la combinaison éprouve de la haute température développée par l'action mutuelle des gaz. Mais dans ce cas, comme dans celui de la combustion de l'oxigène et de l'hydrogène, il faut que le mélange de chlore et d'hydrogène s'enflamme au milieu de l'air pour qu'il y ait détonation;

car, lorsqu'on opère dans un eudiomètre, la masse du gaz est trop faible, relativement à celle de l'eudiomètre et du mercure, pour mettre l'atmosphère en vibrations sonores.

Le chlore et l'hydrogène forment l'acide hydrochlorique, dont le volume est égal à celui de ses élémens.

De même que l'hydrogène et l'oxigène, mêlés dans le rapport de 2 volumes de l'un et de 1 volume de l'autre, exposés à une température comprise entre 360° et le rouge obscur, se combinent lentement, de même le mélange de chlore et d'hydrogène, qui est exposé à la lumière diffuse, se convertit lentement en acide hydrochlorique, sans que le mélange éprouve de changement dans son volume. Pour s'en convaincre, on prend un flacon et un ballon d'égale capacité, dont le col usé à l'émeri extérieurement peut fermer le flacon comme le ferait un bouchon. On remplit le premier vaisseau de chlore sec, et le second d'hydrogène également sec ; comme la densité du chlore est de 2,42, et celle de l'hydrogène de 0,0688, il est aisé d'engager le col du ballon dans l'orifice du flacon sans perdre de gaz. On lute ensuite les deux vaisseaux, et on les expose à la lumière diffuse. Peu à peu le mélange gazeux se décolore, en se changeant en acide hydrochlorique. Pour être sûr que la combinaison est complète, il faut exposer, au bout de trois ou quatre jours, l'appareil à la lumière directe du soleil, pendant une ou deux heures. Après cela, il est aisé, en séparant les deux vaisseaux l'un de l'autre dans un bain de mercure, de se convaincre que les gaz se sont unis sans changer de volume.

D'un autre côté, si l'on compare la densité de l'acide hydrochlorique à celle du chlore et de l'hydrogène, on voit qu'elle est précisément égale à la moitié de celle du chlore plus la moitié de celle de l'hydrogène.

Le chlore ne se combine pas directement avec l'oxigène, mais quand il le rencontre à l'état naissant, il est susceptible de s'y unir. On connaît au moins trois combinaisons d'oxigène et de chlore ; elles portent les noms d'*oxide de chlore*, d'*acide chlorique* et d'*acide chlorique oxigéné*.

Le chlore ne se combine pas directement avec l'azote, mais s'il le rencontre à *l'état naissant*, c'est-à-dire au moment où l'azote quittant une combinaison deviendrait libre s'il n'y avait pas là un corps auquel il pût se combiner, il se forme un chlorure d'azote.

Le soufre s'unit à froid, et à plus forte raison quand il est fondu, au chlore gazeux. Il en résulte un chlorure liquide : il se dégage de la chaleur sans lumière. Voici du soufre fondu, nous allons le plonger dans ce flacon de chlore, et vous verrez bientôt des fumées jaunâtres se produire, qui finiront par se condenser en un liquide jaune.

Le sélénium s'unit au chlore en dégageant de la chaleur, il se fond en un liquide brun, et si le chlore est en excès, il se change en une masse blanche solide, qui est de l'acide chlorosélénique.

Le chlore se combine à froid avec le phosphore en dégageant de la lumière. Pour s'en convaincre, il suffit de mettre du phosphore dans une petite capsule de porcelaine et de le plonger ensuite dans un flacon de chlore gazeux. Le phosphore se fond, puis s'enflamme en lançant des étincelles ; une vapeur épaisse se produit. Si le chlore est en excès, on obtient un composé solide, c'est l'acide *chlorophosphorique*. Si au contraire le phosphore est en excès, on a un composé liquide qu'on appelle *chlorure de phosphore*.

Lorsqu'on projette dans un flacon de chlore de l'arsenic en poudre, la combinaison s'effectue sur-le-champ avec une vive production de lumière. On obtient un chlorure liquide.

Il se combine au chrôme, mais cette combinaison n'a pas été obtenue directement.

Le tungstène chauffé dans le chlore s'y unit en dégageant de la lumière. Outre ce chlorure, il en existe deux autres, suivant M. Wohler, qui contiennent plus de chlore.

Il se combine au carbone lorsqu'il le trouve à l'état naissant; on connaît deux chlorures de carbone.

Il se combine avec le bore lorsqu'on le dirige à l'état sec dans un tube de porcelaine où l'on chauffe un mélange de borax et de charbon.

Le silicium brûle dans le chlore lorsqu'on l'y chauffe. Le composé est liquide, et peut être appelé acide *chlorosilicique*.

Le chlore se combine avec le titane, au moins lorsqu'on fait passer un courant de chlore sec dans un tube de porcelaine qui contient un mélange de titanate de fer et de charbon chauffé au rouge.

Il se combine à froid avec l'antimoine en produisant de la lumière; c'est ce que je vais vous faire voir en versant de la poudre d'antimoine dans un flacon de chlore sec. Le résultat est un perchlorure liquide.

Il se combine également au tellure avec production de feu.

B. *Chlore et composés binaires qui s'y unissent sans décomposition.*

Le chlore est soluble dans l'eau. 1 volume de ce liquide en dissout 2 volumes à la température ordinaire. La solution a la couleur du chlore ainsi que sa saveur astringente ; elle a même son odeur, parce que le chlore tend à s'en séparer dès qu'elle est exposée à l'air. La densité de l'eau saturée de chlore est de 1,003.

Le chlore est susceptible de former un hydrate solide sur lequel nous reviendrons.

1 vol. de chlore et 1 vol. d'oxide de carbone, exposés sur le mercure à la lumière du soleil pendant une demi-heure ou une heure, se combinent lentement sans dégagement de lumière sensible, et donnent naissance à 1 vol. d'acide chloroxicarbonique. Il est remarquable que jusqu'ici on n'ait pu obtenir cette combinaison que sous l'influence de la lumière.

1 vol. de chlore et 1 vol. d'hydrogène bi-

carboné se combinent à la température de l'air, et forment un liquide oléagineux. C'est un chlorure d'hydrogène bicarboné, que j'ai appelé dans ces derniers temps *éther chlorurique.*

Le chlore se combine au cyanogène en 2 proportions au moins, suivant M. Serullas.

C. *Chlore et composés binaires décomposables par le chlore.*

1° *Chlore et eau.*

Si on expose au soleil une solution aqueuse de chlore contenue dans un flacon auquel on adapte un tube à gaz qui s'ouvre sous une cloche remplie d'eau, on recueille de l'oxigène, et l'eau qui tenait le chlore en solution contient de l'acide hydrochlorique.

Lorsqu'on fait réagir du chlore sur de l'eau à la température rouge, en faisant passer en même temps du chlore et de la vapeur d'eau dans un tube de porcelaine rouge de feu, on obtient un résultat analogue. Il est aisé de déterminer les volumes des gaz qui doivent réagir.

$$2 \text{ vol. de vapeur d'eau} = \begin{cases} 2 \text{ vol. hydrogène.} \\ 1 \text{ vol. oxigène.} \end{cases}$$

Or, puisque l'hydrogène s'unit au chlore volume à volume, il faudra 2 volumes de chlore

pour neutraliser les 2 volumes d'hydrogène contenus dans 2 volumes de vapeur d'eau; on aura
4 volumes d'acide hydrochlorique et 1 volume
d'oxigène qui sera mis en liberté.

Quand on compare ce résultat avec celui de
la décomposition de l'eau par le chlore opérée
sous l'influence du soleil, on trouve, dans ce
dernier cas, que le volume de l'oxigène est
moindre que le quart du volume de l'acide hydrochlorique qui s'est produit. Cela tient à ce
qu'il y a une portion d'oxigène qui s'est unie à
du chlore pour former de l'acide chlorique. Ainsi,
sous l'influence de la lumière le chlore s'unit
aux deux élémens de l'eau; mais l'acide chlorique est loin de représenter tout l'oxigène de
l'eau décomposée.

Les personnes qui emploient le chlore en
dissolution dans l'eau peuvent tirer une conséquence utile de ces observations; car, pour
conserver cette dissolution, elles devront bien
se garder de la laisser exposée à la lumière
du soleil, puisque le chlore réagirait alors sur
son dissolvant, et produirait de l'acide hydrochlorique et de l'acide chlorique qui ne peuvent
le remplacer dans les usages auxquels il est
propre.

2° *Chlore et ammoniaque.*

Le chlore a une action très-remarquable sur l'ammoniaque, soit que les deux corps se rencontrent à l'état gazeux, soit qu'on les mêle en dissolution dans l'eau. Avant d'aller plus loin, nous indiquerons les proportions en volume suivant lesquelles les corps réagissent.

Si l'on prend

$$8 \text{ vol. d'ammoniaque} = \begin{cases} 2 \text{ vol. d'amm.} = \begin{cases} 1 \text{ v. azote.} \\ 3 \text{ v. hydrog.} \end{cases} \\ 6 \text{ vol. d'amm.} \end{cases}$$

et si on les mêle avec

3 vol. de chlore,

on observe un dégagement de chaleur et de lumière, et une production de vapeurs blanches d'hydrochlorate d'ammoniaque qui finissent par se condenser en solide ; il reste 1 volume de gaz azote.

3 volumes de chlore exigeant, pour passer à l'état d'acide hydrochlorique, 3 volumes d'hydrogène, il y a 2 volumes d'ammoniaque décomposés ; il en résulte 1 volume de gaz azote et 6 volumes d'acide hydrochlorique qui neutralisent les 6 volumes d'ammoniaque non décomposés.

Lorsqu'on mêle le chlore et l'ammoniaque dissous dans l'eau, les résultats sont analogues ; mais il n'y a pas dégagement de lumière, et la température ne s'élève pas autant que dans l'expérience précédente, par la raison que la masse de l'eau absorbe une partie de la chaleur dégagée. On en fait l'expérience en versant une forte solution de chlore dans un long tube de verre fermé jusqu'à ce qu'il en soit aux 3/4 plein ; puis on achève de le remplir avec de l'ammoniaque fluor étendue. On renverse le tube dans un réservoir de chlore ; l'ammoniaque, plus légère que la solution de chlore, la traverse pour occuper la partie supérieure, et dans le trajet les corps réagissent, l'azote se dégage en petites bulles qui gagnent le haut du tube.

C'est sur cette réaction qu'est fondé le procédé à employer pour détruire l'ammoniaque qui infecterait une atmosphère quelconque, par exemple celle de lieux d'aisances. D'un autre côté, on conçoit qu'un mélange de chaux et d'hydrochlorate d'ammoniaque qui développe de l'ammoniaque, serait employé avec succès pour détruire le chlore qui infecterait l'air d'un atelier.

La fumée blanche qui se manifeste lorsqu'on

approche des solutions concentrées de chlore et d'ammoniaque l'une de l'autre, et qui est due au mélange des gaz qui s'exhalent de leurs solutions respectives, peut servir à reconnaître soit l'ammoniaque, soit le chlore qu'on soupçonne se dégager de quelque matière; par exemple, que l'on ait un appareil de chlore qui perde du gaz, en approchant des parties où l'on soupçonne qu'il y a quelque fissure un tube mouillé d'ammoniaque, on verra s'il se produit des fumées blanches. S'il s'agissait de constater un dégagement d'ammoniaque, il faudrait se servir d'une baguette plongée dans une forte solution de chlore. Il est souvent utile de soumettre les cuves d'indigo à cette épreuve. L'acide hydrochlorique peut être employé jusqu'à un certain point au même usage.

Lorsqu'on fait passer du chlore dans un sel ammoniacal qui est dissous dans l'eau, par exemple, de l'hydrochlorate d'ammoniaque, l'ammoniaque est décomposée. Ses deux élémens, l'hydrogène et l'azote, s'unissent en même temps au chlore, et forment de l'acide hydrochlorique et du chlorure d'azote : le premier reste en dissolution, le second se précipite à l'état d'un liquide oléagineux.

3º *Chlore et acide hydrosulfurique.*

1 volume de chlore et 1 volume de gaz hydrosulfurique mêlés donnent lieu à 2 volumes d'acide hydrochlorique et à un dépôt de soufre. En employant un excès de chlore, il y a production de chlorure de soufre.

4º *Chlore et hydrogène phosphoré.*

Le chlore enflamme le gaz hydrogène phosphoré; et, s'il est en excès, il se produit de l'acide hydrochlorique et du chlorure, ou du perchlorure de phosphore.

5º *Chlore et hydrogène arséniuré.*

En faisant passer le chlore bulle à bulle dans l'hydrogène arséniuré, il y a inflammation, production d'acide hydrochlorique et dépôt d'hydrure d'arsenic.

En faisant passer l'hydrogène arséniuré bulle à bulle dans le chlore, les phénomènes sont les mêmes, sauf qu'au lieu d'hydrure d'arsenic il se forme un chlorure de ce métal.

6º *Chlore et hydrogène carboné.*

2 volumes de chlore et 1 volume d'hydrogène bicarboné s'enflamment par la chaleur, l'étincelle électrique et le contact des rayons du

soleil ; il en résulte 4 volumes d'acide hydro-chlorique et du charbon.

Dans l'obscurité ou à une lumière faible, ce mélange donnerait naissance à de l'éther chlo-rurique.

2 volumes de chlore et 1 volume d'hydro-gène carboné détonnent par la chaleur, mais ils ne produisent pas d'éther chlorurique à froid.

D. *Chlore, corps oxigénables et eau.*

Lorsque le chlore est mis en contact à la fois avec de l'eau et des corps oxigénables, soit simples, soit composés, les résultats peuvent être très-différens de ce qu'ils seraient si l'eau n'é-tait pas présente. En général, il y a une décomposition d'eau opérée par l'affinité du chlore pour son hydrogène, et celle du corps oxigénable pour son oxigène.

Par exemple, le soufre très-divisé, le phosphore, l'arsenic, etc., plongés dans de l'eau où l'on fait arriver du chlore, sont convertis en acides sulfurique, phosphorique, arsénique, etc., tandis qu'il se produit de l'acide hydrochlorique.

Lorsque l'acide hydrosulfurique, les hydro-gènes phosphoré, arséniqué, sont en contact avec le chlore et l'eau, leur hydrogène se combine avec le chlore ; le corps qui était uni à l'hydrogène ne produit pas de chlorure ; il se précipite en totalité, s'il n'y a pas décomposition d'eau : dans le cas contraire, il s'oxigène en totalité ou en partie seulement.

IV. PROPRIÉTÉS ORGANOLEPTIQUES.

Le chlore a une odeur forte, particulière, et une saveur astringente.

Il excite la toux, et, s'il est respiré pendant un certain temps, il détermine des crachemens de sang et la mort même.

D'après cela, lorsqu'on prépare du chlore, il est toujours nécessaire d'avoir à côté de soi de l'ammoniaque, afin de détruire celui qui pourrait se dégager accidentellement de l'appareil. Au reste, la substitution du chlorure de chaux à l'eau de chlore, dans le blanchîment, rend moins fréquens les accidens causés par le chlore sur les ouvriers qui sont exposés à le respirer.

V. ÉTAT NATUREL.

Le chlore n'existe dans la nature qu'à l'état de combinaison.

VI. PRÉPARATION.

Je traiterai successivement de la préparation :

1° *Du chlore gazeux anhydre;*

2º *Du chlore gazeux humide ;*
3º *Du chlore dissous dans l'eau ;*
4º *Du chlore liquide anhydre.*

Chlore gazeux anhydre.

On met dans le ballon B (*fig.* 1, *pl.* 2), placé sur la grille d'un fourneau, 1 partie de peroxide de manganèse ; on y adapte, au moyen d'un bouchon, un tube C en S, et un tube D qui communique avec un tube plus large A, rempli de quelques morceaux de chaux caustique et de chlorure de calcium ; le tube A communique, au moyen d'un tube G, avec un flacon étroit ou une éprouvette à pied F. Le tube G doit toucher le fond du vaisseau. F communique avec F' au moyen du tube T, et F' avec F'' au moyen du tube T' ; enfin F'' communique avec un vase E au moyen du tube T''. Le vase E a été garni au fond de petits morceaux de chaux, et on a fini de le remplir avec de l'hydrate de chaux. Toutes les tubulures et les bouchons doivent être bien lutés.

Les choses ainsi disposées, on verse, par le tube C, dans le ballon B, 6 parties environ d'acide hydrochlorique légèrement fumant. On ne verse pas tout à la fois. Le dégagement du chlore commence à froid, et ce n'est que quand il a cessé, ou qu'il est très-ralenti, qu'on doit commencer à chauffer, en mettant quelques charbons dans le fourneau. Voici maintenant ce qui arrive : le chlore qui se dégage enlève avec lui un peu de gaz hydrochlorique et de vapeur d'eau ; la chaux caustique du tube A est destinée à absorber le premier, et le chlorure de calcium la seconde ; de sorte que c'est du chlore sec qui arrive en F par le tube G. Le chlore étant beaucoup plus dense que l'air qui remplit F, le soulève et l'expulse ainsi peu à peu du flacon ; quand F est plein de chlore, F' se remplit de la même manière. Enfin, la chaux hydraté contenue dans E est destinée à absorber le chlore qui sort de l'appareil. Dès que l'opération est terminée, il faut déluter les tubes, et fermer sur-le-champ les vaisseaux qui contiennent le chlore sec. On doit faire usage de bouchons ou de disques de verre.

Chlore gazeux humide.

Rien de plus facile que cette préparation. Il suffit de mettre du peroxide de manganèse et 6 parties d'acide hydrochlorique légèrement fumant dans un ballon muni d'un tube à gaz qui va s'ouvrir sous un flacon plein d'eau. Par la raison que le chlore est soluble, il faut ne pas opérer dans une cuve pneumato-chimique, mais dans un vase de petite dimension. Il faut se servir de la même eau pour remplir les flacons.

Chlore dissous dans l'eau.

On prépare en petit le chlore dissous dans l'eau, en adaptant au ballon B (*fig.* 2, *pl.* 2), contenant du peroxide de manganèse, les flacons F, F′, F″ et le vase E au moyen des tubes T, T′, T″, T‴. Les trois premiers contiennent de l'eau ; le vase E, des morceaux de chaux caustique et de l'hydrate de chaux.

Les remarques que nous avons faites en traitant de la préparation de l'acide carbonique dissous dans l'eau, 8ᵉ leçon, page 40 et suivantes, sont applicables ici. Il faut donc que le bout du tube T qui plonge dans l'eau E destinée à laver le gaz soit effilé, afin de le laver, et pour en faciliter la solution dans l'eau. Il est bon qu'il en soit de même de l'extrémité des tubes T′ et T″. En second lieu, les flacons F′ et F″ ne doivent pas être tout-à-fait remplis d'eau.

En grand, les appareils ne diffèrent de ceux-ci que par la grandeur de la capacité qui contient l'eau que l'on veut saturer. Cette capacité est souvent partagée par deux ou trois diaphragmes qui sont percés chacun d'un seul trou, et de manière à ce qu'ils ne se correspondent pas. Le but de cette disposition est d'opposer des obstacles à la marche du chlore, afin d'en favoriser la solution dans l'eau.

Chlore liquide anhydre.

Sir H. Davy et M. Faraday ont obtenu le chlore liquide de la manière suivante : ils ont desséché des cristaux de chlore hydraté, autant qu'on peut le faire en les pressant entre des feuilles de papier Joseph. Ils les ont introduits dans un tube de verre qui a été scellé hermétiquement. Ils ont chauffé le tube à 38° dans un bain-marie. L'hydrate s'est réduit en chlore liquide et en eau légèrement colorée par un peu de chlore; ces substances ne se mêlaient pas tant que la température était au-dessus de 21°; mais à cette même température l'eau donnait des cristaux de chlore hydraté.

M. Faraday a liquéfié du chlore séché par l'acide sulfurique, en le comprimant dans un tube de verre.

REMARQUES.

Au lieu d'employer l'acide hydrochlorique et le peroxide de manganèse, on peut faire usage d'un mélange de 1 partie de peroxide, de 3 parties de chlorure de sodium ou sel marin, sur lequel on verse 2 parties d'acide sulfurique concentré qu'on a mêlé avec 2 parties d'eau.

Il y a une précaution essentielle à prendre; c'est de n'employer que du peroxide de manganèse extrêmement divisé; autrement il y en aurait toujours qui ne serait pas attaqué; au reste, il est toujours facile de s'apercevoir si le résidu de l'opération contient du peroxide de manganèse; sa couleur noire, et son aspect métallique s'il n'a pas été bien divisé, le font reconnaître : dans ce cas il faut le séparer des matières solubles au moyen de l'eau, le sécher pour l'employer ensuite.

THÉORIE.

Le peroxide de manganèse ne peut s'unir à l'acide hydrochlorique sans s'abaisser à l'état de protoxide; et cette désoxigénation s'opère aux dépens de l'hydrogène d'une portion d'acide hydrochlorique qui, par là, se trouve réduite à du chlore, qui se dégage. Ainsi hydrochlorate de protoxide de manganèse, eau et chlore, sont les produits de la réaction des corps. Le tableau suivant les présente exprimés en atomes.

$$\text{1 at. de peroxide de manganèse} = \begin{cases} \text{2 oxigène.} \\ \text{1 protox. de mang.} \end{cases}$$

$$\text{8 at. acid. hydroc.} = \begin{cases} \text{port. A} = \text{4 at. ac. hydroc.} \begin{cases} \text{4 at. chlor.} \\ \text{4 at. hydr.} \end{cases} \\ \text{port. B} = \text{4 at. ac. hydroc.} \end{cases}$$

Les 2 atomes d'oxigène de 1 atome de peroxide de manganèse, forment avec les 4 atomes d'hydrogène de la portion A d'acide hydrochlorique, 2 atomes d'eau : 4 atomes de chlore sont ainsi mis en liberté.

L'atome de protoxide de manganèse neutralise les 4 atomes d'acide hydrochlorique de la portion B.

Quand on substitue le chlorure de sodium et l'acide sulfurique étendu à l'acide hydrochlorique, la théorie est la même, par la raison que l'acide sulfurique, en présence du chlorure de sodium et de l'eau, détermine la décomposition de ces deux corps, de manière que le chlore s'unit à l'hydrogène de l'eau, tandis que l'oxigène de cette dernière s'unit au sodium pour constituer la soude qui neutralise l'acide sulfurique ; d'un autre côté, l'eau ajoutée à l'acide sulfurique étant suffisante pour dissoudre l'acide hydrochlorique développé dans un temps donné, celui-ci réagit bientôt sur le peroxide de manganèse.

Les produits de l'opération peuvent être du sulfate de soude, de l'hydrochlorate de protoxide
de manganèse, de l'eau et du chlore, ou, si l'on
a employé une quantité suffisante d'a cide sulfurique, du sulfate de soude, du sulfate de protoxide de manganèse, de l'eau et du chlore.

VII. USAGES.

Le chlore sert à désinfecter l'air chargé de
certains miasmes odorans. Il est employé avec
un grand succès pour le blanchîment des toiles
de coton, de la pâte de papier, des vieux livres,
des vieilles gravures, etc. etc.

Lorsque le chlore agit sur une atmosphère
qui est rendue odorante par de l'ammoniaque ou
de l'acide hydrosulfurique, la désinfection qu'il
produit s'explique tout naturellement par la
nature connue des produits de la réaction des
corps; mais lorsqu'il agit sur des substances
organiques dont la nature nous est inconnue,
et qui sont plus ou moins délétères, nous ne
pouvons expliquer ce qui se passe alors. Cependant on connaît assez bien l'action du chlore
en général sur les matières organiques, pour
concevoir comment il est capable de les détruire. En effet, ces substances contenant du

carbone et de l'hydrogène unis à de l'oxigène et même à de l'azote, un changement d'équilibre dans leurs élémens les décomposera, de sorte qu'après avoir éprouvé ce changement, elles pourront se trouver converties en produits qui ne sont pas délétères. Or le chlore, par sa forte affinité pour l'hydrogène, peut les dénaturer. On peut concevoir le résultat produit de deux manières : 1° le chlore s'unit à l'hydrogène même des substances organiques; 2° il agit sur celles-ci en présence de l'eau; dès lors il s'unit à l'hydrogène de ce liquide, tandis que l'oxigène qui devient libre se porte sur la partie combustible des substances organiques.

Ce que nous venons de dire de la théorie de l'action du chlore sur les miasmes organiques, s'applique en tout point à la décoloration des matières qui ont la même origine; et comme il produit cet effet lorsqu'il est dissous dans l'eau, il est extrêmement probable que le blanchîment ou la destruction des principes colorés organiques, est opérée par l'oxigène provenant de l'eau décomposée. Quoi qu'il en soit, on voit qu'il peut se produire de l'acide hydrochlorique avec la plus grande facilité dans le blanchîment. Dès lors il faut, quand on emploie le chlore simplement dissous dans l'eau, prendre garde que l'acide hydrochlorique développé n'altère les étoffes.

VIII. HISTOIRE.

Scheele découvrit le chlore en 1774, et le considéra comme de l'acide muriatique privé de phlogistique ; aussi l'appela-t-il *acide marin déphlogistiqué*. Quelques années après, Lavoisier pensa qu'il était formé d'acide marin et d'oxigène, et Berthollet, en 1785 et 1788, s'attacha à démontrer cette opinion. Enfin, en 1809, sir H. Davy, en Angleterre, MM. Gay-Lussac et Thénard, en France, se livrèrent à des recherches très-importantes sur le chlore et ses combinaisons, et les chimistes français firent remarquer que tous les phénomènes que présente le chlore pouvaient s'expliquer et dans l'hypothèse où ce corps est considéré comme un composé d'oxigène et d'acide muriatique, et dans celle où il l'est comme un corps simple. M. Ampère adopta cette opinion, et proposa en conséquence le nom de *chlore* pour remplacer celui d'acide muriatique oxigéné. Enfin, sir Davy publia le premier écrit où l'on ait professé la seconde hypothèse, à l'exclusion de la première, en se fondant sur les anciennes expériences et sur de nouveaux faits.

Le chlore a été appliqué au blanchîment par Berthollet.

Il a été employé pour désinfecter l'air par Guyton-Morveau.

---

§ II.

CHLORE HYDRATÉ (Ch + 5 H² ou 5 Aq).

Chlore . . . . . . 28,24 . . . . . 1 221,32
Eau . . . . 71,76 . . . . . 5 562,40
          100,00   poids at. 783,72

Le chlore hydraté est en feuillets jaunes. Nous avons vu plus haut la décomposition qu'il éprouve par la chaleur.

On le prépare en faisant passer du chlore dans de l'eau dont la température est de 2 à 5°. On obtient ainsi des feuillets jaunes que l'on presse entre des feuilles papier Joseph.

PARIS, IMPRIMERIE DE DECOURCHANT.
RUE D'ERFURTH, N° 1, PRÈS DE L'ABBAYE

ONZIÈME LEÇON.

SECTION II.

COMBINAISONS DU CHLORE AVEC LES CORPS SIMPLES PRÉCÉDEMMENT ÉTUDIÉS.

CHAPITRE II.

ACIDE HYDROCHLORIQUE (H Ch).

I. COMPOSITION.

	en poids.	en vol.		en atomes.
Chlore. . .	97,26 . . .	1 ⎱	= 2 vol. ⎰ 1 . . .	221,32
Hydrogène.	2,74 . . .	1 ⎰	⎱ 1 . . .	6,24
	100,00		poids at.	227,56

II. NOMENCLATURE.

L'acide hydrochlorique a porté le nom d'*acide marin*; la solution aqueuse concentrée a porté ceux d'*esprit de sel*, d'*acide marin fumant*.

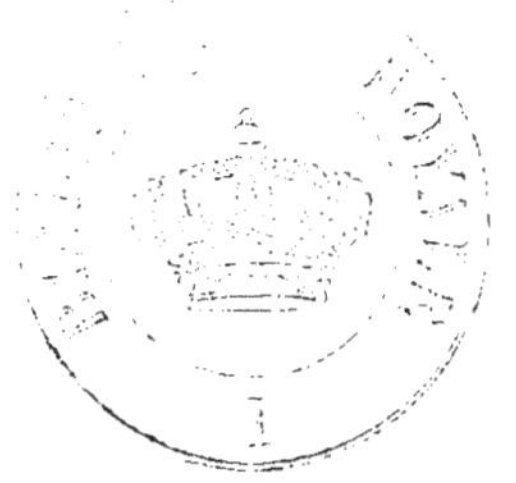

1

III. PROPRIÉTÉS PHYSIQUES.

A. *A l'état de gaz.*

Il conserve son état gazeux sous la pression de $0^m,760$ et à une température de — $50°$.

Sa densité est de $1,2474$.

Le décimètre cube pèse $1^{gr},6205$.

Il est incolore.

B. *A l'état liquide.*

A $10°$, sa tension est de 40 atmosphères.

Il est incolore.

Son pouvoir réfractif est plus grand que celui de l'acide nitreux, et inférieur à celui de l'eau.

IV. PROPRIÉTÉS CHIMIQUES.

Cas où il n'éprouve pas de décomposition.

Il n'éprouve aucune action de la part des gaz oxigène et hydrogène.

Il a une grande affinité pour l'eau, et il la manifeste, quel que soit l'état d'agrégation des particules de cette substance. Lorsqu'il la rencontre à l'état de vapeur dans l'atmosphère, il s'y unit sur-le-champ, et la combinaison, dont la tension est beaucoup plus faible que celle

de ses principes, se précipite sous forme vésiculaire, ou plutôt sous celle d'une fumée
blanche.

La glace absorbe le gaz hydrochlorique, et
se fond en dégageant de la chaleur.

Le gaz hydrochlorique est absorbé si rapidement par l'eau, que lorsqu'on débouche avec
promptitude un flacon de ce gaz, que l'on tient
renversé dans un bain d'eau, celle-ci s'y élance
avec assez de force pour le briser.

1 volume d'eau à 4° en absorbe 480 de gaz
hydrochlorique. Il y a dégagement de chaleur;
aussi faut-il refroidir le liquide, pour qu'il
puisse se saturer à la température de 4°. Sa
densité est alors de 1,21.

Cette dissolution répand des fumées blanches dans l'air, parce que sa tension est telle,
qu'en débouchant le vase qui la contient, une
portion d'acide s'en dégage.

Elle commence à perdre son gaz en bouillonnant à une basse température; c'est pourquoi,
lorsqu'il s'agit de la faire réagir sur un corps à
l'aide de la chaleur, il faut opérer de manière
que la température soit insuffisante pour la faire
bouillir; et on remplit cette condition, soit en
l'étendant d'un peu d'eau, soit en ne chauffant

que très-doucement les corps au commencement de l'opération.

Lorsqu'on l'expose à un froid de — 5o°, elle
se prend en une masse butireuse. Il est probable qu'elle éprouve quelque changement dans
la proportion de ses principes immédiats, car
il paraît que toute la masse n'est pas solide.

Le gaz hydrochlorique est absorbé par le
charbon, ainsi que nous l'avons dit, et en général par tous les solides poreux.

L'acide hydrochlorique, mêlé à l'acide nitrique, forme l'*eau régale*, ou *acide nitromuriati-
que*, qu'il ne faut pas considérer comme un acide
particulier. On a prescrit des proportions très-
différentes pour faire ce mélange; mais avant
de chercher la proportion la plus convenable,
il faut distinguer le cas où l'eau régale est destinée à dissoudre simplement de l'or, du platine, etc., et celui où elle est destinée à servir de
mordant en teinture, après toutefois qu'on y
aura dissous un métal.

Dans le premier cas, il faut mêler 3 parties
d'acide hydrochlorique liquide et 1 partie d'a-
cide nitrique à 32°. En employant plus d'acide
nitrique, comme on l'a souvent prescrit, il y en
aurait une portion qui serait perdue, par la rai-

son qu'un métal, en se dissolvant dans l'eau régale, doit s'unir au chlore ou à de l'acide hydrochlorique, et non à de l'acide nitrique.

Dans le second cas, les proportions peuvent varier beaucoup, suivant le résultat qu'on veut obtenir. En effet, lorsqu'on emploie comme mordant la dissolution d'un métal dans l'eau régale, l'acide hydrochlorique ou l'acide nitrique, que je suppose y être en excès à la composition du chlorure ou de l'hydrochlorate, peuvent produire un bon effet, qu'on n'obtiendrait pas d'une dissolution neutre. Je ne traiterai de la préparation des dissolutions métalliques dans l'eau régale destinées aux usages de la teinture que dans la seconde partie du cours.

Expliquons ce qui se passe dans la réaction des acides hydrochlorique et nitrique.

Nous avons :

    Acide hydrochlorique,
    Acide nitrique,
    Eau.

Tant que ces corps sont mélangés sans avoir le contact d'une substance métallique, on doit toujours considérer les deux acides comme divisés en deux portions A ou A', et B ou B', l'une qui éprouve une altération, et l'autre qui n'en éprouve pas. Nous distinguerons donc chacun des deux acides de la manière suivante :

$$\text{Acide hydrochlorique} = \begin{cases} \text{portion A} = \begin{cases} \text{chlore,} \\ \text{hydrogène.} \end{cases} \\ \text{portion B} = \text{acide hydrochlr.} \end{cases}$$

$$\text{Acide nitrique} = \begin{cases} \text{portion A}' = \begin{cases} \text{oxigène,} \\ \text{acide nitreux.} \end{cases} \\ \text{portion B}' = \text{acide nitrique.} \end{cases}$$

L'hydrogène de A et l'oxigène de A′ sont capables de s'unir et de former de l'eau. Cette eau se forme en effet par le mélange des deux acides, et il résulte évidemment de cette production de l'acide nitreux et du chlore, qui, par leur grande force élastique, tendent à se séparer du liquide; et en effet, vous observez toujours qu'un flacon qui n'est pas entièrement rempli d'eau régale a une atmosphère colorée par un mélange de vapeur nitreuse et de chlore.

La décomposition mutuelle des acides hydrochlorique et nitrique s'arrête bientôt, par la raison que l'eau qu'ils contiennent affaiblit leur réaction. Mais en les échauffant il s'en décompose une nouvelle quantité.

Si l'on met dans l'eau régale une substance qui ait de l'affinité pour le chlore, comme de l'or, du platine, l'affinité de cette substance conspirera avec celle de l'hydrogène de A pour l'oxigène de A', et augmentera ainsi la décomposition mutuelle des acides.

V. PROPRIÉTÉS ORGANOLEPTIQUES.

L'acide hydrochlorique a une odeur acide, piquante, très-forte.

Il est délétère; il détermine des irritations sur la peau lorsqu'on l'y applique à l'état d'acide concentré, ou même lorsqu'on reste quelque temps exposé au contact du gaz.

Lorsqu'on plonge les doigts dans une atmosphère d'acide hydrochlorique, on éprouve une sensation de chaleur, dont il est aisé de se rendre compte, si l'on se rappelle que cet acide dégage de la chaleur par son union avec l'eau, et si l'on considère ensuite que les doigts sont imprégnés d'une certaine quantité d'eau de transpiration.

VI. ÉTAT NATUREL.

L'acide hydrochlorique se dégage du cratère des volcans, mais il ne se trouve pas dans la nature en assez grande quantité pour qu'on puisse se dispenser de le préparer; et d'ailleurs celui qui est devenu libre par une cause quelconque, ne tarde pas à être neutralisé par des matières alcalines.

VII. PRÉPARATION.

On prépare de l'acide hydrochlorique, 1° à l'état de gaz; 2° à l'état d'acide fluor ou en dissolution dans l'eau; 3° enfin, à l'état de liquide anhydre.

1° La préparation du gaz hydrochlorique est très-facile : on introduit dans un petit ballon ou dans une fiole à médecine, de manière à ne la remplir qu'à moitié, 4 parties de chlorure de sodium, avec 3 parties d'acide sulfurique hydraté concentré, préalablement étendu de 1 partie d'eau; on adapte aussitôt à la fiole un tube recourbé, dont on engage l'ouverture libre sous une cloche pleine de mercure. Le dégagement du gaz commence à froid, ce n'est que quand il se ralentit qu'on commence à chauffer les matières; la chaleur doit être graduée lentement. Tant que le gaz est mêlé d'air, ce qu'on reconnaît à ce qu'il ne se dissout pas entièrement dans quelques centimètres d'eau qu'on introduit dans la cloche, on ne le conserve pas.

La théorie de cette décomposition est très-facile à expliquer ; nous avons :

> Acide sulfurique,
> Chlorure de sodium,
> Eau.

L'acide sulfurique a une grande affinité pour les alcalis, notamment pour la soude, de sorte que celui qui est en présence de l'eau et du chlorure de sodium, a une force qui change l'équilibre des élémens du chlorure de sodium et de l'eau. L'oxigène de celle-ci se combine avec le sodium pour former de la soude, et cette soude se combine avec l'acide sulfurique pour former du sulfate de soude : bien entendu que ces décompositions, que je ne puis énoncer que successivement, sont simultanées.

En même temps qu'il se produit du sulfate de soude, l'hydrogène se combine avec le chlore pour former de l'acide hydrochlorique qui prend l'état gazeux. Le résultat de l'opération est donc du sulfate de soude d'une part, et de l'acide hydrochlorique de l'autre part.

Il est extrêmement facile de traduire cette réaction en proportions atomistiques :

$$1 \text{ at. chlorure de sodium} = \begin{cases} 4 \text{ at. chlore,} \\ 1 \text{ at. sodium.} \end{cases}$$

$$2 \text{ at. eau} \ldots \ldots \ldots = \begin{cases} 2 \text{ at. oxigène,} \\ 4 \text{ at. hydrogène.} \end{cases}$$

$$2 \text{ at. acide sulfurique} \ldots = \begin{cases} 6 \text{ at. oxigène,} \\ 2 \text{ at. soufre.} \end{cases}$$

L'atome de sodium, en décomposant les 2 atomes d'eau, forme 1 atome de soude qui, avec les 2 atomes d'acide sulfurique, forme 1 atome de sulfate de soude neutre, dans lequel l'oxigène de la base est le tiers de celui de l'acide.

Les 4 atomes d'hydrogène de l'eau + les 4 atomes de chlore, forment 4 atomes d'acide hydrochlorique ; le résultat est donc :

$$4 \text{ at. d'acide hydrochlorique gazeux} = \begin{cases} 4 \text{ at. chore,} \\ 4 \text{ at. hydrog.} \end{cases}$$

$$1 \text{ at. sulfate de soude} = \begin{cases} 2 \text{ at. acide sulfurique,} \\ 1 \text{ at. soude} = \begin{cases} 2 \text{ at. oxigène,} \\ 1 \text{ at. sodium.} \end{cases} \end{cases}$$

2° Lorsqu'on veut préparer l'acide hydrochlorique fluor, ou l'acide hydrochlorique dissous dans l'eau, on introduit du chlorure de sodium dans un ballon placé sur un bain de sable, ou sur une grille si l'on préfère chauffer à feu nu ; on y adapte deux tubes, l'un en S, par lequel on verse l'acide sulfurique, l'autre deux fois courbé à angle droit, qui met le ballon en communication avec trois flacons de Woulf, disposés comme ceux de l'appareil pour le chlore fluor (fig. 2, pl. 2). Seulement le premier flacon ne doit contenir que très-peu d'eau, le second et le troisième doivent en être remplis au plus à moitié, et cette quantité ne doit pas dépasser celle du chlorure de sodium. Enfin les tubes qui amènent le gaz dans l'eau ne doivent y plonger que de o^m,10.

Lorsque l'appareil est ainsi disposé, on verse l'acide sulfurique par le tube en S dans le ballon, et par petites portions; on n'en ajoute que quand l'effervescence produite au moment du contact a cessé. Si l'on versait à la fois tout l'acide sulfurique, il y aurait une effervescence tellement forte, que les matières pourraient passer dans les flacons. Lorsqu'on a versé la plus grande partie de l'acide, on favorise le dégagement du gaz hydrochlorique en chauffant peu à peu le ballon.

Au lieu de mettre de l'eau dans le premier flacon qui est destiné à retenir des matières moins expansibles que le gaz hydrochlorique, qui pourraient se dégager avec lui, il est préférable d'y mettre une petite quantité d'acide hydrochlorique impur, provenant d'une opération antérieure.

Si l'on veut saturer l'eau du second flacon

d'acide hydrochlorique, il faut nécessairement plonger ce flacon dans un bain froid, afin d'absorber la chaleur dégagée pendant la dissolution du gaz. En même temps que la combinaison des deux corps s'opère, le volume de l'eau augmente peu à peu ; c'est pourquoi nous avons prescrit de ne remplir le flacon qu'à moitié ; l'eau saturée d'acide hydrochlorique étant plus dense que l'eau pure, il est évident que les corps seront dans la condition la plus favorable possible à leur union, lorsque le tube qui amène le gaz ne plongera que de $0^m,01$ dans le liquide du flacon, par la raison que l'acide uni à l'eau se précipitera au fond du vase, tandis que de l'eau pure ou de l'eau qui contient moins de gaz que celle qui descend, s'élèvera et tendra conséquemment à s'approcher de l'acide hydrochlorique : si le tube plongeait au fond du liquide, les corps ne seraient point dans des circonstances aussi convenables à leur réaction réciproque. Le courant descendant devient sensible à la vue, parce qu'il réfracte autrement la lumière que l'eau pure, ou que celle qui contient moins de gaz que lui.

Lorsqu'on opère sur de grandes quantités de matière, au lieu de se servir d'un ballon, on fait usage de ces tuyaux de fonte dont j'ai déjà eu l'occasion de vous parler en traitant de l'acide nitrique (5ᵉ leçon, page 41).

En grand, 100 parties de chlorure de sodium et 80 parties d'acide sulfurique donnent 130 parties d'acide hydrochlorique, d'une densité de 1,19, ou marquant 23º à l'aréomètre.

L'acide hydrochlorique préparé dans un laboratoire de chimie avec du chlorure de sodium pur, de l'acide sulfurique exempt de matière organique, et enfin de l'eau distillée, est toujours pur lorsque l'opération a été bien conduite.

Mais si l'on eût employé du sel marin contenant des matières étrangères, ou de l'acide sulfurique coloré par une quantité notable de matière organique, l'acide pourrait ne pas être sans couleur.

Enfin si, au lieu d'employer du sel marin, on eût fait usage de chlorure provenant du travail des salpêtriers, il arriverait, si ce chlorure n'eût pas été complètement séparé du nitrate de potasse, que le produit serait coloré par de l'acide nitreux et du chlore.

L'acide hydrochlorique du commerce est toujours coloré en jaune par de l'*hydrochlorate* ou du *deutochlorure de fer*. Le *chlore* contribuerait aussi à cette coloration s'il y était contenu en quantité notable; mais généralement, il ne s'y trouve que dans une faible proportion. Enfin l'acide hydrochlorique du commerce peut contenir encore du *sulfate de soude*, du *sulfate de chaux* et de *l'acide sulfureux*. Lorsque ce dernier existe, il exclut en général la présence du chlore, au moins dans certaines proportions, car le chlore et l'acide sulfureux déterminent la décomposition de l'eau en produisant de l'acide hydrochlorique et de l'acide sulfurique.

On reconnaît la présence du fer dans l'acide hydrochlorique, en faisant évaporer une certaine quantité d'acide presque à sec. Le résidu, s'il contient du fer, est plus coloré que ne l'était la liqueur avant l'évaporation; et en l'étendant d'eau, et y versant de l'hydrocyanoferrate de potasse, on obtient un précipité de bleu de Prusse.

Pour y rechercher la présence de l'acide sulfurique, on verse dans une portion d'acide hydrochlorique étendu de trois fois son volume d'eau, du chlorure de barium; pour peu qu'il y ait de l'acide sulfurique, on obtient un précipité insoluble dans un excès d'acide, et qui, chauffé au rouge dans un tube de verre, avec

du charbon, donne du sulfure de barium, facile
à reconnaître à sa saveur d'acide hydrosulfurique. Pour ne pas être trompé sur la présence
de l'acide sulfurique, il est absolument nécessaire d'étendre avec de l'eau l'acide qu'on essaie,
parce qu'il est tellement avide de ce liquide,
que s'il n'était pas étendu, fût-il aussi pur que
possible, il déterminerait la séparation d'une
portion du chlorure de barium ; mais ce précipité est toujours facile à distinguer du sulfate,
par sa solubilité dans l'eau.

Les petites quantités de chaux qui peuvent
se trouver dans l'acide hydrochlorique du commerce proviennent le plus souvent de l'eau que
l'on a employée pour dissoudre le gaz hydrochlorique. On reconnaît la chaux dans cet acide
en le neutralisant par de l'ammoniaque, puis y
mettant de l'oxalate d'ammoniaque. Quand la
chaux est à l'état de sulfate, on obtient le sel
calcaire en petites aiguilles, si on fait évaporer
doucement l'acide hydrochlorique dans une
petite capsule.

Depuis qu'on fait usage de cylindres de fonte
pour préparer l'acide hydrochlorique, il peut
s'y trouver de l'acide sulfureux. Pour en reconnaître la présence, il faut saturer l'acide avec

de la potasse, et le mêler ensuite avec du sulfate de cuivre. S'il y a réellement une quantité notable d'acide sulfureux, il se produit un précipité jaune de sulfite double de potasse et de protoxide de cuivre qui, étant chauffé au milieu de l'eau, devient rouge, par la raison que le sulfite de potasse est dissous, et que le sulfite de protoxide de cuivre apparaît avec la couleur qui lui est propre.

Enfin, on reconnaîtrait le chlore dans l'acide hydrochlorique à ce qu'il décolorerait de l'eau légèrement teinte en bleue par du sulfate d'indigo.

Pour obtenir de l'acide hydrochlorique pur avec de l'acide du commerce, le procédé le plus simple est de mettre cet acide dans une cornue à laquelle on adapte trois flacons de Woulf, dont le second et le troisième contiennent de l'eau.

Le premier flacon n'en doit pas contenir, ou, s'il en contient, ce ne doit être qu'une couche de 0ᵐ,01. En chauffant doucement la cornue il se dégage du gaz hydrochlorique qui vient se dissoudre dans l'eau des deux derniers flacons.

3° On prépare l'acide hydrochlorique liquide anhydre, en décomposant l'hydrochlorate d'ammoniaque par l'acide sulfurique concentré dans un tube courbé et scellé aux deux bouts. L'opération est la même que s'il s'agissait de préparer l'acide hydrosulfurique liquide. (*Voy.* 6ᵉ leçon, page 51.)

VIII. USAGES.

Les usages de l'acide hydrochlorique en teinture sont assez nombreux. D'abord on peut l'employer pour faire des sels dont les bases servent de mordant. C'est ainsi, par exemple, qu'on se sert d'acide hydrochlorique pour dissoudre l'étain, et former ce qu'on nomme le *sel d'étain*. Celui-ci peut-être représenté, au moins quand il est en dissolution dans l'eau, comme une combinaison d'acide hydrochlorique et de protoxide d'étain ; mais lorsqu'il a été privé d'eau par l'action de la chaleur, c'est un protochlorure métallique.

L'acide hydrochlorique doit être considéré comme un des principes de l'*eau régale,* qui sert en teinture à préparer *la composition d'é-tain,* soit que cette composition ait été faite avec de l'hydrochlorate d'ammoniaque ou du chlorure de sodium, soit qu'elle l'ait été avec de l'acide hydrochlorique.

On peut employer cet acide pour *virer* des couleurs, enlever le peroxide de fer qui peut se trouver sur de la soie, des étoffes de ligneux, etc.

Lorsque des laines ont été passées dans l'eau de sous-carbonate de soude, on leur donne quelquefois un bain d'acide hydrochlorique faible.

Enfin, Baumé a prescrit l'usage de cet acide pour blanchir la soie destinée à la fabrication des blondes et des gazes.

IX. HISTOIRE.

On doit la découverte de l'acide hydrochlorique à Glauber.

CHAPITRE III.

COMBINAISONS DU CHLORE AVEC L'OXIGÈNE.

On a compté jusqu'ici cinq composés définis de chlore et d'oxigène, mais il en est deux dont l'existence n'est pas admise par tous les chimistes; nous allons en donner la composition.

PROTOXIDE DE CHLORE (Ch^2).

	en poids.	en vol.		en atomes.
Oxigène. .	18,42 . . . . 2 }	= 5 {	. . 1	100
Chlore . .	81,58 . . . . 4 }		. . 2	442,65
	100,00		poids at.	542,65

Cet oxide a été décrit par sir H. Davy : il l'a obtenu en faisant réagir l'acide hydrochlorique sur le chlorate de potasse ; mais lui-même a fait remarquer qu'il pouvait être un mélange de deutoxide de chlore et de chlore dans la proportion suivante :

$$2 \text{ vol. deutoxide} = \begin{cases} 2 \text{ vol. oxigène,} \\ 1 \text{ vol. chlore.} \end{cases}$$

3 vol. chlore. ·

DEUTOXIDE DE CHLORE ($\overset{....}{\text{Chl}}$).

	en poids.	en vol.		en atomes.	
Oxigène. .	47,47	2		. . 4	400
Chlore . .	52,53	1	= 2	. . 2	442,65
	100,00			poids at.	842,65

Il est gazeux, d'une couleur jaune verdâtre, il présente la propriété remarquable, lorsqu'on en élève la température, de se décomposer en détonant et en produisant de la lumière et de la chaleur, quoiqu'il y ait expansion de volume et que les élémens s'isolent simplement l'un de l'autre.

Il a été liquéfié par M. Faraday : dans cet état il est très-fluide et d'un jaune foncé.

Sir H. Davy l'a obtenu en faisant réagir avec précaution de l'acide sulfurique sur du chlorate de potasse. L'acide chlorique d'une portion de chlorate se décompose en deutoxide de chlore et en oxigène, qui, en se portant sur l'acide chlorique d'une portion de chlorate non décomposé, convertit l'acide en acide chlorique oxigéné.

ACIDE CHLOREUX ($\overset{...}{Ch^2}$)?

	en poids.		en atomes.
Oxigène.	40,40	3 . . .	3oo
Chlore .	5g,6o	2 . . .	442,65
	100,00		poids at. 742,65

Cet acide n'a été admis jusqu'ici que par M. Berzelius, dans les composés qu'on a nommés chlorures de chaux, de soude et de potasse.

ACIDE CHLORIQUE ($\overset{...}{Ch^2}$).

	en poids.	en vol.		en atomes.
Oxigène.	53,o4 . . .	2,5	5 . . .	5oo
Chlore .	46,g6 . . .	1	2 . . .	442,65
	100,00			poids at. g42,65

Cet acide n'a été obtenu qu'en dissolution dans l'eau; à une température peu élevée, il se réduit en ses élémens.

On le prépare en décomposant par l'acide

sulfurique le chlorate de baryte ; il se précipite du sulfate de baryte, et l'acide chlorique reste en dissolution dans l'eau. On peut encore se le procurer en décomposant le chlorate de potasse par la solution aqueuse d'acide phtorosilicique qui précipite la potasse.

ACIDE CHLORIQUE OXIGÉNÉ ($\overset{\cdots}{Cl^2}$).

	en poids.	en volume.	en atomes.	
Oxigène,	61,26	. . . 3,5	7	. . . 700
Chlore	. . 38,74	. . . 1	2	. . . 442,65
	100,00		poids at.	1142,65

Cet acide n'a été obtenu qu'en dissolution dans l'eau. Il est bien plus stable que l'acide chlorique; car il peut être distillé comme l'acide sulfurique.

On l'extrait du chlorate oxigéné de potasse en distillant celui-ci avec l'acide sulfurique dans une cornue.

Voici les proportions en atomes du chlorate de potasse et de l'acide sulfurique qui réagissent pour former du deutoxide de chlore et du chlorate oxigéné de potasse.

```
                              ⎧       ⎧ 4 at. acide chloriq.= ⎧ 4 deutox. de chlore = ⎧ 12 oxig
                              ⎪ 2 at. ⎨                       ⎨                       ⎩ 8 chlo
3 at. de chlorate de pot.= ⎨       ⎩ 2 potasse.            ⎩ 4 oxigène.
                              ⎪       ⎧ 2 at. acide chlorique.
                              ⎩ 1 at. ⎨ 1 at. de potasse.
```

Il est visible qu'il faudra 4 atomes d'acide sulfurique pour neutraliser les 2 atomes de potasse
de 2 atomes de chlorate de potasse décomposé,
et que les 4 atomes d'acide chlorique se rédui-
ront en 4 atomes de deutoxide de chlore et
4 atomes d'oxigène, qui convertiront 1 atome
de chlorate en 1 atome de chlorate oxigéné.

CHAPITRE IV.

CHLORURE D'AZOTE (^{3}Ch Az).

	en poids.	en vol.	en atomes.	
Chlore. . .	88,24 . . .	3	3 . . .	663,97
Azote . . .	11,76 . . .	1	1 . . .	88,51
	100,00		poids at.	752,48

Ce composé, découvert par M. Dulong en
1811, est liquide à la température de 15°; il ressemble à une huile fauve. Il suffit d'une circonstance extrêmement légère pour qu'il détonne avec une force vraiment extraordinaire;
et cette détonation, accompagnée de chaleur et
de lumière, n'est due qu'à la rapidité extrême

avec laquelle ses deux élémens se séparent à l'état gazeux.

CHAPITRE V.

CHLORURE DE SOUFRE (²Ch S).

	en poids.	en vol.	en atomes.	
Chlore. . .	68,75 . . .	2	2 . . .	442,65
Soufre. . .	31,25 . . .	1	1 . . .	201,16
	100,00		poids at.	643,81

Il est liquide, jaune rougeâtre et d'une odeur forte.

Agité avec l'eau, il ne s'y mêle que difficilement, mais enfin, par un contact suffisant, il est réduit en acide hydrochlorique, en acide sulfureux et en soufre. Pour se rendre compte de la nature de cette réaction, prenons

$$2 \text{ at. de chlorure de soufre} = \begin{cases} 4 \text{ at. chlore,} \\ 2 \text{ at. soufre,} \end{cases}$$

$$\text{et 2 at. d'eau} \ldots \ldots = \begin{cases} 2 \text{ at. oxigène,} \\ 4 \text{ at. hydrogène,} \end{cases}$$

nous aurons

$$4 \text{ at. acide hydrochlorique} = \begin{cases} 4 \text{ at. chlore,} \\ 4 \text{ at. hydrogène,} \end{cases}$$

$$1 \text{ at. acide sulfureux.} \ldots = \begin{cases} 2 \text{ at. oxigène,} \\ 1 \text{ at. soufre,} \end{cases}$$

1 at. de soufre.

Si l'acide hyposulfureux était susceptible de se former dans la circonstance où la décomposition mutuelle du chlorure de soufre et de l'eau a lieu, il est clair que c'est cet acide qu'on obtiendrait, au lieu de l'acide sulfureux.

CHAPITRE VI.

ACIDE CHLOROSÉLÉNIQUE (⁴Ch Se).

	en poids.		en atomes.
Chlore. . .	64,10	4 . . .	885,3
Sélénium .	35,90	1 . . .	495,9
	100,00		poids at. 1381,2

Cet acide est blanc, solide; par la chaleur il se réduit en une vapeur jaune, qui se condense en cristaux incolores.

CHAPITRE VII.

COMBINAISONS DU CHLORE ET DU PHOSPHORE.

CHLORURE DE PHOSPHORE (^{3} Ch P).

en poids.		en atomes.	
Chlore. . . 77,08		3 . . . 663,97	
Phosphore. 22,92		1 . . . 196,15	
100,00		poids at. 860,12	

Il est liquide, volatil, incolore, susceptible de dissoudre du phosphore, qu'il laisse déposer par un abaissement de température, ou quand on le mêle avec de l'eau; mais l'eau, en dissolvant complètement le chlorure de phosphore qui est pur, le réduit en acide phosphoreux et en acide hydrochlorique.

En effet,

2 at. chlorure de phosphore $=\begin{cases} 6 \text{ at. chlore,} \\ 2 \text{ at. phosphore;} \end{cases}$

3 at. d'eau. . . . . $=\begin{cases} 3 \text{ at. oxigène.} \\ 6 \text{ at. hydrogène.} \end{cases}$

Conséquemment, puisqu'ils se décomposent mutuellement, on doit avoir

6 at. acide hydrochlorique. . $=\begin{cases} 6 \text{ at. chlore,} \\ 6 \text{ at. hydrogène.} \end{cases}$

$$1 \text{ at. acide phosphoreux. . .} = \begin{cases} 3 \text{ at. oxigène,} \\ 2 \text{ at. phosphore.} \end{cases}$$

ACIDE CHLOROPHOSPHORIQUE (⁵Ch P).

	en poids.		en atomes.
Chlore. . .	84,94	5 . . .	1106,62
Phosphore.	15,06	1 . . .	196,15
	100,00	poids at.	1302,77

Il est solide, fusible, volatil, incolore; il est réduit par l'eau en acide hydrochlorique et en acide phosphorique.

En effet,

$$2 \text{ at. acide chlorophosphor.} = \begin{cases} 10 \text{ at. chlore,} \\ 2 \text{ at. phosphore.} \end{cases}$$

$$5 \text{ at. d'eau . . . .} = \begin{cases} 5 \text{ at. oxigène,} \\ 10 \text{ at. hydrogène.} \end{cases}$$

Par leur décomposition mutuelle il donne :

$$10 \text{ at. acide hydrochlorique} = \begin{cases} 10 \text{ at. chlore,} \\ 10 \text{ at. hydrogène.} \end{cases}$$

$$1 \text{ at. acide phosphorique. . .} = \begin{cases} 5 \text{ at. oxigène,} \\ 2 \text{ at. phosphore.} \end{cases}$$

CHAPITRE VIII.

CHLORURE D'ARSENIC (^{6}Ch ^{2}As).

en poids.	en atomes.
Chlore. . . 58,55	6 . . . 1327,95
Arsénic . . 41,45	2 . . . 940,30
100,00	poids at. 2268,25

Il est liquide à la température ordinaire.

Il bout à 132° : il répand une fumée blanche, épaisse à l'air; l'eau le réduit en 6 atomes d'acide hydrochlorique et 1 atome d'acide arsénieux.

CHAPITRE IX.

CHLORURE DE CHROME (^{12}Ch Cr).

en poids.	en atomes.
Chlore. . . 79,06	12 . . . 2655,90
Chrôme . . 20,94	1 . . . 703,64
100,00	poids at. 3359,54

C'est un liquide rouge de sang, très-volatil.

CHAPITRE X.

COMBINAISONS DU CHLORE ET DU TUNGSTÈNE.

M. Wohler compte trois chlorures de tungstène :

1° Le *protochlorure*, qu'il regarde comme un composé de 2 atomes de chlore et de 1 atome de tungstène, s'obtient en chauffant le tungstène dans le chlore. Il est solide, rouge, fusible et volatilisable en une vapeur rutilante.

2° Le *perchlorure*, qu'il regarde comme un composé de 3 atomes de chlore et de 1 atome de tungstène : il l'obtient en chauffant l'oxide brun de tungstène dans le chlore. Il est jaune.

3° Un *chlorure* dont il n'a pas déterminé la composition, mais le plus remarquable des trois par sa cristallisation en aiguilles très-longues, d'un beau rouge. Sa vapeur est rutilante.

CHAPITRE XI.

COMBINAISONS DU CHLORE ET DU CARBONE.

PERCHLORURE DE CARBONE (^{3}Ch C).

	en poids.		en atomes.	
Chlore. . .	89,67		3 . . .	663,97
Carbone. .	10,33		1 . . .	76,53
	100,00		poids at.	740,50

Ce chlorure est solide, fusible à 16°, et susceptible de bouillir à 182° ; sa vapeur se condense en
cristaux lamelleux prismatiques.

Lorsqu'on le fait passer dans un tube de porcelaine rouge de feu, il perd $\frac{1}{3}$ de son chlore et
se réduit en protochlorure.

L'iode, le soufre et le phosphore lui enlè-
vent $\frac{1}{3}$ de son chlore, et l'hydrogène à la chaleur
rouge en sépare la totalité.

C'est en décomposant par le chlore et la lumière l'éther chlorurique, ou la combinaison
d'apparence huileuse que le chlore forme avec
l'hydrogène bicarboné, que l'on se procure le
perchlorure de carbone.

PROTOCHLORURE DE CARBONE (²Ch C).

	en poids.		en atomes.
Chlore. . .	85,26	2 . . .	442,65
Carbone. .	14,74	1 . . .	76,53
	100,00	poids at.	519,18

Il est liquide. Il bout à 74°.

Ces deux chlorures ont été découverts par M. Faraday, en 1820.

CHAPITRE XII.

CHLORURE DE BORE (³Ch B)?

	vol.		atomes.
Chlore.	3	= 2 ?	3
Bore.	1		1 ? (Dumas)

Il a été découvert par M. Berzelius, qui l'a obtenu en chauffant le bore dans le chlore.

Le chlorure de bore est gazeux et incolore.

M. Dumas a trouvé que sa densité est de 3,942'; le calcul donne 4,0793.

Il répand d'épaisses fumées blanches à l'air, à cause de l'eau qu'il attire puissamment.

Il se décompose, par le contact de ce liquide, en gaz hydrochlorique et en acide borique.

CHAPITRE XIII.

ACIDE CHLOROSILICIQUE ou CHLORURE DE SILICIUM (^{6}Ch Si)?

	vol.			atomes.
Chlore.	6	$\Big\} = 3$?	6	
Silicium.	1		1 ? (Dumas)	

Ce corps est, à l'état liquide, semblable à l'éther hydratique (sulfurique).

Il bout bien au-dessous de 100°.

La densité de sa vapeur est de 5,939, conséquemment le litre pèse 7^g,7154, suivant M. Dumas.

Il rougit la teinture de tournesol.

Il a une odeur qui rappelle celle du cyanogène.

On en doit la découverte à M. Berzelius.

CHAPITRE XIV.

CHLORURE DE TITANE (^{8}Ch T)?

	vol.	
Chlore.	8	$\Big\} = 4$?
Titane.	1	

Il est liquide, plus dense que l'eau, bout à 135°.

Il est incolore.

L'eau le transforme en acides hydrochlorique et titanique.

Il a été obtenu d'abord par M. George et ensuite par M. Dumas.

CHAPITRE XV.

COMBINAISON DE CHLORE ET D'ANTIMOINE.

PROTOCHLORURE D'ANTIMOINE (^{6}Ch At).

	en poids.		en atomes.
Chlore. . . .	45,16	6 . . .	1327,95
Antimoine. .	54,84	1 . . .	1612,90
	100,00	poids at.	2940,85

Il est solide, volatil, décomposable par l'eau en acide hydrochlorique et en protoxide d'antimoine, qui retient du chlorure.

DEUTOCHLORURE D'ANTIMOINE (¹⁰Ch At.)

	en poids.		en atomes.
Chlore.	. . . 57,85	10	. . . 2213,25
Antimoine.	. 42,15	1	. . . 1612,9
	100,00		poids at. 3826,14

M. Henri Rose l'a obtenu en faisant passer un courant de chlore sec sur de l'antimoine chaud.

Le deutochlorure d'antimoine est liquide, incolore.

Il s'échauffe avec l'eau et se change en acide hydrochlorique et en acide antimonique hydraté.

CHAPITRE XVI.

CHLORURE DE TELLURE (⁴Ch Te).

	en poids.		en atomes.
Chlore.	. . . 52,33	4	. . . 885,30
Tellure.	. . . 47,67	1	. . . 806,45
	100,00		poids at. 1691,75

Ce composé est solide et incolore, volatil, et susceptible de cristalliser par refroidissement.

Il est réduit par l'eau en acide hydrochlorique, et en acide tellurique, qui peut retenir un peu de chlorure.

———

Le chlore est susceptible de se combiner avec

1° L'*oxide de carbone*, volume à volume : le résultat est l'acide chloroxicarbonique, dont le volume est la moitié de celui des gaz constituans ;

2° L'*hydrogène bicarboné*, volume à volume : le résultat est l'éther chlorurique, dont nous avons dit quelques mots.

Suivant M. Despretz, 1 volume de chlore serait susceptible de constituer encore avec 2 volumes d'hydrogène bicarboné un liquide neutre.

3° Le *cyanogène*, en deux proportions au moins.

A. Un protochl. de cyanog. formé de $\left\{ \begin{array}{l} \text{1 v. chlor.} \\ \text{1 v. cyan.} \end{array} \right\} = 2 \text{ v.}$, qui est très-disposé à prendre l'état élastique.

B. Un perchl. de cyanog. formé de $\left\{ \begin{array}{l} \text{2 v. chlore,} \\ \text{1 v. cyanogène,} \end{array} \right.$ qui est concret.

Ces composés, formés d'un corps comburant simple et d'un combustible composé, se rangent, suivant moi, à côté des composés ternaires de la nature organique.

IODE (I).

DIX-NEUVIÈME ESPÈCE DE CORPS SIMPLE.

PREMIÈRE SECTION. — IODE.

I. NOMENCLATURE.

Iode est dérivé du mot grec ιωδεις, violet. Ce nom a été donné à la substance que nous allons étudier, à cause de la belle couleur violette de sa vapeur.

II. PROPRIÉTÉS PHYSIQUES.

A. *A l'état solide.*

L'iode est solide jusqu'à la température de 107° environ, où il se liquéfie.

Il s'aplatit un peu sous le pilon; cependant, par la trituration, on parvient à le diviser jusqu'à un certain point.

Sa densité est de 4,948.

Il est d'un gris bleuâtre foncé, et a un aspect métallique.

B. *A l'état liquide.*

L'iode qui s'est liquéfié à 107° conserve cet état jusqu'à la température de 175 à 180°, où il entre en ébullition.

L'iode liquide est d'un brun foncé.

C. A *l'état de vapeur.*

La vapeur d'iode a une densité de 8,695.

Elle est remarquable par la beauté de sa couleur violette. Nous verrons plus tard que, à cet égard, la vapeur de l'indigotine lui ressemble.

Le poids atomistique de l'iode est 780,97.

III. PROPRIÉTÉS CHIMIQUES.

Les propriétés chimiques de l'iode ont la plus grande analogie avec celles du chlore, ainsi qu'il sera facile de s'en convaincre d'après la revue que nous allons faire de l'action qu'il exerce sur les corps que nous avons examinés.

L'iode est susceptible de se combiner avec l'hydrogène à volume égal. Il en résulte 2 volumes d'acide hydriodique : cet acide correspond évidemment à l'acide hydrochlorique. Mais l'hydrogène ne s'unit point à l'iode aussi aisément qu'il s'unit au chlore.—En effet, la première combinaison ne s'effectue point directement, comme la seconde, sous l'influence de la lumière, de l'électricité et de la flamme; elle demande une certaine température, en deçà ou au-dessus de laquelle elle ne peut s'opérer.

L'iode ne se combine point immédiatement avec l'oxigène, mais il est susceptible de former un acide iodique quand il le rencontre à l'état naissant, et la combinaison se compose de 2 atomes d'iode et de 5 atomes d'oxigène. L'acide iodique correspond donc à l'acide chlorique.

Ce qui augmente encore les analogies de l'iode avec le chlore, c'est qu'il produit avec l'azote un composé solide qui est très-détonant, sans l'être cependant autant que le chlorure d'azote.

L'iode s'unit au soufre, au phosphore, à l'arsenic en toutes proportions; cependant il est bien probable que parmi ces combinaisons il en est de définies.

Il s'unit à l'antimoine, au tellure.

Il s'unit encore au chlore.

1000 parties d'eau peuvent dissoudre environ 7 parties d'iode. La solution est fortement colorée en jaune orangé brun. Lorsqu'on l'expose à

la lumière, elle se décolore, parce qu'il se produit de l'acide hydriodique et de l'acide iodique. Si la dissolution est rapprochée, les deux
acides se décomposent mutuellement, c'est-à-
dire qu'il se reforme de l'eau, et que l'iode est
mis en liberté. Vous voyez combien la proportion des corps a d'influence sur la nature des
divers états d'équilibre dont leurs élémens sont
susceptibles. L'iode est-il en présence d'une
grande quantité d'eau et sous l'influence de la
lumière; il y a décomposition de ce liquide, et
production d'acide hydriodique et d'acide iodique. Mais diminue-t-on par la concentration
la proportion du dissolvant, il arrive un moment où les deux acides se décomposent mutuellement, de sorte qu'il en résulte de l'eau et
de l'iode.

L'iode, chauffé dans le gaz ammoniaque,
forme un iodure brun fusible, qui, dès qu'il
est mis en contact avec l'eau, se change en hydriodate d'ammoniaque et en iodure d'azote,
qui se précipite à l'état d'une poudre noirâtre.

L'iode donne sur-le-champ, avec l'ammoniaque fluor, ces deux produits.

Il forme avec l'hydrogène bicarboné un iodure
correspondant à l'éther chlorurique.

IV. PROPRIÉTÉS ORGANOLEPTIQUES.

Il a une odeur qui participe à la fois de celle du chlore et de celle de certaines plantes marines.

Il a une saveur âcre.

V. ÉTAT NATUREL.

L'iode a été découvert dans les eaux mères des soudes de vareck et de fucus; mais on sait aujourd'hui que les fucus l'ont puisé dans les eaux de la mer. On l'a trouvé dans les eaux salées. Enfin M. Vauquelin l'a découvert à l'état d'iodure d'argent dans un minéral du Mexique.

VI. PRÉPARATION.

Je ne vous parlerai pas en détail de la préparation de l'iode, je me bornerai à vous dire qu'après avoir recueilli une suffisante quantité d'eau mère de soude de vareck, on chauffe celle-ci dans une cornue avec de l'acide sulfurique concentré. L'iode, qui est à l'état d'iodure de potassium, est mis en liberté, et se dégage à l'état de vapeur dans un récipient, où il se condense. Dans ce traitement, le potassium s'oxide aux dépens d'une portion de l'acide sulfurique, qui se trouve par là ramené à l'état d'acide sulfureux.

VII. USAGES.

On a fait des essais pour appliquer l'iodure de mercure rouge sur les étoffes de coton. Malheureusement cette couleur n'est pas assez stable pour qu'on puisse l'employer.

VIII. HISTOIRE.

L'iode a été découvert par M. Courtois, salpétrier de Paris; mais c'est M. Gay-Lussac qui a classé cette substance dans le système chimique des corps simples.

SECTION II.

COMPOSITION DE PLUSIEURS COMPOSÉS D'IODE AVEC LES CORPS PRÉCÉDEMMENT EXAMINÉS.

ACIDE HYDRIODIQUE (IH).

	en poids.	en vol.		en atomes.
Iode	99,21 . . . . . $\frac{1}{2}$		$= 1$	1 . . . 780,97
Hydrogène.	0,79 . . . . . $\frac{1}{2}$			1 . . . 6,24
	100,00			poids at. 787,21

Il est gazeux, incolore, très-soluble dans l'eau. La solution absorbe assez rapidement l'oxigène de l'air : il y a formation d'eau et de l'iode mis à nu; mais celui-ci ne se sépare à l'état solide que quand la décomposition est suffisamment avancée, par la raison que l'iode est assez soluble dans l'acide hydriodique aqueux.

Le chlore enlève l'hydrogène à l'iode.

Le mercure enlève l'iode à l'hydrogène.

Cet acide est encore décomposé par les acides sulfurique et nitrique.

La chaleur et l'électricité le décomposent.

ACIDE IODIQUE ($\ddot{\text{II}}$).

	en poids.	eu vol.	en atomes.	
Oxigène	24,25	$2\frac{1}{2}$	5	500
Iode	75,75	1	2	1561,94
	100,00		poids at.	2061,94

L'acide iodique est concret, incolore, demi-transparent; il a une saveur aigre et astringente; il est très-soluble dans l'eau.

Il s'unit aux acides sulfurique, phosphorique et nitrique.

Il est décomposé par les acides hydriodique,

hydrochlorique et hydrosulfurique; il l'est également par l'acide sulfureux.

CHLORURE D'IODE (*Acide chloriodique*) (^{5}Ch I).

	en poids.	en vol.	en atomes.	
Chlore . . .	58,32	5	5 . . .	1106,62
Iode	41,68	1 . . .	1 . . .	790,97
	100,00		poids at.	1897,59

Il est solide, jaune-orangé clair, déliquescent; la chaleur, la lumière en dégagent du chlore, et il semble en résulter un sous-chlorure de couleur orangée.

La solution du chlorure d'iode dans l'eau est incolore et très-acide; il est probable qu'elle est formée d'acide hydrochlorique et d'acide iodique; dans cette hypothèse, 2 atomes de chlorure donneraient 10 atomes d'acide hydrochlorique et 1 atome d'acide iodique.

IODURE D'AZOTE (^{3}I Az).

	en poids.	en vol.	en atomes.	
Iode . . .	96,36	3	3	2342,91
Azote. . .	3,64	1	1	88,51
	100,00		poids at.	2431,42

Cet iodure est en poudre noire; il détonne fortement, soit par la chaleur, soit par la percussion et même le frottement.

BROME (Br).

VINGTIÈME ESPÈCE DE CORPS SIMPLE.

I. NOMENCLATURE.

Brôme dérive de βρωμος, mauvaise odeur.

II. PROPRIÉTÉS PHYSIQUES.

A. *A l'état liquide.*

Le brôme est liquide à la température ordinaire et sous la pression de $0^m,760$.

Il ne se congèle pas à — 18°; il bout à 47°.

Sa densité a été évaluée à 2,966.

Vu en masse, il est d'un rouge brun; vu par transmission en couches minces, il est d'un rouge hyacinthe.

Il ne conduit pas l'électricité.

B. *A l'état solide.*

Le brôme est solide à — 20°.

C. *A l'état de vapeur.*

La vapeur du brôme est d'un rouge orangé brun, semblable à celui de la vapeur nitreuse. Sa densité paraît être de 5,1354.

Le poids de l'atome paraît être de 466,4.

III. PROPRIÉTÉS CHIMIQUES.

Le brôme, par ses propriétés chimiques, se place entre le chlore et l'iode; il s'unit directement à l'hydrogène au moyen de la chaleur, et forme avec lui l'acide hydrobrômique qui est gazeux; l'affinité du brôme pour l'hydrogène est assez forte pour qu'il l'enlève au phosphore, au soufre et même à l'iode.

Il forme dans certaines circonstances avec l'oxigène un acide brômique, qui correspond par sa composition aux acides chlorique et iodique, de même que l'acide hydrobrômique correspond aux acides hydrochlorique et hydriodique.

On ne l'a point encore uni à l'azote.

Il se combine **au** chlore à la température ordinaire et forme un chlorure liquide très-volatil d'un jaune rougeâtre, soluble dans l'eau, qui décolore rapidement le papier de tournesol sans le rougir.

Il se combine à l'iode, et paraît susceptible de former deux brômures différens, dont un protobrômure cristallisable, et un deutobrômure liquide.

Il se combine aisément au soufre.

Il exerce une action assez forte sur le phosphore pour qu'il s'y unisse en dégageant du feu. Il y a deux brômures de phosphore : un protobrômure qui est encore liquide à — 12°, et un deutobrômure qui est concret et cristallisable.

Il se combine avec l'arsenic et l'antimoine en dégageant une vive lumière.

Les corps composés, comme les corps simples, ne font éprouver au brôme aucune décomposition; s'ils agissent sur lui, c'est en s'y combinant intégralement ou en lui cédant, à cause de son affinité élective, un de leurs élémens.

Le brôme se dissout dans l'eau, dans l'alcool et surtout dans l'éther.

Il se combine avec l'hydrogène bicarboné, et produit un composé absolument analogue à l'éther chlorurique.

Le brôme dissous dans l'eau, la décompose

comme le fait l'iode, sous l'influence de la lumière solaire; il se produit des acides hydro-brômique et brômiue.

Le brôme décolore la teinture de tournesol, le sulfate d'indigo, etc.; en un mot, il agit sur les matières organiques à la manière du chlore.

Le chlore a des affinités plus fortes pour les métaux et les bases salifiables que n'en a le brôme; aussi le déplace-t-il des brômures. L'iode a au contraire moins d'affinité que le brôme pour ces mêmes corps; aussi le brôme chasse-t-il l'iode des iodures.

IV. PROPRIÉTÉS ORGANOLEPTIQUES.

Le brôme a une odeur extrêmement forte et très-désagréable, une saveur très-caustique. Il n'est pas douteux qu'il n'ait une action très-énergique sur les animaux.

V. ÉTAT NATUREL.

Le brôme existe dans l'eau de la mer et dans les eaux de plusieurs sources salées, mais en des proportions très-faibles. M. Balard pense qu'il se trouve, au moins dans la première, à l'état d'hydrobrômate de magnésie.

Il se trouve dans un grand nombre de végétaux et d'animaux marins.

VI. HISTOIRE, PRÉPARATION.

M. Balard le découvrit, en 1826, dans l'eau mère des salines. Voici le procédé qu'il conseille de suivre pour l'en séparer.

Dans un flacon rempli aux $\frac{2}{3}$ environ d'eau mère des salines, on dirige un courant de chlore, afin de mettre le brôme en liberté; on achève de remplir le vase avec de l'éther hydratique (sulfurique), on le ferme et on l'agite pendant un temps suffisant pour que l'éther puisse dissoudre le brôme; puis, en laissant reposer la liqueur, l'éther surnage coloré en rouge hyacinthe; alors on le décante, et, en l'agitant avec de l'eau de potasse caustique, on lui enlève le brôme. En agitant la même potasse avec des quantités suffisantes d'éther contenant du brôme, on parvient à la charger d'une telle quantité de ce corps, qu'en la faisant évaporer on obtient des cristaux cubiques de brômure de potassium; on pulvérise ces cristaux, on les mélange avec du peroxide de manganèse, et on les distille dans un petit appareil avec de l'acide sulfurique étendu de la moitié de son poids d'eau. Le brôme qui se dégage doit être reçu dans un petit récipient rempli d'eau froide.

PHTORE (Ph).

VINGT-UNIÈME ESPÈCE DE CORPS SIMPLE.

M. Ampère a proposé de donner le nom de *phtore* à un corps simple qui n'a pas encore été isolé de ses combinaisons; on peut bien le séparer d'un corps auquel il est uni, mais c'est toujours en lui présentant une substance pour laquelle il ait plus d'affinité dans la circonstance où l'on opère qu'il n'en a pour celle à laquelle il est combiné. Cet état de choses a déterminé plusieurs chimistes à rejeter l'existence du phtore comme n'étant pas démontrée; cependant, en l'appuyant sur la nouvelle théorie du chlore et sur la manière dont les corps simples sont caractérisés en chimie comme espèces, il est difficile de ne pas l'admettre parmi les corps simples et de méconnaître les grandes analogies qu'il a avec le chlore.

L'histoire chimique d'un corps se compose de deux parties distinctes :

1° De l'exposé de ses propriétés physiques
et organoleptiques;

2° De l'exposé de ses propriétés chimiques.
Ces dernières sont considérées sous deux as-
pects distincts : sous le premier, on comprend
tous les phénomènes que le corps présente pendant sa réaction sur les corps simples et les corps
composés; sous le second aspect, on comprend
toutes les propriétés que possèdent les composés du corps, et nous avons déjà fait observer,
en traitant du carbone, que, pour reconnaître
un corps ou, ce qui revient au même, pour le
caractériser, on l'unit à un autre corps parfaitement connu, avec lequel il forme une combinaison dont les propriétés caractéristiques sont
faciles à constater.

En appliquant ce principe à l'histoire du
phtore, nous verrons que si ce corps ne peut
être étudié que sous le rapport des propriétés
de ses combinaisons, ces combinaisons sont si
remarquables et si bien caractérisées, que l'existence du phtore est réellement déterminée d'une
manière très-satisfaisante.

Ne parlant du phtore, dans ce cours, que sous
le rapport de la philosophie chimique, nous
nous en tiendrons à quelques généralités sur les

composés les plus remarquables qu'il forme avec les corps que nous avons étudiés.

Le phtore se trouve dans la nature dans un assez grand nombre de minéraux, mais celui qui sert à préparer ses diverses combinaisons a porté les noms de *spath fluor*, *fluate de chaux*, *chaux fluatée* : nous l'appellerons *phtorure de calcium*, par la raison qu'il n'est point acide, et que nous le considérons comme un composé de phtore et de calcium.

ACIDE HYDROPHTORIQUE (*acide hydrofluorique*).

Si nous traitons cette substance par l'acide sulfurique dans une cornue de plomb munie d'un récipient du même métal, nous obtiendrons du sulfate de chaux, un acide que nous nommerons *hydrophtorique*, qui est doué de plusieurs propriétés extrêmement remarquables.

Il entre en ébullition au-dessous de 3o°.

Sa densité est de 1,0609. Il est incolore.

L'acide hydropthorique mis en contact à des températures convenables avec le fer, le potassium, le sodium, etc., donne du gaz hydrogène, et des composés analogues aux chlorures de fer, de potassium, de sodium, etc.

Son action sur le verre, ou plus simplement

sur la *silice*, est des plus énergiques ; elle donne lieu à une vive ébullition occasionée par le développement rapide d'un fluide aériforme que nous désignerons par le nom d'*acide phtorosilicique*.

L'acide hydrophtorique est une des substances les plus délétères qu'on connaisse. Appliquez-en quelques gouttes sur la peau d'un chien privé de ses poils, une heure ou deux heures après l'animal n'existera plus, et sa peau sera désorganisée, avec des phénomènes tout-à-fait particuliers à l'action de cet acide.

ACIDE PHTOROBORIQUE (*acide fluoborique*).

Si l'on traite à chaud par l'acide sulfurique, dans un ballon muni d'un tube à gaz, qui plonge sous une cloche pleine de mercure, un mélange de 2 parties de phtorure de calcium, de 1 partie d'acide borique vitrifié et de 12 parties d'acide sulfurique hydraté concentré, on obtiendra l'*acide phtoroborique* à l'état gazeux.

Cet acide a une densité de 2,371.

Il a sur l'eau une action des plus énergiques; aussi, dès qu'il est mêlé à l'air atmosphérique, produit-il en s'unissant à la vapeur aqueuse élastique qui s'y trouve, des fumées aussi épaisses que celles qui se formeraient si l'on mêlait de l'acide hydrochlorique avec de l'air chargé de gaz ammoniac.

Il charbonne les matières organiques.

ACIDE PHTOROSILICIQUE (*acide fluosilicique*).

En chauffant dans une fiole munie d'un tube à gaz qui plonge dans la cuve à mercure, 3 parties de phtorure de calcium, et 1 partie de silice ou de sable très-divisé, réduites en une bouillie claire au moyen de l'acide sulfurique hydraté concentré, on obtiendra l'acide phtorosilicique à l'état de gaz.

Cet acide a une densité de 3,57.

A 23°, l'eau en absorbe 265 fois son volume, et ce qu'il y a de remarquable, c'est qu'il se produit un dépôt abondant de silice en gelée, et qu'il reste dans la liqueur de l'acide hydrophtorique et une certaine quantité de silice.

Appliquons maintenant la théorie de la décomposition du chlorure de sodium par l'acide sulfurique aqueux, que nous avons exposée au commencement de cette leçon, aux opérations qui nous ont donné les acides hydrophtorique, phtoroborique et phtorosilicique, et nous verrons que tous les phénomènes qu'elles présentent s'expliqueront de la manière la plus simple, en supposant que le phtorure de calcium est formé de *phtore*, c'est-à-dire d'un corps simple analogue au chlore, et du métal appelé *calcium*. Dans cette hypothèse, nous verrons que le phtorure de calcium est analogue au chlorure de sodium, et que le phtore forme, avec le bore et le silicium, des composés binaires acides. En effet, l'acide sulfurique hydraté est-il en présence du phtorure de calcium, l'eau est décomposée; son hydrogène se porte sur le phtore, tandis que son oxigène s'unit au calcium, et que la chaux produite se combine à l'acide sulfurique.

Ajoute-t-on au mélange précédent de l'acide borique ou de la silice, l'oxigène de l'acide borique ou celui de la silice se porte sur le calcium, tandis que le phtore s'unit au bore ou au silicium pour constituer l'acide phtoroborique ou phtorosilicique.

L'acide hydrophtorique est-il en contact avec le potassium, le sodium, le fer; le phtore, plus attiré par ces métaux qu'il ne l'est par l'hydrogène, abandonnera celui-ci pour former un phtorure; phénomène analogue à celui que présente l'acide hydrochlorique lorsqu'il réagit sur les mêmes corps.

Le potassium expulse encore par affinité élective le bore et le silicium de leurs combinaisons avec le phtore.

Nous voyons donc que l'hydrogène, le bore,
le silicium, le calcium et le potassium, que nous
connaissons aussi bien qu'il nous est donné de
connaître les différentes espèces de corps qui
tombent sous nos sens, forment, en se combinant à la substance qui est unie au calcium
dans le phtorure de calcium, des composés absolument distincts de ceux que l'hydrogène, le
bore, le silicium, le calcium et le potassium
sont susceptibles de produire en s'unissant aux
corps simples ou composés que nous avons dé-
crits ; nous sommes ainsi conduits à regarder la
substance qui est unie au calcium dans le phtorure de calcium comme une espèce particulière
de corps que nous considérons comme simple,
à cause de ses analogies avec le chlore. Le phtore
a donc cela de particulier, que toutes les fois
que nous le déplaçons d'une combinaison, c'est
pour le faire passer dans une autre.

CONSIDÉRATIONS GÉNÉRALES

SUR LA COMBUSTION.

Un corps combustible est pour le vulgaire une matière qui, étant exposée à l'air, presque toujours à une température plus ou moins élevée, produit du feu, c'est-à-dire de la lumière et de la chaleur. Or, nous avons vu que les corps dont la combustibilité ne peut être mise en doute, tels que l'hydrogène, le carbone, le soufre, le phosphore, ne manifestent le phénomène du feu au milieu de l'air qu'en se combinant rapidement avec l'oxigène; car, lorsque la combinaison est lente, s'il y a quelquefois dégagement de chaleur sensible, il n'y a presque jamais dégagement de lumière. Il est donc évident que ce qui constitue essentiellement la combustion dans le cas où le vulgaire l'a remarquée, c'est *l'union chimique de deux matières qui s'opère avec une certaine rapidité,* et nous ajouterons *avec une certaine énergie.*

Mais de ce que l'oxigène est toujours dans ce cas l'une de ces deux matières, doit-on le considérer comme nécessaire à toute combustion? et doit-on en outre considérer comme combustible toute matière qui s'y combine? C'est ce que nous ne pensons pas; mais, avant d'en exposer la raison, il faut dire que le phénomène du feu n'est point exclusif aux combinaisons de l'oxigène avec les combustibles, mais qu'il a lieu toutes les fois que des corps composés s'unissent avec une énergie et une rapidité suffisantes, ainsi qu'on l'observe dans la réaction de l'acide sulfurique et de l'acide nitreux sur la baryte caustique. D'après ces considérations, que le phénomène du feu n'est point essentiellement lié à l'union de l'oxigène et des corps combustibles, et qu'il peut être le résultat de l'union mutuelle de corps composés comme de corps simples, il suit *qu'on ne doit pas le faire servir de base pour caractériser les corps qui le manifestent.*

Occupons-nous de la question de savoir si le chlore, le brôme et l'iode, d'après les phénomènes chimiques qu'ils présentent, doivent être rangés auprès de l'oxigène ou auprès des corps décidément combustibles.

Nous distinguerons

1° Les phénomènes qui apparaissent dans l'acte même de l'union des corps ;

2° Les propriétés des combinaisons produites, envisagées comparativement avec celles de leurs élémens ;

3° Les phénomènes que les combinaisons présentent dans quelques circonstances de leur décomposition.

1. Le chlore, en s'unissant à l'hydrogène, au phosphore, à l'arsenic, au silicium, à l'antimoine, au tellure, etc., etc., produit tous les phénomènes de la combustion. Le brôme, et à plus forte raison l'iode, sont loin sans doute de manifester aussi fréquemment le phénomène du feu que le chlore, mais cependant ils le présentent encore dans leurs réactions sur un assez grand nombre de substances. A cet égard le chlore, le brôme et l'iode se rapprochent donc de l'oxigène.

2. L'oxigène, en s'unissant avec les corps simples, produit des composés neutres, des composés acides et des composés alcalins. Le chlore, le brôme et l'iode produisent, avec les corps simples, des composés neutres, des composés acides ; et si on n'en connaît pas de dé-

cidément alcalins, il en est cependant qui, dans plusieurs circonstances, paraissent agir comme des alcalis faibles.

3. La plupart des composés d'oxigène et de corps simples qui, soumis à l'action de la pile, se décomposent, laissent dégager au pôle négatif le corps qui est uni à l'oxigène, tandis que celui-ci va au pôle positif. Dans la décomposition par la pile de la plupart des composés de chlore, de brôme et d'iode, on observe que le chlore, le brôme et l'iode vont au pôle positif, tandis que les corps qui y sont unis vont au pôle négatif.

Enfin vous remarquez que si un composé d'oxigène et d'un corps décidément combustible est soumis à l'action d'un corps décidément combustible, c'est toujours, ou presque toujours, le premier corps combustible qui est expulsé, et non l'oxigène. D'où l'on peut tirer cette règle, qui, si elle n'est pas universelle, est au moins très-générale, *c'est qu'un corps qui en expulse un autre de sa combinaison pour en prendre la place, est analogue au corps expulsé, et non à l'autre.*

Les composés que le chlore, le brôme ou l'iode, forment avec les corps décidément combustibles soumis à l'affinité élective d'un corps décidément combustible, présentent les mêmes résultats.

Maintenant, si, au lieu de faire réagir un corps décidément combustible sur des composés d'oxigène et de corps décidément combustibles, nous faisons réagir, sur ces mêmes composés, soit le chlore, soit le brôme, soit l'iode, s'il y a une décomposition, ce sera toujours, ou presque toujours, l'oxigène qui sera expulsé, et non le corps décidément combustible. D'où nous conclurons, d'après la règle précédente, que le chlore, le brôme et l'iode sont analogues à l'oxigène plutôt qu'ils ne le sont aux corps combustibles.

Si l'on étudie sous les points de vue que nous venons de présenter tous les corps simples, nous serons conduits au résultat général que nous avons énoncé dans la première leçon, pag. 40 ; c'est qu'il n'est pas possible de faire des classes distinctes de corps comburans comme l'oxigène, le chlore, etc., et de corps combustibles comme l'hydrogène, le potassium, etc.

PARIS, IMPRIMERIE DE DECOURCHANT,
RUE D'ERFURTH, N° 1, PRÈS DE L'ABBAYE.

DOUZIÈME LEÇON.

OR (Au).

VINGT-DEUXIÈME ESPÈCE DE CORPS SIMPLE.

SECTION PREMIÈRE. — OR.

I. PROPRIÉTÉS PHYSIQUES.

L'or est un métal solide; il se fond à $32°$ du pyromètre de Wedgwood, et se volatilise à une température élevée. Pour se convaincre de cette dernière propriété, il suffit de fondre de l'or au foyer d'une lentille, et d'exposer au-dessus un corps froid, qui se dore bientôt en condensant la vapeur du métal.

L'or est susceptible de cristalliser en pyramides quadrangulaires.

Il est remarquable par sa grande ductilité.

Long-temps il a été regardé comme le plus

dense des corps ; mais depuis la découverte du platine, il n'occupe plus que le second rang. Sa densité est de 19,3 à 19,4.

Son poids atomistique est de 2486.

En masse, il est d'un jaune rougeâtre ; mais par transmission, il est d'un vert bleuâtre.

Ce métal est très-bon conducteur de l'électricité ; c'est le meilleur conducteur connu du calorique.

II. PROPRIÉTÉS CHIMIQUES.

L'or n'est pas susceptible de se combiner avec l'hydrogène ni avec l'azote. Il s'unit à l'oxigène, mais les chimistes sont partagés d'opinion sur le nombre de ses oxides. M. Berzelius en admet 3, d'autres chimistes n'en comptent que 2, et Proust n'en admet qu'un seul. Il se combine avec le chlore gazeux à une certaine température.

Il se dissout dans l'eau de chlore.

Il forme un iodure, mais il ne s'unit pas directement avec l'iode.

Il se combine indirectement avec le soufre et le phosphore, et directement avec l'arsenic, l'antimoine.

L'eau est sans action sur l'or.

L'acide hydrochlorique n'en a pas non plus ; ou, s'il en a une, ce n'est que quand sa solution aqueuse est très-concentrée, et cette action est des plus légères.

L'acide hydriodique, l'acide hydrophtorique, l'acide hydrosulfurique, sont sans action sur lui ; et c'est ce qui explique pourquoi l'or ne noircit pas, comme l'argent, lorsqu'il se trouve dans une atmosphère sulfurée.

L'acide nitrique dont la densité est inférieure à 40° n'attaque pas l'or ; celui qui est plus concentré en dissout une très-petite quantité.

Les acides du soufre, du phosphore, de l'arsenic, dissous dans l'eau, ne l'attaquent pas.

Le vrai dissolvant de l'or est *l'eau régale*.

La meilleure composition de l'eau régale pour dissoudre l'or est de 4 parties d'acide hydrochlorique à 12°, et 1 partie d'acide nitrique à 40°. Ce mélange peut dissoudre 18 à 20 parties d'or divisé ; mais il faut toujours commencer à une douce chaleur, parce que sans cela on s'exposerait à volatiliser une certaine quantité d'acide.

D'après ce que j'ai dit hier de l'action de l'eau régale en général, je n'insisterai pas beaucoup aujourd'hui sur la manière dont elle dissout l'or. Nous avons comparé le mélange d'acide hydrochlorique et d'acide nitrique à une source de chlore. La décomposition de ces acides commence au moment de leur mélange, mais elle s'arrête bientôt, par la raison que ces acides s'affaiblissent ; il faut donc une circonstance nouvelle pour que leur décomposition continue ; cette circonstance existe lorsqu'on y plonge de l'or, qui a de l'affinité pour le chlore : alors l'acide hydrochlorique est sollicité d'une part par l'oxigène de l'acide nitrique qui tend à former de l'eau avec son hydrogène, et de l'autre par le métal qui tend à se combiner avec le chlore. Ainsi les élémens de l'acide hydrochlorique se séparent en vertu d'une double affinité.

III. PROPRIÉTÉS ORGANOLEPTIQUES.

L'or est inodore, insipide.

Il n'a aucune action sur l'économie animale à l'état métallique, mais il n'en est pas de même de plusieurs de ses combinaisons, particulièrement de son chlorure.

IV. ÉTAT NATUREL.

Il se trouve dans la nature presque toujours à l'état métallique.

V. USAGES.

L'or est considéré comme un des corps les plus précieux que l'on connaisse; il le doit à ce qu'il n'est pas très-commun dans la nature, à la beauté de sa couleur et de son éclat, à son extrême ductilité, qui permet de le réduire en fils, ou en feuilles si minces, que c'est l'or qu'on cite pour donner une idée de la grande divisibilité dont la matière est susceptible, sans cesser d'être visible; enfin il le doit à ce qu'il ne fond qu'à une température assez élevée, et surtout à ce qu'il ne s'altère pas lorsqu'il a le contact de l'air, de l'eau, de l'acide hydrosulfurique, en un mot, le contact des corps qui nous environnent, ou que nous touchons le plus fréquemment. Mais l'inaltérabilité qu'on accorde vulgairement à l'or n'est que relative aux circonstances dans lesquelles le commun des hommes l'observe, car pour qu'un corps fût absolument inaltérable, il faudrait qu'il eût une extrême solidité, et qu'il fût incapable de contracter aucune combinaison chimique.

L'or des monnaies, de la vaisselle, des bijoux, est presque toujours allié à une certaine quantité de cuivre, et cet alliage est nécessaire pour diminuer sa ductilité, et lui donner la faculté de résister à des chocs, à des pressions qui changeraient les formes qu'on lui a données, et qu'on a intérêt à conserver.

L'or a été employé quelquefois en teinture à l'état de *pourpre de cassius*, préparation que nous décrirons au chapitre de l'étain.

SECTION II.

COMBINAISONS BINAIRES DÉFINIES DE L'OR AVEC DES CORPS PRÉCÉDEMMENT ÉTUDIÉS.

PEROXIDE D'OR ou ACIDE ORIQUE ($\overset{...}{\text{Au}}$).

	en poids.		en atomes.
Oxigène	10,77	3	3oo
Or	89,23	1	2486
	100,00		poids at. 2786

Cet oxide est d'un jaune brun.

Il a une légère solubilité dans l'eau.

L'acide nitrique très-concentré le dissout, mais il l'abandonne dès qu'on ajoute de l'eau à la solution; si l'acide contenait de l'acide nitreux, ce ne serait pas de l'oxide, mais de l'or métallique qui se précipiterait, par la raison que l'acide nitreux se convertirait en acide nitrique.

Il est dissous par l'acide hydrochlorique.

Le peroxide d'or ne neutralisant pas les propriétés caractéristiques des acides auxquels il peut s'unir, et d'un autre côté ses affinités pour les alcalis étant assez grandes pour qu'il donne naissance à des composés qui ont la plus grande analogie avec les sels, on l'a considéré comme un acide faible, et on a appelé *orates* ses combinaisons avec les bases salifiables, dont la plus remarquable est l'*or fulminant*.

Telle est la manière dont se comporte le peroxide d'or lorsqu'il agit par attraction résultante. Mais lorsqu'il est mis en contact avec la plupart des corps qui ont une tendance marquée à s'oxigéner, il est réduit à l'état métallique, ou en une matière de couleur pourpre, qui est le deutoxide d'or de M. Berzelius.

La chaleur et la lumière le réduisent à l'état métallique.

Le peroxide d'or peut s'obtenir en mettant du chlorure d'or avec un excès de lait de magnésie. Il se produit du chlorure de magnésium

et du peroxide d'or qui est mêlé avec l'excès de
la magnésie. En appliquant l'acide nitrique au
mélange, celle-ci se dissout, et le peroxide d'or
reste à l'état de pureté.

DEUTOXIDE D'OR (Äu).

	en poids.		en atomes.	
Oxigène	7,45	2		200
Or	92,55	1		2486
	100,00		poids at.	2686

Cet oxide se forme, suivant M. Berzelius, lorsque l'or est soumis à une décharge électrique
au milieu de l'air, lorsqu'il est chauffé avec des
matières terreuses, lorsque son peroxide et son
chlorure sont étendus sur des matières organiques, ou lorsqu'on mélange des solutions de
chlorure d'or et de protochlorure d'étain.

Les chimistes qui n'admettent pas le deutoxide d'or attribuent la couleur pourpre qui se
manifeste dans les circonstances précédentes à
de l'or métallique très-divisé.

PROTOXIDE D'OR (Au).

	en poids.	en atomes.	
Oxigène	3,87	1	100
Or	96,13	1	2486
	100,00	poids at.	2586

Cet oxide est vert.

M. Berzelius l'a obtenu en traitant par l'eau de potasse le protochlorure d'or.

PERCHLORURE D'OR (^{6}Ch Au).

	en poids.	en atomes.	
Chlore	34,82	6	1327,95
Or	65,18	1	2486,00
	100,00	poids at.	3813,95

Nous avons dit que l'or se dissout très-bien dans l'eau régale; il suffit de faire évaporer la dissolution avec ménagement pour obtenir le chlorure d'or.

Le chlorure d'or est cristallisable en lames ou en aiguilles, au moins quand il se sépare d'une solution qui contient de l'acide hydrochlorique : il est d'un jaune orangé, très-soluble dans l'eau. On peut considérer cette dissolution comme un chlorure ou comme un hydrochlorate de peroxide d'or. Dans cette dernière hypothèse, voici ce qui se passe : on a

$$1 \text{ at. de perchlorure d'or} = \begin{cases} 6 \text{ chlore,} \\ 1 \text{ or.} \end{cases}$$

$$3 \text{ at. d'eau} \; \ldots \ldots \ldots = \begin{cases} 3 \text{ oxigène,} \\ 6 \text{ hydrogène,} \end{cases}$$

qui deviennent

$$1 \text{ at. d'hydrochlorate de peroxide d'or} = \begin{cases} 6 \text{ at. ac. hydrochl.} = \begin{cases} 6 \text{ chlore,} \\ 6 \text{ hydrogèn.} \end{cases} \\ 1 \text{ at. perox. d'or.} = \begin{cases} 3 \text{ oxigène,} \\ 1 \text{ or.} \end{cases} \end{cases}$$

Quelle que soit l'hypothèse que l'on admette, tous les faits que présente la solution du perchlorure d'or dans l'eau, s'expliquent d'une manière satisfaisante, ainsi que nous allons le voir.

La potasse, la soude, la magnésie, la baryte, la strontiane, la chaux précipitent du peroxide d'or hydraté, de la solution de chlorure.

Dans la première hypothèse, les alcalis cèdent leur oxigène à l'or, et le peroxide d'or s'unit à de l'eau, tandis que le radical des alcalis s'unit au chlore.

Dans la seconde hypothèse, ces alcalis se substituent simplement au peroxide d'or dans l'hydrochlorate.

L'ammoniaque précipite l'or de sa solution à l'état d'orate d'ammoniaque, qui est l'*or fulminant.*

Dans la première hypothèse, il faut admettre la décomposition de l'eau, dont l'hydrogène s'unit au chlore et l'oxigène à l'or.

Dans la seconde, il faut admettre que l'ammoniaque s'unit simplement à l'acide hydrochlorique, bien entendu qu'une autre portion s'unit au peroxide d'or.

La solution de chlorure d'or est constamment employée lorsqu'on veut faire réagir par la voix humide des corps sur une dissolution de ce métal; et si on voulait appliquer une préparation d'or sur les étoffes, ce serait elle que l'on prendrait.

Le chlorure d'or est complètement décomposé, par une chaleur suffisante, en or et en chlore. Si la température est ménagée convenablement, on obtient le protochlorure d'or.

Les acides sulfureux, nitreux, phosphoreux, etc., le sulfate de protoxide de fer précipitent l'or à l'état métallique de la solution aqueuse de son chlorure.

PROTOCHLORURE D'OR (²Ch Au).

	en poids.	en atomes.	
Chlore	15,11	2	442,65
Or	84,89	1	2486,00
	100,00	poids at.	2928,65

C'est en chauffant le perchlorure d'or, comme nous venons de le dire, avec précaution, qu'on obtient le protochlorure.

L'eau chaude le réduit en or et en perchlorure qu'elle dissout.

Le perchlorure ne contient que le tiers de l'or contenu dans le protochlorure.

Ce dernier donne du protoxide d'or quand on le traite par l'eau de potasse.

IODURE D'OR (³I Au).

	en poids.	en atomes.	
Iode	48,52	3	2342,91
Or	51,48	1	2486,00
	100,00	poids at.	4828,91

SULFURE D'OR (³S Au).

	en poids.	en atomes.	
Soufre	19,53	3	603,48
Or	80,47	1	2486,00
	100,00	poids at.	3089,48

On l'obtient en faisant passer un courant d'acide hydrosulfurique dans une solution de chlorure d'or.

OSMIUM (Os).

VINGT-TROISIÈME ESPÈCE DE CORPS SIMPLE.

L'*osmium* est un métal que Tennant découvrit en 1803 dans la mine de platine.

L'osmium est sous la forme d'une poudre noirâtre. Jusqu'ici il n'a point été fondu.

Il paraît fixe lorsqu'il est chauffé sans le contact de l'air.

Lorsqu'on chauffe peu d'osmium dans une cornue contenant une quantité suffisante d'oxigène ou d'air atmosphérique, il se convertit entièrement en un oxide blanc volatil. Si la distillation est faite dans une petite cornue avec un peu d'air, on obtient avec de l'oxide blanc un sublimé bleu que M. Vauquelin considère comme un protoxide d'osmium.

Aucun acide simple ou mélangé n'attaque l'osmium.

Le corps qui se produit toutes les fois que l'*osmium* peut se saturer d'oxigène, est neutre. On le considère comme une substance qui est analogue à l'eau, relativement à l'action qu'elle exerce sur les réactifs colorés. Elle ne forme point de sel, soit en s'unissant avec les acides, soit en se combinant avec les bases salifiables. Elle présente donc le caractère de la neutralité. Quand on flaire une dissolution d'oxide d'osmium dans l'eau, on lui trouve une odeur très-forte et qui rappelle celle de certaines substances végétales. C'est même de cette propriété qu'est dérivé le nom d'*osmium*, qui veut dire odorant.

La solution aqueuse d'oxide d'osmium, mise en contact avec la noix de galle, devient d'abord rougeâtre, ensuite bleue, et elle colore de la même manière les bouchons et les papiers sur lesquels on l'étend. M. Vauquelin la regarde comme une encre indélébile. En effet, s'il était possible de se procurer à peu de frais l'oxide d'osmium en assez grande quantité pour en faire une dissolution dans l'eau, et qui serait assez concentrée pour colorer le papier en bleu, on aurait une encre susceptible de résister aux agens les plus puissans.

IRIDIUM (Ir).

VINGT-QUATRIÈME ESPÈCE DE CORPS SIMPLE.

L'iridium est un métal solide, d'un blanc d'argent, infusible au feu des fourneaux; il paraît légèrement ductile. Sa densité est au moins de 18,68.

Il est susceptible de s'unir au soufre.

Il est inaltérable au contact du chlore, de l'air, de l'eau, des acides oxigénés, des hydracides.

L'eau régale concentrée le dissout : la dissolution en est rouge.

Il paraît susceptible de s'unir à l'oxigène en deux proportions; l'oxide qu'on considère comme le moins oxigéné est bleu, et l'autre est rouge.

Le protoxide se forme en chauffant au rouge l'iridium avec la potasse. La matière fondue donne à l'eau un *iridiate bleu*, et le résidu traité par l'acide hydrochlorique donne une solution de la même couleur.

L'iridium a été découvert par M. Descotils, en 1803, dans la mine de platine.

RHODIUM (R).

VINGT-CINQUIÈME ESPÈCE DE CORPS SIMPLE.

PREMIÈRE SECTION. — RHODIUM.

Le rhodium est un métal solide, blanc, infusible au feu de nos fourneaux, s'il est chauffé seul.

Sa densité est au moins de 11,0.

Son poids atomistique est de 1500,1, d'après M. Berzelius. Le même chimiste dit que quand sa poussière est chauffée au rouge, elle s'oxide. Il compte trois oxides de rhodium.

Le soufre s'unit à ce métal au moyen de la chaleur.

Les acides sulfurique, nitrique, hydrochlorique et l'eau régale concentrés et bouillans, sont sans action sur lui.

Quand on veut obtenir une dissolution de rhodium, il faut l'allier avec trois fois son poids de plomb et traiter l'alliage par l'eau régale, faire évaporer la dissolution à siccité, et appliquer au résidu de l'eau froide, qui dissout du chlorure de rhodium et laisse du chlorure de plomb.

Le rhodium fut découvert en 1805 par M. Wollaston.

SECTION II.

COMBINAISONS BINAIRES DÉFINIES DU RHODIUM AVEC DES CORPS PRÉCÉDEMMENT ÉTUDIÉS.

PROTOXIDE DE RHODIUM ($\dot{\mathrm{R}}$),

	en poids.		en atomes.	
Oxigène	6,25		1	100,00
Rhodium	93,75		1	1500,10
	100,00		poids at.	1600,10

Il est brun.

On l'obtient, suivant M. Berzelius, en calcinant à l'air le rhodium réduit en poudre.

DEUTOXIDE DE RHODIUM ($\ddot{R}$).

	en poids.		en atomes.	
Oxigène	11,76		2	200,00
Rhodium	88,24		1	1500,10
	100,00		poids at.	1700,10

Cet oxide, ainsi que le précédent, ne sature pas les acides. M. Berzelius le prépare en chauffant dans un creuset de platine du rhodium en poudre avec de la potasse et un peu de salpêtre; il lave le résidu à l'eau chaude, puis avec de l'eau acidulée d'acide sulfurique.

PEROXIDE DE RHODIUM ($\dddot{R}$).

	poids.		atomes.	
Oxigène	16,67		3	300
Rhodium	83,33		1	1500,10
	100,00		poids at.	1800,10

Il s'obtient en précipitant par l'eau de potasse le chlorure de rhodium. Le précipité est en flocons roses qui passent au jaune par la dessiccation.

Cet oxide est soluble dans les acides sulfurique, nitrique et hydrochlorique. Les dissolutions sont roses quand elles sont étendues.

CHLORURE DE RHODIUM (Ch R).

	en poids.	en atomes.	
Chlore.	46,96	6	1327,95
Rhodium	53,04	1	1500,10
	100,00	poids at.	2828,05

Il ne cristallise pas.
Il est d'un brun rosé.

SULFURE DE RHODIUM (³S R).

	en poids.	en atomes.	
Soufre	28,69	3	603,48
Rhodium	71,31	1	1500,10
	100,00	poids at.	2103,58

PLATINE (Pt).

VINGT-SIXIÈME ESPÈCE DE CORPS SIMPLE.

PREMIÈRE SECTION. — PLATINE.

I. NOMENCLATURE.

Platine est la traduction du mot espagnol *platina*, qui signifie petit argent.

2,

II. PROPRIÉTÉS PHYSIQUES.

Le platine est un métal solide, très-difficile à fondre, quoiqu'il le soit moins que le rhodium et l'iridium. Mais si le platine est peu fusible, ses parties se soudent facilement les unes aux autres quand elles sont divisées et suffisamment chaudes ; c'est même sur cette propriété qu'est fondé le nouveau procédé d'après lequel on travaille ce métal. Il peut être filé et recevoir toutes les formes qu'on donne à l'or et à l'argent ; cependant sa ductilité n'égale pas celle de ces métaux.

Il a une densité de 21,5313.

Son poids atomistique est de 1215,23.

III. PROPRIÉTÉS CHIMIQUES.

L'air et l'oxigène sont sans action sur lui.

Le chlore paraît susceptible de s'unir lentement au platine en mousse.

Le soufre forme, suivant E. Davy, un proto-sulfure de platine lorsqu'il est chauffé dans un tube vide d'air avec un poids de ce métal égal au sien.

Suivant le même chimiste, il se combine de la même manière avec le phosphore : il y a dégagement de lumière.

L'arsenic, le bore et le silicium, dit-on, se combinent au platine.

L'eau, les acides nitrique, sulfurique, sulfureux, hyposulfurique, phosphorique, hydrochlorique, hydrophtorique, hydriodique, hydrosulfurique sont sans action sur lui.

L'eau régale le dissout bien : 100 parties formées de 75 parties d'acide hydrochlorique à 15°, et de 25 parties d'acide nitrique à 35, peuvent en dissoudre 13,2 de platine.

IV. PROPRIÉTÉS ORGANOLEPTIQUES.

Il est inodore et insipide.

V. ÉTAT NATUREL.

Jusqu'ici il n'a été trouvé qu'à l'état d'alliage avec le palladium, le rhodium, l'osmium, l'iridium : la mine de platine du commerce, outre ces métaux, présente encore à l'analyse du plomb, du cuivre, du mercure, de l'or, du titanate et du chromate de fer.

VI. PRÉPARATION.

Autrefois on traitait la mine de platine par la potasse et l'acide arsénieux. On obtenait pour produit principal un arséniure de platine impur que l'on fondait à plusieurs reprises avec de la potasse, jusqu'à ce que celle-ci ne fût plus colorée. On chargeait l'arséniure d'une nouvelle quantité d'arsenic; puis, en chauffant l'alliage dans un fourneau à moufle, on en dégageait l'arsenic à l'état d'acide arsénieux.

Aujourd'hui on suit un procédé plus simple, qui a le grand avantage de ne point exposer les ouvriers aux émanations délétères de l'acide arsénieux. Pour cela, on traite la mine de platine par l'eau régale; on fait évaporer à sec; on reprend le résidu par l'eau. On précipite la plus grande partie du platine de la solution par l'hydrochlorate d'ammoniaque. Le précipité, chauffé au rouge, est réduit en platine que l'on redissout dans l'eau régale, et qu'on en précipite ensuite par l'hydrochlorate d'ammoniaque. Le précipité, lavé avec l'acide hydrochlorique, est pressé, et décomposé par la chaleur. C'est ensuite en percutant le platine métallique encore rouge de feu, qu'on parvient à le souder et à en faire un prisme compacte.

VII. USAGES.

La propriété qu'a le platine d'être inattaquable par les acides sulfurique, nitrique, hydrochlorique, etc., le rend propre à un grand nombre d'usages. Par exemple, on en fait des

vases propres à la concentration de l'acide sulfurique, et à la séparation de l'argent d'avec
l'or, au moyen du même acide; c'est encore
dans des vases de platine qu'on peut teindre la
laine en jaune au moyen de l'acide nitrique.

Des capsules et des creusets de ce métal sont
d'une nécessité absolue dans un laboratoire de
chimie.

Enfin, le platine étant le moins dilatable des
métaux, est par là même très-propre à faire des
mesures-étalons.

SECTION II.

COMBINAISONS BINAIRES DÉFINIES DE PLATINE ET
DE QUELQUES CORPS EXAMINÉS PRÉCÉDEMMENT.

DEUTOXIDE DE PLATINE ($\ddot{Pt}$).

	en poids.		en atomes.
Oxigène. . . .	14,13	2	200
Platine	85.87	1 . . .	1215,23
	100,00	poids at.	1415,23

On l'obtient en décomposant avec précaution

le sulfate de platine par l'eau de potasse ou le nitrate de platine par la chaleur.

A l'état pur il est d'un brun jaunâtre, et à l'état d'hydrate, d'un jaune de rouille.

Il paraît avoir plus de tendance à s'unir aux alcalis qu'aux acides.

Il est réduit en platine par la chaleur.

PROTOXIDE DE PLATINE (Pt).

	en poids.		en atomes.
Oxigène	7,6	1	100
Platine	92,4	1	1215,23
	100,0		poids at. 1315,23

On l'obtient en chauffant le peroxide de platine avec précaution, ou en décomposant le protochlorure de platine par la potasse.

PERCHLORURE DE PLATINE (⁴Ch Pt).

	en poids.		en atomes.
Chlore	42,15	4	885,26
Platine	57,85	1	1215,23
	100,00		poids at. 2100,49

Il est d'un rouge orangé; il est très-soluble dans l'eau.

Il est réduit par la chaleur, l'hydrogène, etc.

PROTOCHLORURE DE PLATINE ('Ch Pt).

	en poids.		en atomes.
Chlore.	26,70	2	442,63
Platine.	73,30	1	1215,23
	100,00		poids at. 1657,86

On l'obtient en chauffant le protochlorure de platine avec précaution.

PROTOSULFURE DE PLATINE (S Pt).

	en poids.		en atomes.
Soufre.	14,20	1	201,16
Platine.	85,80	1	1215,23
	100,00		poids at. 1416,39

On le prépare en chauffant le chlorure de platine ammoniacal avec le double de son poids de soufre dans une cornue.

Il est réduit en platine quand on le calcine à l'air libre.

DEUTOSULFURE DE PLATINE (^{2}S Pt).

Soufre.	24,87	2	402,32
Platine.	75,13	1 . . .	1215,23
	100,00	poids at.	1617,55

On le prépare en décomposant le chlorure de platine par un courant d'acide hydrosulfurique.

Il est noir : lorsqu'il est exposé à l'air libre, le soufre se convertit au moins en partie en acide sulfurique.

PALLADIUM (Pa).

VINGT-SEPTIÈME ESPÈCE DE CORPS SIMPLE.

PREMIÈRE SECTION. — PALLADIUM.

Le palladium a l'aspect du platine, mais sa densité n'est que de 11,3 à 11,8.

Il exige une température très-élevée pour se fondre.

Il se laisse laminer.

Le poids de son atome est de 1407,5.

A froid, l'air sec ou humide n'a pas d'action sur lui ; à une chaleur suffisante, il l'oxide.

Un courant d'oxigène, dirigé dans la cavité d'un charbon embrasé où l'on a mis une parcelle de palladium, le fait brûler.

Le chlore et le soufre s'unissent à ce métal.

L'eau ne l'altère pas ni à chaud ni à froid.

L'acide nitrique concentré le dissout à chaud.

L'acide sulfurique concentré et bouillant le dissout, mais moins bien.

L'acide hydrochlorique concentré et chaud le dissout.

Enfin, l'eau régale le dissout même à froid.

Il n'est d'aucun usage en teinture.

SECTION II.

COMBINAISONS BINAIRES DÉFINIES DE PALLADIUM ET DE QUELQUES CORPS EXAMINÉS PRÉCÉDEMMENT.

OXIDE DE PALLADIUM ($\overset{..}{P}$).

	en poids.		en atomes.
Oxigène	12,44	2	200
Palladium	87,56	1	1407,5
	100,00		poids at. 1607,5

On l'obtient en décomposant le nitrate de palladium à une douce chaleur.

Il est réduit à une température peu élevée.

CHLORURE DE PALLADIUM (⁴Ch Pa).

	en poids.		en atomes.
Chlore	38,61	4	885,3
Palladium	61,39	1	1407,5
	100,00		poids at. 2292,8

Il est d'un brun rougeâtre. Il cristallise con-fusément.

SULFURE DE PALLADIUM (²S Pa).

	en poids.		en atomes.
Soufre.	22,23	2	402,32
Palladium . . .	77,77	1 . . .	1407,50
	100,00		poids at. 1809,82

MERCURE (Hg).

VINGT-HUITIÈME ESPÈCE DE CORPS SIMPLE.

PREMIÈRE SECTION. — MERCURE.

I. NOMENCLATURE.

Le mercure a été appelé *vif-argent* à cause
de sa mobilité et de son éclat métallique qui
rappelle celui de l'argent.

II. PROPRIÉTÉS PHYSIQUES.

Il est liquide depuis la température de —39°,4
jusqu'à + 360°; et comme ses dilatations sont
proportionnelles aux quantités de chaleur qui
le pénètrent depuis la température de plusieurs
degrés au-dessous de zéro, jusqu'à 100° au moins,

il est précieux pour la confection des thermomètres. Un thermomètre à mercure, étudié comparativement avec un thermomètre à air, donne
les mêmes indications dans les limites que je
viens de fixer; mais à cent et quelques degrés,
les dilatations du mercure sont proportionnel-
lement plus grandes que les quantités de chaleur
qui les produisent.

Ce métal est susceptible de se réduire en vapeur et d'agir dans cette circonstance comme
font tous les corps qui passent à l'état de fluide
élastique, c'est-à-dire que, s'il est chauffé dans
un appareil distillatoire, il bouillira, se convertira en vapeurs qui se condenseront en liquide
dans la partie froide de l'appareil, tandis que,
s'il est chauffé dans un vase clos, quelle que soit
la résistance de ce vase, il finira par le faire
éclater.

La densité du mercure est de 13,5998.

Il est susceptible de cristalliser en octaèdres.
Il se contracte en passant de l'état liquide à
l'état solide.

Quoiqu'aux températures ordinaires la vapeur de mercure soit extrêmement rare, cependant elle agit très-sensiblement sur l'or qui est
exposé à son contact.

Le poids de son atome est de 2531,6.

III. PROPRIÉTÉS CHIMIQUES.

Aux températures ordinaires, il est inaltérable à l'air sec ou humide; mais, comme tous les autres liquides, il paraît susceptible d'en dissoudre une quantité qui devient sensible lorsque le métal cesse d'être soumis à la pression de l'atmosphère. M. Dulong pense que l'oxigène de cet air, en se combinant intimement au mercure que l'on fait bouillir dans un tube à baromètre, lui donne une viscosité sensible.

A la température de 320 à 350°, il s'unit à l'oxigène et forme un peroxide rouge.

Il s'unit au chlore en deux proportions. Si l'on opère à froid, et si le chlore n'est pas en excès, il se forme du protochlorure; tandis que si l'on opèreà chaud, les corps se combinent en dégageant une lumière rouge et en produisant du deutochlorure.

L'iode s'unit au mercure en deux proportions à la température ordinaire.

Le soufre s'y unit, mais il faut le secours de la chaleur.

La plupart des métaux s'y combinent. Ces alliages, comme nous l'avons dit, portent le nom d'*amalgames*.

Le mercure n'est pas attaqué par l'eau, ni par les acides hydrochlorique, hydrobromique, hydrophtorique; il ne l'est pas non plus par l'acide sulfurique faible, par l'acide sulfureux; mais il l'est par les acides nitrique et nitreux, par l'acide sulfurique concentré bouillant, ainsi que par les acides hydrosulfurique et hydriodique. Dans ces deux derniers cas, l'hydrogène est mis en liberté, et il se forme un sulfure et un iodure.

SECTION II.

COMBINAISONS BINAIRES DÉFINIES DE MERCURE ET DE QUELQUES CORPS ÉTUDIÉS PRÉCÉDEMMENT.

PROTOXIDE DE MERCURE ($\dot{H}g$).

	en poids.		en atomes.
Oxigène..	3,8	1	100
Mercure.	96,2	1	2531,6
	100,00	poids at.	2631,6

On a cru long-temps qu'en versant de la potasse dans la dissolution d'un sel de protoxide de mercure, on en séparait un protoxide; mais récemment M. Guibourt a fait l'observation que ce précipité est un mélange de peroxide de mercure et de mercure métallique.

En effet, prenons

$$1 \text{ atome de potasse} \ldots = \begin{cases} 2 \text{ oxigène,} \\ 1 \text{ potassium;} \end{cases}$$

et

$$\begin{array}{l} 2 \text{ at. de nitrate de} \\ \text{protox. de mer.} \end{array} = \begin{cases} 2 \text{ at. acide nitrique,} \\ 2 \text{ at. prot. de merc.} = \begin{cases} 2 \text{ oxig.} \\ 2 \text{ merc.} \end{cases} \end{cases}$$

La potasse neutralisera les 2 atomes d'acide nitrique, et les 2 atomes de protoxide de mercure mis en liberté se décomposeront en

$$1 \text{ at. de deutoxide} = \begin{cases} 2 \text{ at. oxigène,} \\ 1 \text{ at. mercure.} \end{cases}$$

et 1 atome de mercure.

Il y aura donc précisément la moitié du mercure qui se séparera à l'état métallique. Mais ce mercure étant très-divisé et intimement mélangé avec le peroxide, le rendra brun; il est remarquable que le protoxide de mercure ne soit susceptible d'exister que sous l'influence d'un acide.

DEUTOXIDE DE MERCURE (Ḧg).

	en poids.		en atomes.
Oxigène. . . .	7,32	2	200
Mercure	92,68	1 . . .	2531,6
	100,00		poids at. 2731,6

Le deutoxide de mercure est en paillettes rouges ; réduit en poudre fine, il est jaune. Lorsqu'on le chauffe sans le décomposer, il passe au violet ; il reprend sa première couleur par le refroidissement.

Il est légèrement soluble dans l'eau ; il s'unit à la plupart des acides.

Il se décompose, au rouge obscur, en mercure et en oxigène ; c'est ce qui le rend propre à plusieurs opérations où l'on se propose d'oxigéner certains corps : c'est encore cette propriété et celle qu'a le mercure de se suroxider quand on le chauffe au milieu de l'air, qui rendent ces deux corps si précieux pour démontrer la composition de l'air atmosphérique.

PROTOCHLORURE DE MERCURE (²Ch Hg).

MERCURE DOUX.

	en poids.		en atomes.
Chlore.	14,88	2	442,63
Mercure. . . .	85,12	1 . . .	2531,60
	100,00		poids at. 2974,23

On peut le préparer en versant du chlorure de sodium dans du nitrate de protoxide de mercure et en lavant le précipité avec de l'eau.

Le protochlorure de mercure est volatil et sublimable en pains lamelleux, d'un blanc brillant, tant qu'ils n'ont pas été exposés à la lumière.

Il est très-remarquable que le protochlorure de mercure réduit en poudre fine soit de couleur citron ; car, en général, la trituration diminue la couleur des corps et augmente la blancheur de ceux qui ne sont pas colorés et qui d'ailleurs n'ont pas l'éclat métallique.

On le considère généralement comme insoluble dans l'eau.

Le chlore le convertit en perchlorure, et l'acide nitrique en nitrate et en perchlorure.

Lorsqu'on le met en contact avec une matière alcaline, telle que la potasse, la soude, il est décomposé, il en résulte un chlorure alcalin, et cette substance noire qu'on obtient en mélant de la potasse avec du nitrate de protoxide de mercure.

PERCHLORURE DE MERCURE (*Sublimé corrosif*) (4Ch Hg).

	en poids.		en atomes.
Chlore.	25,91	4	885,26
Mercure. . . .	74,09	1 . . .	2531,60
	100,00		poids at. 3416,86

On peut l'obtenir sublimé en chauffant dans
des matras un mélange fait à parties égales de
nitrate de mercure sec, de sulfate de fer sec et
de chlorure de sodium.

Il est incolore, en pain lamelleux ou en aiguilles qui ne noircissent pas à la lumière. Sa
poussière est blanche.

Il est soluble dans 3 parties d'eau bouillante
et dans 20 parties d'eau froide. Sa solution a
une saveur astringente, et est très-délétère.

Il se dissout dans les acides sulfurique, nitrique et hydrochlorique sans se décomposer; à
chaud, l'hydrogène, le phosphore et un grand
nombre de métaux en séparent le chlore.

La potasse, la soude, etc., précipitent du
peroxide de mercure jaune hydraté de sa solu-
lution. On peut expliquer ce fait 1° en considérant cette solution comme celle d'un hydrochlorate de peroxide; dans ce cas, l'affinité de la
potasse, de la soude, etc., supérieure à l'affinité

du peroxide, amène la décomposition. 2° En considérant la même solution comme celle d'un perchlorure : dans ce cas, l'alcali précipitant cède son oxigène au mercure, tandis que son radical s'unit au chlore.

On voit que le perchlorure se distingue du protochlorure 1° par sa poussière, qui est blanche et non jaune, comme celle du protochlorure; 2° parce qu'il ne noircit pas comme le protochlorure par son exposition à la lumière; 3° parce qu'il est soluble dans l'eau; 4° parce qu'il devient jaune par la potasse, tandis que le protochlorure devient noir.

PROTOIODURE DE MERCURE (^{2}I Hg).

en poids.		en atomes.	
Iode	38,16	2	1561,94
Mercure	61,84	1	2531,60
	100,00	poids at.	4093,54

On le prépare en précipitant le nitrate de protoxide de mercure par l'hydriodate de potasse.

Il est jaune et insoluble dans l'eau et l'alcool.

Chauffé lentement, il se réduit en mercure et en periodure.

PÉRIODURE DE MERCURE (^{4}I Hg).

	en poids.		en atomes.
Iode.	55,24	4. . . .	3123,88
Mercure. . . .	44,76	1. . . .	2531,6o
	100,00	poids at.	5655,48

On peut le préparer en précipitant la solution de sublimé corrosif par l'hydriodate de potasse.

Il est d'un très-beau rouge, légèrement orangé; il est fusible et sublimable en lames rhomboïdales.

La chaleur le fait passer au jaune.

Il se dissout dans l'eau.

Il est soluble dans l'hydriodate de potasse, les sels mercuriels, les acides et l'alcool.

SULFURE DE MERCURE (*Cinabre*, *Vermillon*) (^{2}S Hg).

	en poids.		en atomes.
Soufre.	13,71	2	402,32
Mercure. . . .	86,29	1 . . .	2531,6o
	100,00	poids at.	2933,92

Le sulfure de mercure est sublimable, cristallisable en aiguilles rouges douées de l'éclat métallique.

Sa densité est de 10,21 ?

Chauffé avec le contact de l'oxigène, il se réduit en acide sulfureux et en mercure.

L'eau régale le convertit en acide sulfurique et en peroxide de mercure.

PROTOSULFURE DE MERCURE (S Hg).

	en poids.		en atomes.
Soufre.	7,36	1	201,16
Mercure. . . .	92,64	1	2531,60
	100,00	poids at.	2732,76

Il existe une matière noire que l'on a considérée comme un protosulfure de mercure, et qui est équivalente à 2 atomes de soufre et 2 atomes de mercure ; mais tous les chimistes ne sont pas d'accord sur la manière dont on doit s'en représenter la composition. Les uns considèrent cette matière comme un protosulfure, et les autres, avec M. Guibourt, comme un mélange de 1 atome de mercure et de 1 atome de sulfure rouge. Ce qu'il y a de certain, c'est que lorsqu'on la soumet à l'action de la chaleur, elle se réduit en sulfure rouge et en mercure.

ARGENT (Ag).

VINGT-NEUVIÈME ESPÈCE DE CORPS SIMPLE.

PREMIÈRE SECTION. — ARGENT.

I. PROPRIÉTÉS PHYSIQUES.

L'argent est un métal solide qui se fond à 22° du pyromètre de Wedgwood. Il cristallise par un refroidissement ménagé, et se réduit en vapeur à une température suffisante.

Sa densité est de 10,39.

Il est très-ductile à la filière, au laminoir et sous le marteau. On le réduit en feuilles très-minces.

Il est blanc éclatant.

Son poids atomistique est de 2703,21.

II. PROPRIÉTÉS CHIMIQUES.

L'argent n'éprouve aucune altération de la part de l'air sec aux températures ordinaires;

cependant il est susceptible de se combiner avec le gaz oxigène, et voici dans quelles circonstances.

Lorsqu'on dirige un courant de ce gaz sur un charbon ardent sur lequel on a mis un morceau d'argent, la combustion du charbon est assez active pour déterminer la volatilisation du métal, et c'est en condensant la vapeur produite dans un verre froid renversé, qu'on peut se convaincre que le métal a été converti en un oxide jaunâtre.

L'argent tenu en fusion avec le contact de l'air absorbe de l'oxigène, qu'il abandonne ensuite lorsqu'il passe à l'état solide.

Vous avez pu voir souvent la monnaie et la vaisselle d'argent noircir par leur exposition à l'air. Les habitans des quartiers riverains de la Bièvre en font l'observation pendant l'été surtout. Alors il leur est impossible de conserver de l'argenterie blanche; elle noircit comme celle qui est dans une maison où l'on vide les fosses d'aisances. Ce phénomène n'est dû à aucun des principes essentiels de l'air atmosphérique; il est produit uniquement par l'acide hydrosulfurique qui s'y trouve accidentellement, et qui alors cède son soufre à l'argent, tandis que son hydrogène devient libre. Les personnes qui veulent conserver des vêtemens brodés en argent doivent les préserver des émanations sulfureuses, sans quoi les broderies noirciraient. Quand il est possible de chauffer au contact de l'air l'argent ainsi sulfuré, on détermine assez facilement le départ du soufre ; mais si le métal est allié à du cuivre, la couleur noire du sulfure peut être remplacée par celle du deut-oxide de cuivre qui peut se produire alors.

L'argent chauffé dans le chlore s'y combine et forme un chlorure remarquable à plusieurs égards.

Il se combine avec le brôme et l'iode.

Il s'unit aussi directement avec le soufre à l'aide de la chaleur, et, comme nous venons de le dire, il enlève ce corps à l'hydrogène, à la température ordinaire.

L'eau est sans action sur l'argent ; il en est de même de l'acide hydrochlorique, de l'acide hydrophtorique, de l'acide sulfurique faible, de l'acide sulfureux, de l'acide carbonique, de l'acide borique ; mais l'acide sulfurique bouillant, l'acide nitrique à 32°, même froid, l'attaquent et le dissolvent.

III. Propriétés organoleptiques.

L'argent est insipide ; il passe pour être sans odeur ; cependant je ne doute pas qu'il n'en ait une sensible dans quelques circonstances.

Ses préparations solubles ont une action plus ou moins énergique sur l'économie animale. Elles sont délétères en général.

IV. État naturel et préparation.

L'argent se trouve dans la nature à l'état natif, ou bien uni au chlore, au soufre, à l'arsenic, à l'antimoine, au tellure, etc.

On l'extrait des mines par des procédés plus ou moins différens, mais qui cependant se réduisent en général, 1° à isoler l'argent du corps auquel il est uni, s'il n'est pas à l'état natif; 2° à l'allier au plomb ou au mercure; 3° à le coupeller s'il est allié au plomb, ou à distiller l'amalgame si l'on a traité par le mercure.

V. Usages.

Une partie des avantages que présente l'or comme monnaie, se retrouvent dans l'argent ; . aussi est-il employé au même usage, et des métaux monnoyés il est après l'or le plus précieux.

Quelques-unes de ses combinaisons, particu-

lièrement celle de son oxide avec l'acide nitrique, sont employées en médecine.

Ce même nitrate dissous dans l'eau, est un
réactif précieux pour rechercher la présence du
chlore, soit dans l'acide nitrique, comme nous
l'avons dit, soit dans les eaux naturelles, etc.
Mais lorsqu'on emploie le nitrate d'argent à cet
usage, il faut que le liquide dans lequel on re-
cherche le chlore ne contienne pas d'ammoniaque libre, car le chlorure d'argent est extrêmement soluble dans cet alcali; conséquemment
s'il en contenait, il faudrait, avant d'y verser le
nitrate d'argent, saturer l'ammoniaque libre par
l'acide nitrique. Il y a d'autres corps que le
chlore qui peuvent précipiter la dissolution
d'argent, mais le chlorure de ce métal est facile
à distinguer par son aspect, qui rappelle celui
du lait caillé, par sa solubilité dans l'ammoniaque et son insolubilité dans l'acide nitrique.

L'argent, à proprement parler, n'est pas employé dans l'art de la teinture. Cependant son
nitrate sert à marquer les toiles de coton, de
chanvre et de lin. Cet usage est fondé sur la
couleur noire que prend l'oxide d'argent par
son contact avec des matières organiques. Pour
appliquer le nitrate d'argent sur le linge, il faut

faire une dissolution gommée de sous-carbonate
de soude dont on imprègne le linge dans l'endroit où l'on veut le marquer. Quand le linge
est sec, on écrit avec la dissolution de nitrate
d'argent également gommée. Le nitrate est décomposé par l'alcali; il en résulte un sous-carbonate d'argent qui finit par prendre une couleur noire, et le linge se trouve marqué d'une
manière à peu près indélébile. On peut employer d'autres dissolutions métalliques au
même usage.

SECTION II.

COMBINAISONS BINAIRES DÉFINIES DE L'ARGENT
AVEC DES CORPS PRÉCÉDEMMENT EXAMINÉS.

OXIDE D'ARGENT ($\ddot{\text{A}}$g).

	en poids.		en atomes.
Oxigène. . . .	6,89	2	200
Argent.	93,11	1 . . .	2703,21
	100,00		poids at. 2903,21

Il est d'un brun jaunâtre, légèrement soluble
dans l'eau, décomposable à une température

peu élevée, et disposé conséquemment à céder son oxigène aux corps combustibles.

CHLORURE D'ARGENT (^{4}Ch Ag).

	en poids.		en atomes.
Chlore.	24,67	4	885,30
Argent.	75,33	1 . . .	2703,21
	100,00	poids at.	3588,51

Il est fusible, cristallisable en cubes. Il a l'aspect de la corne, quand il a été fondu et refroidi.

Il est soluble dans l'ammoniaque, insoluble dans l'eau et la plupart des acides. L'acide hydrochlorique concentré le dissout. Sa solution précipite par l'eau.

Exposé à la lumière au milieu de ce liquide, il noircit promptement; du chlore est séparé, et le résidu, traité par l'ammoniaque, se réduit en chlorure qui se dissout, et en argent métallique.

Il cède son chlore à l'hydrogène chaud, au fer, au zinc, etc.

SULFURE D'ARGENT (^{2}S Ag).

	en poids.		en atomes.
Soufre.	12,95	2 . . . :	402,32
Argent.	87,05	1 . . .	2703,21
	100,00	poids at.	3105,53

Il est brun, légèrement ductile, facile à décomposer quand il est chauffé au milieu de
l'air; il se produit alors de l'acide sulfureux, et
l'argent reste à l'état de pureté.

CUIVRE (Cu).

TRENTIÈME ESPÈCE DE CORPS SIMPLE.

PREMIÈRE SECTION.

CHAPITRE PREMIER. — CUIVRE.

1. NOMENCLATURE.

Le cuivre a porté parmi les alchimistes le
nom de *Vénus*, et dans quelques anciens ouvrages de teinture on a conservé ce nom pour

désigner non pas le métal lui-même, mais quelques-unes de ses combinaisons ; c'est ainsi qu'on y appelle *sel de Vénus* l'acétate de cuivre.

II. PROPRIÉTÉS PHYSIQUES.

Le cuivre est fusible à 27° de Wedgwood ; il est donc un peu plus fusible que l'or.

Il est volatil, mais à une haute température.

Il cristallise en pyramides quadrangulaires, quand on en refroidit une grande masse avec les précautions convenables.

Il est très-malléable, et a beaucoup de tenacité.

Sa densité est de 8,895.

Le poids de l'atome est de 791,39.

Il est d'un rouge brun jaunâtre.

III. PROPRIÉTÉS CHIMIQUES.

L'oxigène sec n'a pas d'action sur lui à la température ordinaire ; mais à une température élevée, il s'y combine, et produit un protoxide rouge ou un deutoxide brun, si la chaleur n'est pas trop forte, car au rouge cerise ce deutoxide repasse à l'état de protoxide.

Il se combine à chaud avec le chlore en produisant de la lumière. Il y a deux chlorures ; mais lorsque la température est très-élevée, on ne peut obtenir que du protochlorure, parce que le deutochlorure est réduit en protochlorure par l'action d'une chaleur rouge.

L'iode s'unit très-bien avec le cuivre chaud.

Le soufre s'y combine également, à l'aide de la chaleur : il se produit une belle lumière rouge. Cette lumière est assez vive, pour que les chimistes hollandais, qui l'observèrent longtemps après qu'elle eut été signalée pour la première fois, l'aient opposée à la théorie antiphlogistique ; ils avaient raison, en cela qu'elle est indépendante de toute oxigénation. Dans la manière dont nous avons envisagé la combustion, le phénomène dont nous parlons s'explique tout simplement par l'action mutuelle du soufre et du cuivre.

Le sélénium, le phosphore, l'arsenic, l'antimoine, l'or, l'argent, le platine, se combinent à chaud avec le cuivre.

Ce métal plongé dans l'eau pure n'en éprouve aucune altération ; mais si l'eau est aérée, il passe à l'état de protoxide. Cet oxide se forme encore lorsque le cuivre se trouve dans une atmosphère humide.

Le cuivre qui est exposé à la fois au contact de l'eau liquide et à celui de l'air atmosphérique, se couvre de taches, connues sous le nom de *vert-de-gris*, lesquelles résultent de l'union du métal avec l'oxigène, l'acide carbonique et l'eau : c'est un sous-carbonate de deutoxide de cuivre hydraté.

Il importe beaucoup au teinturier, qui exécute la plupart de ses opérations dans des chaudières de cuivre, de savoir quelle est l'action des acides sur ce métal; il y en a qui ne lui font éprouver aucun changement, tandis que d'autres l'altèrent profondément. En général, on peut dire que toutes les fois que des acides très-faibles, qui, à l'état de pureté, n'auraient pas d'action sur lui, séjournent un temps suffisant dans une chaudière de ce métal avec le contact de l'air, il y a toujours production d'un sous-sel cuivreux, et souvent dissolution dans l'acide d'une quantité sensible de deutoxide de cuivre. Je ne parle pas de cette dissolution sous le rapport des inconvéniens qu'elle peut avoir pour détruire la chaudière, mais comme pouvant altérer certaines couleurs : car le cuivre, une fois dissous dans de l'eau à l'état salin, est susceptible de s'appliquer sur le coton et sur d'autres étoffes que l'on plonge dans la liqueur où il se trouve; et comme dès lors il peut changer la nuance de ces étoffes, vous sentez les inconvéniens qu'il y a à faire certaines opérations dans des vases de métal. Mais il faut avouer qu'en général le cuivre est peu disposé à se combiner avec les acides; et si on a soin de bien écurer les chaudières qui en sont formées, et de ne préparer la dissolution des mordans qu'au moment d'en faire usage, on évitera les inconvéniens dont nous parlons. Quoi qu'il en soit, nous allons examiner rapidement l'action des acides sur le cuivre métallique.

L'acide nitrique, même faible, le dissout, surtout si la température est élevée : le teinturier doit donc éviter de mettre cet acide dans des chaudières de cuivre; et, lorsqu'il s'agit de colorer la laine ou la soie en jaune, au moyen de l'acide nitrique plus ou moins chaud et plus ou moins concentré, il faut opérer dans des vases de porcelaine, de grès, ou, ce qui serait préférable, dans des vases de platine. En se servant du cuivre, il y a non-seulement l'inconvénient de la corrosion du vaisseau, mais le teinturier souffre beaucoup d'être exposé aux vapeurs de l'acide nitreux qui se développent dans l'opération.

L'acide sulfurique bouillant et concentré attaque le cuivre; il se dégage du gaz acide sulfureux, et il se produit du sulfate de deutoxide de cuivre anhydre.

L'acide sulfurique faible, sans le contact de l'air, n'attaque pas ce métal; d'un autre côté, comme il a une action marquée sur ses oxides, il est très-propre à décaper les chaudières de cuivre rouge. Lorsque ces vaisseaux sont d'un jaune terne, ils doivent cette couleur à une couche très-mince de protoxide. Si alors vous y mettez de l'acide sulfurique très-faible, sur-le-champ la surface du métal est parfaitement décapée. Voyons à quoi cela tient. La couche de protoxide qui recouvre la chaudière se compose de 1 atome de cuivre et de 1 atome d'oxigène. Supposons 2 atomes de protoxide que nous mettrons en contact avec 2 atomes d'acide sulfurique : le protoxide se décomposera de manière à donner

1 atome de deutoxide $=\begin{cases} 2 \text{ at. oxigène,} \\ 1 \text{ at. de cuivre,} \end{cases}$

$+$ 1 atome de cuivre.

L'atome de deutoxide sera dissous par l'acide, et il reparaîtra 1 atome de cuivre métallique.

Les acides phosphorique, borique, dissous dans l'eau, n'ont pas d'action prononcée sur le cuivre tant que ces corps sont soustraits au contact de l'oxigène.

Il en est de même, à plus forte raison, de l'acide carbonique. Mais lorsque celui-ci est dissous dans l'eau, et qu'il est en même temps en contact avec le cuivre et l'air, il est possible que l'action soit plus forte que si l'eau était privée d'acide. Au reste, voici ce qu'on remarque lorsque de l'eau contenant de l'acide carbonique, ou pouvant en puiser dans l'atmosphère, est contenue dans un vase de cuivre découvert : peu à peu il se produit du *vert-de-gris* dans toute la partie où le métal a le double contact de l'air et de l'eau. Ce vert-de-gris est un *sous-carbonate de cuivre hydraté*, ainsi que nous l'avons dit. Pour reconnaître si l'eau tient du sel cuivreux en dissolution, on la mêle avec de l'acide hydrosulfurique; celui-ci, en formant, avec l'oxide de cuivre qui peut être dissous, de l'eau et un sulfure noir qui trouble la transparence des liqueurs qu'on a mélangées, rend sensible la présence du métal. On peut encore faire usage de l'hydrocyanoferrate de potasse, qui forme, avec l'oxide de cuivre, un précipité d'un rouge marron. Ce réactif est même préférable à l'acide hydrosulfurique.

L'acide hydrochlorique n'a à froid qu'une très-faible action sur le cuivre; à chaud, il l'attaque davantage, mais cependant toujours avec difficulté. Il y a un faible dégagement d'hydrogène. Le liquide contient évidemment du protochlorure en dissolution dans de l'acide hydrochlorique. Lorsqu'on y mêle de l'eau, le protochlorure se précipite à l'état d'hydrate blanc, et il peut rester en dissolution du perchlorure qui colore la liqueur en vert ou en bleu.

Le gaz acide hydrosulfurique est décomposé à chaud par le cuivre; l'hydrogène est mis en liberté, et le métal est sulfuré. La même décomposition a lieu à froid lorsque de l'eau hydrosulfatée est renfermée dans un vaisseau de cuivre. C'est pour cette raison que les eaux de la Bièvre répandent une odeur sulfureuse qui noircit ce métal. On conçoit, d'après ce que nous avons dit de la réaction de l'acide hydrosulfurique et du cuivre, que dans cet état elles ne peuvent tenir de sel cuivreux en dissolution.

IV. PROPRIÉTÉS ORGANOLEPTIQUES.

Le cuivre est insipide, mais il a une odeur très-fétide.

A l'état d'oxide, de chlorure, de sel soluble,
il a des propriétés délétères.

V. ÉTAT NATUREL.

Le cuivre se trouve dans la nature à l'état
natif, à l'état de protoxide, de chlorure uni à du
deutoxide, de sulfure, de sous-carbonate, de sulfate, etc.

VI. PRÉPARATION.

Le protoxide de cuivre et le sous-carbonate
de deutoxide de ce métal sont simplement fondus avec du charbon, dans un fourneau à man-
che ou dans un fourneau à réverbère; mais si
ce traitement est simple, celui du sulfure de
cuivre, qui se fait le plus fréquemment, est bien
plus compliqué, parce que ce minéral est presque toujours uni à du sulfure de fer : c'est la
complication de ce traitement qui ne nous permet pas d'en parler dans ce cours.

VII. USAGES.

Le teinturier tire de grands avantages du cuivre : les chaudières, dans lesquelles il opère le
plus ordinairement pour teindre la laine, sont
faites avec ce métal; d'un autre côté, le *vert-de-
gris*, l'*acétate de cuivre*, le *sulfate de cuivre*, sont

fréquemment employés dans la teinture en noir. L'hydrocyanoferrate de ce métal peut l'être avec quelque avantage pour teindre la soie ; enfin il est des sels de cuivre qui servent quelquefois à teindre en vert le coton et la soie.

PARIS, IMPRIMERIE DE DECOURCHANT,
RUE D'ERFURTH, N° 1, PRÈS DE L'ABBAYE.

TREIZIÈME LEÇON.

SECTION II.

COMBINAISONS BINAIRES DÉFINIES DU CUIVRE AVEC
DES CORPS PRÉCÉDEMMENT ÉTUDIÉS.

CHAPITRE II.

PROTOXIDE DE CUIVRE ($\dot{C}u$).

I. COMPOSITION.

	en poids.		en atomes.
Oxigène. . . .	11,22	I	100
Cuivre.	88,78	I	791,39
	100,00	poids at.	891,39

II. PROPRIÉTÉS PHYSIQUES.

Il est concret, cristallisable en octaèdre.

Sa densité est de 5,4.

Ses cristaux sont d'un rouge assez brillant ;
sa poussière très-divisée est jaune.

1

III. PROPRIÉTÉS CHIMIQUES.

Il constitue avec l'eau un hydrate jaune; quand il est suffisamment divisé, il se dissout dans l'ammoniaque sans la colorer. Dès que cette dissolution a le contact de l'air, elle passe au bleu en en absorbant l'oxigène.

On ne connaît guère, parmi les acides, que le sulfureux qui soit susceptible de former un sel avec le protoxide de cuivre.

Lorsqu'on le met en contact avec l'acide nitrique, il y a dégagement de vapeur nitreuse, et transformation du protoxide en deutoxide, qui s'unit à l'acide non décomposé.

L'action de l'acide sulfurique sur le protoxide de cuivre est très-remarquable. Les deux corps ne sont pas plutôt en contact que le protoxide est transformé en métal et en deutoxide que sature l'acide. Il est facile de déterminer les proportions réagissantes :

$$2 \text{ at. protoxide de cuivre} = \begin{cases} 2 \text{ at. oxigène,} \\ 2 \text{ at. cuivre.} \end{cases}$$

$$1 \text{ at. deutoxide de cuivre} = \begin{cases} 2 \text{ at. oxigène,} \\ 1 \text{ at. cuivre.} \end{cases}$$

$$1 \text{ at. sulfate de deutox. cuiv.} = \begin{cases} 2 \text{ at. acide sulfuriq.} = \begin{cases} 6 \text{ at. oxig.} \\ 2 \text{ at. soufre.} \end{cases} \\ 1 \text{ at. deutox. cuivre} = \begin{cases} 2 \text{ at. oxig.} \\ 1 \text{ at. cuivre.} \end{cases} \end{cases}$$

Nous n'avons pas besoin de considérer les élémens de l'acide sulfurique, parce qu'ils n'éprouvent aucun changement.

Vous voyez d'après cela qu'en prenant 2 atomes d'acide sulfurique et 2 atomes de protoxide de cuivre, il arrivera que 1 atome de protoxide se réduira en 1 atome de cuivre et 1 atome d'oxigène. Celui-ci convertira l'autre atome de protoxide en 1 atome de deutoxide qui neutralisera les 2 atomes d'acide sulfurique. On aura donc :

$$1 \text{ atome de cuivre,}$$
$$+ \; 1 \text{ at. sulfate de cuivre} = \begin{cases} 2 \text{ at. acide sulfurique,} \\ 1 \text{ at. de deutoxide.} \end{cases}$$

L'hydrogène que l'on chauffe avec le protoxide de cuivre forme de l'eau en s'emparant de son oxigène, et le réduit ainsi à l'état métallique; il y a dégagement de lumière. Le carbone le réduit aussi; il se forme de l'acide carbonique, et le cuivre repasse à l'état métallique. Le soufre agit d'une autre manière : il s'empare bien de l'oxigène pour passer à l'état d'acide sulfureux qui se dégage, mais le métal réduit se combine avec une portion du soufre et produit un sulfure.

1.

IV. PRÉPARATION.

Le protoxide de cuivre peut être préparé en chauffant fortement le deutoxide de cuivre, qui se dépouille alors de la moitié de son oxigène; mais lorsqu'on veut l'avoir dans un grand état de pureté, il est préférable de prendre le sulfite de cuivre (qu'on obtient en versant du sulfite de potasse dans la dissolution d'un sel à base de deutoxide de cuivre presque bouillante) et de le traiter par l'eau pareillement bouillante, jusqu'à ce que celle-ci ne dissolve plus rien, et ne soit plus acide. Le résidu est du protoxide de cuivre.

CHAPITRE III.

§ Iᵉʳ.

DEUTOXIDE DE CUIVRE ($\overset{..}{C}u$).

I. COMPOSITION.

	en poids.		en atomes.
Oxigène	20,17	2	200,00
Cuivre	79,83	1	791,39
	100,00	poids at.	991,39

II. Propriétés physiques.

Il est solide, d'un brun noir.

Sous la pression de l'atmosphère il perd la moitié de son oxigène sans se fondre.

III. Propriétés chimiques.

Le deutoxide de cuivre diffère du précédent en ce qu'il a des propriétés alcalines assez prononcées, car il forme avec les acides des sels parfaitement caractérisés qui généralement sont de couleur bleue ou verte, au moins quand ils contiennent de l'eau.

Il est soluble dans l'ammoniaque; la solution est d'une couleur bleue remarquable.

Le deutoxide de cuivre qui est uni à un acide, et qu'on met en contact avec l'ammoniaque, donne une dissolution beaucoup plus chargée que celle qui est faite avec l'oxide pur; mais il est vrai de dire qu'elles diffèrent l'une de l'autre. La première contient un sel double d'ammoniaque et de cuivre, plus du deutoxide dissous dans de l'ammoniaque; or, comme le sel double est lui-même coloré en bleu, qu'il est plus soluble dans l'eau que ne l'est le deutoxide pur dans l'ammoniaque, il en résulte que cette solution doit être plus foncée en couleur que celle qui ne contient que du deutoxide uni à de l'ammoniaque caustique.

La dissolution ammoniacale du deutoxide se décolore entièrement par un contact suffisamment prolongé avec le cuivre, parce que ce métal ramène le deutoxide au minimum d'oxidation, en passant lui-même à cet état; bien entendu qu'il faut que les corps réagissent dans un flacon entièrement rempli et parfaitement bouché; il est clair que pour 1 atome de deutoxide il faut 1 atome de cuivre.

Tous les corps combustibles, tels que l'hydrogène, le carbone, le soufre, qui enlèvent l'oxigène au protoxide de cuivre, l'enlèvent au deutoxide. Lorsque le deutoxide de cuivre suffisamment chaud est mis en contact avec l'hydrogène, la formation de l'eau est accompagnée d'un vif dégagement de lumière.

La facilité avec laquelle ce deutoxide cède son oxigène au carbone et à l'hydrogène, le rend très-propre à faire l'analyse élémentaire des matières organiques.

IV. PRÉPARATION.

On le prépare en dissolvant le cuivre dans l'acide nitrique, et en décomposant le nitrate qui en résulte par l'action de la chaleur. Si l'on chauffait trop, le deutoxide serait mêlé de protoxide.

Lorsqu'on veut préparer du deutoxide d'une manière plus économique, on peut mêler du cuivre métallique avec le nitrate; par ce moyen on tire parti de l'oxigène de l'acide nitrique, que l'on perd dans le premier procédé.

---

§ II.

HYDRATE DE CUIVRE ($_2\dot{H}^2\ddot{Cu}$).

	en poids.		en atomes.
Eau	18,49	2	224,96
Deutoxide. . .	81,51	1	991,39
	100,00		poids at. 1216,35

Lorsqu'on verse de l'eau de potasse en excès dans une dissolution de cuivre, il se précipite un hydrate d'un beau bleu; mais si on n'avait mis qu'une quantité d'alcali insuffisante pour séparer la totalité de l'acide qui est uni au deutoxide, le précipité serait en tout ou en partie un sous-sel de cuivre, qui est vert au lieu d'être bleu comme l'hydrate.

La couleur de cet hydrate n'est malheureusement pas stable; s'il est humide, il absorbe l'acide carbonique de l'air, et passe au vert; s'il est exposé aux vapeurs sulfureuses, il noircit en passant à l'état de sulfure; d'un autre côté, il cède son eau à un grand nombre de corps, et devient brun; enfin une température de 90 à 100° est suffisante pour le ramener à l'état de deutoxide noir.

CHAPITRE IV.

TRITOXIDE DE CUIVRE ($\overset{\cdots}{C}u$).

	en poids.		en atomes	
Oxigène	33,57	4	. . . .	400
Cuivre.	66,43	1	. . . .	791,39
	100,00		poids at.	1191,39

M. Thénard l'a obtenu en mettant du deutoxide de cuivre très-divisé en contact avec de l'eau oxigénée.

Le tritoxide de cuivre est d'un jaune légèrement olivâtre; il ne s'unit pas aux acides.

CHAPITRE V.

DEUTOCHLORURE ou PERCHLORURE DE CUIVRE (^{4}Ch Cu).

I. COMPOSITION.

	en poids.		en atomes.
Chlore.	52,80	4	885,30
Cuivre.	47,20	1	791,39
	100,00		poids at. 1676,69

II. NOMENCLATURE.

Muriate de cuivre anhydre.

III. PROPRIÉTÉS PHYSIQUES.

Il est solide.

Sous la pression de l'air, il ne peut être fondu sans passer à l'état de protochlorure.

Sa couleur est celle de la cannelle.

IV. PROPRIÉTÉS CHIMIQUES.

Il s'unit rapidement à l'eau. Si celle-ci n'est employée que dans certaines proportions, il passe au vert; et ainsi coloré, il peut rester concret, ou former une dissolution, suivant qu'il y a plus ou moins d'eau. Mais s'il y en a un excès, on obtient une dissolution bleue.

La dissolution de perchlorure de cuivre dans l'eau peut être considérée comme celle d'un deutochlorure, ou comme celle d'un hydrochlorate de deutoxide. En adoptant cette manière de voir, il est évident que 1 atome de deutochlorure de cuivre doit décomposer 2 atomes d'eau, et qu'il doit en résulter

$$1 \text{ at. hydroc. cuiv.} = \begin{cases} 4 \text{ at. acide hydroc.} = \begin{cases} 4 \text{ chlore,} \\ 4 \text{ hydrog.} \end{cases} \\ 1 \text{ at. deutox. cuiv.} = \begin{cases} 2 \text{ oxigène,} \\ 1 \text{ cuivre.} \end{cases} \end{cases}$$

D'après cela, il est clair que la solution de deutochlorure de cuivre dans l'eau doit présenter avec les alcalis les mêmes phénomènes que présentent les solutions de sels à base de deutoxide de cuivre.

V. PRÉPARATION.

Il est aisé de préparer le deutochlorure de cuivre : pour cela on verse sur du cuivre, dans un ballon de verre, de l'acide hydrochlorique concentré et une petite quantité d'acide nitrique; on fait chauffer. Si la liqueur est de couleur brune, on doit croire qu'il y a du protochlorure de cuivre en dissolution; dès lors il est nécessaire d'ajouter de l'acide hydrochlorique et de l'acide nitrique, afin de convertir le protochlorure en deutochlorure. Lorsqu'on a une solution d'un beau vert, qui ne précipite pas par l'eau, il suffit de la faire évaporer à siccité pour obtenir un résidu de deutochlorure de cuivre. Mais il ne faudrait pas exposer la matière à une température trop élevée, car alors il se dégagerait une certaine quantité de chlore, et dès lors on obtiendrait du protochlorure ou un mélange de protochlorure et de deutochlorure.

VI. USAGES.

On peut considérer le deutochlorure de cuivre dissous dans l'eau comme étant propre aux mêmes usages que les sels solubles de deutoxide de cuivre.

CHAPITRE VI.

PROTOCHLORURE DE CUIVRE (ʼCh Cu).

I. COMPOSITION.

	en poids.		en atomes.	
Chlore. . .	35,87		2 . . .	442,65
Cuivre . . .	64,13		1 . . .	791,39
	100,00		poids at.	1234,04

II. NOMENCLATURE.

Il a été appelé *muriate de protoxide de cuivre, muriate de cuivre blanc* quand il est hydraté, *hydrochlorate de protoxide de cuivre.*

III. PROPRIÉTÉS PHYSIQUES.

Le protochlorure de cuivre qui a été fondu et refroidi lentement présente des lames brillantes d'un brun jaunâtre. Sa poussière est d'un jaune brun.

IV. PROPRIÉTÉS CHIMIQUES.

Il a une forte affinité pour l'eau; aussi l'absorbe-t-il rapidement en passant à l'état de chlorure hydraté. Ce composé est insoluble, ou presque insoluble dans l'eau, mais il s'y dissout par l'intermède de l'acide hydrochlorique. Cette solution, quand elle est très-concentrée, précipite, par l'addition d'eau, du protochlorure hydraté, en très-petits cristaux blancs qui se colorent par leur exposition à la lumière. La solution de protochlorure de cuivre doit être considérée comme très-disposée à absorber l'oxigène; de sorte que dans plusieurs cas c'est un réactif désoxigénant.

Les alcalis précipitent de la solution hydrochlorique de protochlorure de cuivre, de l'hydrate de protoxide d'un beau jaune.

V. préparation.

Le procédé le plus expéditif pour se procurer le protochlorure de cuivre consiste à distiller dans une petite cornue du perchlorure de cuivre jusqu'à ce qu'il ne dégage plus de chlore.

CHAPITRE VII.

SULFURE DE CUIVRE (S Cu).

I. composition.

	en poids.		en atomes.
Soufre. . .	20,27	1 . . .	201,16
Cuivre. . .	79,73	1 . . .	791,39
	100,00	poids at.	992,55

II. propriétés physiques.

Il est fusible, cristallisable par un refroidissement ménagé.

Il a le brillant métallique.

Il est cassant.

III. propriétés chimiques.

A froid, l'air n'a pas d'action sur lui; mais à

chaud, il l'oxigène. Si la température est très-élevée, il se produit du gaz sulfureux et de l'oxide de cuivre qui est en partie au moins du protoxide. Si la température est convenable, le soufre se convertit en acide sulfurique, et le cuivre en deutoxide; mais la quantité de soufre du sulfure étant insuffisante pour saturer le deutoxide de cuivre produit, on obtient un soussulfate.

IV. PRÉPARATION.

Ordinairement on chauffe 2 parties de cuivre avec 1 partie de soufre dans un creuset de terre, ou, ce qui vaut mieux, dans un vaisseau de verre luté extérieurement avec de l'argile. Au moment où s'opère la combinaison il y a production d'une belle lumière rouge. Après que ce phénomène est manifesté, on élève la température jusqu'à fondre le sulfure.

Lorsqu'on décompose par l'hydrosulfate de potasse le sulfate ou l'hydrochlorate de deutoxide de cuivre, il est probable que le précipité noir qui se forme est un sulfure qui contient deux fois plus de soufre que le précédent, c'est-à-dire 2 atomes pour 1 atome de cuivre.

URANE (U).

TRENTE-UNIÈME ESPÈCE DE CORPS SIMPLE.

PREMIÈRE SECTION. — URANE.

Les propriétés physiques de l'urane sont à peine connues.

Son poids atomistique est de 5422,99.

Il est susceptible de s'unir directement avec l'oxigène, et de former deux oxides.

Je vous parle de l'urane, parce que je crois que si ce métal, ou plutôt ses sels pouvaient être préparés avec économie, on les emploierait dans la teinture de la soie. En effet, quand on a imprégné cette substance d'un sel d'urane, et qu'on la plonge ensuite dans une dissolution d'hydrocyanoferrate de potasse, on obtient une couleur chocolat qui est assez solide. Lorsque

je traiterai de l'application des matières colorantes sur les étoffes, je ferai voir des soies
teintes par ce procédé, qui sont très-belles.

SECTION II.

COMBINAISONS BINAIRES DÉFINIES DE L'URANE AVEC QUELQUES-UNS DES CORPS EXAMINÉS.

PROTOXIDE D'URANE ($\overset{..}{U}$).

	en poids.		en atomes.
Oxigène. .	3,56	2 . . .	200
Urane. . .	96,44	1 . .	5422,99
	100,00	poids at.	5622,99

PEROXIDE D'URANE ($\overset{...}{U}$).

	en poids.		en atomes.
Oxigène. .	5,24	3 . . .	300
Urane. . .	94,76	1 . . .	5422,99
	100,00	poids at.	5722,99

Cet oxide est jaune.

Il forme avec les acides des sels jaunes assez
bien caractérisés, tandis qu'il constitue avec les

bases salifiables des composés dans lesquels il joue le rôle d'acide; de sorte qu'on leur applique la dénomination d'URANATES.

Manière de se procurer le peroxide d'urane :

On réduit en poudre fine de l'oxide d'urane natif appelé *pechblende*. On le traite par l'acide hydrochlorique auquel on ajoute de l'acide nitrique. On épuise le résidu de tout ce qu'il contient de soluble, dans l'eau régale. La dissolution filtrée doit être évaporée à sec avec précaution, pour ne pas décomposer le sel d'urane. Si l'on avait quelque motif de croire qu'il y en aurait eu de décomposé, on ajouterait à l'eau que l'on verse sur le résidu un peu d'acide hydrochlorique. On fait passer un courant d'acide hydrosulfurique dans la liqueur filtrée. On abandonne la liqueur à elle-même pendant quelques jours; on la filtre et on la fait bouillir pour en chasser l'acide hydrosulfurique; on y ajoute de l'acide nitrique afin de porter le protoxide de fer au maximum d'oxidation. Enfin, on précipite le peroxide de fer par un excès de sous-carbonate de soude qui retient en dissolution le peroxide d'urane. Cette dissolution, filtrée et bouillie, filtrée de nouveau, puis saturée par l'acide nitrique, et précipitée ensuite par l'ammoniaque, donne du peroxide d'urane qu'il suffit de laver et de chauffer pour qu'en le combinant avec l'acide sulfurique on ait un sel qui est propre à l'emploi qu'on peut en faire en teinture.

BISMUTH (Bi).

TRENTE-DEUXIÈME ESPÈCE DE CORPS SIMPLE.

PREMIÈRE SECTION. — BISMUTH.

I. PROPRIÉTÉS PHYSIQUES.

Le bismuth est un métal solide, fusible à 256°, volatilisable, susceptible de cristalliser en cubes avec une très-grande facilité. Aussi l'a-t-on choisi depuis long-temps pour démontrer à la fois dans les cours, et la propriété qu'ont les métaux de cristalliser, et le procédé de mettre cette propriété en évidence.

Le bismuth est lamelleux, très-cassant.

Il a une densité de 9,822.

Il est d'un blanc rosé.

Le poids de son atome est de 1773,8.

II. PROPRIÉTÉS CHIMIQUES.

Le bismuth exposé à l'air n'éprouve qu'un très-léger changement. A la température ordinaire, sa surface se ternit faiblement.

A des températures plus élevées, il se combine à l'oxigène avec production de feu. Il en résulte le seul oxide de bismuth qui soit connu.

Il se combine au chlore, au soufre avec dégagement de lumière.

L'eau est sans action sur le bismuth, soit à froid, soit à chaud. Les acides hydrochlorique, sulfurique, phosphorique, n'exercent qu'une très-faible action sur ce métal.

L'acide nitrique, au contraire, l'attaque fortement; il le dissout si l'acide est employé en quantité suffisante, et surtout s'il est concentré convenablement, car si l'acide était affaibli, il attaquerait le bismuth sans le dissoudre, ou du moins il ne le dissoudrait qu'en très - petite proportion.

La dissolution de bismuth dans l'acide nitrique a été conseillée dans plusieurs opérations de teinture, et c'est pour cela que je vous parle de ce métal.

SECTION II.

COMBINAISONS BINAIRES DÉFINIES DU BISMUTH AVEC QUELQUES-UNS DES CORPS EXAMINÉS.

OXIDE DE BISMUTH ($\ddot{\text{Bi}}$).

	en poids.		en atomes.
Oxigène. .	10,13	2 . . .	200
Bismuth . .	89,87	1 . . .	1773,8
	100,00		poids at. 1973,8

Il est jaune, fusible. Ses propriétés alcalines ne sont pas prononcées, cependant il n'a pas de tendance marquée à s'unir avec les corps décidément alcalins.

Il est réduit avec assez de facilité par l'hydrogène, le carbone, le soufre.

CHLORURE DE BISMUTH (⁴Ch Bi).

	en poids.		en atomes.
Chlore. . .	33,29	4 . . .	885,30
Bismuth. .	66,71	1 . .	1773,80
	100,00		poids at. 2659,10

Il est incolore, volatil, cristallisable.

Il est décomposable par l'eau en acide hydrochlorique qui se dissout, et en oxide de bismuth insoluble qui retient une portion de chlorure ou d'acide hydrochlorique.

SULFURE DE BISMUTH ($S Bi$).

en poids.		en atomes.	
Soufre. . .	18,49	1 . . .	402,33
Bismuth. .	81,51	2 . .	1773,80
	100,00	poids at.	2176,13

Il est d'un brun noir, et a l'aspect métallique.

ÉTAIN (Sn).

TRENTE-TROISIÈME ESPÈCE DE CORPS SIMPLE.

PREMIÈRE SECTION.

CHAPITRE PREMIER. — ÉTAIN.

I. PROPRIÉTÉS PHYSIQUES.

L'étain est solide jusqu'à la température de
212°, où il entre en fusion. Il cristallise en

rhomboïdes, et il peut se volatiliser à une température élevée. Il est mou et ductil au laminoir et sous le marteau, mais il n'a pas assez de tenacité pour être passé à la filière.

Il est très-difficile de le diviser au moyen de la lime, parce qu'il s'y attache, et qu'il la *graisse,* comme on dit vulgairement. Pour en opérer la division, il faut le fondre dans un creuset de terre ou dans une cuiller de fer bien propre, puis le verser doucement dans l'eau froide, et en ayant le soin de n'en répandre que de très-petites quantités sur chaque point de la surface de l'eau. Par ce moyen, le métal se trouve divisé convenablement pour être dissous dans les acides. Avant de chercher à le dissoudre dans une eau régale, pour faire une *composition d'étain,* on doit le diviser ainsi.

La densité de l'étain est de 7,299.

Son poids atomistique est de 1470,58.

Sa couleur blanche et son éclat le rapprochent de l'argent.

Il a une propriété connue de tous ceux qui le travaillent, c'est de faire entendre, lorsqu'on le ploie, un petit bruit qu'on appelle *cri de l'étain.*

II. Propriétés chimiques.

Il ne s'unit pas à l'hydrogène.

Il n'a pas d'action sensible sur l'oxigène à la température ordinaire ; mais à chaud, il s'y combine en produisant du feu et un deutoxide de couleur blanche légèrement jaunâtre. On démontre la combustibilité de l'étain en chauffant une petite portion de ce métal sur un charbon, à la flamme du chalumeau. Lorsqu'il est en globule incandescent, on le projette sur une feuille de papier dont les bords sont relevés, et qui est placée sur une table horizontale ; alors l'étain se divise en une multitude de petits globules qui brûlent en répandant une vive lumière.

A chaud, le chlore se combine avec l'étain ; il se produit un deutochlorure liquide, et il se dégage de la chaleur et de la lumière.

Le sélénium, le phosphore, le soufre, l'iode, l'arsenic, l'antimoine, l'or, le platine, le mercure, l'argent, le bismuth, le cuivre, s'y combinent pareillement.

L'eau n'est pas décomposée à froid par l'étain ; mais à chaud, la décomposition s'opère.

Si l'on chauffe dans une fiole à médecine mu-

nie d'un tube recourbé, dont l'extrémité libre
s'engage sous une cloche pleine de mercure, de
l'acide sulfurique concentré avec de l'étain en
excès, la réaction des corps est assez vive; il en
résulte 1° du gaz acide sulfureux; 2° du gaz hydrogène; 3° du gaz acide hydrosulfurique; 4° du
soufre, dont une partie reste dans la fiole, et
dont une autre se dépose dans le tube à gaz
qui y est adapté; 5° du sulfate de protoxide d'é-
tain, en supposant que l'acide sulfurique n'ait
pas été en excès, et qu'on ne l'ait pas fait chauffer trop long-temps, car, dans le cas contraire,
il se produirait plus ou moins de sulfate de peroxide. Celui-ci diffère de l'autre en ce qu'il est
presque insoluble dans un excès de son acide.

Il est évident que dans cette réaction il y a de
l'oxide d'étain qui se forme aux dépens 1° d'une
portion d'eau décomposée, 2° d'une portion d'a-
cide sulfurique, qui par là est réduite en acide
sulfureux; mais comment y a-t-il du soufre mis
à nu? c'est ce qu'on peut expliquer de plusieurs manières. Par exemple,

A. On peut concevoir qu'une portion d'étain
s'oxide aux dépens d'une portion d'acide sulfurique qui se trouve complètement désoxigénée :
on peut admettre ,

1° Que ce n'est pas seulement par l'affinité du métal pour l'oxigène, mais que c'est encore par l'affinité du soufre pour l'hydrogène de l'eau que cette décomposition radicale de l'acide sulfurique est opérée; d'après cela, il doit se former de l'acide hydrosulfurique et de l'acide sulfureux; une partie de ces corps, en se décomposant ensuite mutuellement, donnent de l'eau et du soufre;

2° Ou bien que le soufre, à l'état naissant, s'unit à de l'hydrogène, et qu'une portion de cet acide hydrosulfurique décompose, dans le tube qui est adapté à la fiole, une portion d'acide sulfureux.

B. On peut concevoir qu'il n'y a pas d'acide sulfurique complètement desoxigéné par l'étain, mais que de l'hydrogène, à l'état naissant, décompose de l'acide sulfurique ou plutôt sulfureux, et qu'il en résulte de l'eau du soufre et de l'acide hydrosulfurique, dont une partie est ensuite réduite, dans le tube à gaz, en eau et en soufre.

L'acide sulfureux dissout l'étain sans dégagement de gaz, parce qu'il se produit un hyposulfite de protoxide.

L'acide nitrique très-concentré, de 48° à 50°,

par exemple, n'a point d'action sur l'étain ; mais s'il est à 40°, il a une action des plus énergiques ; il se dégage des vapeurs nitreuses, et le métal se trouve converti en une matière blanchâtre qui est du peroxide d'étain. Lorsqu'on opère sur une grande masse, le résultat n'est pas le même que lorsqu'on opère sur une petite masse que nous supposons contenue dans un vase de verre, dont le poids est considérable relativement aux corps qui réagissent : car alors le verre s'échauffant, s'oppose à ce que la température développée soit aussi grande qu'elle l'auráit été dans l'autre circonstance ; c'est ce qui fait, en général, qu'il y a une si grande différence entre une opération faite en petit et une opération faite en grand, toutes les fois que le contact des corps mis en expérience donne lieu à un dégagement de chaleur.

Lorsqu'au lieu de prendre de l'acide nitrique concentré, on prend de l'acide nitrique à 6° et à une température de 12 à 15° du thermomètre centigrade, l'étain se dissout dans l'acide, et, ce qu'il y a de remarquable, il se dissout sans presque produire d'effervescence, et l'acide prend une couleur jaune. Il y a formation de protoxide d'étain. Lorsque vous saurez que l'on rencontre dans la liqueur, outre le protoxide d'étain, de l'ammoniaque, vous concevrez comment la dissolution peut se faire sans effervescence. En effet, puisqu'il y a de l'ammoniaque produite, il y a de l'acide nitrique décomposé : or cet acide est formé d'oxigène et d'azote ; d'un autre côté, puisque l'étain ne contient pas d'hydrogène, que l'acide nitrique n'en contient pas non plus, et qu'il y a de l'eau en contact avec le métal, il faut admettre la décomposition d'une portion de ce liquide : or, puisque nous avons de l'acide nitrique décomposé qui a fourni de l'azote, de l'eau décomposée qui a fourni de l'hydrogène, nous avons les deux élémens de l'ammoniaque ; quant à l'oxigène provenant de ces décompositions, il s'est porté sur l'étain, et a formé du protoxide qui s'est dissous dans l'acide étendu. Puisqu'il ne se développe pas d'oxides d'azote, il ne pourrait y avoir d'autre cause d'effervescence qu'un dégagement de gaz hydrogène et de gaz azote ; mais ces corps se combinant pour former de l'ammoniaque, qui s'unit à une portion d'acide nitrique, il est évident qu'il n'y a plus de cause d'effervescence.

Si, pour une opération de teinture, l'on avait

besoin d'une dissolution d'étain au *minimum* d'oxidation, vous pourriez employer avec avantage la dissolution nitrique d'étain. Il est peut-être nécessaire d'insister sur ce sujet, parce que beaucoup de personnes s'imaginent que ce métal n'est pas dissoluble dans l'acide nitrique, croyant qu'un métal aussi oxigénable ne peut exister qu'à l'état de peroxide en présence de cet acide; et ces personnes savent d'ailleurs qu'il n'y a pas de nitrate de peroxide d'étain soluble.

Le gaz acide hydrochlorique est décomposé par l'étain. Si l'on chauffe le métal dans une petite cloche remplie de ce gaz, et posée sur le mercure, un volume d'hydrogène égal à la moitié de celui de l'acide réagissant est mis en liberté, du chlorure d'étain est produit. On peut donc démontrer par ce procédé qu'il y a $\frac{1}{2}$ volume d'hydrogène dans 1 volume d'acide hydrochlorique.

On obtient une dissolution d'étain en mettant ce métal en contact avec de l'eau et de l'acide hydrochlorique; et c'est même un procédé qu'on peut exécuter en grand pour produire le *sel d'étain*, qui est surtout employé dans la teinture du coton en rouge des Indes.

On met de l'étain en rubans ou en grenailles

avec de l'eau dans un flacon ou une bouteille qui communique à une source de gaz acide hydrochlorique. A mesure que ce gaz arrive dans l'eau, il s'y dissout, et réagit aussitôt sur l'étain; il se forme un protochlorure et il y a dégagement d'hydrogène. La chaleur produite, et par la combinaison de l'acide hydrochlorique dans l'eau, et par la réaction de cet acide sur l'étain, est extrêmement convenable pour la dissolution ultérieure du métal; de sorte qu'il n'est pas nécessaire d'employer une chaleur étrangère. D'un autre côté, cette manière d'opérer a l'avantage de ne pas laisser dégager dans l'atmosphère une certaine quantité de gaz acide hydrochlorique, ainsi que cela arrive presque toujours lorsqu'on opère la dissolution de l'étain, comme on le fait quelquefois dans les fabriques de produits chimiques, en faisant réagir dans des ballons, à une température assez élevée, de l'acide hydrochlorique concentré sur de l'étain métallique ou sur un mélange de ce métal et de son oxide. Au reste, si on voulait employer ce procédé, il faudrait éviter, surtout au commencement, d'élever la température à un degré tel que l'acide hydrochlorique se dégagerait à l'état de gaz avec plus de rapidité qu'il ne se porterait sur l'étain.

L'acide hydrosulfurique est décomposé par ce métal ; il se produit un protosulfure, et l'hydrogène est mis à nu.

III. PROPRIÉTÉS ORGANOLEPTIQUES.

L'étain est odorant, insipide.

IV. ÉTAT NATUREL.

Il se trouve dans la nature particulièrement à l'état de deutoxide.

V. PRÉPARATION.

Le procédé qu'on emploie pour obtenir l'étain à l'état métallique consiste à mettre son oxide en contact avec du charbon à une température rouge. Le charbon forme de l'oxide de carbone et de l'acide carbonique avec l'oxigène, et l'étain se trouve ainsi amené à l'état métallique.

VI. USAGES.

Le teinturier doit connaître les propriétés de l'étain, car, non-seulement ce métal est éminemment propre à la fabrication des chaudières destinées aux opérations les plus délicates de l'art de la teinture, mais ses combinaisons salines, ses chlorures, sont éminemment propres à fixer les couleurs, ou à les modifier en les avivant;

enfin le protochlorure d'étain est un désoxigé-
nant puissant, utile surtout dans la fabrication
des toiles peintes.

Nous croyons utile d'indiquer la manière
dont on doit procéder pour reconnaître le degré de pureté de l'étain d'une chaudière, ou de
celui qui doit servir à en confectionner une. Les
métaux qui peuvent se trouver alliés à l'étain
sont le plomb, le cuivre, le bismuth et le fer.

Pour déterminer la proportion de l'arsenic,
on fera l'opération suivante sur 5 ou 10 grammes d'étain : Après avoir réduit le métal en rubans ou en grenailles, on le traitera par l'acide
hydrochlorique en excès dans un petit matras
communiquant avec trois flacons de Woulf,
dont le premier sera rempli d'eau de potasse,
et les deux autres d'eau de chlore; il se dégagera
de l'hydrogène mêlé d'hydrogène arséniqué.
Celui-ci sera décomposé par l'eau de chlore; son
hydrogène passera à l'état d'acide hydrochlorique, et l'arsenic, sous l'influence d'une autre
portion de chlore, absorbera l'oxigène de l'eau,
tandis que cette portion de chlore en absorbera
l'hydrogène; il en résultera donc de l'acide arsénique et de l'acide hydrochlorique. On réu-
nira les liqueurs des deux derniers flacons, on

les fera évaporer à sec, pour chasser tout l'acide
hydrochlorique; l'acide arsénique restera. En le
neutralisant par la potasse, et précipitant par le
nitrate de plomb ou le sulfate de peroxide de
fer, on aura de l'arséniate de plomb ou de fer,
dont le poids indiquera l'acide arsénique sec,
et par suite l'arsenic. Lorsqu'on fait usage du
nitrate de plomb, il faut être sûr, avant de neutraliser l'acide arsénique, que tout l'acide hydrochlorique en a été séparé, autrement l'arséniate de plomb qu'on obtiendrait ensuite ne
serait pas pur, il serait mêlé de chlorure.

Il pourrait arriver que tout l'arsenic ne fût
pas combiné avec l'hydrogène : dans ce cas, il
resterait, au moins pour la plus grande partie,
à l'état de flocons noirs, insolubles dans l'acide
hydrochlorique; on les recueillerait, on les la-
verait, pour les faire sécher ensuite, et les pe-
ser. On serait certain de leur pureté s'ils se su-
blimaient sans résidu dans un petit tube de
verre fermé à un bout.

Pour déterminer la proportion des autres
métaux, on prend 2 grammes ou 5 grammes
d'étain; on les traite par l'acide nitrique à 20°
dans un ballon à long col; on commence l'opération à froid, et on la termine à chaud : tous

les métaux sont dissous, excepté l'étain, qui
a passé à l'état de peroxide; il faut employer
un excès d'acide nitrique, pour être sûr que les
métaux solubles ne se sont point combinés avec
ce peroxide. Quand on juge l'opération terminée, on sépare exactement la liqueur du précipité, qu'on lave à plusieurs reprises avec de
l'eau acidulée : on ajoute les lavages à la liqueur,
et on fait concentrer le tout, pour en séparer
l'excès de l'acide nitrique; on y ajoute ensuite
de l'eau, afin d'en précipiter la plus grande partie du bismuth à l'état de sous-nitrate : celui-
ci, chauffé au rouge, se réduit à de l'oxide pur;
la liqueur filtrée contient du plomb, du cuivre,
et le reste du bismuth; on précipite le premier
de ces trois métaux par du sulfate d'ammoniaque. Le sulfate de plomb obtenu fait connaître
la quantité de plomb allié à l'étain; on a une
dissolution qui contient du cuivre, du fer et du
bismuth, et de plus, du sulfate d'ammoniaque.
On y verse de l'ammoniaque en excès; l'oxide
de cuivre reste dans la liqueur, et l'on a un précipité de peroxide de fer et d'oxide de bismuth;
la liqueur séparée du précipité est évaporée à
sec; le résidu qu'elle a laissé étant calciné, il
reste du deutoxide de cuivre; on pèse les oxi-

des de fer et de bismuth, on les dissout dans l'acide hydrochlorique, et on précipite le bismuth par l'acide hydrosulfurique. Le sulfure de bismuth calciné à l'air laisse de l'oxide pur. En retranchant son poids de celui du précipité formé d'oxides de bismuth et de fer, on a le poids de ce dernier, et conséquemment celui du fer métallique. En outre, l'oxide de bismuth, ajouté à celui qu'on a obtenu de son sous-nitrate, donne la proportion de ce métal qui était allié à l'étain.

La présence du plomb et du bismuth dans l'étain, en certaines proportions, a l'inconvénient de le rendre plus fusible et moins ductile.

SECTION II.

COMBINAISONS BINAIRES DÉFINIES D'ÉTAIN AVEC
PLUSIEURS DES CORPS EXAMINÉS.

CHAPITRE II.
PROTOXIDE D'ÉTAIN ($\ddot{S}t$).

I. COMPOSITION.

	en poids.		en atomes.	
Oxigène. .	11,97	2	. .	200
Étain . . .	88,03	1	.	1470,58
	100,00		poids at.	1670,58

II. PROPRIÉTÉS PHYSIQUES.

Il est en très-petits cristaux doués du brillant métallique, ou en poudre jaunâtre; si cette
poudre est mêlée de cristaux, le mélange est
olivâtre.

III. PROPRIÉTÉS CHIMIQUES.

Le protoxide d'étain est insoluble dans l'eau.

Il est soluble dans l'acide nitrique faible et
dans l'acide hydrochlorique.

Il forme avec l'eau un hydrate blanc, qui est

décomposé à une température inférieure à 100°.

Vous devez considérer le protoxide d'étain comme une substance qui agit par des propriétés sensiblement alcalines à l'égard de la plupart des matières colorantes rouges. Par exemple, l'hématine, principe colorant du bois de campêche, est éminemment propre à démontrer l'action du protoxide d'étain comme alcali. Si vous versez une dissolution saline de ce protoxide dans une infusion d'hématine, il se produit un précipité bleu.

Le protoxide d'étain ne s'unit point à froid à l'oxigène atmosphérique ; mais si la température est élevée, il brûle, et se convertit en un deutoxide, qui est blanc, au moins quand il est refroidi.

L'acide nitrique concentré ou l'acide nitrique faible et chaud le font passer au maximum d'oxidation.

On doit considérer en général le protoxide d'étain dissous dans les acides comme un corps qui a une grande tendance à s'emparer de l'oxigène des corps avec lesquels on le met en contact ; c'est par cette raison qu'il fait disparaître les taches de peroxides de manganèse et de fer de dessus la toile ; il les convertit en protoxides qui ne paraissent pas avoir d'affinité pour les étoffes, ou du moins, s'ils en ont une, elle est trop faible pour qu'ils résistent aux acides qui tendent à les dissoudre.

L'hydrogène et le carbone le réduisent à chaud; il en résulte, dans le premier cas, de l'eau, et dans le second, de l'acide carbonique et de l'oxide de carbone.

L'acide hydrosulfurique le décompose; il se produit de l'eau et du protosulfure d'étain. Lorsqu'on fait réagir l'acide hydrosulfurique ou un hydrosulfate en dissolution dans l'eau sur un sel de protoxide d'étain, il se fait un précipité brun qui est un sulfure hydraté, ou, suivant plusieurs chimistes, un hydrosulfate de protoxide.

IV. PRÉPARATION.

On verse de l'ammoniaque étendue de son volume d'eau dans une dissolution d'hydrochlorate de protoxide d'étain contenue dans un ballon; ce protoxide est précipité à l'état d'hydrate. Après qu'il est déposé, on décante la liqueur surnageante, on la remplace par de l'eau bouillie froide, que l'on décante de nouveau, et que l'on remplace enfin par de l'eau ammoniacale : on tient les matières pendant plusieurs heures à une température de 90 à 97°. Le précipité se change en une poudre cristalline, qu'on lave avec l'eau jusqu'à ce que le lavage ne précipite plus la dissolution d'argent. Il faut la faire sécher avant de la renfermer dans un flacon.

CHAPITRE III.

DEUTOXIDE D'ÉTAIN (S̈t).

I. COMPOSITION.

	en poids.		en atomes.
Oxigène. .	21,33	4 . . .	400
Étain . . .	78,67	1 . .	1470,58
	100,00	poids at.	1870,58

II. NOMENCLATURE.

PEROXIDE D'ÉTAIN. *Acide stannique.*

III. PROPRIÉTÉS PHYSIQUES.

Il est solide, infusible.

Il est blanc, quelquefois coloré légèrement en gris ou en jaune, sans qu'on puisse en expliquer la cause.

Il prend une couleur jaune par la chaleur.

Il est toujours blanc quand il contient de l'eau.

IV. propriétés chimiques.

Il est insoluble dans l'eau. Il peut s'y combiner indirectement, et former un hydrate blanc.

Le deutoxide d'étain a beaucoup plus de rapports avec les acides qu'avec les bases salifiables. En effet,

1° On ne peut guère citer de sels solubles dans lesquels il fasse fonction de base salifiable, si on excepte la solution aqueuse de perchlorure d'étain, qu'on peut considérer, et comme un perchlorure métallique, et comme un hydrochlorate de peroxide;

2° Le deutoxide d'étain forme avec l'hématine, la brésiline (principe colorant du bois de Brésil), la carmine (principe colorant de la cochenille), des combinaisons plus ou moins rougeâtres, tandis que les bases salifiables, et nous mettons parmi elles le protoxide d'étain, forment, avec ces mêmes principes colorans, des combinaisons bleues ou tirant sur le violet;

3° Le deutoxide d'étain s'unit à un grand nombre de bases salifiables, avec lesquelles il forme des composés qui ont beaucoup d'analogie avec les sels, et qu'on appelle à cause de cela des *stannates*.

Il existe une matière, dans la composition de laquelle entre le peroxide d'étain, qui intéresse le teinturier, par la raison qu'elle a été essayée en teinture pour colorer la soie en violet. Cette composition est le *pourpre de Cassius*, dénomination qui rappelle à la fois sa couleur et l'alchimiste qui l'a fait connaître. Elle est surtout employée dans la coloration des émaux. Nous y reviendrons après avoir fait l'histoire du deutoxide d'étain.

L'hydrate de protoxide d'étain est beaucoup plus disposé à être dissous ou à s'unir aux principes colorans que le peroxide anhydre, surtout quand ce dernier a été rougi au feu.

L'acide hydrosulfurique, en réagissant sur le deutoxide d'étain qui est dissous dans l'acide hydrochlorique, forme un composé jaune qui est un bisulfure d'étain hydraté, ou, suivant quelques chimistes, un hydrosulfate de deutoxide.

Tous les corps combustibles qui enlèvent l'oxigène au protoxide d'étain, tels que l'hydrogène, le carbone, le soufre, réduisent le peroxide; mais on remarque que l'hydrogène, et le soufre surtout, agissent difficilement sur le peroxide qui a été calciné, et dont les particules sont très-cohérentes.

V. ÉTAT NATUREL.

Cet oxide se trouve dans la nature.

VI. PRÉPARATION.

Il existe plusieurs procédés pour le préparer; et à ce sujet nous devons faire remarquer que, quoique ces procédés donnent des produits formés d'étain et d'oxigène unis dans la même proportion, cependant ces produits peuvent présenter des différences assez grandes dans leur manière d'agir sur différens corps. Ainsi

1° Le peroxide d'étain obtenu par la combustion vive du métal a beaucoup d'analogie avec celui de la nature;

2° Le peroxide d'étain préparé avec l'étain et l'acide nitrique, et qui n'a point été calciné, est plus disposé à entrer en combinaison que le précédent;

3° Le peroxide d'étain obtenu en précipitant la solution aqueuse de perchlorure d'étain par l'ammoniaque, et qu'on pourrait croire identique avec le précédent, en diffère d'une manière notable, suivant M. Berzelius.

Pour préparer le deutoxide d'étain par l'acide nitrique, on laisse réagir dans un ballon de l'étain et de l'acide nitrique à 32° à la température ordinaire ; lorsque tout le métal a disparu, on fait chauffer ; s'il se dégage du gaz nitreux, on ajoute de l'acide nitrique, et on fait bouillir jusqu'à ce qu'il ne s'en dégage plus ; enfin on lave la matière jusqu'à ce qu'elle ne cède plus d'acide à l'eau bouillante. Si l'on veut avoir le peroxide anhydre, il faut nécessairement exposer la matière à la chaleur pour en séparer l'eau.

VII. USAGES.

Cet acide agit comme une base extrêmement précieuse dans l'art de la teinture, par la raison qu'il fixe les principes colorans avec force, qu'il ne noircit pas par les émanations sulfureuses, et que ses combinaisons avec les principes colorans organiques n'ont pas la même tendance à absorber l'oxigène que les combinaisons de ces mêmes principes avec un assez grand nombre de bases salifiables.

APPENDICE.

POURPRE DE CASSIUS.

La composition de cette matière n'est point encore fixée : tous les chimistes s'accordent pour y reconnaître du deutoxide d'étain ; mais les uns veulent que l'or y soit à l'état d'oxide, et les autres qu'il y soit à l'état métallique, et dans ce degré de division où il paraît pourpre. Pour préparer le pourpre de Cassius, on mêle ordinairement des dissolutions étendues de chlorure d'or et de protochlorure d'étain. S'il n'y avait pas une quantité d'eau suffisante dans la dissolution, on n'obtiendrait que de l'or métallique. Au protochlorure d'étain on peut substituer le nitrate de protoxide. Expliquons la réaction des corps dans les deux hypothèses.

1re *hypothèse.* Le pourpre de Cassius est un stannate d'oxide d'or.

Pour plus de simplicité, nous prendrons le nitrate de protoxide d'étain ; nous aurons

$$1 \text{ at. nit. prot. étain} = \begin{cases} 2 \text{ at. acide nitrique,} \\ 1 \text{ at. prot. d'étain} = \begin{cases} 2 \text{ oxigène,} \\ 1 \text{ d'étain;} \end{cases} \end{cases}$$

$$2 \text{ at. chlorure d'or} = \begin{cases} 12 \text{ at. chlóre,} \\ 2 \text{ at. or;} \end{cases}$$

$$6 \text{ at. d'eau} \ldots = \begin{cases} 6 \text{ at. oxigène,} \\ 12 \text{ at. hydrogène.} \end{cases}$$

Quantité d'eau qui ne se décompose pas $= \text{X}$.

Il y a une décomposition de 6 atomes d'eau; les 12 atomes d'hydrogène se portent sur les 12 atomes de chlore pour en former 12 d'acide hydrochlorique; maintenant des 6 atomes d'oxigène de l'eau décomposée, 4 s'unissent à 2 atomes d'or, et 2 se fixent sur le protoxide d'étain. On a donc

$$12 \text{ at. acide hydrochl.} = \begin{cases} 12 \text{ chlore,} \\ 12 \text{ hydrogène;} \end{cases}$$

$$1 \text{ at. pourpre Cassius} = \begin{cases} 1 \text{ at. perox. étain.} = \begin{cases} 4 \text{ oxig.} \\ 1 \text{ étain,} \end{cases} \\ 2 \text{ at. deutox. d'or} = \begin{cases} 4 \text{ oxig.} \\ 2 \text{ or.} \end{cases} \end{cases}$$

Il est évident que le résultat serait le même en employant le protochlorure d'étain dissous dans l'eau, au lieu du nitrate du protoxide, soit qu'on admette que la solution du protochlorure est celle d'un hydrochlorate de protoxide, soit qu'on admette qu'elle est celle d'un protochlorure métallique; seulement dans ce cas ce ne serait qu'au moment de la réaction, que deux atomes d'eau se porteraient sur 1 atome de protochlorure d'étain pour former 4 atomes d'acide hydrochlorique et 1 atome de protoxide.

2e *hypothèse*. Le pourpre de Cassius est formé d'acide stannique et d'or métallique. Dans cette hypothèse, nous aurons

$$3 \text{ at. nit. protox. étain} = \begin{cases} 6 \text{ at. acide nitrique,} \\ 3 \text{ at. protox. d'étain} = \begin{cases} 6 \text{ oxig.} \\ 3 \text{ étain;} \end{cases} \end{cases}$$

$$2 \text{ at. de chlorure d'or} = \begin{cases} 12 \text{ at. chlore,} \\ 2 \text{ at. or;} \end{cases}$$

$$6 \text{ at. d'eau} \ldots \ldots = \begin{cases} 6 \text{ at. oxigène,} \\ 12 \text{ at. hydrogène.} \end{cases}$$

Quantité d'eau indécomposée $= X$.

Les 6 atomes d'oxigène de l'eau décomposée se portent sur les 3 atomes de protoxide, et les 12 atomes d'hydrogène sur les 12 atomes de chlore; nous avons donc

$$12 \text{ at. acide hydrochl.} = \begin{cases} 12 \text{ at. chlore,} \\ 12 \text{ at. hydrogène;} \end{cases}$$

$$1 \text{ at. pourpre Cassius} = \begin{cases} 3 \text{ at. perox. étain} = \begin{cases} 12 \text{ oxig.} \\ 3 \text{ étain,} \end{cases} \\ 2 \text{ at. or.} \end{cases}$$

Le pourpre de Cassius récemment préparé est en flocons gélatineux d'un rouge pourpre foncé. Quand il est desséché en masse, il est d'un noir pourpre, et sa cassure est luisante.

Il n'est pas dissous par l'eau.

Il est soluble dans l'ammoniaque quand il vient d'être précipité. Cette solution se trouble par la chaleur.

L'acide sulfurique à 20° rend la couleur du pourpre plus brillante, en lui enlevant un peu d'oxide d'étain.

L'acide nitrique à 32° ne dissout qu'une très-petite quantité d'oxide d'étain et d'or.

L'acide hydrochlorique à 10°, bouilli avec le pourpre gélatineux, dissout du peroxide d'é-tain; il reste de l'or métallique.

L'acide hydrochlorique de 4 à 5°, auquel on ajoute quelques gouttes d'acide nitrique, dé-compose le pourpre de Cassius; tout l'or est dissous; le résidu est du peroxide d'étain, mais il est probable qu'il y en a une partie qui se dissout avec l'or.

CHAPITRE IV.

PROTOCHLORURE D'ÉTAIN (⁴Ch St).

I. COMPOSITION.

	en poids.		en atomes.
Chlore. . . :	37,58	4 . . .	885,3o
Étain.	62,42	1 . .	1470,58
	100,00		poids at. 2355,88

II. NOMENCLATURE.

Muriate d'étain au *minimum* anhydre.
Sel d'étain quand il est en cristaux hydratés.

III. PROPRIÉTÉS PHYSIQUES.

Ce protochlorure est fusible avant de devenir
lumineux. Lorsqu'il est rouge de feu, il se volatilise; sa vapeur se condense en une masse qui
est butireuse tant qu'elle est chaude, mais qui
devient sèche et cassante en se refroidissant.

Il est incolore.

IV. PROPRIÉTÉS CHIMIQUES.

Le protochlorure d'étain est très-soluble dans
l'eau, et cette dissolution se comporte comme
un sel de protoxide d'étain. Que l'on admette

donc qu'il y ait décomposition d'eau au moment où le protochlorure est dissous, ou que cette décomposition ne s'opère qu'au moment où la dissolution est en présence de corps qui en séparent, soit de l'acide hydrochlorique, soit de l'oxide d'étain, tous les phénomènes s'expliquent également bien.

Cette dissolution peut être considérée comme un désoxigénant, et, sous ce rapport, c'est un instrument puissant entre les mains du fabricant de toiles peintes pour enlever l'oxigène à beaucoup de corps, et notamment aux peroxides de manganèse et de fer.

Cette dissolution, exposée à l'air, en absorbe l'oxigène; elle se trouble, parce que la quantité d'acide hydrochlorique n'est plus suffisante pour tenir le peroxide en dissolution.

Elle précipite les sels de deutoxide de cuivre en protochlorure de cuivre hydraté. Dans ce cas, le protoxide d'étain s'unit à l'oxigène du cuivre, et le cuivre réduit se combine avec le chlore.

Le protochlorure d'étain a une affinité si forte pour le chlore, qu'en le chauffant dans ce gaz, il l'absorbe en dégageant du feu. Ce phénomène est tout-à-fait analogue à celui du protoxide d'étain, qui prend feu quand on le chauffe au milieu de l'atmosphère.

Chauffé doucement avec un excès de soufre, tout le chlore se retranche sur la moitié de l'étain, et le perchlorure, ainsi formé, prend l'état gazeux, tandis que l'autre moitié de l'étain passe à l'état de persulfure jaune, dont une partie reste au fond de la cornue, tandis que l'autre se sublime en feuillets dorés à la voûte de ce vaisseau. Quant à l'excès du soufre, il se vaporise, et se condense dans le col de la cornue.

V. PROPRIÉTÉS ORGANOLEPTIQUES.

Il a une saveur astringente très-forte et une odeur d'étain très-désagréable.

VI. PRÉPARATION.

Le *sel d'étain* s'obtient, comme il a été dit (leçon 13, p. 28) en traitant de l'étain, par de l'acide hydrochlorique, et en faisant cristalliser la dissolution. Si l'on veut obtenir le protochlorure d'étain pur avec le sel d'étain, il faut distiller cette substance dans une cornue de verre adaptée à un ballon. On obtient d'abord une eau acide qui tient de l'oxide d'étain ; dès qu'il ne se dégage plus d'humidité, on ôte le récipient, et on en adapte un autre, qui doit être exactement desséché. Lorsque le chlorure est parvenu au rouge, il se volatilise et se condense dans le col de la cornue, où il faut le chauffer, afin de le faire couler dans le récipient, et de prévenir par là que la cornue ne s'obstrue. Il y a presque toujours un léger résidu d'oxide d'é-tain.

La distillation est un bon moyen de séparer du sel d'étain le deutochlorure qu'il pourrait contenir, celui-ci se volatilisant à une tempéra-ture assez éloignée de la température rouge, qui est nécessaire pour sublimer le protochlorure.

Si le sel d'étain était mêlé d'acide sulfurique, on remarquerait qu'avant la distillation du pro-tochlorure, l'acide sulfurique perdrait son oxi-gène, et que son soufre s'unirait à de l'étain métallique. Il est aisé, au moyen de l'eau, de séparer le protosulfure d'étain qui est mêlé à du protochlorure; celui-ci est dissous, tandis que l'autre ne l'est pas.

VII. usages.

Le protochlorure d'étain acidulé par l'acide hydrochlorique est employé comme désoxigé-nant et comme *rongeant* dans plusieurs opéra-tions de teinture sur toile de coton.

On s'en sert aussi pour aviver certaines couleurs, notamment pour roser le rouge des Indes.

Il est rare que le protochlorure d'étain employé dans ces opérations soit pur; il contient presque toujours du perchlorure, de l'acide hydrochlorique, et quelquefois de l'acide sulfurique, ou plutôt du sulfate d'étain.

PERCHLORURE D'ÉTAIN (^{8}Ch St).

I. COMPOSITION.

	en poids.		en atomes.
Chlore. . . .	54,63	8 . . .	1770,60
Étain.	45,37	1 . . .	1470,58
	100,00	poids at.	3241,18

II. NOMENCLATURE.

Il a été appelé *liqueur fumante de Libavius*, parce qu'il répand d'épaisses fumées à l'air, et que Libavius est le premier chimiste qui en ait parlé; *muriate d'étain au* maximum *anhydre*, *acide chlorostannique*.

III. PROPRIÉTÉS PHYSIQUES.

Il est liquide, très-mobile.

Il bout à 120°.

Sa densité est plus grande que celle de l'eau.

Il n'a pas de couleur.

IV. PROPRIÉTÉS CHIMIQUES.

Le perchlorure d'étain répand d'épaisses fumées à l'air parce que sa vapeur forme, avec la vapeur aqueuse atmosphérique, un composé dont la tension est moindre que celle de ses principes immédiats.

Lorsqu'on le verse dans l'eau, une portion va au fond, et une autre se dissout rapidement en faisant entendre un sifflement comme le ferait un fer chaud.

Lorsqu'il est mis en contact avec l'eau dans le rapport de 7 parties de chlorure contre 22 parties d'eau, il se forme des cristaux qu'on peut considérer comme un hydrochlorate de deutoxide, ou comme du perchlorure hydraté. Quelle que soit, au reste, l'opinion qu'on adopte, les acides, les alcalis, assez puissans pour décomposer la dissolution du perchlorure d'étain, se comportent comme ils le feraient si la solution était un hydrochlorate de peroxide.

La solution aqueuse du perchlorure d'étain est d'abord incolore, mais elle passe peu à peu au jaune, et laisse déposer des flocons d'hydrate de peroxide d'étain.

Cette solution se distingue de celle du proto-chlorure, en ce qu'elle n'agit pas comme dés-oxigénant sur le peroxide de manganèse, sur le chlorure d'or, etc.; et en ce qu'elle se comporte à la manière des acides avec l'hématine, la car-mine, la brésiline, etc.

Le perchlorure d'étain anhydre dissout l'étain sans effervescence; il se produit du protochlo-rure ou un chlorure intermédiaire.

Il s'unit au gaz ammoniac à la manière des acides.

V. PROPRIÉTÉS ORGANOLEPTIQUES.

Il a une odeur forte, acide, et très-irritante, mais qui n'est pas celle de l'étain ou du proto-chlorure.

Il est éminemment caustique.

VI. PRÉPARATION.

On peut le former en brûlant l'étain dans le chlore sec; mais il y a un procédé plus conve-nable. On prend 3 parties d'un amalgame formé de 2 parties d'étain et de 1 partie de mercure; on les triture avec 2 parties de perchlorure de mercure dans un mortier de fer; on distille en-suite le mélange dans une cornue de verre bien desséchée, à laquelle on adapte un récipient également sec; celui-ci doit être refroidi avec un linge mouillé. Le perchlorure distille au-dessous de 360°. Sur la fin de l'opération, il se volatilise du mercure et du protochlorure d'étain; il y a un résidu d'amalgame de ce métal.

Il faut conserver le perchlorure dans des flacons exactement bouchés; si les bouchons sont de verre, il faut avoir soin de les essuyer chaque fois qu'on les remet, autrement ils se souderaient aux goulots, parce qu'il se produirait du perchlorure d'étain hydraté.

On peut encore préparer un produit qui remplace le perchlorure d'étain en teinture, en saturant de chlore le sel d'étain dissous ou délayé dans l'eau.

VIII. USAGES.

Le perchlorure d'étain n'est pas employé en teinture à l'état de pureté, mais on peut dire avec raison qu'il est la base principale des *compositions d'étain* dont on fait usage surtout pour la teinture en rouge écarlate. Ces *compositions,* outre du perchlorure ou de l'hydrochlorate de peroxide d'étain, contiennent toujours de l'acide nitrique, et souvent de l'acide hydrochlorique ou de l'hydrochlorate d'ammoniaque, ou du chlorure de sodium, ou du chlorure de potassium. L'excès d'acide qui n'est pas en combinaison définie a certainement de l'influence sur les couleurs; et d'un autre côté, l'hydrochlorate d'ammoniaque ou les chlorures de sodium ou de potassium peuvent en exercer une par l'affinité qu'ils peuvent avoir pour le perchlorure ou l'hydrochlorate de peroxide d'étain. Au reste, l'influence respective que chacun des principes immédiats d'une *composition d'étain* est susceptible d'exercer dans la teinture reste en grande partie à démontrer.

PROTOSULFURE D'ÉTAIN ($_2$S St).

I. COMPOSITION.

	en poids.		en atomes.
Soufre	20,99	2	402,32
Étain	79,01	1	1470,58
	100,00	poids at.	1872,90

II. PROPRIÉTÉS PHYSIQUES.

Le protosulfure d'étain est solide, moins fusible que l'étain. Quand il est fondu, il peut cristalliser en lames par le refroidissement.

Il a le brillant métallique.

III. PROPRIÉTÉS CHIMIQUES.

Il est indécomposable par l'action de la chaleur.

Il n'éprouve aucune altération de la part de l'air, mais à chaud il se convertit en acide sulfurique et en oxide d'étain, ou, si la température est très-élevée, en gaz acide sulfureux et en peroxide.

Il se transforme, par l'action de l'acide hydrochlorique, en gaz hydrosulfurique et en protochlorure d'étain ou hydrochlorate de protoxide, suivant qu'on admet la décomposition de l'acide ou celle de l'eau.

L'eau régale le transforme en acide sulfurique et en peroxide d'étain.

IV. PRÉPARATION.

Le soufre chauffé avec l'étain peut le sulfurer, mais il est difficile d'obtenir par ce moyen un sulfure qui ne soit pas mêlé de métal.

Pour se procurer un sulfure neutre, il faut chauffer au rouge le protosulfure préparé par la voie humide.

Le deutosulfure d'étain rougi laisse encore un protosulfure bien pur.

DEUTOSULFURE D'ÉTAIN (*or mussif*)
(4S St).

I. COMPOSITION.

en poids.		en atomes.	
Soufre. . .	35,37	4 . . .	804,64
Étain . . .	64,63	1 . . .	1470,58
100,00		poids at. 2275,22	

II. PROPRIÉTÉS PHYSIQUES.

Ce composé, à l'état de pureté, est en écailles ou en lames légères qui ont un toucher gras et une couleur brillante tout-à-fait semblable à celle de l'or.

III. PROPRIÉTÉS CHIMIQUES.

Le deutosulfure d'étain est inattaquable par les acides nitrique, sulfurique et hydrochlorique.

L'eau régale le convertit en un sulfate de peroxide qui est insoluble sans un excès d'acide.

Lorsqu'on l'expose à l'action de la chaleur, il perd la moitié de son soufre, et il rétrograde à l'état de protosulfure d'étain.

IV. PRÉPARATION.

On peut l'obtenir par plusieurs procédés,

1° En chauffant parties égales de cinabre et de protosulfure d'étain ;

2° En chauffant 2 parties de soufre et 1 partie de peroxide d'étain;

3⁰ En chauffant avec précaution du protochlorure ou du protoxide d'étain avec du soufre : ce procédé donne certainement le plus beau produit;

4° En faisant un amalgame de 2 parties d'étain et de 1 partie de mercure, le pulvérisant, le mélangeant intimement avec 1 partie d'hydrochlorate d'ammoniaque et 1 ½ partie de soufre, puis chauffant le mélange graduellement, soit dans des cornues de verre, soit dans de larges creusets presque cylindriques. La température ne doit pas dépasser le rouge obscur et elle doit être soutenue quelques heures à ce degré. En opérant ainsi, on obtient un pain léger, presque toujours plus ou moins mêlé de protosulfure qui lui donne une couleur brune. C'est ce procédé qu'on suit dans les fabriques de produits chimiques.

Le mercure qu'on allie à l'étain a pour objet de le diviser. Quant à l'hydrochlorate d'ammoniaque, il peut agir de deux manières, 1° en formant du protochlorure d'étain qui se transforme ensuite en deutosulfure; 2° en donnant naissance à des fluides élastiques qui enlèvent le deutosulfure d'étain produit, et contribuent ainsi à le soustraire à l'action de la chaleur.

V. USAGES.

Le deutosulfure n'est pas employé en teinture, mais son éclat et sa belle couleur le rendent très-propre à former, avec le bleu de Prusse, une peinture bronze très-belle.

Il est encore employé pour augmenter le pouvoir électrique des coussins des machines électriques, etc.

PARIS, IMPRIMERIE DE DECOURCHANT,
Rue d'Erfurth, n° 1, près l'Abbaye.

QUATORZIÈME LEÇON.

PLOMB (Pb).

TRENTE-QUATRIÈME ESPÈCE DE CORPS SIMPLE.

PREMIÈRE SECTION.

CHAPITRE PREMIER. — PLOMB.

I. NOMENCLATURE.

Il a porté le nom de *Saturne,* et ce nom est encore usité pour désigner plusieurs de ses préparations : par exemple l'acétate de protoxide de plomb est souvent appelé *sel de Saturne.*

II. PROPRIÉTÉS PHYSIQUES.

Le plomb est un métal solide à la température ordinaire; il se fond à 322°, suivant Chricton, ou 260° suivant Biot. En le comparant au

fer et à un assez grand nombre d'autres métaux, on le considère comme volatil.

Il est cristallisable en pyramides quadrangulaires.

Il se réduit sous le choc du marteau, et par
la compression d'un laminoir, en feuilles et en
lames assez minces : il est peu ductile à la filière.

L'action du marteau augmente sa ténacité et
diminue sa densité.

Muschembroeck rapporte que la densité d'un
morceau de plomb qui était de 11,479, n'était
plus que de 11,317 après qu'il eut été passé à
la filière, et seulement de 11,2187 après qu'il
eut été battu. Le métal avait éprouvé une augmentation considérable de ténacité.

La densité du plomb est de 11,3523, suivant
Brisson.

Son poids atomistique est de 2589.

Il est d'un blanc gris brillant lorsqu'il n'a pas
été exposé au contact de l'air.

III. PROPRIÉTÉS CHIMIQUES.

L'hydrogène n'a pas d'action sur lui, et ne
s'y combine dans aucune circonstance.

L'oxigène sec, soit pur, soit atmosphérique,
ne paraît pas s'y combiner à froid ; mais il n'en

est pas de même à chaud ; alors l'union a lieu ; et si elle est suffisamment rapide, il se produit une lumière rougeâtre qui n'est jamais très-vive.

Le résultat immédiat de la combustion vive du plomb paraît être toujours un protoxide jaune appelé *massicot*. Mais lorsque ce composé reste exposé au contact de l'oxigène ou de l'air dans un état convenable de division et de température, il absorbe une nouvelle quantité d'oxigène, et passe, en totalité ou en partie seulement, à l'état d'un oxide intermédiaire d'une couleur rouge orangée, qui est appelé *minium*. Ce qu'on appelle *litharge d'or*, ou plutôt *litharge d'argent*, est du protoxide de plomb fondu. Ce qu'on appelle *litharge ordinaire*, ou litharge rouge, est un mélange fondu de protoxide et d'une faible quantité d'un oxide intermédiaire qui colore le premier en rougeâtre.

Lorsque le plomb est exposé à froid au contact de l'air légèrement humide, sa surface se ternit rapidement ; il se produit un oxide, que Proust a considéré comme du massicot, et Berzelius comme un oxide inférieur à ce dernier.

S'il se trouve au milieu d'une atmosphère très-humide contenant à la fois de l'oxigène et de l'acide carbonique, et s'il est d'ailleurs réduit en lames minces, il se change en un sous-carbonate de protoxide qui porte le nom de *céruse* dans les arts.

Le chlore s'unit à froid, mais lentement, au plomb. La chaleur favorise la combinaison.

L'iode s'y combine à chaud.

Le soufre s'y combine à chaud, en donnant lieu à un dégagement de lumière.

Le phosphore, l'arsenic et la plupart des métaux s'y combinent, mais à l'aide de la chaleur.

L'eau n'est pas décomposée par le plomb; mais à la température ordinaire, elle facilite l'oxidation du métal, surtout si un acide est présent. C'est ainsi que du plomb en rubans submergé dans quelques pouces d'eau qui peuvent puiser de l'oxigène et de l'acide carbonique dans l'atmosphère, ou, ce qui revient à peu près au même, du plomb en rubans placé dans une atmosphère de ces gaz saturée d'humidité, se convertit en sous-carbonate.

L'acide hydrochlorique aqueux concentré et chaud l'attaque; il se dégage de l'hydrogène, et il se forme du chlorure qui peut se dissoudre dans l'acide indécomposé.

L'acide hydrophtorique est sans action sur le plomb; aussi prépare-t-on et conserve-t-on cet acide dans des vases de ce métal.

De tous les acides le nitrique est celui qui dissout le plomb avec le plus de rapidité, mais ce n'est pas l'acide concentré qui a le plus d'énergie; la condition favorable à l'action mutuelle des corps, est que le nitrate de protoxide auquel ils donnent naissance puisse être dissous à la température où l'on opère dans l'eau qui est unie à l'acide; car si vous prenez de l'acide concentré qui n'a pas la propriété de dissoudre une grande quantité de ce nitrate, le métal est attaqué à sa surface seulement, parce qu'il se forme une couche de ce sel, qui, étant insoluble dans l'excès d'acide, préserve les parties qu'il recouvre du contact de l'acide libre.

La dissolution du plomb a lieu assez rapidement dans l'acide nitrique bouillant d'une densité de 15° à l'aréomètre; il y a dégagement de deutoxide d'azote.

L'acide hydrosulfurique gazeux agit sur lui, surtout à une température rouge; l'hydrogène est mis en liberté, et le soufre s'unit au métal.

L'acide hydrosulfurique dissous dans l'eau

est également décomposé par le plomb; et c'est pourquoi ce métal noircit quand il est plongé dans une eau sulfureuse.

L'acide sulfurique n'a sur lui qu'une action très-faible; voilà pourquoi l'on se sert de plomb pour construire les chambres où se fabrique cet acide. On emploie par la même raison dans les ateliers des vases de ce métal quand on veut faire réagir l'acide sulfurique concentré sur différens corps. Cependant quand on fait bouillir de l'acide concentré sur du plomb, il se dégage du gaz sulfureux, et il se produit un peu de sulfate de protoxide; à froid l'action est nulle.

L'acide phosphorique, tenu en fusion sur le plomb, a une double action : une portion d'acide est décomposée en phosphore et en oxigène. De là résulte du phosphure de plomb, et du proxide qui s'unit à la portion d'acide non dé-composée, et forme un phosphate.

Ce que je viens de dire de l'action des acides doit s'entendre des circonstances où les corps sont en contact sans avoir celui de l'air atmos-phérique; car, dans le cas contraire, il y a tel acide qui a peu ou qui n'a pas d'action sur le plomb, qui alors en exerce une plus ou moins marquée; l'oxidation du métal aux dépens de l'oxigène atmosphérique étant favorisée alors par la tendance qu'a cet acide à la neutralisation : j'ai eu l'occasion de faire une observation analogue au sujet du cuivre (leçon 12, pag. 53). Au reste, il arrive très-souvent que des corps susceptibles de se combiner ensemble, mais qui se trouvent dans des circonstances où leur action mutuelle est nulle ou très-faible, s'unissent dès qu'ils sont en présence d'un autre corps doué d'une affinité plus ou moins énergique pour la combinaison que les premiers sont capables de former.

IV. PROPRIÉTÉS ORGANOLEPTIQUES.

Le plomb a une légère odeur. Il ne paraît pas être vénéneux, mais il le devient par sa combinaison avec l'oxigène, surtout quand l'oxide est rendu soluble par un acide.

V. ÉTAT NATUREL.

Il existe dans la nature engagé dans un assez grand nombre de combinaisons. Vous devez en trouver la raison dans le grand nombre de corps que j'ai dits être susceptibles de s'y combiner.

Le plomb natif est assez rare, et plusieurs minéralogistes attribuent à l'art l'origine de celui qu'on a rencontré dans la nature libre de toute combinaison. C'est surtout à l'état de sulfure qu'il y est répandu, et c'est presque toujours ce minéral plus ou moins pur qu'on exploite en grand pour en retirer le plomb.

Il se trouve encore à l'état de séléniure, de chlorure, d'oxide intermédiaire de couleur orangée, de sous-carbonate, de sulfate, de phosphate, d'arséniate, de molybdate, de chromate, de protoxide, etc.

VI. EXTRACTION.

On extrait en général le plomb :

1º De son oxide, que nous avons appelé *litharge*, et qui est presque toujours un produit de l'art ;

2º Et de son sulfure natif.

Pour réduire la litharge à l'état métallique, il suffit de la chauffer sur la sole d'un fourneau à réverbère avec du charbon. L'oxigène se porte sur ce combustible, et le plomb se trouve ainsi revivifié.

On traite le sulfure de diverses manières.

A. On cherche ou à en convertir par le grillage le soufre en acide sulfureux et le plomb en litharge, qu'on réduit ensuite par le charbon ;

Ou à en convertir par le grillage une portion seulement en sulfate de plomb, qui, venant ensuite à être mêlée avec le reste du sulfure indécomposé, donne pour résultat du gaz acide sulfureux et du métal.

B. En le chauffant avec du fer, celui-ci se combine au soufre et laisse le plomb en liberté.

VII. USAGES.

Les usages du plomb métallique sont assez nombreux : ils sont fondés sur sa mollesse, sa fusibilité, sa ductilité, et en outre sur ce que son prix n'est pas trop élevé parce qu'il est très-répandu, et que les procédés pour l'extraire à l'état de pureté sont peu coûteux à exécuter. Réduit en feuilles, il est employé, comme l'étain l'est aussi, à faire des boîtes, des enveloppes impénétrables à l'humidité, et qui sont propres par conséquent à conserver sèches beaucoup de matières. Il sert à couvrir les édifices, à faire des chambres pour préparer l'acide sulfurique, des chaudières destinées à contenir des matières qui ne doivent pas être exposées à une température très-élevée.

Lorsqu'on fait des tuyaux de plomb pour conduire l'eau, il faut leur donner une certaine épaisseur afin qu'ils ne se déforment pas sous la charge du liquide qu'ils doivent contenir; cette épaisseur est encore nécessaire s'ils doivent être exposés dans l'eau ou dans une atmosphère constamment humide : dans ce dernier cas, il est bon d'enduire le plomb extérieurement d'une couche de peinture à l'huile.

La pluie qui tombe ou l'humidité qui peut se condenser sur une terrasse ou un édifice couvert en plomb ne produit pas sur le métal autant d'altération que l'humidité constante d'une atmosphère qui ne se renouvelle pas en produit sur des feuilles ou des lames de plomb qui se trouvent dans cette atmosphère.

Plusieurs sels de plomb sont employés en teinture : ainsi l'acétate l'est pour préparer l'acétate d'alumine; le nitrate et même l'acétate le sont pour mordancer les étoffes, particulièrement celles de coton sur lesquelles on veut fixer l'acide chromique du chromate de potasse.

SECTION II.

COMBINAISONS BINAIRES DÉFINIES DU PLOMB AVEC PLUSIEURS CORPS PRÉCÉDEMMENT EXAMINÉS.

CHAPITRE PREMIER.

PROTOXIDE DE PLOMB ($\ddot{\text{P}}\text{l}$).

I. COMPOSITION.

	en poids.		en atomes.
Oxigène	7,60	2	200
Plomb	92,40	1	2589
	100,00		poids at. 2789

II. NOMENCLATURE.

Massicot, quand il est en poudre jaune.

Litharge d'argent et même *litharge d'or* quand il a été fondu.

Litharge ordinaire, quand il a été fondu, et qu'il a absorbé un peu d'oxigène; d'où il est résulté une certaine quantité de *minium* ou d'oxide intermédiaire.

III. PROPRIÉTÉS PHYSIQUES.

Il est fusible en verre. Ce verre, refroidi, est dur et fragile.

A une température rouge assez élevée, et exposé à un courant d'air, il se volatilise sensiblement. On observe que sa couleur jaune passe à l'orangé par l'action de la chaleur.

VI. PROPRIÉTÉS CHIMIQUES.

Il est légèrement soluble dans l'eau.

A l'état naissant il s'unit à ce liquide, et forme un hydrate blanc.

Le protoxide de plomb doit être considéré comme une base salifiable assez puissante, car il neutralise tous les acides; et je dirai même plus : quand vous avez laissé du protoxide de plomb en excès en contact avec un acide, et qu'il forme avec cet acide un sel soluble, il arrive presque toujours que la dissolution verdit la teinture de violette, et agit sur les principes colorans à la manière des alcalis; ces dissolutions peuvent aussi ramener au bleu le papier de tournesol préalablement rougi. D'après cela, il est évident que le protoxide de plomb a une force alcaline très-sensible. Je dois ajouter qu'il a une grande tendance à se combiner avec les principes colorans; aussi l'ai-je employé avec avantage pour décolorer plusieurs infusions végétales que je voulais analyser. Après la décoloration des infusions, je trouvais dans l'eau toutes les matières solubles qui n'étaient pas susceptibles de se combiner avec cet oxide. On l'a depuis employé à décolorer les vins, et par ce moyen on a démontré que l'alcool y est tout formé; mais en même temps que cet effet a lieu, l'acide libre contenu dans ces liquides se combine avec une partie de l'oxide.

Si le protoxide de plomb a une tendance si grande à s'unir aux principes colorans, ce n'est pas une raison de conclure qu'il doit être un bon mordant, c'est-à-dire un intermède propre pour fixer les principes colorans organiques sur les étoffes, car pour qu'un corps serve de mordant il ne faut pas seulement qu'il s'unisse facilement avec les principes colorans, mais il doit encore former avec eux des combinaisons stables.

Tous les hydracides dont les comburans ont une affinité marquée pour le plomb réduisent son protoxide en eau et en un composé formé de comburant et de métal; par exemple, l'acide hydrochlorique le convertit en eau et en chlorure de plomb; l'acide hydrosulfurique, en eau et en sulfure noir.

Il est réduit, à une température peu élevée, par l'hydrogène et le carbone.

C'est par leur hydrogène et leur carbone que les matières organiques qu'on chauffe avec le protoxide de plomb le réduisent. Pour se convaincre de la facilité avec laquelle cette réduction s'opère, il suffit de brûler une carte enduite d'un oxide de plomb quelconque pour voir le métal revivifié en petits globules.

Le protoxide de plomb est encore ramené à l'état métallique, mais en contractant une combinaison nouvelle, quand il est chauffé avec du soufre; il se produit de l'acide sulfureux et un sulfure. La tendance de l'oxide de plomb à céder son oxigène et à se convertir en sulfure noir, explique la couleur noire que prennent les corps qui ont été recouverts d'un enduit à base de protoxide de plomb, lorsqu'ils sont exposés à des émanations sulfureuses. Cette couleur noire se manifeste d'une manière qui doit fixer l'attention du teinturier, lorsque la laine est chauffée dans un bain qui contient un sel à base de protoxide de plomb, particulièrement l'acétate.

Le teinturier qui veut mordancer des étoffes

de coton avec de l'acétate ou du nitrate de plomb, pour y combiner ensuite l'acide du chromate de potasse, etc., lorsqu'il est placé sur le bord d'une rivière qui, comme celle de Bièvre, laisse dégager de l'acide hydrosulfurique dans les temps chauds, doit éviter alors de laisser ses toiles exposées aux émanations de la rivière; autrement elles noirciraient, parce que l'acide hydrosulfurique réduirait le protoxide de plomb en eau et en sulfure noir.

IV. PROPRIÉTÉS ORGANOLEPTIQUES.

Il est inodore, insipide.

Ses sels sont délétères.

V. PRÉPARATION.

Lorsqu'on veut se procurer du protoxide de plomb parfaitement pur, il n'y a pas de meilleur moyen que de chauffer au rouge léger, et en vase clos, du sous-carbonate de plomb pur, et de ne transvaser l'oxide qu'après son entier refroidissement. Si le sous-carbonate était mêlé de matières organiques, une portion d'oxide serait réduite. Dans le cas où l'on opèrerait avec le contact de l'air, il pourrait se produire du minium qui colorerait le protoxide en orangé.

L'oxide de plomb qu'on trouve dans le commerce sous le nom de litharge contient presque toujours du deutoxide de cuivre; et lorsqu'il a été exposé quelque temps dans une atmosphère humide, il contient en outre du sous-carbonate de plomb. Il suffit en effet que la litharge soit humectée d'eau et exposée à l'air pour que bientôt on la voie blanchir et se convertir ainsi en sous-carbonate.

VI. USAGES.

Si le protoxide de plomb n'est pas employé immédiatement dans la teinture, il l'est à l'état salin; et les détails dans lesquels nous venons d'entrer démontrent assez combien la connaissance de ses propriétés est indispensable pour expliquer des phénomènes très-importans qu'on peut observer dans les ateliers de teinture où l'on emploie des sels de ce métal.

CHAPITRE II.

PEROXIDE DE PLOMB (P̈l).

I. COMPOSITION.

	en poids.		en atomes
Oxigène	13,38	4	400
Plomb	86,62	1	2589
	100,00		poids at. 2989

II. NOMENCLATURE.

Tritoxide de plomb, oxide puce.

III. PROPRIÉTÉS PHYSIQUES.

Il est pulvérulent et de couleur puce.

IV. PROPRIÉTÉS CHIMIQUES.

Il est insoluble dans l'eau.

Il ne s'unit à aucun acide en *ique*, sans s'abaisser au minimum d'oxidation.

Il n'est pas non plus susceptible de se combiner aux bases salifiables.

Exposé à l'action de la chaleur, il perd la moitié de son oxigène, et passe conséquemment à l'état de protoxide.

Les acides nitreux et sulfureux, mis en contact avec le peroxide de plomb, absorbent la moitié de son oxigène, et neutralisent le protoxide provenant de cette désoxigénation.

L'acide hydrochlorique le réduit en chlorure de plomb; il se forme de l'eau, et il se dégage du chlore. Il se comporte donc alors à la manière du peroxide de manganèse.

Le soufre, trituré au milieu de l'air avec le peroxide de plomb, s'enflamme en partie; l'autre partie s'unit au métal réduit.

On conçoit, d'après ce que nous venons de dire, qu'il doit agir sur tous les corps oxigénables qui peuvent absorber l'oxigène du protoxide de plomb.

V. PRÉPARATION.

On le prépare en traitant le *minium* à chaud par l'acide nitrique à 15°, et cela jusqu'à ce que l'acide ne dissolve plus rien. Le résidu doit être lavé avec soin, puis séché à une douce chaleur.

CHAPITRE III.

OXIDES DE PLOMB INTERMÉDIAIRES,
ou MINIUMS.

Lorsqu'on a divisé du massicot à l'extrême, et qu'on le tient pendant un certain temps exposé en couche mince à une température insuffisante pour le fondre, et dans un four à réverbère dont les ouvertures sont fermées, il absorbe l'oxigène de l'air, et passe à l'état de minium. Tant qu'il est chaud, il a une couleur puce; mais, par le refroidissement, il devient d'un rouge orangé. On ne doit le retirer du four qu'après qu'il est refroidi.

Il ne paraît pas douteux que le *minium* ne soit une combinaison de protoxide et de peroxide de plomb, ainsi que l'a avancé Proust; mais il n'a admis, ainsi que M. Berzelius, qu'un seul minium, auquel le chimiste suédois attribue la composition suivante :

$$\begin{array}{lr} \text{Oxigène} & 13,38 \\ \text{Plomb} & 86,62 \\ \hline & 100,00 \end{array}$$

2.

ou

$$\text{Protoxide de plomb } 1 = \begin{cases} \text{oxigène } 2, \\ \text{plomb } 1 ; \end{cases}$$

$$\text{Peroxide de plomb } 1 = \begin{cases} \text{oxigène } 4, \\ \text{plomb } 1. \end{cases}$$

Tandis qu'aujourd'hui il semble bien prouvé, d'après les observations de M. Longchamp et celles de M. Houton-Labillardière, qu'il existe un autre minium formé sensiblement de

en poids.

Protoxide de plomb. 75

Peroxide de plomb. 25

—————

100

ou, en corrigeant ces résultats, de

	en poids.	en atomes.
Protoxide de plomb	73,68	3 8367
Peroxide de plomb	26,32	1 2989
	100,00	poids at. 11356

Cette composition a été déterminée par M. Houton-Labillardière, sur un minium cristallisé en paillettes, et d'une belle couleur rouge orangée.

Un fabricant de minium m'a dit avoir distingué dans sa fabrication ces deux miniums par leur couleur; le premier étant moins orangé que le second, il l'appelle *minium rouge*, et il réserve au dernier la dénomination de *minium orangé.*

Il ne faut pas confondre cette dernière dénomination avec celle de *mine orange*, que dans le commerce on donne à un minium qui a été préparé avec du sous-carbonate de plomb, et qui retient encore, suivant M. Roard, de 0,04 à 0,05 de sous-carbonate indécomposé. Ce mélange a l'avantage de ne pas se durcir, comme le minium pur, quand on le mêle à la colle.

Quoi qu'il en soit de la composition du minium, il sera toujours facile de s'en représenter les propriétés chimiques, parce qu'elles résultent évidemment de celles que doit avoir un mélange de protoxide et de peroxide de plomb. Ainsi,

Chauffé, il se réduit en oxigène et en protoxide :

Il ne s'unit pas aux acides saturés d'oxigène sans perdre de l'oxigène, ou sans se réduire en protoxide qui s'y unit, et en peroxide qui ne s'y combine pas;

Traité par l'acide hydrochlorique, il se convertit en eau et en chlorure de plomb, et il se dégage du chlore;

Enfin il se comporte avec les corps oxigénables comme le protoxide et le peroxide de plomb qui le constituent.

CHAPITRE IV.

CHLORURE DE PLOMB (4Ch Pl).

I. COMPOSITION.

	au poids.		en atomes.
Chlore. . .	25,48	4 . . .	885,28
Plomb . . .	74,52	1 . . .	2589,00
	100,00		poids at. 3474,28

II. NOMENCLATURE.

Muriate de plomb anhydre.

III. PROPRIÉTÉS PHYSIQUES.

Il est solide, fusible en une matière vitreuse qui est d'un blanc grisâtre après le refroidissement.

On peut l'obtenir, par la voie humide, cristallisé en aiguilles.

Il est légèrement volatil, surtout s'il est soumis à l'action d'un courant d'air.

IV. Propriétés chimiques.

Il est insoluble, ou presque insoluble dans l'eau.

Il est soluble dans l'acide hydrochlorique concentré et bouillant; la solution est précipitée par l'eau.

Il est susceptible de former des espèces de sels en s'unissant à des proportions définies de protoxide de plomb.

V. Préparation.

On précipite le nitrate ou l'acétate de plomb par le chlorure de sodium; le chlorure de plomb qui se sépare est en petites aiguilles anhydres si les liqueurs qu'on a mêlées étaient suffisamment étendues d'eau.

On peut encore l'obtenir en faisant réagir l'acide hydrochlorique sur le protoxide de plomb. Il est évident, d'après ce que nous avons dit de la composition de ces corps, qu'en prenant

$$4 \text{ at. acide hydrochlorique} = \begin{cases} 4 \text{ chlore,} \\ 4 \text{ hydrogène;} \end{cases}$$

$$1 \text{ at. protoxide de plomb} = \begin{cases} 2 \text{ oxigène,} \\ 1 \text{ plomb.} \end{cases}$$

on aura

$$1 \text{ at. chlorure de plomb.} \ . = \begin{cases} 4 \text{ chlore,} \\ 1 \text{ plomb;} \end{cases}$$

$$2 \text{ at. d'eau.} \ . \ . \ . \ . \ . \ . \ . = \begin{cases} 2 \text{ oxigène,} \\ 4 \text{ hydrogène.} \end{cases}$$

CHAPITRE V.

SULFURE DE PLOMB (²S Pl).

I. COMPOSITION.

	en poids.		en atomes.
Soufre. . .	13,45	2 . . .	402,32
Plomb. . .	86,55	1 . .	2589,00
	100,00	poids at.	2991,32

II. NOMENCLATURE.

Galène.

III. PROPRIÉTÉS PHYSIQUES.

Il est solide, fusible et cristallisable en cubes par le refroidissement.

Il est volatil à une température élevée.

Sa densité est de 7,7592.

Il est d'un gris foncé, et doué du brillant métallique.

IV. PROPRIÉTÉS CHIMIQUES.

Lorsqu'on chauffe le sulfure de plomb dans une cornue contenant de l'air, et munie d'un tube plongé dans l'eau, il se produit d'abord un peu de gaz sulfureux; il se sublime du soufre avec la plus grande partie du sulfure; le résidu est formé de plomb et d'un peu de sulfure.

 Les gaz sulfureux et carbonique que l'on fait passer sur du sulfure de plomb chauffé au rouge dans un tube de porcelaine ne le décomposent pas, mais facilitent sa volatilisation.

Le gaz hydrogène agit de même à une certaine température; mais à une température plus élevée, on obtient de l'acide hydrosulfurique et du plomb.

L'air atmosphérique qu'on fait passer sur le sulfure de plomb en réduit une portion en métal et en acide sulfureux, et une autre en sulfate de plomb qui est entraîné sous forme de fumée blanche.

L'acide nitrique, chauffé avec le sulfure de plomb, le convertit en sulfate neutre; les 2 atomes de soufre absorbent 6 atomes d'oxigène, et l'atome de plomb 2 atomes.

L'eau régale et l'eau oxigénée produisent le même effet.

Les proportions des élémens du sulfure de plomb et de ceux du sulfate de protoxide sont telles, qu'en chauffant 1 atome de l'un avec 1 atome de l'autre, on obtient 2 atomes de plomb et 4 atomes d'acide sulfureux gazeux. En effet,

$$1 \text{ at. sulfure.} \ldots = \begin{cases} 2 \text{ soufre,} \\ 1 \text{ plomb;} \end{cases}$$

$$1 \text{ at. sulfate.} \ldots = \begin{cases} 2 \text{ acide sulf.} = \begin{cases} 2 \text{ ac. sulfureux,} \\ 2 \text{ oxigène;} \end{cases} \\ 1 \text{ prot. plomb} = \begin{cases} 2 \text{ oxigène,} \\ 1 \text{ plomb.} \end{cases} \end{cases}$$

et d'un autre côté,

$$1 \text{ at. ac. sulfureux} = \begin{cases} 2 \text{ oxigène,} \\ 1 \text{ soufre.} \end{cases}$$

Les 2 atomes de soufre du sulfure, en s'unissant aux 2 atomes d'oxigène de l'acide sulfurique et aux 2 atomes d'oxigène du protoxide de plomb, forment

$$2 \text{ at. acide sulfureux} = \begin{cases} 4 \text{ oxigène,} \\ 2 \text{ soufre,} \end{cases}$$

qui se dégagent avec les deux autres provenant de l'acide sulfurique.

Il reste

2 at. de plomb.

V. USAGES.

Le sulfure de plomb a été prescrit, dans plusieurs anciennes recettes de teinture, sous le nom d'*alquifoux*.

M. Houton-Labillardière a proposé de l'employer comme matière colorante dans la fabrication des toiles peintes.

APPENDICE

A L'HISTOIRE DU PLOMB.

L'utilité que les arts retirent de l'usage de plusieurs alliages du métal que nous venons d'étudier me fait penser qu'il n'est point déplacé de dire quelques mots de ces composés à la suite de l'histoire du plomb.

PLOMB ET ANTIMOINE.

Ils s'allient en toutes proportions.

1 partie d'antimoine et 3 parties de plomb donnent un alliage malléable plus dur que le plomb.

1 partie d'antimoine et 16 parties de plomb forment la composition des caractères d'imprimerie.

PLOMB ET ÉTAIN.

Ils s'allient en toutes proportions, et les alliages qui en résultent ont plus de dureté et de ténacité que le plomb. Si l'on veut obtenir l'alliage le plus dur possible, il faut que le plomb soit à l'étain :: 1 : 3.

2 parties de plomb et 1 partie d'étain fondues ensemble donnent la *soudure des plombiers*, c'est-à-dire l'alliage que l'on emploie pour souder le plomb.

Cet alliage présente une propriété extrême-ment remarquable, c'est celle de brûler à la manière d'un pyrophore lorsqu'il est suffisam-ment chauffé. L'accroissement de combustibilité que les métaux acquièrent par le fait de leur union mutuelle, ne peut être attribué qu'à la grande affinité du peroxide d'étain pour le pro-toxide de plomb : et en effet nous avons vu plus haut que le premier de ces oxides fait fonction d'acide en général, tandis que le second est dé-cidément alcalin ; d'après cela il n'est donc pas étonnant que les deux corps réagissent fortement lorsqu'ils se trouvent pour ainsi dire à l'état naissant, et qu'ils produisent un véritable sel qu'on appelle *stannate de plomb*. Cette matière est employée avec un grand avantage à faire l'é-mail blanc de la faïence.

PLOMB ET BISMUTH.

Ils forment un alliage lamelleux, cassant, gris foncé, plus tenace que le plomb et plus dense que ne le sont les métaux alliés.

PLOMB, ÉTAIN ET BISMUTH.

5 parties de plomb, 8 parties de bismuth et 3 parties d'étain forment un alliage qui est fusible à 100°, et qui porte en France le nom d'*alliage fusible de Darcet*, quoique Newton et Margraff l'aient connu.

Cet alliage est utile dans plusieurs expériences où l'on veut chauffer des vases dans un bain liquide à une température supérieure à 100°.

On peut analyser les alliages de plomb et d'antimoine, de plomb et d'étain par l'acide nitrique chaud qui dissout le plomb, et ne dissout pas les peroxides d'antimoine et d'étain.

On peut, ainsi que M. Léonard Laugier l'a conseillé, analyser l'alliage de plomb et de bismuth en le dissolvant dans l'acide nitrique; précipitant ensuite le protoxide de plomb seulement par le sous-carbonate d'ammoniaque en excès. Ce sel retient en dissolution le sous-carbonate de bismuth. En neutralisant cette liqueur par l'acide nitrique, faisant bouillir afin d'en dégager l'acide carbonique, on peut précipiter ensuite par l'ammoniaque tout l'oxide de bismuth.

CÉRIUM (Ce).

TRENTE-CINQUIÈME ESPÈCE DE CORPS SIMPLE.

Le cérium est un métal dont les propriétés à l'état de pureté sont à peine connues.

Son poids atomistique est de 1149,44.

On sait qu'il s'unit à l'oxigène en deux proportions.

PROTOXIDE DE CÉRIUM (C̈e).

	en poids.		en atomes.	
Oxigène. .	14,82	2	. . .	200
Cérium . .	85,18	1	. . .	1149,44
	100,00		poids at.	1349,44

Il est blanchâtre, insipide, inodore; chauffé avec le contact de l'air, il devient couleur de brique, en absorbant de l'oxigène.

L'hydrate de protoxide de cérium est blanc. Lorsqu'il est en flocons et qu'il a le contact de l'air, il se suroxide.

Ce protoxide neutralise assez bien les acides énergiques.

Il ne s'unit pas à l'acide hydrosulfurique.

PEROXIDE DE CÉRIUM ($\overset{...}{\text{Ce}}$).

en poids.		en atomes.	
Oxigène. .	20,70	3 . . .	3oo
Cérium . .	79,3o	1 : .	1149,44
	100,00	poids at.	1449,44

Il est couleur de brique.

Il ne peut se combiner aux acides saturés d'oxigène, sans s'abaisser au minimum ; en cela il est analogue aux peroxides de plomb et de manganèse.

Il existe un sulfure de cérium.

On ignore si les sels de ce métal pourraient être de quelque utilité en teinture.

Le cérium fut découvert en 1804 par messieurs Berzelius et Hisinger, dans un minéral de la mine de Bastnaés en Suède, qui porte aujourd'hui le nom de *cérite*.

COBALT (Co).

TRENTE-SIXIÈME ESPÈCE DE CORPS SIMPLE.

PREMIÈRE SECTION.

Le cobalt est un métal qu'on obtient rarement en masse compacte, parce qu'il est peu fusible à l'état de pureté. Il se présente en général sous la forme de grains ou de globules agglutinés.

Sa densité est de 7,7.

Il est cassant à froid, mais à chaud il paraît légèrement ductile.

Il est d'un blanc gris.

C'est le premier des corps que nous avons examinés jusqu'ici qui soit magnétique.

Son poids atomistique est de 738.

Il s'unit, lorsqu'il est rouge de feu, à l'oxigène, en dégageant de la lumière.

Il forme avec l'oxigène deux oxides qui sont

susceptibles de s'unir ensemble, et de former ainsi un oxide intermédiaire.

Il s'unit au chlore, quand il est chauffé dans ce gaz.

A chaud, il s'unit également au soufre, et il y a dégagement de lumière.

Il ne décompose l'eau à aucune température.

Les acides hydrochlorique, sulfurique et nitrique étendus, le dissolvent; les deux premiers avec dégagement d'hydrogène, le dernier avec dégagement de deutoxide d'azote. Les solutions sont d'un beau rouge.

Le cobalt n'a pas été employé en teinture.

J'ai fait des essais avec plusieurs de ses sels, dont je rendrai compte dans la suite de ce cours.

SECTION II.

COMBINAISONS BINAIRES DÉFINIES DU COBALT AVEC PLUSIEURS DES CORPS PRÉCÉDEMMENT EXAMINÉS.

PROTOXIDE DE COBALT ($\overset{..}{\text{Co}}$).

	en poids.		en atomes.	
Oxigène. .	21,32		2 . . .	200
Cobalt. . .	78,68		1 . . .	738
	100,00		poids at.	938

Il est d'un gris bleuâtre.

Chauffé avec le contact de l'air, il s'embrase, et passe à l'état de peroxide.

Il forme, avec les acides sulfurique, nitrique, hydrochlorique, des sels solubles.

Il est réduit par le charbon en métal, et par le soufre en sulfure.

Lorsqu'on précipite un sel de cobalt par la potasse, on obtient un précipité bleu qui, peu à peu, passe au rose si on le fait bouillir dans l'eau. Proust a considéré ce précipité bleu comme du protoxide pur, et il a attribué la couleur rose qu'il prend à une combinaison d'eau. Il est difficile d'admettre cette explication, car si le précipité bleu est anhydre, on ne voit pas pourquoi il absorberait de l'eau à la température de 100°. Quoi qu'il en soit, si le précipité dont nous venons de parler n'est pas préservé du contact de l'oxigène, soit de celui de l'atmosphère gazeux, soit de celui qui est dissous dans l'eau, il passe à l'état d'un oxide intermédiaire qui est vert olive.

Le protoxide de cobalt, fondu avec le verre, les émaux, etc., les colore en un beau bleu.

PEROXIDE DE COBALT ($\overset{...}{\mathrm{Co}}$).

	en poids.		en atomes.	
Oxigène	28,90	3		3oo
Cobalt	71,10	1		738
	100,00		poids at.	1038

Il est noir, et ne se combine aux acides saturés d'oxigène qu'après avoir perdu $\frac{1}{3}$ de son oxigène.

Il donne du chlore avec l'acide hydrochlorique.

OXIDE DE COBALT INTERMÉDIAIRE

$$(\ddot{C}o + {}_2\dddot{C}o).$$

en atomes.

Peroxide. . . . 2 2076
Protoxide . . . 1 938

poids at. 3014

Il est d'un vert olive.

CHLORURE DE COBALT (⁴Ch Co).

	en poids.			en atomes.	
Chlore. . .	54,53		4 . . .	885,3
Cobalt . .	45,47		1 . . .	738,0
	100,00		poids at.	1623,3

Il est volatil, d'un gris de lin, et cristallisable par sublimation en aiguilles.

Dissous dans peu d'eau, il est bleu; dissous
dans une plus grande quantité, il est rouge.

SULFURE DE COBALT (²S Co).

	en poids.			en atomes.	
Soufre. . .	35,36		2 . . .	402,32
Cobalt. .	64,64		1 . . .	738,00
	100,00		poids at.	1140,32

NICKEL (Ni).

TRENTE-SEPTIÈME ESPÈCE DE CORPS SIMPLE.

PREMIÈRE SECTION.

Le nickel est un métal qui exige une assez haute température pour se fondre.

Sa densité est de 8,402.

Il est ductile.

Son poids atomistique est de 739,51.

Sa couleur est le gris jaunâtre.

Il est magnétique.

Il s'unit à l'oxigène en deux proportions, mais il est peu altérable par l'action immédiate de l'air, même à chaud.

Il s'unit au chlore, au soufre, etc.

Il ne décompose l'eau à aucune température.

Il est dissous par les acides sulfurique, nitrique et hydrochlorique. Ses dissolutions sont d'un beau vert.

Le nickel n'est point employé en teinture.

SECTION II.

COMBINAISONS BINAIRES DÉFINIES DU NICKEL AVEC PLUSIEURS DES CORPS PRÉCÉDEMMENT EXAMINÉS.

PROTOXIDE DE NICKEL ($\overset{..}{N}i$).

	en poids.		en atomes.
Oxigène	21,29	2	200
Nickel	78,71	1	739,51
	100,00		poids at. 939,51

Il est d'un vert grisâtre.

Il forme un hydrate d'un vert pomme.

PEROXIDE DE NICKEL ($\overset{...}{N}i$).

	en poids.		en atomes.
Oxigène	28,86	3	300
Nickel	71,14	1	739,51
	100,00		poids at. 1039,51

Il est noir, et analogue aux peroxides de plomb, de cobalt et de manganèse.

CHLORURE DE NICKEL (^{4}Ch Ni).

	en poids.		en atomes.
Chlore.	54,49	4	885,30
Nickel.	45,51	1	739,51
	100,00	poids at.	1624,81

Il est sublimable en aiguilles ou en lames d'un beau jaune d'or.

Il est soluble dans l'eau, qu'il colore en vert.

SULFURE DE NICKEL (^{2}S Ni).

	en poids.		en atomes.
Soufre	35,23	2	402,32
Nickel	64,77	1	739,51
	100,00	poids at.	1141,83

FER (Fe).

TRENTE-HUITIÈME ESPÈCE DE CORPS SIMPLE.

PREMIÈRE SECTION.

CHAPITRE PREMIER. — FER.

I. NOMENCLATURE.

Le fer a été nommé *Mars* par les alchimistes. Ce nom, ou son épithète *martial*, désigne plusieurs préparations de ce métal dans les anciens ouvrages de chimie.

II. PROPRIÉTÉS PHYSIQUES.

Le fer est un métal solide jusqu'à la température de 158° du pyromètre de Wedgewood, où il entre en fusion. On ne l'a point encore obtenu en cristaux par le refroidissement.

Il ne se volatilise d'une manière sensible qu'aux températures les plus élevées.

Sa cassure est fibreuse ; cependant quelquefois il en présente une légèrement lamelleuse.

C'est un des métaux les plus durs ; et cette propriété est singulièrement augmentée lorsqu'il contient quelques millièmes de carbone.

Le fer est très-ductile, surtout à chaud.

Le laminoir le réduit en lames ou en feuilles connues sous le nom de *tôle*; mais, au moyen du marteau, on ne peut en obtenir de feuilles aussi minces que celles d'or, d'argent, de cuivre et d'étain.

On peut le réduire, au moyen de la filière, en fils aussi fins que les cheveux ; et ce résultat prouve à la fois et sa ductilité et sa tenacité.

Le fer est le plus tenace des métaux. D'après Sickingen, un fil de $0^m,002$ de diamètre supporte, sans se rompre, $249^{kil.}, 659$.

Sa densité est de 7,788.

Son poids atomistique est de 678,43.

Il est d'un gris bleuâtre très-éclatant quand il a été poli avec soin.

Il conduit bien la chaleur et l'électricité.

Il est plus magnétique que le cobalt et le nickel; mais il n'est susceptible de conserver les propriétés magnétiques qu'autant qu'il a été uni à certains corps, notamment à quelques millièmes de carbone ou à une certaine proportion d'oxigène, car un barreau de fer doux ne peut jamais constituer un aimant, c'est-à-dire un corps qui possède les propriétés magnétiques d'une manière permanente, quelle que soit la position dans laquelle on le place.

III. PROPRIÉTÉS CHIMIQUES.

Le fer ne s'unit pas à l'hydrogène.

Il ne se combine point à froid avec l'oxigène ; de sorte qu'il peut être conservé sans altération dans une atmosphère d'air, lorsque celle-ci est parfaitement sèche. Mais si la température est élevée suffisamment, le fer brûle en dégageant une vive lumière : c'est ce que vous allez observer lorsque je plongerai dans un flacon de gaz oxigène ce faisceau de fils de fer très-fins, qui a été roulé en spirale, et dont une extrémité a été amorcée avec un peu de filasse soufrée que je vais allumer à cette bougie.

On croit assez généralement aujourd'hui que le produit de la combustion du fer dans le gaz oxigène est formé de

	poids.	atomes.
Oxigène.	38	8,
Fer	100	3;

ou plutôt de

atomes.

Peroxide. . . . 2 . . $= \begin{cases} 6 \text{ oxigène}, \\ 2 \text{ fer}; \end{cases}$

Protoxide . . . 1 . . $= \begin{cases} 2 \text{ oxigène}, \\ 1 \text{ fer}. \end{cases}$

Lorsqu'une barre de fer chauffée au blanc est exposée à l'air, elle se brûle jusqu'à une certaine profondeur; et si elle est battue sur une enclume, ou pressée dans un laminoir, il s'en détache des pellicules ou écailles, connues sous le nom de *battitures de fer*. Ces écailles sont formées, suivant M. Berthier, de

	poids.	atomes.
Oxigène.	34,11 :	7,
Fer	100	3;

ou plutôt de

atomes.

Peroxide. . . . 1 . . $= \begin{cases} 3 \text{ oxigène}, \\ 1 \text{ fer}; \end{cases}$

Protoxide . . . 2 . . $= \begin{cases} 4 \text{ oxigène}, \\ 2 \text{ fer}. \end{cases}$

On a encore un exemple de la combustion vive du fer lorsqu'on allume de l'amadou au moyen du briquet. Par le choc du fer contre la pierre, il se détache un très-petit copeau de métal qui est assez chaud pour prendre feu dans l'air, et pour communiquer ensuite à l'amadou, substance combustible très-divisée, et mauvais conducteur de la chaleur, la température nécessaire à son ignition.

Le fer divisé qui est calciné dans un têt à rôtir se change en peroxide rouge, que les anciens nommaient *safran de Mars*.

Le fer, chauffé dans le chlore, s'y combine en produisant du feu et un perchlorure, suivant sir H. Davy.

L'iode en vapeur s'unit aisément au fer.

A chaud, le soufre, le phosphore, l'arsenic, s'y combinent aussi. Avec le premier, au moins, il se produit du feu.

Le carbone s'y combine également au moyen de la chaleur : il suffit pour cela de chauffer le métal avec le charbon ou la poussière de diamant. Le résultat de cette opération est l'acier.

Le fer se combine, au moins indirectement, avec le bore et le silicium.

Il s'allie avec un grand nombre de métaux.

Il ne décompose pas l'eau non aérée à froid; à chaud, il en opère la décomposition. Il suffit de faire rougir du fil de fer très-fin dans un tuyau de porcelaine, et d'y diriger un courant de vapeur d'eau, pour obtenir du gaz hydrogène et un oxide intermédiaire que l'on regarde comme formé de

Oxigène. . . . 38,
Fer 100;

ou plutôt de

atomes.

Peroxide. . . . 2 . . $= \begin{cases} 6 \text{ oxigène}, \\ 2 \text{ fer}; \end{cases}$

Protoxide . . . 1 . . $= \begin{cases} 2 \text{ oxigène}, \\ 1 \text{ fer}. \end{cases}$

c'est-à-dire ayant la composition du fer brûlé dans le gaz oxigène.

Pour obtenir cet oxide, il est évident qu'il faut pour 3 atomes de fer 8 atomes d'eau ; conséquemment 16 atomes d'hydrogène sont mis en liberté.

Lorsque le fer est à la fois exposé, à la température ordinaire, au contact de l'eau et de l'air, il s'oxide ; mais, suivant les circonstances, il passe à l'état de peroxide ou d'un oxide intermédiaire.

Il atteint le maximum d'oxidation, et se change en rouille d'un jaune brun (*safran de Mars apéritif* des anciens), lorsqu'il est exposé à recevoir de l'eau à sa surface sous forme de rosée, eau qui s'évapore ensuite lorsque l'oxidation est terminée. Le résultat de cette oxidation est de l'hydrate de peroxide. L'oxidation est produite, aux dépens de l'oxigène de l'atmosphère, par une combustion lente ; mais la présence de l'eau est nécessaire. Elle peut agir en dissolvant l'oxigène de l'air, et par sa tendance à s'unir avec le peroxide de fer.

Mais si, au lieu de placer le fer comme je viens de le dire, vous le submergez dans quelques pouces d'eau, des phénomènes plus compliqués se manifestent : d'abord l'oxigène de l'air qui est dans l'eau rouille la surface du fer, et la convertit en peroxide hydraté jaune ; mais ensuite ce peroxide perd sa couleur jaune, et passe au verdâtre. Si alors on détache cet oxide de la surface du métal, on trouve que c'est l'hydrate d'un oxide intermédiaire.

L'explication la plus satisfaisante qui ait été donnée de ces phénomènes est celle de M. Gay-Lussac. La voici : d'abord l'oxigène atmosphérique de l'eau, en se portant sur le fer, produit du peroxide, qui, appliqué sur le métal, constitue avec lui un élément d'une pile voltaïque dans lequel le fer est l'élément positif, et le peroxide l'élément négatif. L'eau qui le touche est alors décomposée ; son oxigène, doué de l'électricité négative, se porte sur le fer électrisé positivement ; et son hydrogène, doué de l'électricité

positive, se porte sur le peroxide électrisé négativement, auquel il enlève une portion d'oxigène. Il en résulte un oxide de fer intermédiaire et de l'eau. Il est probable que ces deux
composés, en s'unissant, forment l'hydrate vert.

L'action oxidante de l'air humide sur le fer
rend indispensable de peindre tous les objets
qui sont fabriqués avec des feuilles ou des fils
de ce métal, autrement ils se détérioreraient
avec une grande rapidité.

L'acide hydrochlorique sec que l'on fait passer sur du fer chauffé au rouge dans un tube
de porcelaine est décomposé; 1 atome de métal
s'unit à 4 atomes de chlore, et 4 atomes d'hydrogène sont mis en liberté.

L'acide hydrochlorique aqueux dissout le fer
en dégageant de l'hydrogène, et en produisant
un protochlorure hydraté vert ou un hydrochlorate de protoxide. Dans la première hypothèse,
l'hydrogène provient de l'acide hydrochlorique;
dans la seconde, il provient de l'eau.

L'acide hydrophtorique étendu de 3 à 4 parties d'eau a peu d'action à froid sur le fer; mais
à chaud, il se dégage de l'hydrogène, et il se
produit un phtorure qui se dépose en grande
partie.

L'acide nitrique concentré l'attaque vivement ; il se dégage du gaz azote, du deutoxide d'azote et de l'acide nitreux ; il se forme un peroxide, dont la plus grande partie est à l'état d'un sous-nitrate jaune insoluble, tandis qu'une autre constitue un nitrate soluble.

L'acide nitrique médiocrement concentré produit à chaud des phénomènes analogues.

L'acide nitrique aqueux marquant 2⁰ à l'aréomètre de Baumé dissout le fer à froid ; il ne se fait pas, ou presque pas, d'effervescence, parce qu'ici, comme dans la dissolution de l'étain dans l'acide nitrique faible (13ᵉ leçon, page 26), il y a de l'eau et de l'acide nitrique radicalement décomposés qui donnent lieu à une formation d'ammoniaque et de protoxide de fer, lesquels saturent l'acide nitrique non décomposé.

La vapeur nitreuse qu'on fait passer sur du fer rouge de feu est radicalement décomposée ; on obtient donc du gaz azote pur.

L'acide hydrosulfurique qu'on fait passer sur du fer également rouge de feu est décomposé ; le soufre s'unit au métal, et l'hydrogène se dégage.

L'acide sulfurique faible, de 10 à 20° par exemple, dissout le fer à la température ordi-

naire avec dégagement d'hydrogène ; il se produit du protosulfate de fer qui colore l'acide en
vert (*Voy.* 4ᵉ leçon, page 19.)

L'acide sulfurique concentré produit à froid
avec le fer une effervescence écumeuse ; il y a
dégagement d'hydrogène et d'acide sulfureux ;
du soufre est mis à nu, et il se forme un sulfate de fer blanc anhydre, dont la plus grande
partie n'est pas dissoute. Les phénomènes sont
analogues à ceux dont j'ai parlé en traitant de
l'action de l'acide sulfurique sur l'étain (13ᵉ leçon, page 23).

Le gaz acide sulfureux que l'on fait arriver
dans de l'eau où on a mis du fer le dissout en
lui cédant de l'oxigène, et en passant à l'état
d'acide hyposulfureux : c'est donc un hyposulfite de protoxide qu'on obtient.

L'acide phosphorique vitreux, chauffé avec
le fer, donne naissance à un phosphure métallique et à du protoxide qui neutralise la portion d'acide phosphorique qui ne se décompose pas.

L'acide phosphorique étendu d'eau dissout
le fer en dégageant de l'hydrogène. Tant qu'il
reste un certain excès d'acide, le phosphate de
protoxide produit ne se dépose pas, mais il ar-

rive un moment où le sel se dépose en flocons blancs.

1 partie d'acide arsénique, dissoute dans 2 parties d'eau, n'attaque pas à froid 1 partie de fer; mais à chaud, le métal s'oxide au minimum, aux dépens d'une portion d'acide qui se trouve ainsi réduite en acide arsénieux. L'acide arsénique non décomposé s'unit au protoxide de fer.

L'acide chromique étendu d'eau et bouillant dissout le fer; du gaz hydrogène se dégage, et un chromate de peroxide se précipite en poudre d'un rouge brun.

On dit que l'acide carbonique en dissolution dans l'eau peut le dissoudre à l'état de carbonate de protoxide.

L'acide carbonique uni à la chaux, chauffé avec de l'argile et du fer, est décomposé, suivant Clouet; il se produit de l'acier et un oxide de fer.

L'acide borique sec ne paraît point agir sur lui; mais si on chauffe ces corps avec du charbon, il se produit, suivant Descotils, de l'oxide de carbone et du borure de fer.

La silice agit d'une manière analogue sur le fer, suivant MM. Berzelius et Stromeyer.

IV. PROPRIÉTÉS ORGANOLEPTIQUES.

Il est insipide ; mais il a une odeur très-sensible, qui se manifeste surtout dans les sels solubles à base de protoxide.

V. ÉTAT NATUREL.

Le fer est un des métaux les plus répandus ; il existe à l'état natif, à l'état d'oxide intermédiaire et de peroxide libre, à l'état de sulfures, d'arséniure, à l'état de sels, soit à base de protoxide, soit à base de peroxide.

VI. PRÉPARATION.

Le fer est si fréquemment employé dans les arts, son usage a exercé une si grande influence sur les progrès de la civilisation, que nous ne pouvons nous dispenser de dire quelques mots de son extraction.

Les mines de fer qu'on exploite le plus généralement sont principalement formées d'oxides intermédiaires, de peroxide et de sous-carbonate de protoxide.

Lorsqu'elles sont mêlées de terre, on les lave, afin d'en séparer une certaine proportion de cette matière.

Lorsqu'elles sont en roches, et qu'elles contiennent du soufre, de l'arsenic, ou qu'elles sont trop compactes, on les grille, soit dans des fours, soit en mettant le feu à des espèces de pyramides qui sont formées de couches alternatives de minerai et de combustibles. Enfin, un moyen de les diviser, et qui est particulièrement employé pour les mines de sous-carbonate de fer, consiste à les exposer aux intempéries de l'air, soit avant le grillage, soit après.

Les minerais, ainsi préparés, sont fondus, soit A dans de *hauts fourneaux*, soit B dans les fourneaux dits *forges à la Catalane*.

A. *Fusion dans les hauts fourneaux.*

Les hauts fourneaux ont intérieurement la forme de deux cônes tronqués réunis par leurs bases ; le cône inférieur est plus court que le supérieur. La hauteur du fourneau est de 7 à 12 mètres quand on brûle du charbon de bois ; elle est de 12 à 20 quand on brûle du *cook*.

La combustion y est opérée par un courant d'air continu qui sort d'une machine soufflante. Lorsque l'intérieur du fourneau est aussi chauffé que possible, on commence à y jeter le minerai par le *gueulard*, c'est-à-dire par son ouverture supérieure, qui donne passage aux produits aériformes de la combustion. En même temps qu'on y jette la mine, soit pure, soit mélangée avec un fondant calcaire (*castine*) ou argileux (*erbue*), on y jette aussi du combustible, pour que la température ne s'abaisse pas. A mesure que le carbone ou le combustible se consume, la mine descend, et s'échauffe de plus en plus; elle éprouve le maximum de température lorsqu'elle est parvenue au foyer; c'est là surtout où elle se liquéfie. Une fois fondue, elle tombe dans le creuset, qui est la partie inférieure du fourneau, où elle se partage en *laitier* et en *fonte*. Mais, avant de parler de la composition de ces substances, il faut dire ce qui s'est passé dans l'opération qui leur a donné naissance.

Tant que la mine n'est pas arrivée au foyer, c'est-à-dire à la partie du fourneau où l'oxigène atmosphérique brûle le combustible, il faut se la représenter comme si elle était simplement chauffée dans une capacité remplie de charbon : par conséquent, ce combustible tend à enlever l'oxigène au fer, et à se combiner à ce métal; en second lieu, il tend également à désoxigéner la silice, l'alumine, la chaux et les autres acides ou oxides qui peuvent se trouver avec l'oxide de fer. Mais les circonstances ne

sont point aussi favorables pour cet effet que
pour le premier, par la raison que la désoxigénation du fer exige moins de chaleur que celle
des corps oxigénés qui l'accompagnent en général; et en outre, qu'à la température où le fer
se désoxide, ces mêmes corps oxigénés tendent à
se vitrifier en se combinant, et la forme vitreuse
qu'ils prennent alors soustrait la plus grande
partie de leur masse à l'action désoxigénante du
charbon. D'après cet état de choses, on conçoit
qu'il faut que l'oxide de fer, avant d'arriver au
foyer, ait eu le temps de se réduire, et que les
proportions de silice, d'alumine, de chaux, etc.,
soient susceptibles de former un composé fusible. C'est pour atteindre ce but qu'on ajoute,
soit une matière calcaire, soit de la silice et
de l'alumine à la mine, dans le cas où celle-ci
n'en contiendrait pas naturellement des proportions convenables pour constituer un bon
laitier.

Cependant il arrive qu'une portion d'oxide
de fer ne se réduit pas, et qu'une portion très-
faible à la vérité de silice, et même d'alumine
et de chaux, se réduit à l'état métallique, et
s'allie avec le fer revivifié; il est probable que
le fer, par l'attraction qu'il exerce sur le sili-

cium, l'aluminium et le calcium, facilite l'action désoxigénante du charbon.

Lorsque les matières arrivent dans le foyer, elles ne doivent pas y rester assez long-temps pour que le fer réduit se réoxide, mais il faut qu'elles s'y liquéfient, afin qu'en tombant dans le creuset, le laitier, plus léger que la fonte, s'en sépare aussi exactement que possible. Lorsqu'il y a une certaine quantité de fonte, le laitier qui la surnage sort par une ouverture latérale pratiquée dans la paroi du fourneau, à l'orifice du creuset, et s'écoule ensuite le long d'un plan incliné en fonte de fer, appelé *dame*.

Dès que le creuset est presque plein de fonte, on cesse de souffler, et on ôte avec un ringard l'argile qui bouchait une ouverture placée à sa partie latérale inférieure; cette ouverture se nomme *percée*. La fonte s'écoule dans un canal creusé dans le sol, où elle se fige en un beau prisme triangulaire.

La fonte, essentiellement formée de fer et de charbon, peut contenir de l'oxide de fer, du silicium, de l'aluminium, du calcium, du chrôme, du manganèse, du cuivre, du phosphore et du soufre, et en outre du laitier qui s'y trouve interposé.

La fonte peut être noire, blanche, grise ou truitée.

L'opération au moyen de laquelle on la réduit en fer malléable est l'*affinage*, qu'on exécute dans un fourneau appelé *ouvrage, renardière*. La fonte, cassée en morceaux, y est placée dans une cavité de forme cubique, dans laquelle on a mis préalablement de la poussière de charbon bien battue ; elle est entourée de charbon de bois. On dirige un fort courant d'air sur les matières ; la fonte se liquéfie ; une portion du laitier la recouvre à l'état de scories, qu'on met de côté ; une partie de la fonte s'oxide par le contact de l'air ; du charbon s'en dégage à l'état d'acide carbonique ; du silicium, du calcium, se brûlent, ainsi qu'une portion du fer même. Quant à l'oxide de ce métal et au carbone qui sont dans l'intérieur de la fonte, il n'est pas douteux qu'ils y réagissent de manière à donner du fer et de l'acide carbonique. Enfin la fonte, en s'approchant de l'état de pureté, perd de sa fluidité ; il s'en sépare des grumeaux, que l'on réunit en une masse appelée *loupe* ou *renard*, qu'on tire de la cavité où elle se trouvait, qu'on bat aussitôt d'abord avec de gros marteaux, et ensuite avec le martinet, pour la purifier du laitier qu'elle retient encore, et souder toutes ses parties ensemble. Il ne faut plus que la faire chauffer et la soumettre au martinet trois ou quatre fois pour la réduire en barre.

B. *Fusion dans les forges catalanes.*

Les mines qu'on traite par ce procédé sont en général des sous-carbonates de fer mélangés de protoxide, et qui contiennent peu de matière étrangère; en les traitant au fourneau d'affinage, elles donnent immédiatement du fer.

VII. USAGES.

Si nous envisageons le fer relativement à la teinture, nous verrons qu'il n'est pas moins utile à cet art qu'à la plupart de ceux auxquels il est d'une nécessité indispensable.

Ses oxides, ayant la propriété de donner naissance à des composés noirs ou bruns en réagissant sur l'acide gallique et la plupart des matières végétales dites *astringentes,* sont employés à l'état salin pour teindre en noir la soie, la laine et le ligneux.

Le plus grand nombre des *brunitures* sont à base ferrugineuse; et à ce sujet je ferai remarquer que les oxides de fer forment des composés bruns, non-seulement avec les matières astringentes proprement dites, mais qu'ils ont encore la propriété d'en former d'analogues avec des matières colorantes rouges et jaunes; de sorte que si l'on veut obtenir des rouges et des jaunes clairs, particulièrement sur le coton et la soie, qui ont une grande aptitude à s'unir au peroxide de fer, il faut éloigner ces étoffes du contact des matières qui pourraient leur en fournir, et conséquemment ne faire usage que de mordans exempts de sels à base ferrugineuse. D'après cela, et d'après ce que nous avons vu de l'action dissolvante de la plupart des acides sur le fer métallique, on conçoit pourquoi il faut bien se garder de faire usage de vaisseaux de cette matière pour les teintures dont nous parlons, et éviter de mettre des ustensiles qui en seraient formés en contact avec des dissolutions acides destinées à servir de mordant qui pourraient les attaquer.

Le peroxide de fer seul peut servir à teindre la soie et le ligneux.

L'acide hydrocianoferrique, dont le fer est un des élémens, forme avec plusieurs bases des composés plus ou moins précieux pour l'art de la teinture : tel est surtout le *bleu de Prusse*, qui s'applique avec tant d'avantages sur la soie.

SECTION II.

COMBINAISONS BINAIRES DÉFINIES DU FER AVEC PLU-
SIEURS DES CORPS ÉTUDIÉS PRÉCÉDEMMENT.

CHAPITRE II.

§ I. PEROXIDE DE FER ($\overset{...}{Fe}$).

I. COMPOSITION.

	en poids.		en atomes.
Oxigène.	30,66	3 . . .	300
Fer	69,34	1 . . .	678,43
	100,00	poids at.	978,43

II. NOMENCLATURE.

Oxide rouge de fer, calcothar, rouge à polir.

III. PROPRIÉTÉS PHYSIQUES.

Il est solide.

Sa couleur varie suivant l'état d'agrégation
de ses particules : sont-elles très-cohérentes,
elles paraissent d'un brun rouge; sont-elles très-

divisées, leur couleur est d'un rouge brun tirant sur l'orangé.

IV. PROPRIÉTÉS CHIMIQUES.

Le peroxide de fer à l'état naissant s'unit à l'eau, et constitue un hydrate jaune.

Il s'unit à un grand nombre d'acides; mais les sels neutres solubles qu'il forme n'ont pas une grande stabilité; car, lorsqu'ils sont dissous dans une certaine proportion d'eau, ils tendent à se réduire en sous-sel insoluble.

L'acide hydrosulfurique qu'on fait passer dans une solution saline de peroxide de fer le ramène au minimum d'oxidation; il y a formation d'eau et dépôt de soufre.

L'hydrogène qu'on fait passer sur du peroxide de fer chauffé au rouge le réduit à l'état métallique : fait remarquable, si on se rappelle que le fer rouge de feu décompose la vapeur d'eau (4ᵉ leçon, pag. 19).

À une température rouge, le chlore en chasse l'oxigène, par affinité élective.

Le soufre, à la même température, sépare ses deux élémens en s'unissant à chacun d'eux en particulier; les résultats sont du gaz sulfureux et du protosulfure de fer.

1 partie de charbon et 4 parties de peroxide rougies ensemble, donnent de l'acide carbonique, de l'oxide de carbone et un fer plus ou moins carburé. Il est digne de remarque que cette réduction a lieu dans un creuset brasqué, c'est-à-dire lorsque le peroxide est placé dans une cavité que l'on a pratiquée au milieu d'une masse de poussière de charbon battue qui remplissait préalablement un creuset; cette réduction est étonnante, en ce qu'on n'explique pas par les faits connus l'action du charbon, qui est fixe, sur les parties de peroxide qui ne sont pas en contact avec lui.

V. PROPRIÉTÉS ORGANOLEPTIQUES.

Il est insipide, inodore, et n'a pas de propriétés délétères.

VI. ÉTAT NATUREL.

Il se trouve dans la nature.

VII. PRÉPARATION.

On peut le préparer en décomposant du nitrate ou du sulfate de protoxide de fer par l'action de la chaleur. Ce dernier sel doit être chauffé plus fortement que le premier.

§ II. HYDRATE DE PEROXIDE DE FER
$(^3H^2\ ^2\overset{...}{F})$.

Il est d'un jaune roux.

Il perd son eau à une assez basse température et devient rouge brun.

Il se trouve dans la nature, en couches assez considérables.

CHAPITRE III.

OXIDES DE FER INTERMÉDIAIRES.

Il existe, comme je l'ai dit, plusieurs oxides de fer qui contiennent moins d'oxigène que le peroxide, et qui en contiennent plus que le protoxide ; il ne me paraît pas possible de les considérer autrement que comme des combinaisons de peroxide et de protoxide.

A. *Oxide obtenu en décomposant la vapeur d'eau par le fer.*

Oxide magnétique natif.

Ces deux oxides ont la même composition.

Oxigène. 38
Fer 100

ou plutôt

atomes.

Peroxide. . . . 2 . . $= \begin{cases} 6 \text{ oxigène,} \\ 2 \text{ fer;} \end{cases}$

Protoxide . . . 1 . . $= \begin{cases} 2 \text{ oxigène,} \\ 1 \text{ fer.} \end{cases}$

B. *Oxide des battitures de Berthier.*

Il est formé, ainsi que je l'ai dit, d'après
M. Berthier,

Oxigène. . . . 34,
Fer 100;

ou plutôt

atomes.

Peroxide. . . . 1 . . $= \begin{cases} 3 \text{ oxigène,} \\ 1 \text{ fer;} \end{cases}$

Protoxide . . . 2 . . $= \begin{cases} 4 \text{ oxigène,} \\ 2 \text{ fer.} \end{cases}$

C. *Oxide des battitures de Mosander.*

M. Mosander, en examinant un oxide qui
s'était produit à la surface d'une barre de fer
qu'on avait exposée pendant quarante-huit
heures à une chaleur rouge, a distingué deux
couches d'oxide. Quoique la plus extérieure lui
ait donné la composition que M. Berthier attribue aux battitures, cependant il l'a considérée comme n'étant pas homogène, la surface

contenant plus de peroxide que la partie interne; quant à la seconde couche, elle était homogène, et formée de

atomes.

$$
\text{Peroxide.} \dots \mathbf{1} \dots = \begin{cases} 3 \text{ oxigène,} \\ 1 \text{ fer ;} \end{cases}
$$

$$
\text{Protoxide} \dots 3 \dots = \begin{cases} 6 \text{ oxigène,} \\ 3 \text{ fer.} \end{cases}
$$

J'ai considéré avec Proust et la plupart des chimistes les oxides de fer intermédiaires auxquels appartient l'*éthyops martial* des pharmacies, comme des combinaisons de deux oxides, et non comme formés immédiatement d'oxigène et de fer, d'après ces considérations, qu'en les traitant par les acides, on n'en obtient pas de sels particuliers, mais bien ceux qui résultent de l'union du protoxide et du peroxide de fer avec les acides employés, et en outre parce que c'est la manière la plus simple de se les représenter aujourd'hui dans le système atomistique.

Les oxides intermédiaires sont magnétiques, d'une couleur plus ou moins brune quand ils sont divisés.

Ils n'éprouvent aucune altération de la part de la chaleur.

Les corps simples qui agissent sur le peroxide de feront une action analogue sur eux.

L'acide nitrique concentré et bouillant ne les oxide que lentement, ce qui tient à la forte agrégation des parties.

L'acide hydrochlorique les dissout sans effervescence.

CHAPITRE IV.

PROTOXIDE DE FER ($\overset{..}{Fe}$).

	poids.		atcmes.	
Oxigène . . .	22,77	2 . . .	200
Fer.	77,23	1 . . .	678,43
	100,00	poids at.	878,43

Jusqu'ici on n'a pas publié de procédé au moyen duquel on obtienne incontestablement du protoxide de fer anhydre. Plusieurs chimistes pensent même que cette base ne peut exister qu'à l'état salin. Quoi qu'il en soit, je vais exposer les phénomènes que présente le précipité blanc hydraté qu'on obtient en versant de l'eau de potasse bouillie dans une solution de sulfate de protoxide de fer également bouilli.

Tant que ce précipité, qu'on a considéré assez généralement comme un hydrate de pro-

toxide, est préservé du contact de l'oxigène atmosphérique, soit libre, soit dissous dans l'eau,
il conserve sa couleur blanche; mais dans le cas
contraire, il passe successivement au vert et au
jaune rougeâtre, en absorbant de l'oxigène : on
peut considérer la couleur verte comme appartenant à des oxides intermédiaires hydratés.
Quant à la couleur jaune rougeâtre, elle appartient certainement à l'hydrate du peroxide. Je
vais vous rendre témoins de ces effets, en divi-
sant ce précipité d'hydrate blanc en deux portions; l'une restera dans le ballon où le précipité a été produit, et l'autre sera versée dans
un flacon de gaz oxigène; vous verrez que
celle-ci passera à un jaune rougeâtre, pendant
que l'autre se colorera à peine à sa surface seulement.

On remarque que le protoxide de fer qui est
uni aux acides, particulièrement au sulfurique,
a encore de la tendance à se combiner à l'oxigène atmosphérique; mais cette tendance est bien
affaiblie par l'affinité de l'acide, surtout lorsque les sels de ce protoxide sont à l'état solide.

On doit considérer le protoxide de fer comme
une base salifiable assez forte; aussi, toutes les
fois que l'eau est décomposée par le fer sous

l'influence d'un acide, c'est un sel à base de protoxide qui se forme.

Il est aisé, d'après ce que nous avons dit de l'action de l'hydrogène, du soufre, du carbone, etc., sur le peroxide de fer et sur les oxides intermédiaires, de se représenter l'action de ces mêmes corps sur le protoxide, dans la supposition où on l'aurait obtenu isolé de toute substance étrangère à sa composition.

On admet généralement que le protoxide de fer ne forme avec les matières colorantes organiques des combinaisons colorées employées en teinture qu'autant qu'il passe à l'état de peroxide : aussi dit-on que la base du sulfate de protoxide de fer a besoin de prendre de l'oxigène à l'atmosphère pour constituer la matière colorée qui s'applique sur les étoffes dans la teinture en noir; cependant cette proposition n'est pas démontrée, car il ne serait pas impossible que l'oxigène se portât sur la matière organique elle-même, au lieu de suroxider le fer.

CHAPITRE V.

PROTOCHLORURE DE FER (^{4}Ch Fe).

I. COMPOSITION.

	en poids.		en atomes.
Chlore. . .	56,61	4 . . .	885,30
Fer	43,39	1 . . .	678,43
	100,00	poids at.	1563,73

II. NOMENCLATURE.

Muriate de fer au minimum anhydre.

III. PROPRIÉTÉS PHYSIQUES.

Il est solide, fusible, et susceptible de cristalliser en lames par le refroidissement; il est fixe,
au moins à une température rouge; mais dans
quelques circonstances, il paraîtrait susceptible
d'être volatilisé par un courant d'un fluide élastique, qui serait d'ailleurs sans action chimique
sur ses élémens.

Il est blanc.

IV. PROPRIÉTÉS CHIMIQUES.

Il est soluble dans l'eau; la solution est verte,
et a tous les caractères des sels à base de pro-

toxide de fer; on la considérera comme celle d'un hydrochlorate, si on admet la décomposition de l'eau. Dans cette hypothèse, on aura

$$1 \text{ at. protochlorure} = \begin{cases} 4 \text{ chlore,} \\ 1 \text{ fer;} \end{cases}$$

$$2 \text{ at. d'eau } \ldots = \begin{cases} 2 \text{ oxigène,} \\ 4 \text{ hydrogène,} \end{cases}$$

qui par leur réaction donneront

$$1 \text{ at. hydrochlor. prot.} = \begin{cases} 4 \text{ ac. hydrochl.} = \begin{cases} 4 \text{ chlore,} \\ 4 \text{ hydrog.} \end{cases} \\ 1 \text{ protoxid. fer.} = \begin{cases} 2 \text{ oxigèn.,} \\ 1 \text{ fer.} \end{cases} \end{cases}$$

V. PRÉPARATION.

On peut le préparer en faisant passer de l'acide hydrochlorique sur du fer chauffé au rouge dans un tube de porcelaine, ou bien encore en prenant les cristaux obtenus d'une dissolution de fer opérée sans le contact de l'air dans l'acide hydrochlorique médiocrement concentré, les introduisant dans une cornue de verre lutée, les humectant d'acide hydrochlorique, et les chauffant jusqu'à ce qu'ils ne laissent plus rien dégager.

CHAPITRE VI.

PERCHLORURE DE FER (6Ch Fe).

I. COMPOSITION.

	en poids.		en atomes.
Chlore.	66,19	6 . . .	1327,95
Fer	33,81	1	678,43
	100,00	poids at.	2006,38

II. PRÉPARATION ET PROPRIÉTÉS.

Sir H. Davy l'a obtenu en chauffant du fil de fer dans du chlore sec.

Ce composé est volatil à 100 et quelques degrés, cristallisable en petites lames irisées.

Il est d'un brun brillant.

Il se dissout dans l'eau, et passe probablement à l'état d'hydrochlorate de peroxide de fer.

CHAPITRE VII.

PROTOSULFURE DE FER (^{2}S Fe).

I. COMPOSITION.

	en poids.		en atomes.
Soufre.	37,23	2	402,32
Fer	62,77	1	678,43
	100,00		poids at. 1080,75

II. NOMENCLATURE.

Sulfure de fer au minimum.

III. PROPRIÉTÉS PHYSIQUES.

Il est solide et bien plus fusible que le fer.
Il est fixe.

Il n'a aucune ductilité ; aussi le pulvérise-t-on aisément.

Sa couleur est le brun tirant sur le jaunâtre ; il a l'éclat métallique.

IV. PROPRIÉTÉS CHIMIQUES.

Il est inaltérable à l'air tant qu'on ne le chauffe pas ; mais si on le grille à une température élevée, il se convertit en gaz acide sulfureux et en peroxide de fer.

L'acide nitrique bouillant le convertit en acide sulfurique et en peroxide de fer.

L'acide sulfurique de 10 à 15° le dissout; il se dégage du gaz acide hydrosulfurique, et il se produit du sulfate de protoxide. En effet, que l'on mette en contact

$$1 \text{ at. sulfure de fer} = \begin{cases} 2 \text{ soufre,} \\ 1 \text{ fer;} \end{cases}$$

$$2 \text{ at. d'eau.} \ldots = \begin{cases} 4 \text{ hydrogène,} \\ 2 \text{ oxigène;} \end{cases}$$

2 at. acide sulfurique,

+ eau X;

et on aura

$$1 \text{ at. sulfate protox. fer} = \begin{cases} 2 \text{ acide sulfurique,} \\ 1 \text{ protox. fer} = \begin{cases} 2 \text{ oxigène,} \\ 1 \text{ fer;} \end{cases} \end{cases}$$

dissous dans l'eau X,

$$2 \text{ at. acide hydrosulfur.} = \begin{cases} 2 \text{ soufre,} \\ 4 \text{ hydrogène,} \end{cases}$$

qui prendront l'état gazeux.

L'acide hydrochlorique aqueux se comporte d'une manière analogue.

V. PRÉPARATION.

Il est assez difficile de se procurer du proto-sulfure de fer parfaitement pur, c'est-à-dire qui ne soit pas mélangé de fer, ou qui ne contienne pas une certaine proportion de persulfure.

M. Berzelius conseille, pour réussir, de faire digérer dans une petite cornue de verre 1 partie de fer en lames minces avec 2 parties de soufre, puis de faire rougir la matière, et de la tenir dans cet état jusqu'à ce qu'il ne s'en dégage plus de vapeur de soufre; la cornue étant refroidie, on retire les lames de fer, et en les pliant il s'en détache du protosulfure.

Dans les laboratoires on se procure un protosulfure en faisant rougir dans un creuset 3 parties de limaille de fer et 2 parties de soufre; mais rarement il est pur.

Il est probable qu'en faisant rougir le protosulfure de fer hydraté ou l'hydrosulfate de protoxide de fer dans une cornue, on obtiendrait du protosulfure pur.

Lorsqu'on verse les eaux de la Bièvre, qui ont une odeur sulfureuse, parce qu'elles contiennent de l'hydrosulfate de chaux, dans une solution de sulfate de protoxide de fer, on obtient un précipité d'un noir verdâtre, qui est le composé dont nous parlons, c'est-à-dire un protosulfure hydraté ou un hydrosulfate de protoxide de fer.

CHAPITRE VIII.

PERSULFURE DE FER (^{4}S Fe).

I. COMPOSITION.

	en poids.		en atomes.
Soufre.	54,26	4	804,64
Fer	45,74	1	678,43
	100,00		poids at. 1483,07

II. NOMENCLATURE.

Sulfure de fer au maximum.
Bisulfure de fer.

Pyrite jaune. . ⎫
Pyrite blanche ⎭ des minéralogistes.

Mais ces deux sulfures de fer natif n'appartiennent pas au même système cristallin; de sorte que Haüy en a fait deux espèces, sous les noms de *fer sulfuré jaune* et de *fer sulfuré blanc.*

III. PROPRIÉTÉS PHYSIQUES.

Le persulfure de fer ne peut être fondu, au moins sous la simple pression de l'atmosphère, sans perdre du soufre.

Il affecte deux formes distinctes; celle du

sulfure jaune natif dérive du cube, tandis que celle du sulfure blanc natif dérive d'un prisme rhomboïdal droit.

Il est cassant.

Il est d'un jaune d'or, d'un jaune de bronze, et d'un blanc grisâtre ou verdâtre.

Il diffère du protosulfure en ce qu'il n'est pas magnétique.

IV. PROPRIÉTÉS CHIMIQUES.

Il est inaltérable à l'air, en supposant toutefois que les efflorescences de sulfate de protoxide de fer dont se couvre la pyrite blanche gardée dans une atmosphère humide proviennent, ainsi que le pense M. Berzelius, de grains de pyrite magnétique qui sont interposés dans ce minéral.

Le persulfure de fer exposé à la chaleur rouge cerise ne perd pas tout-à-fait la moitié de son soufre; le résidu contient pour 100 de fer, de 67 à 68,6 de soufre.

Le persulfure de fer grillé fortement à l'air se comporte comme le protosulfure.

Traité par l'acide nitrique et l'eau régale, il est converti en peroxide et en acide sulfurique.

Les acides qui donnent de l'acide hydrosulfu-

rique avec le protosulfure de fer sont sans action sur le persulfure.

V. PRÉPARATION.

Jusqu'ici on n'a pu sulfurer le fer au maximum par l'action de la chaleur; les propriétés
du persulfure qu'on a étudiées sont celles des
persulfures de la nature. Proust, en chauffant
100 parties de fer avec du soufre, n'a pu en
fixer que 90 de ce dernier au métal; M. Berzelius en a fixé jusqu'à 106,2 parties.

CHAPITRE IX.

SULFURES INTERMÉDIAIRES.

On ne peut douter aujourd'hui, d'après les
expériences de M. Stromeyer et de M. Berzelius, que les deux sulfures de fer ne soient susceptibles de s'unir ensemble en plusieurs proportions, ainsi que cela arrive aux deux oxides
de ce métal.

$$\textit{Sulfure intermédiaire} = \begin{cases} 1 \text{ persulfure de fer,} \\ 6 \text{ protosulfure.} \end{cases}$$

atomes.

Cette composition, qui, suivant M. Stromeyer, est celle de la pyrite magnétique, s'observe dans le persulfure de fer qui a été rougi sans le contact de l'air, dans le sulfure que l'on obtient le plus souvent en chauffant parties égales de fer et de soufre, avec les précautions convenables pour que toutes les parties du métal se sulfurent.

APPENDICE

A L'HISTOIRE DU FER.

ACIERS.

Je n'aurais pas atteint le but que je me suis proposé, si je ne terminais l'histoire du fer par vous parler des moyens qu'on emploie pour l'*aciérer*, c'est-à-dire pour le changer en une substance douée de la propriété remarquable de prendre une très-grande dureté lorsqu'après l'avoir fait rougir, on la refroidit brusquement en la plongeant dans un liquide plus ou moins froid. Plusieurs substances peuvent aciérer le fer; mais celle qui sert le plus fréquemment à cet usage est le charbon.

Je distinguerai

1° Des aciers formés de fer et de carbone;

2° Des aciers formés de fer, de carbone et d'un troisième corps;

3° Des aciers formés de fer et d'un autre corps qui n'est pas le carbone, ou des aciers sans carbone.

I. ACIERS FORMÉS DE FER ET DE CARBONE.

1. PRÉPARATION.

Il existe trois procédés généraux pour aciérer le fer au moyen du carbone; l'un donne l'*acier naturel* ou de *fusion*, l'autre l'*acier de cémentation*, et le troisième l'*acier fondu*.

Enfin il existe une quatrième sorte d'acier qui est le *surcarburé*.

A. *Acier naturel ou de fusion.*

Pour le préparer, on met dans des creusets brasqués des morceaux de fonte grise ou noire avec de la poussière de charbon. Je dois rappeler que la fonte contient du laitier, du carbone et de l'oxide de fer. On chauffe à un feu de forge jusqu'à la fusion; du laitier se sépare à la

surface de la fonte, et en même temps de l'oxide
de fer est réduit, tant par le charbon du cément que par celui qui est contenu dans la
fonte. A mesure que la matière s'épure ainsi,
elle perd de sa liquidité; lorsqu'elle est devenue pâteuse, on la prend avec des pinces, et on
l'approche de la tuyère, puis on la bat sur l'enclume pour en expulser encore du laitier.

Cet acier retient toujours du laitier, et peut-
être même encore de l'oxide de fer; aussi est-il
peu estimé.

B. *Acier de cémentation.*

On le prépare en chauffant des barreaux de
fer doux, de 0^m,010 à 0^m,015 d'épaisseur, au
milieu d'une poussière appelée *cément*, qui est
du charbon de bois, ou un mélange de charbon
de bois, d'un charbon animal et de différentes
autres substances, telles que des cendres, du
sel marin, etc. Voici comment les matières sont
disposées pour recevoir l'action de la chaleur :

Dans des caisses de tôle, de fonte, de grès ou
de brique, placées dans un fourneau d'une forme
particulière, on dispose une couche de cément
de 0^m,025 d'épaisseur environ, sur laquelle on
place les barreaux de fer parallèlement les uns

aux autres, et en laissant entre chacun d'eux un intervalle de o,^{m}oo5; on remplit ces intervalles de cément, et on en recouvre les barreaux d'une couche de o^m,o12 à o^m,o15 d'épaisseur, et ainsi de suite; la dernière couche de cément est couverte de sable humecté.

On chauffe ensuite le fourneau de manière que la température y soit entretenue pendant cinq à six jours de 8o à 9o° du pyromètre de Wedgewood. Au bout de ce temps, on tire de chaque caisse un petit barreau qui a été disposé à cet effet, pour savoir s'il est complètement aciéré, et conséquemment si on doit arrêter l'opération ou continuer à chauffer.

L'acier ne doit être retiré du cément que quand il est refroidi; il est ordinairement boursoufflé à sa surface. Dans cet état, on le nomme *acier poule;* on le fait chauffer, puis on le forge.

Cette opération est remarquable sous plusieurs rapports; en effet, un corps qui est à l'état solide, et qui ne change pas d'état, s'unit à un autre corps solide qui est fixe; et cette union se fait couche par couche, de la circonférence au centre, de manière qu'il faut admettre que la première couche de fer ayant absorbé du charbon, en a ensuite cédé une portion à la seconde; que la première en ayant absorbé de nouveau, en a cédé encore une portion à la seconde, qui alors s'est comportée avec la troisième comme la première s'était comportée à son égard. On voit donc que la proportion du carbone doit aller en décroissant de la surface du barreau au centre.

Cet acier n'est pas homogène; cependant il est supérieur au précédent, parce qu'on le prépare avec du fer épuré.

L'aciération par le procédé de la cémentation, toute mystérieuse qu'elle est encore, se rattache à la théorie de la teinture, en ce qu'elle présente une substance solide qui s'unit à une autre sans que sa forme paraisse changée.

C. *Acier fondu.*

On prépare l'acier fondu en chauffant au fourneau à vent, dans des creusets de terre, 12 à 13 kilogrammes d'acier de fusion ou de cémentation, qu'on a recouvert de charbon ou d'un flux composé de 4 parties de verre de bouteille et de 1 partie de chaux. Il faut environ six à sept heures de feu. Quand l'acier est parfaitement liquide, on l'agite avec une tige de fer pour en mêler toutes les parties, et on le coule ensuite dans une lingotière.

La fusion rend l'acier dit *de fusion* homogène, et en sépare probablement tout le laitier.

Ce procédé, découvert en Angleterre par Huntsman, n'est pas le seul qui donne l'acier fondu ; Clouet en a obtenu en chauffant jusqu'à la fusion 3 parties de fer doux mêlées à 1 partie de sous-carbonate de chaux et 1 partie d'argile calcinée. Si l'acier obtenu par ce dernier procédé doit vraiment ses propriétés au carbone, il faut admettre que ce corps provient de la décomposition de l'acide carbonique, décomposition qui donne lieu en même temps à une certaine quantité d'oxide de fer.

L'acier fondu a plus d'homogénéité, de dureté et d'éclat que les deux autres, mais il ne se soude pas aussi bien qu'eux.

2. PROPRIÉTÉS.

L'acier à base de carbone est d'un blanc grisâtre, susceptible de prendre le plus bel éclat par le poli.

Sa cassure est moins fibreuse que celle du fer.

Il est malléable à chaud ; à une chaleur rouge blanche, il l'est moins qu'au rouge cerise.

Sa densité est à peu près égale à celle du fer.

L'acier rougi, refroidi lentement, a la même malléabilité qu'avant d'avoir été chauffé; mais s'il est refroidi brusquement par son immersion dans l'eau ou le mercure froids, il devient très-dur, n'a presque plus de ductilité, et sa densité est un peu diminuée. Il est alors éminemment propre à la fabrication des couteaux, des ciseaux, des canifs, des limes, etc., etc.

Si on expose l'acier au rouge blanc, et qu'ensuite on le laisse refroidir lentement, il revient à son premier état; on dit alors qu'il est *détrempé*.

Lorsqu'on veut diminuer la dureté de l'acier trempé, on le détrempe en partie en le *recuisant* plus ou moins, c'est-à-dire en le chauffant peu ou beaucoup, suivant qu'on veut qu'il conserve plus ou moins de la dureté que la trempe lui a donnée.

3. COMPOSITION.

M. Mushet prétend que la proportion de carbone qui constitue l'acier le plus dur est celle de 16 pour 984 de fer. La proportion du carbone augmentant, l'acier perd de sa dureté, son tissu devient lamelleux.

M. Mushet a trouvé

dans l'acier fondu mou. . . . . 0,008 de carb.
       —   ordinaire. 0,010
       —   plus dur 0,011
       —   trop dur pour être filé 0,020

On voit d'après ce dernier résultat combien est petite la quantité de carbone qui exerce sur les propriétés physiques du fer une si grande influence, que l'acier trempé, comparé à ce métal, paraît en être d'une nature absolument distincte.

Il est très-probable que le carbone forme avec le fer une ou plusieurs combinaisons définies, et il n'est pas impossible que ce soit une de ces combinaisons ou plusieurs, qui, étant dissoutes dans le fer, lui donnent les propriétés de l'acier.

D. *Acier surcarburé.*

Je donne ce nom à l'acier damassé que M. Bréant a préparé en France, dans l'intention d'imiter celui de l'Inde, qui est connu en Angleterre sous le nom de *wootz*.

Il l'a obtenu par deux procédés,

1° En fondant 100 parties de fer doux et 2 parties de noir de fumée;

2° En fondant 1 partie de limaille de fonte

noire ou d'un gris foncé et 1 partie de limaille de la même fonte préalablement oxidée.

Il faut, dans les deux cas, que la matière fondue soit refroidie lentement.

L'acier ainsi préparé, forgé en lame, et plongé dans une eau aiguisée d'acide sulfurique, prend une surface *damassée* ou *moirée*.

Voici comment M. Bréant explique cet effet. Il suppose son acier formé 1° *d'acier ordinaire pur*, 2° *d'un acier plus carburé;* ces deux aciers étant inégalement fusibles, se sont séparés par cristallisation pendant le refroidissement lent qu'ils ont éprouvé; et lorsqu'on les plonge dans l'eau acidulée, le premier étant plus dissoluble que l'autre, la cristallisation de celui-ci se détache en relief sur un fond noir.

M. Bréant dit que l'acier pur ne peut se damasser, parce qu'il est homogène, et que l'acier qui contient du fer non carboné se *damasse*, mais faiblement.

Sans prétendre qu'il n'y ait pas 2 carbures définis dans l'acier de M. Bréant, nous ne voyons pas, d'après ce que l'on sait du *moiré* de l'étain, qu'il faille nécessairement admettre le mélange de deux substances différentes dans une matière métallique, pour expliquer la propriété qu'elle a de se damasser ou de se moirer par l'action d'un acide.

II. ACIERS FORMÉS DE FER, DE CARBONE ET D'UN TROISIÈME CORPS.

MM. Stodart et Faraday ont fait des recherches très-intéressantes sur ces sortes d'aciers.

Acier formé de fer, de carbone et d'aluminium.

Suivant eux, le *wootz* est formé de fer, de carbone, d'aluminium et de silicium; après s'en être assuré par l'analyse, ils ont préparé une substance qui en avait toutes les propriétés, en opérant ainsi :

Ils se procurèrent d'abord un carbure de fer formé de 5,64 de carbone et de 94,36 de fer, en chauffant fortement et long-temps de l'acier pur, et même du fer avec du charbon.

Ils le réduisirent en poudre, et le soumirent à une forte chaleur avec de l'alumine pure; ils obtinrent ainsi un alliage de fer, d'aluminium et de carbone (l'aluminium s'y trouvait dans la proportion de 6,6 pour 100).

500 parties de bon acier fondu avec 67 parties de l'alliage précédent, donnèrent un excellent wootz qui conservait toujours la faculté de se damasser par l'acide sulfurique étendu,

quel que fût le nombre des fusions qu'on lui faisait subir.

Acier formé de fer, de carbone et d'argent.

500 parties d'acier fondu avec 1 partie d'argent donnent un excellent acier pour la coutellerie.

Acier formé de fer, de carbone et de platine.

100 parties d'acier fondu avec 1 partie de platine donnent un acier qui n'est pas aussi dur que le précédent, mais qui a plus de tenacité.

Le rhodium, l'iridium, l'osmium, alliés à l'acier dans les mêmes proportions, donnent chacun d'excellens produits.

Enfin M. Berthier a vu que deux échantillons d'acier qui avaient été alliés avec du chrôme, et qui contenaient 0,010 et 0,015 de ce dernier, étaient très-propres à faire des couteaux, des rasoirs qui prenaient un beau damassé par l'acide sulfurique.

III. ACIERS SANS CARBONE.

On ne peut mettre en doute qu'il existe d'autres corps que le carbone doués de la propriété de convertir le fer en acier, c'est-à-dire de

former avec lui un composé malléable, susceptible de prendre un beau poli et d'acquérir
plus ou moins de dureté par la trempe; car
MM. Stodart et Faraday ont obtenu, en fondant
du fer pur avec $\frac{3}{100}$ d'iridium et d'osmium, un
alliage qui jouissait de ces mêmes propriétés,
et dans lequel ils ont en vain cherché l'existence du carbone; cet alliage était remarquable
encore, en ce qu'il s'altérait beaucoup moins
que l'acier ordinaire.

PARIS, IMPRIMERIE DE DECOURCHANT,
Rue d'Erfurth, nº 1, près de l'Abbaye.

QUINZIÈME LEÇON.

CADMIUM (Cd).

TRENTE-NEUVIÈME ESPÈCE DE CORPS SIMPLE.

PREMIÈRE SECTION. — CADMIUM.

I. PROPRIÉTÉS PHYSIQUES.

Le cadmium est solide; il se fond avant de rougir, et se volatilise à une température un peu plus élevée que 36o°.

Lorsqu'il est fondu et refroidi convenablement, il cristallise en octaèdres.

Il est mou, et sa ductilité est telle, qu'on le réduit en fils et en feuilles très-minces.

Il est plus dur que l'étain.

Sa densité est de 8,6o4, et de 8,694 quand il a été écroui.

Il est d'un blanc éclatant tirant légèrement sur le gris bleuâtre.

Sa vapeur est incolore.

Le poids de son atome est de 1393,54.

II. PROPRIÉTÉS CHIMIQUES.

A froid, il n'éprouve aucune altération de la part de l'air, ni même de celle de l'oxigène humide ; ainsi c'est un métal peu altérable dans les circonstances ordinaires de pression, d'humidité et de température de l'atmosphère ; mais à une température suffisamment élevée, il brûle avec une flamme brillante. Le résidu de la combustion est un oxide d'un jaune brunâtre. C'est le seul oxide de cadmium connu.

Le chlore, l'iode, le phosphore et la plupart des métaux, et particulièrement le mercure, s'y unissent aisément à l'aide de la chaleur.

Le soufre s'y combine difficilement par la fusion ; mais lorsqu'on chauffe l'oxide de cadmium avec du soufre, ou qu'on verse dans une de ses dissolutions salines de l'acide hydrosulfurique ou un hydrosulfate, il se précipite un sulfure d'un très-beau jaune.

Le cadmium est dissous par les acides sulfurique et hydrochlorique étendus ; il se dégage de l'hydrogène. Il est dissous à froid par l'acide nitrique. Ses dissolutions sont incolores.

III. PROPRIÉTÉS ORGANOLEPTIQUES.

Il est inodore.

IV. ÉTAT NATUREL.

Il a été trouvé d'abord dans le zinc, puis dans les mines de ce dernier, principalement dans celles à base d'oxide.

V. PRÉPARATION.

On dissout la mine ou le zinc qui contient le cadmium dans l'acide sulfurique ; on précipite la dissolution par un courant d'acide hydrosulfurique ; le précipité, séparé et lavé, est dissous par l'acide hydrochlorique concentré ; on chasse l'excès d'acide par la chaleur, puis on étend d'eau, et on précipite la solution par le sous-carbonate d'ammoniaque en excès, qui retient les oxides de zinc et de cuivre. Le sous-carbonate de cadmium, lavé et chauffé, donne un oxide qu'il suffit de mêler à du noir de fumée et d'exposer ensuite à une chaleur légère dans une cornue de verre, pour le réduire à l'état métallique.

On pourrait encore, si on avait une dissolution de zinc et de cadmium, en précipiter ce dernier par le zinc métallique : en lavant le précipité, le séchant et le distillant, on aurait le cadmium à l'état de pureté.

VI. USAGES.

Ce métal n'a point encore été employé dans les arts, mais M. Stromeyer pense que son sulfure serait susceptible de l'être dans la peinture à l'huile, à cause de la beauté et de la fixité de sa couleur. D'après cela, je crois qu'il serait utile d'essayer à fixer ce composé sur les étoffes.

VII. HISTOIRE.

Le cadmium a été découvert en Allemagne en 1818. M. Hermann de Schoenebeck paraît l'avoir distingué le premier comme corps particulier. M. Stromeyer, en confirmant cette découverte, en a fait connaître les principales propriétés.

SECTION II.

COMBINAISONS BINAIRES DÉFINIES DE CADMIUM AVEC
PLUSIEURS DES CORPS PRÉCÉDEMMENT EXAMINÉS.

OXIDE DE CADMIUM ($\overset{..}{C}d$).

	en poids.		en atomes.
Oxigène. .	12,55	2 . .	200
Cadmium .	87,45	1 .	1393,54
	100,00	poids at.	1593,54

Cet oxide est fixe, infusible, d'un jaune brunâtre.

CHLORURE DE CADMIUM ($_4$Ch Cd).

	en poids.		en atomes.
Chlore. . . .	38,61	4 . . .	885,30
Cadmium . .	61,39	1 . .	1393,54
	100,00	poids at.	2278,84

Cristallisable en petits prismes triangulaires.

Fusible, et se prenant par le refroidissement
en une masse feuilletée.

Sublimable en lames micacées, et très-soluble dans l'eau.

SULFURE DE CADMIUM (ʹS Cd).

	en poids.		en atomes.
Soufre . .	22,41	2 . . .	402,32
Cadmium .	77,59	1 . .	1393,54
	100,00	poids at.	1795,86

Il est d'un beau jaune orangé. Exposé à la chaleur, il passe au cramoisi, mais cette couleur disparaît par le refroidissement.

Il est fusible à la chaleur blanche, et cristallise en lames transparentes lorsqu'il se refroidit.

Il est décomposable par l'acide hydrochlorique concentré, même à froid.

ZINC (Zn).

QUARANTIÈME ESPÈCE DE CORPS SIMPLE.

PREMIÈRE SECTION. — ZINC.

I. PROPRIÉTÉS PHYSIQUES.

Le zinc est un métal solide à la température ordinaire, fusible avant de rougir, et volatil au rouge blanc.

Il est cassant à zéro ; mais à mesure qu'il s'é-
chauffe, il acquiert de la ductilité ; et quand sa
température est à 100°, il peut être réduit par
le laminoir en feuilles assez minces.

La densité du zinc est de 7,1.

Son poids atomistique est de 806,45.

Il est d'un blanc bleuâtre.

II. PROPRIÉTÉS CHIMIQUES.

Le zinc est inaltérable à froid dans l'air et
dans l'oxigène sec.

Dans une atmosphère humide, il se ternit si
légèrement, que plusieurs chimistes ne veulent
pas admettre que cet effet soit dû à une oxidation.

Si le zinc n'est pas altérable à froid dans
l'air atmosphérique, il l'est beaucoup à chaud ;
on en sera convaincu, si, après l'avoir chauffé
au rouge dans un creuset de terre couvert, on
lui donne subitement ensuite le contact de l'air ;
alors il brûlera avec une lumière bleuâtre d'autant plus vive, que le produit de la combustion
est fixe, et que par la chaleur il répand une
belle lueur jaunâtre.

Le chlore, l'iode s'y unissent rapidement à
chaud.

Le soufre ne s'y combine pas, ou que très-difficilement, par la fusion; mais par la voie humide, la combinaison s'effectue bien.

Il s'allie à un grand nombre de métaux, notamment au cuivre, avec lequel il forme le cuivre jaune ou le laiton.

L'eau que l'on fait passer lentement en vapeur sur du zinc chauffé au rouge dans un tube de porcelaine est décomposée; il se dégage du gaz hydrogène et il se produit un oxide identique à celui qu'on obtient par la combustion du métal.

Les acides sulfurique, hydrochlorique étendus le dissolvent promptement à froid, en dégageant de l'hydrogène.

L'acide nitrique le dissout également bien.

Il y a une grande analogie dans la manière dont le zinc et le fer se comportent avec les acides, sauf que le premier de ces métaux ne produit qu'un seul oxide lorsque les acides réagissent sur lui.

Les sels de zinc sont incolores : ils sont tous à base de protoxide.

III. Propriétés organoleptiques.

Il est inodore.

Si ses sels solubles ne sont pas des poisons, ils sont très - purgatifs, et leur saveur est désagréable.

IV. état naturel.

Le zinc se trouve dans la nature à l'état d'oxide et de sulfure.

V. préparation.

C'est en chauffant l'oxide de zinc natif avec du charbon dans des appareils convenables, qu'on obtient le zinc métallique; l'oxigène forme avec le carbone de l'acide carbonique et de l'oxide de carbone, qui facilite beaucoup l'opération, en entraînant la vapeur du zinc réduit dans des récipiens contenant de l'eau, où elle se condense.

VI. usages.

Le zinc a été employé quelquefois à l'état de sulfate comme mordant; mais il paraît qu'on n'a pas été satisfait des résultats qu'il a donnés.

On a proposé de remplacer dans beaucoup de cas les vaisseaux de cuivre, d'étain, par des vaisseaux de zinc; mais ce métal est tellement disposé à se dissoudre dans les acides, même les plus faibles, qu'on a renoncé à s'en servir

pour plusieurs usages auxquels on avait proposé de l'employer. Ainsi, quelques personnes
avaient pensé qu'il serait avantageux de remplacer dans les cuisines les casseroles de cuivre
par des casseroles de zinc, mais on n'a pas
tardé à s'apercevoir que cette substitution aurait les plus graves inconvéniens. On l'a proposé aussi pour couvrir les édifices, mais sa
grande combustibilité et sa dilatabilité le rendent moins propre à cet usage que le plomb.

Le zinc peut être substitué au plomb pour
faire des réservoirs destinés à contenir de l'eau.

SECTION II.

COMBINAISONS BINAIRES DÉFINIES DU ZINC AVEC PLUSIEURS CORPS EXAMINÉS PRÉCÉDEMMENT.

PROTOXIDE DE ZINC ($\ddot{Z}$n).

	en poids.		en atomes.
Oxigène. . . .	19,90	2	200
Zinc	80,10	1	806,45
	100,00		poids at. 1006,45

Cet oxide est infusible et fixe.

Il est blanc; par la chaleur, il devient jaune orangé.

Il est soluble dans les acides sulfurique, nitrique, hydrochlorique, etc.

Il a des propriétés alcalines prononcées, soit que l'on considère ses combinaisons avec les acides, soit que l'on considère sa manière d'agir sur les principes colorans organiques.

Il est réduit par le charbon.

Il l'est aussi par le soufre.

PEROXIDE DE ZINC.

Le protoxide de zinc qui est à l'état d'hydrate gélatineux, passe à l'état de peroxide par le contact de l'eau oxigénée.

CHLORURE DE ZINC (^{4}Ch Zn).

	en poids.		en atomes.
Chlore. . . .	52,33	4 . . .	885,30
Zinc	47,67	1	806,45
	100,00		poids at. 1691,75

Il est solide, fusible et volatil à une température peu élevée.

Il est très-soluble dans l'eau.

SULFURE DE ZINC (^{2}S Zn).

	en poids		en atomes
Soufre.	 33,28	2	. 402,32
Zinc .	 66,72	1	. 806,45
	100,00	poids at.	1208,77

MANGANÈSE (Mn).

QUARANTE-UNIÈME ESPÈCE DE CORPS SIMPLE.

PREMIÈRE SECTION.

CHAPITRE PREMIER. — MANGANÈSE.

I. PROPRIÉTÉS PHYSIQUES.

Le manganèse est un métal qui se présente rarement en masse compacte; presque toujours il est en grenailles, parce qu'il exige une température des plus élevées pour se fondre.

Il est cassant.

Il a une densité de 6,85.

Son poids atomistique est de 711,57.

Il a une couleur grise.

II. propriétés chimiques.

Il n'éprouve aucune altération de la part de l'oxigène et de l'air desséché; mais si la température est élevée, il brûle, et produit un oxide rouge. Il est susceptible de s'unir, suivant les circonstances, en 5 proportions différentes avec l'oxigène.

Il se combine au chlore et au soufre en dégageant de la lumière.

Il s'unit au phosphore et au carbone.

Le manganèse est très-altérable dans une atmosphère humide; il s'y transforme en une poudre brune, et il se manifeste une odeur fétide qui a fait croire à plusieurs personnes que non-seulement il s'est oxidé aux dépens de l'air, mais encore aux dépens de l'humidité.

A une chaleur rouge, il s'empare de l'oxigène de l'eau, et l'hydrogène est mis en liberté.

D'après le petit nombre d'expériences que l'on a faites sur la réaction des acides et du manganèse, il est probable que les résultats sont analogues à ceux qu'on obtient en opérant avec le fer et le zinc.

III. PROPRIÉTÉS ORGANOLEPTIQUES.

Il est inodore, insipide.

Ses sels ne sont pas délétères, à proprement parler.

IV. ÉTAT NATUREL.

Il existe dans la nature à l'état d'oxide, de sulfure, de sous-carbonate et de phosphate.

V. PRÉPARATION.

On réduit le peroxide de manganèse pur dans un creuset brasqué. Il faut une température des plus élevées, par la double raison que le manganèse tient fortement à l'oxigène, et qu'il est peu disposé à entrer en fusion.

VI. USAGES.

Il n'est d'aucun usage à l'état métallique, mais son peroxide est employé pour se procurer du chlore; ses sels solubles peuvent être employés à teindre les étoffes de coton; lorsqu'après les en avoir imprégnées, on les passe dans une solution de chlorure de chaux, l'acide du sel de manganèse se fixe à la chaux, et le chlore, s'emparant de l'hydrogène de l'eau, met de l'oxigène en liberté, qui se fixe sur le protoxide de manganèse, et le colore. Sous ce rapport, ce métal doit être un objet d'étude pour le teinturier.

SECTION II.

COMBINAISONS BINAIRES DÉFINIES DU MANGANÈSE
AVEC PLUSIEURS DES CORPS EXAMINÉS
PRÉCÉDEMMENT.

CHAPITRE II.

§ Ier.

PROTOXIDE DE MANGANÈSE ($\ddot{M}n$).

I. COMPOSITION.

	en poids.		en atomes.
Oxigène	21,94	2 . . .	200
Manganèse. . .	78,06	1 . . .	711,57
	100,00	poids at.	911,57

II. PROPRIÉTÉS PHYSIQUES.

Il est verdâtre; il n'est blanc que quand il est
hydraté.

III. PROPRIÉTÉS CHIMIQUES.

Il est inaltérable à l'air, lorsqu'il a été préparé à une température rouge par le procédé
que je décrirai plus bas.

On doit le considérer comme une base salifiable assez énergique.

Il est soluble dans les acides sulfurique, hydrochlorique, etc. Les dissolutions sont incolores, ou légèrement rosées.

L'acide nitrique étendu et froid le dissout;
mais si l'on opère à chaud, et qu'on concentre
la liqueur, le protoxide se suroxide.

Il n'éprouve pas d'action de la part de l'hydrogène.

Il est réduit par le charbon et le soufre.

Le protoxide de manganèse, chauffé au milieu de l'air, s'embrase, et se change en oxide
rouge.

Le manganèse délayé dans l'eau au milieu de
laquelle on dirige un courant de chlore, se
suroxide, par la raison qu'il s'empare de l'oxigène d'une portion de ce liquide pendant que
le chlore s'unit à l'hydrogène. Cette suroxida-
tion, qui ne se fait bien qu'autant que l'eau
est en assez grande quantité pour que l'acide
hydrochlorique formé soit assez faible pour ne
pas réagir sur le peroxide de manganèse, est
une preuve que du chlore et de l'eau doivent
être considérés comme éminemment propres à
agir sur un corps oxigénable avec lequel on les

met en contact, et ce fait n'a pas peu contribué à établir l'opinion que le chlore était de l'acide muriatique uni à de l'oxigène.

IV. PRÉPARATION.

On fait passer un courant d'hydrogène dans un tube de porcelaine contenant du sous-carbonate de manganèse ou un oxide de manganèse supérieur chauffé au rouge; on ne démonte le tube qu'après son entier refroidissement, puis on transvase le protoxide qu'il contient dans un flacon à l'émeri.

---

§ II.

HYDRATE DE PROTOXIDE DE MANGANÈSE ($^2\dot{H}^2\ddot{M}n$).

I. COMPOSITION.

	en poids.		en atomes.
Eau	19,79	2	224,96
Prot. mangan.	80,21	1	911,57
	100,00	poids at.	1136,53

II. PROPRIÉTÉS.

Il est en flocons blancs au moment où il vient d'être séparé, au moyen de la potasse, d'une solution aqueuse bouillante d'un sel de manganèse.

Ces flocons attirent l'oxigène atmosphérique ou celui de l'eau aérée avec une grande force; ils se colorent alors en brun. On accélère cet effet en jetant l'eau où ils se trouvent en suspension dans un flacon de gaz oxigène, où on les agite. On produit encore très-promptement ce phénomène en jetant l'hydrate dans de l'eau de chlore. Cette dernière expérience est en outre très-propre à démontrer l'action oxigénante de cette liqueur.

CHAPITRE III.

§ Iᵉʳ.

PEROXIDE DE MANGANÈSE ($\ddot{\text{Mn}}$).

I. COMPOSITION.

	en poids.		en atomes.
Oxigène	35,99	4 . . .	400
Manganèse. . .	64,01	1 . . .	711,57
	100,00	poids at.	1111,57

II. NOMENCLATURE.

Tétroxide de manganèse.

III. PROPRIÉTÉS.

Il est brun.

Il ne se dissout pas dans l'eau.

Exposé au rouge brun, il se réduit en tritoxide; et à une température plus élevée, il l'est en deutoxide rouge.

Il ne se combine point aux acides pour former des sels sans perdre une portion de son oxigène.

A chaud, l'acide sulfurique en chasse de l'oxigène, et forme un sel à base de protoxide.

L'acide sulfureux mis en contact avec le peroxide de manganèse délayé dans l'eau est converti en acides sulfurique et hyposulfurique, qui neutralisent du protoxide de manganèse provenant du peroxide désoxigéné.

L'acide nitreux et le peroxide de manganèse donnent du nitrate de protoxide.

L'acide hydrochlorique le dissout en dégageant du chlore, et en donnant naissance à de l'eau et à de l'hydrochlorate de protoxide de manganèse (10ᵉ leçon, page 54).

D'après la tendance de cet oxide à abandonner de l'oxigène, on conçoit qu'il pourra être réduit, sinon à l'état métallique, au moins en protoxide par un grand nombre de substances. C'est même sur cette tendance qu'est fondé l'emploi qui lui a valu le nom de *savon des verriers*, parce que, dans les verreries, il sert à décolorer le verre fondu qui est noirci par des matières charbonneuses. Si la quantité employée à cet effet a été convenable, le peroxide, en convertissant la matière charbonneuse en eau et en acide carbonique, a passé à l'état de protoxide qui est dépourvu de la propriété colorante. Dans le cas où l'on aurait mis un excès de peroxide, le verre aurait une couleur d'hyacinthe.

IV. ÉTAT NATUREL.

Le peroxide de manganèse se trouve dans le sein de la terre en assez grande quantité pour qu'il soit livré à un prix peu élevé aux arts qui l'emploient. Il est de la nature de ce cours d'exposer ici les résultats des analyses que M. Berthier a faites de peroxides de manganèse de divers pays, relativement à la quantité d'oxigène qui représente dans chacun d'eux la quantité de chlore qu'ils peuvent donner.

Quantité d'oxigène qui représente le chlore,
celle du peroxide de manganèse pur étant
représentée par 0,1799.

Minerai de Crettnich (près de Saarbruk) . 0,170
—   Calvéron (Aude), sans calcaire 0,173
—   Timor, sans calcaire. 0,156
—   Timor, avec calcaire. 0,140
—   Calvéron, avec calcaire. . . . 0,130
—   Périgueux (Dordogne). 0,117
—   Romanèche (Saône-et-Loire). . 0,106 à 0,116.
—   Laveline (Vosges) 0,105
—   Pesillo (Piémont), sans calcaire 0,100
—   Pesillo, avec calcaire. 0,075
—   Saint-Marcel (Piémont). . . . . 0,063 à 0,070.

Il est très-facile de se représenter le rapport qu'il y a entre l'oxigène du peroxide de manganèse et la quantité de chlore qu'il développe par la réaction de l'acide hydrochlorique. En effet,

$$1 \text{ at. de peroxide pesant } 1111,57 = \begin{cases} 2 \text{ oxigène} & \text{pesant } 200 \\ 1 \text{ protoxide mang.} & - \quad 911,57 \end{cases}$$

Si nous le mettons en présence de

$$8 \text{ at. acide hydrochlorique} = \begin{cases} 4 \text{ ac. hydr. pes. } 910,24 \\ 4 \text{ ac. hydr.} \quad - \quad 910,24 \end{cases} = \begin{cases} 4 \text{ chl. } 885,28 \\ 4 \text{ hyd. } 24,96 \end{cases}$$

Les quatre premiers atomes se décomposeront de manière que

4 at. hydrogène pesant 24,96 feront

2 at. d'eau pesant 224,96, en s'unissant aux 2 at. d'oxigène pesant 200,

il en résultera

4 at. chlore pesant 885,28,

$$1 \text{ at. hydroclor. prot. mang.} = \begin{cases} \overset{\text{at.}}{4} \text{ ac. hyd. pes. } 910,24 \\ 1 \text{ prot. mang. } \quad 911,57 \end{cases}$$

$$\overline{1821,81}$$

D'après cela, nous disons que 2 atomes d'oxigène de 1 atome de peroxide de manganèse
représentent 4 atomes de chlore, ou en énonçant les proportions en poids, que 200 d'oxigène
de 1111,57 de peroxide représentent 885,28 de
chlore ; ou bien encore que

$$\overset{\text{gr.}}{10,00} \text{ peroxide de mang.} = \begin{cases} \text{oxigène !.} \ldots \overset{\text{gr.}}{1,799} \\ \text{protoxide } \ldots 8,201 \end{cases}$$

dégageront

7ᵍʳ.,963 de chlore ou 21ⁱᵗ.,528.

Conséquemment, pour obtenir 1 litre de
chlore sec à zéro sous la pression de 0ᵐ.,760, il
faut 3ᵍʳ.,96 de peroxide de manganèse.

Lorsqu'on voudra faire l'essai d'une mine de
manganèse, on en traitera 3ᵍʳ.,96 par l'acide hydrochlorique ; on recueillera le chlore dans un
lait de chaux occupant un volume de moins de
1 litre ; et enfin, en déterminant le chlore ob-

tenu, on aura la valeur vénale du peroxide essayé. Nous ne décrirons ce procédé en détail qu'en traitant de l'indigotine, parce qu'alors nous aurons toutes les données pour le bien comprendre.

OXIDES DE MANGANÈSE INTERMÉDIAIRES.

Il existe deux oxides de manganèse intermédiaires qui paraissent devoir être considérés comme des composés de protoxide et de peroxide.

CHAPITRE IV.

TRITOXIDE DE MANGANÈSE (M̈n).

I. COMPOSITION.

	en poids.		en atomes.
Oxigène.	29,66	3	300,00
Manganèse. . .	70,34	1	711,57
	100,00	poids at.	1011,57

ou

atomes.		atomes.
1 peroxide de manganèse	=	$\begin{cases} 4 \text{ oxigène,} \\ 1 \text{ manganèse;} \end{cases}$
1 protoxide de manganèse	=	$\begin{cases} 2 \text{ oxigène,} \\ 1 \text{ manganèse;} \end{cases}$

II. NOMENCLATURE.

Oxide brun de manganèse.

III. PROPRIÉTÉS.

Il est d'un brun noir.

M. Berthier a vu que l'acide nitrique concentré le réduit en protoxide qu'il dissout et en peroxide qu'il ne dissout pas.

IV. ÉTAT NATUREL.

On trouve dans la nature le tritoxide de manganèse hydraté ; l'oxigène de l'eau est le $\frac{1}{3}$ de celui de l'oxide.

V. PRÉPARATION.

On peut le préparer en exposant du nitrate de manganèse au rouge brun.

CHAPITRE V.

DEUTOXIDE DE MANGANÈSE ($\overset{\cdots\cdot}{Mn}{}^3$).

I. COMPOSITION.

	en poids.		en atomes.
Oxigène. . . .	27,25	8	800,00
Manganèse. . :	72,75	3 . . .	2134,71
	100,00		poids at. 2934,71

ou

A. Suivant Berzelius,

2 at. tritoxide de manganèse $= \begin{cases} 6 \text{ oxigène,} \\ 2 \text{ manganèse;} \end{cases}$

1 at. protoxide de manganèse $= \begin{cases} 2 \text{ oxigène,} \\ 1 \text{ manganèse;} \end{cases}$

B. Suivant Berthier,

1 at. peroxide de manganèse $= \begin{cases} 4 \text{ oxigène,} \\ 1 \text{ manganèse;} \end{cases}$

2 at. protoxide de manganèse $= \begin{cases} 4 \text{ oxigène,} \\ 2 \text{ manganèse;} \end{cases}$

Cette composition me paraît plus conforme à l'analogie que celle adoptée par **M**. Berzelius, surtout si on considère la composition du tritoxide comme je l'ai fait.

II. NOMENCLATURE.

Oxide rouge de manganèse.

III. PROPRIÉTÉS.

Il est d'un rouge plus ou moins brun, suivant sa plus ou moins grande division.

On dit qu'au rouge brun il absorbe l'oxigène, et se change en tritoxide. L'acide nitrique concentré et bouillant, et l'acide sulfurique étendu, le réduisent en protoxide qui est dissous et en peroxide qui ne l'est pas.

On conçoit que l'acide hydrochlorique doit le réduire en chlorure métallique ou en hydrochlorate de protoxide, et donner lieu à une production d'eau et à un dégagement de chlore.

Il se comporte avec les combustibles simples à la manière du peroxide de manganèse.

IV. PRÉPARATION.

On peut le préparer en calcinant au rouge cerise, dans un creuset de platine découvert, le sous-carbonate de manganèse.

CHAPITRE VI.

ACIDE MANGANÉSIQUE (Mn).

I. COMPOSITION.

	en poids.		en atomes.
Oxigène. . . .	41,27	5	500,00
Manganèse . .	58,73	1	711,57
	100,0	poids at.	1211,57

II. PROPRIÉTÉS.

Cet acide, qui n'a encore été que très-peu examiné, est d'une belle couleur rouge; il se décompose avec la plus grande facilité quand il est en contact avec des corps qui ont quelque affinité pour l'oxigène.

III. PRÉPARATION.

L'acide manganésique est produit lorsqu'on chauffe au contact de l'air ou du gaz oxigène parties égales de peroxide de manganèse et de potasse. Ce composé, que Schéèle découvrit en 1774, et qu'il nomma *caméléon minéral*, est formé d'acide manganésique et de potasse. Ce n'est que dans ces derniers temps qu'on est parvenu à en séparer l'acide manganésique.

CHAPITRE VII.

PROTOCHLORURE DE MANGANÈSE
(⁴Ch Mn).

I. COMPOSITION.

	en poids.		en atomes.
Chlore.	55,44	4	885,3o
Manganèse. . .	44,56	1	711,57
	100,00		poids at. 1596,87

II. NOMENCLATURE.

Muriate de manganèse anhydre.

III. PROPRIÉTÉS.

Il est solide, et légèrement rosé; il est fusible en un liquide verdâtre; il se prend en une masse lamelleuse par le refroidissement.

Il est fixe.

Il est soluble dans l'eau.

IV. PRÉPARATION.

On l'obtient en faisant évaporer, à sec, une solution de manganèse dans l'acide hydrochlorique, puis chauffant le résidu jusqu'à la fusion dans un creuset de platine.

V. USAGES.

M. Morin a proposé de l'employer pour reconnaître le titre du chlorure de chaux.

CHAPITRE VIII.

PERCHLORURE DE MANGANÈSE ($_{10}$Ch Mn).

I. COMPOSITION.

	en poids.		en atomes.
Chlore.	75,67	10	2213,25
Manganèse	24,33	1	711,57
	100,00		poids at. 2924,82

II. PROPRIÉTÉS PHYSIQUES.

Il est liquide, de couleur brune verdâtre.
A l'état fluide élastique, il est verdâtre.

III. PROPRIÉTÉS CHIMIQUES.

Il est très-décomposable par le contact de l'eau; il est converti alors en acide hydrochlorique et en acide manganésique.

1 at. de perchlorure. . . . . $= \begin{cases} 10 \text{ chlore,} \\ 1 \text{ manganèse,} \end{cases}$

exige pour se décomposer

$$5 \text{ at. d'eau.} \ldots \ldots = \begin{cases} 5 \text{ oxigène,} \\ 10 \text{ hydrogène;} \end{cases}$$

ils produisent

$$10 \text{ at. acide hydrochlorique.} \ldots = \begin{cases} 10 \text{ chlore,} \\ 10 \text{ hydrogène;} \end{cases}$$

$$1 \text{ at. acide manganésique.} \ldots = \begin{cases} 5 \text{ oxigène,} \\ 1 \text{ manganèse.} \end{cases}$$

IV. PRÉPARATION.

M. Dumas, qui le découvrit en 1826, l'obtint en neutralisant par l'acide sulfurique l'excès d'alcali du sous-manganésiate de potasse dissous dans l'eau; en faisant évaporer à sec, traitant le résidu par l'acide sulfurique concentré, qui a dissous de l'acide manganésique; enfin en y projetant du chlorure de sodium par petits fragmens jusqu'à ce qu'il ne se formât plus que des vapeurs incolores; il recueillit le produit dans un tube de verre refroidi de — 15 à — 20°.

CHAPITRE IX.

SULFURE DE MANGANÈSE (^{2}S Mn).

I. COMPOSITION.

	en poids.		en atomes.	
Soufre	36,12	2	....	402,32
Manganèse.	63,88	1	....	711,57
	100,00		poids at.	1113,89

II. PROPRIÉTÉS.

Il est d'un vert terne.

Il est décomposé avec dégagement d'acide hydrosulfurique par l'acide sulfurique faible, l'acide hydrochlorique, et même par l'acide nitrique.

III. ÉTAT NATUREL.

Il se trouve dans la nature.

IV. PRÉPARATION.

On peut le préparer en distillant du peroxide de manganèse avec un excès de soufre.

ZIRCONIUM (Zr).

QUARANTE-DEUXIÈME ESPÈCE DE CORPS SIMPLE.

§ Iᵉʳ.

ZIRCONIUM.

I. NOMENCLATURE.

Zirconium est dérivé de *zircon*, nom du minéral qui a donné le premier à l'analyse la substance particulière qui a été décrite sous le nom de *zircone*. La zircone est l'oxide du zirconium.

II. PROPRIÉTÉS PHYSIQUES.

On ne l'a observé qu'en poussière infusible et fixe.

Il est plus dense que l'eau.

Son poids atomistique est de 840,08.

Il est noir comme du charbon; en le comprimant, il prend un éclat d'un gris foncé, comme métallique.

Il ne conduit ni l'électricité ni la chaleur : il diffère donc, d'après cela, des substances métalliques.

III. PROPRIÉTÉS CHIMIQUES.

Il n'éprouve aucune action de la part de l'air et de l'oxigène froids ; mais si on le chauffe avec le contact de ce gaz, il brûle avec une vive lumière avant de rougir.

Il s'unit au chlore et à la vapeur de soufre en dégageant de la lumière.

Il ne décompose pas l'eau à 100°, mais il paraît le faire à la température rouge.

L'acide hydrochlorique concentré, même bouillant, l'attaque difficilement ; il se dégage de l'hydrogène.

L'eau régale et l'acide sulfurique concentré bouillant n'ont également qu'une faible action sur lui.

IV. PROPRIÉTÉS ORGANOLEPTIQUES.

Il est insipide et inodore.

V. ÉTAT NATUREL.

On ne l'a trouvé dans la nature qu'à l'état d'oxide.

VI. PRÉPARATION ET HISTOIRE.

M. Berzelius, qui a découvert le zirconium,

l'a obtenu par le procédé suivant : il a mêlé du phtorure de potassium et de zirconium à du potassium en fusion, qui était contenu dans un petit tube de fer ; puis il a chauffé ce tube couvert dans un creuset de platine qui recevait immédiatement la flamme d'une lampe à alcool à double courant. Il a appliqué l'eau à la matière qui avait éprouvé l'action du feu : le zirconium n'a pas été dissous ; il l'a lavé, l'a fait digérer dans l'acide hydrochlorique concentré étendu de son poids d'eau, l'a jeté sur un filtre où il a été lavé d'abord avec de l'alcool, ensuite avec une solution de sel ammoniaque ; enfin il a été séché.

VII. USAGES.

Il n'est d'aucun usage en teinture. S'il est susceptible d'y être employé, ce ne peut être qu'à l'état de sel à base de zircone.

§ II.

OXIDE DE ZIRCONIUM ($\overset{...}{\text{Zr}}$).

I. COMPOSITION.

	en poids.		en atomes.
Oxigène	26,31	3	300,00
Zirconium	73,69	1	840,08
	100,00	poids at.	1140,08

II. NOMENCLATURE.

Zircone.

III. PROPRIÉTÉS.

Il est pulvérulent.

Il a une densité de 4,3,

Il n'a pas de couleur.

Il est insoluble dans l'eau.

Il se dissout dans les acides hydrochlorique, nitrique et sulfurique quand il n'a pas éprouvé l'action du feu ; qu'il est, par exemple, à l'état d'hydrate floconneux.

L'hydrate de zircone chauffé présente le phénomène de l'incandescence en perdant son eau.

IV. ÉTAT NATUREL.

La zircone se trouve dans la nature à l'état de silicate.

V. PRÉPARATION.

Après avoir fait rougir dans un creuset d'argent 1 partie de zircon avec le double de son poids de potasse à l'alcool, on lave la matière avec de l'eau ; on traite le résidu par l'acide hydrochlorique très-étendu, de manière à tout dissoudre ; on fait évaporer doucement à sec ; on ajoute de l'eau au résidu pour dissoudre le chlorure de potassium et les hydrochlorates de zircone et de fer ; on fait évaporer presque à sec ; on met la matière dans un cylindre de verre effilé, où on la lave avec de l'acide hydrochlorique concentré jusqu'à ce que celui-ci ne dissolve plus de fer ; enfin on délaie l'hydrochlorate de zircone ainsi purifié dans l'eau, et on précipite la solution par l'ammoniaque ; l'hydrate de zircone doit être lavé ensuite avec soin : pour en séparer l'eau, il suffit de le faire rougir dans un creuset.

VI. USAGES.

On ne l'a point encore essayé en teinture.

CHLORURE DE ZIRCONIUM.

Il est fixe,

Incolore,

Et soluble dans l'eau.

SULFURE DE ZIRCONIUM.

Il est d'un brun clair, sans éclat métallique.

L'eau, les acides hydrochlorique et nitrique ne l'attaquent pas.

L'eau régale le dissout très-lentement.

ALUMINIUM (Al).

QUARANTE-TROISIÈME ESPÈCE DE CORPS SIMPLE.

PREMIÈRE SECTION.

CHAPITRE PREMIER. — ALUMINIUM.

I. NOMENCLATURE.

Aluminium est dérivé d'alumine, nom d'un oxide d'où il a été extrait.

II. PROPRIÉTÉS PHYSIQUES.

Ce métal n'a été obtenu qu'en poudre grise assez semblable à celle du platine, et en petites paillettes d'un brillant métallique analogue à celui de l'étain.

Il est infusible à la température où la fonte de fer se liquéfie.

Son poids atomistique est, suivant M. Berzelius, de 342,33.

III. PROPRIÉTÉS CHIMIQUES.

Chauffé au rouge dans de l'air, il prend feu, brûle avec une vive lumière. Le résidu est l'oxide appelé alumine.

Chauffé au rouge dans l'oxigène, il brûle avec l'éclat le plus vif; l'alumine produite est en partie fondue, et si dure, qu'elle coupe le verre.

Un courant de chlore dirigé sur l'aluminium rouge de feu, l'enflamme; et le chlorure qui se produit se sublime.

La vapeur de soufre qui a le contact de l'aluminium rouge de feu s'y combine en dégageant de la lumière.

L'aluminium, rougi avec le sélénium, s'y combine.

Il s'unit à la vapeur du phosphore à une température rouge, en dégageant de la lumière.

Il s'unit à chaud avec l'arsenic.

Lorsqu'il est rouge, il s'unit au tellure avec une rapidité extrême, surtout si ce dernier est en poudre.

A froid, il n'a pas d'action sur l'eau; mais à 100°, il la décompose.

A froid, il n'est attaqué ni par l'acide nitrique, ni par l'acide sulfurique concentré. A chaud, il est dissous.

L'acide sulfurique ainsi que l'acide hydrochlorique faibles le dissolvent avec dégagement d'hydrogène.

Il se dissout dans l'ammoniaque en quantité considérable.

IV. ÉTAT NATUREL.

Il ne se trouve dans la nature qu'à l'état d'oxide.

V. PRÉPARATION.

On met au fond d'un petit creuset de porcelaine quelques morceaux de potassium bien pur, on les couvre d'un volume de chlorure d'aluminium égal au leur : le creuset fermé est exposé avec précaution sur la lampe à alcool; la chaleur dégagée par l'union du chlore avec le potassium est des plus vives. Quand la décomposition est opérée, on attend que le creuset soit refroidi, pour le plonger ensuite dans l'eau; l'aluminium n'est pas dissous; on le sépare du liquide qui le surnage; on le lave sur un filtre avec de l'eau froide, et on le dessèche.

VI. USAGES.

On n'emploie pas l'aluminium en teinture; mais son oxide (l'alumine) est si précieux pour fixer les principes colorans organiques sur les étoffes, que l'histoire de ce métal est importante pour le teinturier.

VII. HISTOIRE.

Sir H. Davy paraît avoir réduit l'alumine en aluminium par l'action électrique et par la vapeur de potassium; mais c'est à M. Wöhler qu'on est redevable du procédé que nous avons décrit, et de la connaissance des propriétés de ce métal.

Quelques années avant le travail de M. Wöhler, qui est de 1827, M. OErsted avait fait des tentatives pour l'extraire du chlorure d'aluminium liquide qu'il venait de découvrir.

SECTION II.

COMBINAISONS BINAIRES DÉFINIES DE L'ALUMINIUM
AVEC PLUSIEURS DES CORPS ÉTUDIÉS
PRÉCÉDEMMENT.

CHAPITRE II.

§ Ier.

OXIDE D'ALUMINIUM ($\overset{...}{\text{Al}}$).

I. COMPOSITION.

	en poids.		en atomes.	
Oxigène. .	46,71	3 . . .	3oo
Aluminium.	53,29	1 . . .	342,33
	100,00	poids at.	642,33

II. NOMENCLATURE.

Avant qu'on eût obtenu l'aluminium, son oxide était toujours appelé *alumine*.

Alumine est dérivé du mot *alun*, nom du sel d'où on extrait ordinairement l'oxide d'aluminium.

Aujourd'hui on se sert indifféremment des

deux dénominations *alumine* et *protoxide d'aluminium*.

III. PROPRIÉTÉS PHYSIQUES.

L'oxide d'aluminium préparé artificiellement est ordinairement pulvérulent; on en trouve dans la nature qui est cristallisé et très-dur.

C'est un des corps les plus réfractaires que l'on connaisse.

Il est fixe.

La densité de l'oxide natif est de 4.

Il est incolore, opaque ou transparent.

IV. PROPRIÉTÉS CHIMIQUES.

L'hydrogène, l'oxigène, le chlore, l'iode, l'azote, le soufre, le phosphore, l'arsenic, etc., n'ont aucune action sur l'oxide d'aluminium.

Il est insoluble dans l'eau, mais susceptible de s'y combiner à l'état naissant. On trouve dans la nature plusieurs hydrates d'alumine.

L'oxide d'aluminium qui a éprouvé l'action d'une chaleur rouge est très-peu soluble dans les acides, même les plus énergiques; mais s'il est à l'état d'hydrate, ou qu'il ait été séché à une douce chaleur, il est dissous par les acides hydrochlorique, sulfurique, nitrique, etc. On conçoit d'après cela que si on veut le faire réagir sur les principes colorans organiques, on ne doit pas employer un oxide calciné, mais celui qui est à l'état d'hydrate gélatineux.

Quoique l'oxide d'aluminium agisse en général sur les principes colorans à la manière d'une base alcaline faible, cependant il semble, dans quelques circonstances au moins, se comporter à la manière d'un acide faible, ou plutôt exercer une action qui paraît intermédiaire entre celle des alcalis et celle des acides. Dans tous les cas, c'est un des corps les plus précieux pour fixer les principes colorans organiques.

V. PROPRIÉTÉS ORGANOLEPTIQUES.

Il est insipide, inodore.

VI. ÉTAT NATUREL.

L'oxide d'aluminium se trouve dans la nature à l'état de cristaux anhydres; tels sont ceux de corindon.

Il est une des bases des argiles et de la plupart des terres arables.

VII. PRÉPARATION.

On peut se le procurer en calcinant au rouge du sulfate d'alumine ou du sulfate d'alumine ammoniacal.

On peut encore précipiter une solution d'a-
lun étendue par l'ammoniaque en excès, laver
à grande eau dans un flacon, et ne jeter la matière sur un filtre que quand l'eau du lavage
ne précipite plus le nitrate de baryte.

Si on tenait à l'avoir parfaitement pure, il
faudrait la redissoudre dans l'acide nitrique, la
précipiter de nouveau par l'ammoniaque, et la
laver comme la précédente.

L'alumine ainsi préparée doit être égouttée
sur un filtre, puis sur du papier Joseph ; on doit
la conserver dans de l'eau, si on veut l'avoir
dans l'état où elle agit avec le plus d'activité
sur les principes colorans. Dans le cas contraire, on la fait sécher à l'air, puis on la calcine.

VIII. usages.

L'alumine à l'état de sulfate double de potasse ou d'ammoniaque, ou à celui d'acétate,
constitue des mordans excellens pour fixer les
principes colorans organiques ; et c'est à cause
de son importance à cet égard que j'ai décrit
l'aluminium avec quelque détail.

§ II.

HYDRATES D'ALUMINE.

Il existe dans la nature plusieurs hydrates d'alumine, mais il ne faut pas confondre avec ces composés définis l'alumine gélatineuse obtenue par la précipitation d'un sel d'alumine, au moyen d'un alcali ; je pense bien qu'il s'y trouve une proportion d'eau qui y est unie en proportion définie, mais cette eau ne contribue pas à la rendre gélatineuse ; la portion d'eau qui lui donne cette propriété me paraît y être engagée dans le même état que celle qui modifie à un si haut degré les propriétés physiques des tissus organiques (4ᵉ leçon, page 17).

Si l'alumine en gelée est conservée dans l'eau pendant quelques années, elle présente, ainsi que je l'ai observé, la propriété remarquable de se réunir en petits grains comme cristallins.

CHAPITRE III.

CHLORURE D'ALUMINIUM.

Il est solide, confusément cristallisé, ou en masse compacte dure; il est fusible, volatil, et son point de fusion est très-rapproché de celui de vaporisation.

Il est d'un jaune verdâtre, pâle, demi-transparent.

A l'air, il fume faiblement, exhale l'odeur de l'acide hydrochlorique, et se réduit en un liquide clair.

Il se dissout dans l'eau en dégageant beaucoup de chaleur; cette dissolution est celle d'un hydrochlorate d'oxide d'aluminium. Quand elle est évaporée, elle donne une matière qu'on peut considérer comme de l'hydrochlorate d'alumine pur, ou comme du chlorure d'aluminium.

M. Wôhler a vu que le chlorure se combine avec l'acide hydrosulfurique.

On se procure le chlorure d'aluminium par un procédé très-ingénieux que l'on doit à M. OErsted. On prend de l'hydrate d'alumine sec, on le mêle avec du charbon en poudre, du sucre et de l'huile ; la pâte épaisse qui en résulte doit être chauffée jusqu'à ce que le sucre et l'huile soient carbonisés ; ce résidu est introduit encore chaud dans un tube de porcelaine qui traverse un fourneau à réverbère ; le tube communique d'une part à une source de chlore sec, et de l'autre à un petit ballon tubulé garni d'un tube à gaz ; lorsque le tube de porcelaine est rempli de chlore on le porte au rouge ; le chlorure d'aluminium se condense en grande partie dans l'extrémité du tube de porcelaine.

CHAPITRE IV.

SULFURE D'ALUMINIUM.

Il est noir, mais prend l'éclat métallique par le frottement.

Il répand à l'air l'odeur de l'acide hydrosulfurique, se gonfle peu à peu, et se réduit en poussière.

Mis dans l'eau, il se réduit en acide hydrosulfurique et en alumine grise qui se dépose.

GLUCINIUM (Gl).

QUARANTE-QUATRIÈME ESPÈCE DE CORPS SIMPLE.

PREMIÈRE SECTION.

CHAPITRE PREMIER. — GLUCINIUM.

I. NOMENCLATURE.

Glucinium dérive de glucine, nom d'une base salifiable de laquelle on a retiré le glucinium; et glucine dérive du grec γλυκὺς, doux. Cette dénomination a été donnée à la base qui le porte, d'après la saveur douce de ses sels solubles.

II. PROPRIÉTÉS PHYSIQUES.

Le glucinium est en poudre d'un gris foncé ayant un aspect métallique très-prononcé.

Il paraît être très-réfractaire.

Son poids atomistique est de 662,56, suivant M. Berzelius.

III. Propriétés chimiques.

A froid, l'air et l'oxigène sont sans action sur lui ; mais quand il est chauffé au rouge, il brûle avec un très-grand éclat, et il est remarquable que l'oxide produit, ou la glucine, ne présente aucun signe de fusion.

A une température peu élevée, il brûle dans le chlore, et donne un chlorure qui se sublime en cristaux.

Il présente les mêmes phénomènes avec le brôme et la vapeur d'iode.

Il brûle dans la vapeur de soufre avec un éclat qui est presque aussi vif que celui qu'on remarque lorsque la combustion s'opère dans l'oxigène.

Le sélénium s'y unit en dégageant beaucoup de chaleur.

Le glucinium brûle avec lumière dans la vapeur de phosphore.

Il dégage également de la lumière en s'unissant à l'arsenic.

Il décompose l'eau quand il est rouge de feu.

Chauffé dans l'acide sulfurique, il s'y dissout en dégageant du gaz acide sulfureux.

Il se dissout facilement dans les acides sulfurique, hydrochlorique et nitrique faibles ; avec les deux premiers il y a dégagement d'hydrogène, avec le dernier dégagement de deutoxide d'azote.

L'ammoniaque ne l'attaque pas. Sous ce rapport, il diffère donc beaucoup de l'aluminium.

IV. PRÉPARATION.

On l'obtient par un procédé analogue à celui que nous avons décrit pour extraire l'aluminium de l'alumine ; mais on opère la décomposition du chlorure de glucinium par le potassium dans un creuset de platine, au lieu de l'opérer dans un creuset de porcelaine.

V. HISTOIRE.

Il fut découvert par M. Wôhler, en 1827.

SECTION II.

COMBINAISONS BINAIRES DÉFINIES DU GLUCINIUM AVEC PLUSIEURS CORPS.

CHAPITRE II.

OXIDE DE GLUCINIUM ($\ddot{G}l$).

I. COMPOSITION.

	en poids.		en atomes.
Oxigène	31,17	3	300,00
Glucinium . . .	68,83	1	662,56
	100,00	poids at.	962,56

II. NOMENCLATURE.

Glucine.

III. PROPRIÉTÉS PHYSIQUES.

L'oxide de glucinium est en poussière qui paraît un des corps les plus réfractaires qu'il y ait.

Il est blanc.

IV. PROPRIÉTÉS CHIMIQUES.

Il n'éprouve aucune action de la part de l'hydrogène, de l'oxigène, du chlore, de l'iode, de l'azote, du soufre.

Il est insoluble dans l'eau ; à l'état naissant, il s'y unit, et forme un hydrate.

·Il se dissout dans les acides sulfurique, nitrique et hydrochlorique.

V. ÉTAT.

Il ne se trouve qu'à l'état de combinaison ; il est un des principes immédiats de l'émeraude et de l'euclase.

VI. PRÉPARATION.

On fond l'émeraude de France ou le béril avec deux fois son poids de potasse ; on délaie dans l'eau, on traite par l'acide hydrochlorique en excès, on fait évaporer à sec, on reprend par l'eau ; de la silice est séparée ; la liqueur est précipitée par l'ammoniaque. Ce précipité, bien lavé, est dissous par l'acide sulfurique ; on ajoute à la dissolution du sulfate de potasse, et on fait cristalliser. On obtient par ce moyen la plus grande partie du sulfate d'alumine à l'état d'alun ; on étend d'eau le liquide incristallisa-

ble, et on y mêle du sous-carbonate d'ammoniaque en excès; l'alumine qui restait dans la
liqueur est précipitée, tandis que la glucine reste
en dissolution dans le sous-carbonate d'ammoniaque. Il suffit de filtrer et de faire bouillir la
liqueur filtrée pour en séparer la glucine à l'état
de sous-carbonate, qu'on calcine ensuite.

VII. USAGES.

Cette base n'est point employée en teinture.
Il est probable que son action sur les principes
colorans se rapprocherait de celle de l'alumine.

VIII. HISTOIRE.

Elle a été découverte par M. Vauquelin.

CHAPITRE III.

CHLORURE DE GLUCINIUM.

Il est sous la forme d'aiguilles blanches éclatantes.

Il se volatilise aisément.

Il se liquéfie par son exposition à l'air.

L'eau le dissout en dégageant beaucoup de chaleur.

M. H. Rose l'a obtenu en faisant passer du chlore sec dans un tuyau de porcelaine qui contenait un mélange intime de glucine et de charbon.

CHAPITRE IV.

SULFURE DE GLUCINIUM.

Il est en masse grise non fondue.

Il se dissout dans l'eau, mais difficilement, et sans qu'il se dégage d'acide hydrosulfurique.

YTTRIUM (Y).

QUARANTE-CINQUIÈME ESPÈCE DE CORPS SIMPLE.

PREMIÈRE SECTION.

CHAPITRE PREMIER. — YTTRIUM.

I. NOMENCLATURE.

Yttrium dérive d'*yttria*, nom d'une base salifiable de laquelle on a retiré l'yttrium ; et *yttria* dérive d'*Ytterby*, nom d'un lieu de Suède où l'on a trouvé le premier minéral qui ait offert l'yttria.

II. PROPRIÉTÉS PHYSIQUES.

L'yttrium est en poudre d'un gris noir, ou en petites écailles d'un gris de fer douées d'un éclat métallique parfait.

Son poids atomistique est de 8o5,14, suivant M. Berzelius.

III. PROPRIÉTÉS CHIMIQUES.

Pour qu'il brûle dans l'air et même dans le gaz oxigène, il faut qu'il soit chauffé au rouge; la combustion est des plus vives. Le produit est de l'oxide d'yttrium blanc; celui qui a été préparé dans l'oxigène présente des traces de fusion.

L'yttrium produit de la lumière en s'unissant à chaud avec le sélénium, le soufre, le phosphore, etc.

A froid, il ne décompose pas l'eau.

Il se dissout facilement dans l'acide sulfurique faible avec dégagement d'hydrogène.

Il est insoluble dans l'ammoniaque.

IV. ÉTAT NATUREL.

Il ne se trouve dans la nature qu'à l'état d'oxide, et en très-petite quantité.

V. PRÉPARATION.

On le prépare comme le glucinium, c'est-à-dire en décomposant par le potassium, dans un creuset de platine, le chlorure d'yttrium.

VI. USAGES.

Il ne pourrait être employé en teinture qu'à

l'état salin, mais jusqu'ici on n'a fait aucun essai à ce sujet, au moins à ma connaissance.

VII. HISTOIRE.

Il a été découvert par M. Wôhler, en 1827.

SECTION II.

CHAPITRE II.

OXIDE D'YTTRIUM ($\ddot{Y}$).

I. COMPOSITION.

	en poids.		en atomes.
Oxigène	19,90	2	200
Yttrium	80,10	1	805,14
	100,00	poids at.	1005,14

II. NOMENCLATURE.

Yttria.

III. PROPRIÉTÉS PHYSIQUES.

Il est pulvérulent, blanc.

IV. PROPRIÉTÉS CHIMIQUES.

Elles ont de l'analogie avec celles de la glucine; cependant l'yttria n'est pas comme elle soluble dans la potasse et le sous-carbonate d'ammoniaque; et d'un autre côté, ses sels présentent des différences qui ne permettent pas de les confondre avec ceux de glucine.

V. ÉTAT NATUREL.

On n'a trouvé cet oxide qu'en petite quantité et à l'état de combinaison.

VI. PRÉPARATION.

Nous renvoyons aux traités de chimie.

CHAPITRE III.

CHLORURE D'YTTRIUM.

Ce chlorure est sublimable en aiguilles blanches éclatantes.

Il est déliquescent à l'air; aussi se dissout-il rapidement quand on le met dans l'eau.

On le prépare comme le chlorure de glucinium, en dirigeant un courant de chlore sec dans un tube de porcelaine où il y a un mélange d'yttria et de charbon rouge de feu.

PARIS, IMPRIMERIE DE DECOURCHANT,
Rue d'Erfurth, n° 1, près de l'Abbaye.

TABLE DES MATIÈRES

CONTENUES

DANS LE TOME PREMIER.

PREMIÈRE LEÇON.

DEUXIÈME LEÇON.

CINQUIÈME LEÇON.

AZOTE.

PREMIÈRE SECTION.

SECTION II.

SIXIÈME LEÇON.

SOUFRE.

SEPTIÈME LEÇON.

SÉLÉNIUM.

PHOSPHORE.

ARSENIC.

HUITIÈME LEÇON.

MOLYBDÈNE.

CHROME.

TUNGSTÈNE. 12

CARBONE.

NEUVIÈME LEÇON.

ONZIÈME LEÇON.

IODE.

BROME.

PHTORE. 48

DOUZIÈME LEÇON.

OR.

OSMIUM.   13

IRIDIUM.   15

RHODIUM.

PLATINE.

PALLADIUM.

MERCURE.

TREIZIÈME LEÇON.

QUATORZIÈME LEÇON.

PLOMB.

PREMIÈRE SECTION.

CÉRIUM.

COBALT.

NICKEL.

FER.

QUINZIÈME LEÇON.

CADMIUM.

ZINC.

ZIRCONIUM.

ALUMINIUM.

GLUCINIUM.

YTTRIUM.

FIN DE LA TABLE DU TOME PREMIER.

www.ingramcontent.com/pod-product-compliance
Lightning Source LLC
LaVergne TN
LVHW050115180726
843501LV00001BB/15